Hangarter
Grundlagen der Bauleitplanung
Der Bebauungsplan

Grundlagen der Bauleitplanung

Der Bebauungsplan

Von Prof. Dipl.-Ing. Ekkehard Hangarter Architekt BDA

2., neubearbeitete und erweiterte
Auflage 1992

Werner-Verlag

1. Auflage 1988
2. Auflage 1992

Die Deutsche Bibliothek – CIP-Einheitsaufnahme

Hangarter, Ekkehard:
Grundlagen der Bauleitplanung: der Bebauungsplan / von
Ekkehard Hangarter. – 2., neubearb. und erw. Aufl. –
Düsseldorf : Werner, 1992
ISBN 3-8041-2000-8

ISB N 3-8041-2000-8

Gesamtherstellung: Leibold GmbH, 7512 Rheinstetten 1
Archiv-Nr.: 785/2 – 8.92
Bestell-Nr.: 02000

VORWORT

1. Auflage (gekürzt)

Die Bauleitplanung gehört zu den Hoheitsaufgaben der Städte und Gemeinden. Ziele und Aufgaben der Bauleitplanung, Zweck und Inhalte der Bauleitpläne regelt der Bund als dafür zuständiger Gesetzgeber. Das Verfahren zur Planaufstellung ist ebenfalls gesetzlich vorgeschrieben. Seit dem Inkrafttreten des Bundesbaugesetzes im Jahre 1960 ist die Bauleitplanung aus der städtebaulichen Planungspraxis nicht mehr wegzudenken. An dieser Feststellung ändern auch die immer wieder beklagten Schwächen in den Planinhalten und an den Verfahren zur Planaufstellung nichts.

Aus dem breiten Spektrum der Bauleitplanung greift dieses Buch den „Bebauungsplan" heraus. Er ist das Planungsinstrument, das kraft Gesetzes alle Bürger gleichermaßen berührt, da er die rechtsverbindlichen Festsetzungen für die städtebauliche Ordnung zum Inhalt hat. Der Bebauungsplan erlangt die Rechtskraft einer Gemeindesatzung und ist mit seinen Festsetzungen für und gegen jedermann verbindlich. An der Planung und an der Planaufstellung sind nicht nur die Fachleute, die Kommunalpolitiker und die Träger öffentlicher Belange beteiligt. Jeder Bürger ist nach dem Baugesetzbuch (§ 3 Bürgerbeteiligung) dazu aufgerufen, an der Ordnung und Gestaltung seiner räumlichen Umwelt mitzuwirken.

Bei diesen Vorgaben ist es folgerichtig, daß die Bauleitplanung heute ein fester Bestandteil der Lehrinhalte an den Fachhochschulen und Universitäten ist. Es gehört u. a. zu den Berufsaufgaben eines Architekten, städtebauliche Pläne auszuarbeiten, städtebauliche Gutachten zu erstellen und an der Ausarbeitung von Entwicklungs- und Regionalplänen mitzuwirken. Diese Arbeiten beinhalten auch die Bauleitplanung. Auch Bau-und Vermessungsingenieure werden mit den Problemen der Bauleitplanung in den von ihnen abgedeckten Berufsfeldern konfrontiert. Gleiches trifft für die Verwaltungsfachleute zu.

Dieses Buch will in die Grundlagen des Bebauungsplanes einführen, Planung und Planaufstellung ausführlich erläutern und alternative Möglichkeiten für planungs- und bauordnungsrechtliche Festsetzungen mit konkreten Beispielen beschreiben. Auf die Auswahl und zeichnerische Darstellung der Planungsbeispiele wurde besonderer Wert gelegt. Die genannten Inhalte werden durch Auszüge aus dem neuen Baugesetzbuch (BauGB), der Baunutzungs- und Planzeichenverordnung ergänzt.

Die Grundlagen für dieses Buch bilden Ergebnisse der städtebaulichen Grundlagenforschung, Erkenntnisse und Erfahrungen aus einer langjährigen Planungspraxis, deren Auswertung, Umsetzung und Anwendung in der Lehre an einer Fachhochschule.

Das Buch ist als Lehrbuch angelegt. Es soll Hilfs- und Arbeitsmittel für den Lernenden in den Fachbereichen und Fakultäten für Architektur, Bauingenieur- und Vermessungswesen sein. Dabei sollen nicht nur gegenwartsbezogene Inhalte und Handlungsanweisungen dargestellt und vermittelt, sondern auch, soweit als möglich, die historischen Hintergründe, Bezüge und Entwicklungslinien aufgezeigt werden. Dies geschieht sowohl in dem Kapitel, das den „Bebauungsweisen" gewidmet ist, als auch bei der Analyse von „Nutzung — Bauform — Grundstücksfläche" sowie den Ausführungen über „Körper — Raum — Grün". Der Leser soll nachhaltig darauf hingewiesen werden, daß sein Planen und Handeln in einen größeren geschichtlichen Zusammenhang eingebettet ist und er aus diesem Wissen heraus für seine Arbeit wesentliche Impulse erfahren kann.

Dieses Buch soll sich auch an die Praktiker, die Planer der Städte und Gemeinden sowie die Planungsträger, die Fachleute in den Verwaltungen wenden, indem es versucht, rationale und kreative Planungsvorgänge aufzuhellen und deren Auswirkungen im planungs- und bauordnungsrechtlichen Bereich darzustellen. Es kann auch eine Hilfe für Kommunalpolitiker sein.

VORWORT

2. Auflage

Die erste Auflage ist im August 1988 erschienen und war im Dezember 1991 vergriffen. Dieser Vorgang hat mich bestärkt, eine zweite, ergänzte Auflage vorzubereiten. Die Grundkonzeption wurde beibehalten. Neue gesetzliche Regelungen, wie die Baunutzungverordnung 1990 und die Planzeichenverordnung 1990, wurden eingearbeitet. Ihre Auswirkungen auf planungsrechtliche und bauordnungsrechtliche Festsetzungen wurden in Kapitel 4.0 berücksichtigt. Das Kapitel 3.3 Bebauungsweisen wurde mit dem Abschnitt „Gewerbe und Industrie" ergänzt.

Danken möchte ich all denen, die an diesem Buch mit Rat und Tat mitgewirkt haben: Herrn Dipl.-Ing. (FH) Paschold, Frau Kleis, Frau Trotta und Frau Ochs. Ein besonderer Dank sei dem Werner-Verlag und der Firma Leibold GmbH für die unkonventionelle und vorzügliche Zusammenarbeit bei der Vorbereitung und Drucklegung ausgesprochen.

Gewidmet sei dieses Buch meiner Frau für ihre Unterstützung, die sie mir jederzeit zuteil werden ließ.

Malsch, im Juni 1992 — Ekkehard Hangarter

INHALT

1.0 EINFÜHRUNG

Erste dauernd bewohnte Ansiedlungen

Städte sind der sichtbare Ausdruck und der Raum des sozialen, wirtschaftlichen, kulturellen und politischen Handelns einer Gesellschaft. Diese Feststellung trifft im Grundsatz schon auf die ersten dauernd bewohnten Ansiedlungen zu. Sie sind, wie Egli in seiner „Geschichte des Städtebaus" feststellt, um das Jahr 4700 v. Chr. „etwa gleichzeitig in Ägypten, Palästina, Syrien, Mesopotamien und im Iran" entstanden.
Die Fruchtbarkeit der Natur gab den Sammlern und Jägern die Möglichkeit, alles an einem Ort zu gewinnen, was sie zum Lebensunterhalt benötigten. Sie wurden Ackerbauern. Es dauerte aber noch lange, „bis das Dorf, die Siedlungsform des Ackerbauern, als ein geordnetes Raumgebilde um die Mitte des 5. Jahrhunderts v. Chr. entstand." 1.1)

In der Folgezeit konnten die Menschen bald mehr ernten, als sie für den Lebensunterhalt benötigten. So konnten einige von ihnen anderen Tätigkeiten nachgehen. Es entstand der Wunsch, andere Güter gegen eigene Erzeugnisse einzutauschen und Produkte in handwerklicher Tätigkeit herzustellen. Händler erledigten die Tausch- und Handelsgeschäfte. Ein Markt bildete sich. Handel und Handwerk entwickelten sich wahrscheinlich in oder im Anschluß an diese Ackerbauersiedlungen.

Stadt als Zwischenform von Dorf und Stadt

„Das Aufkommen von Handwerk und Handel im Ackerbaugebiet schuf die Stadt zunächst als Zwischenform" von Dorf und Stadt, später als eigene Siedlung. 1.2)
Für die Wahl des Standortes war damit nicht mehr allein die Fruchtbarkeit des Umlandes entscheidend, sondern die Möglichkeit, Handel treiben zu können. Diese städtische Entwicklung beginnt nach Egli erst etwa 1000 Jahre nach den ersten dörflichen Siedlungen.

1.1) Egli; Geschichte des Städtebaus
1.2) Egli; Geschichte des Städtebaus

In den Siedlungen wohnten neben den Bauern die Handwerker und Kaufleute, die Priester und Astrologen. Wohn- und Werkstätten und ihre Gebäude, der Markt und seine Einrichtungen, Mauern, Türme und Tore zum Schutz gegen Angriffe von außen, Kult- und Tempelanlagen zur Götterverehrung waren die Bau- und Raumelemente dieser frühen Ansiedlungen.

Alle bedeutenden Kulturen zeichneten sich durch stadtähnliche oder städtische Ansiedlungen aus. Ägypter, Assyrer, Babylonier, Griechen, Etrusker und Römer haben uns aus ihrer Zeit die Reste bedeutender Stadtanlagen hinterlassen. Die germanischen Stämme folgten ihrem Beispiel.

Die deutsche Stadt im 11. bis 15. Jh.

Die deutsche Stadt im 11. bis 15. Jh. war gekennzeichnet durch

— das Vorhandensein eines Marktes und allen damit verbundenen Einrichtungen und Flächen,
— eine Rangordnung der Gebäude, die sich im Standort, in ihrer Größe sowie in der Wahl der Baumaterialien ausdrückte,
— eine weitgehend räumliche Einheit von Wohn- und Arbeitsstätten,
— die Abgrenzung der bebauten Flächen durch Mauer, Wall und Graben,
— die Erweiterungsfähigkeit in überschaubaren räumlichen Einheiten
und
— sozioökonomische Verflechtungen mit den Dörfern und Weilern des Umlandes.

Die Stadt im 17. und 18. Jh.

Mit Beginn der Neuzeit änderten sich die Struktur und die Gestalt der Stadt. Andere Wirtschafts- und Regierungsformen brachten neue Bauelemente. Im 17. Jh. begann sich die Schloßanlage zur Landschaft hin zu öffnen. Die bastionären Befestigungen wurden teilweise aufgegeben oder zum großen Leidwesen der Festungsbaumeister in Promenaden umgewandelt. Die räumliche Einheit der bebauten Flächen blieb jedoch erhalten.

Die Stadt im Industriezeitalter

Mit der bürgerlichen Revolution, der Industrialisierung und den liberalen Reformen setzte sich ein Potential in Bewegung, das die Stadtentwicklung in völlig neue Bahnen lenkte. Die Mauern wurden endgültig geschleift, und das nähere und weitere Umfeld wurden besiedelt. Allerdings waren die gewählten Bebauungssysteme, z. B. das großmaschige Raster- und Radialstraßennetz, wie sich zeigte, nicht geeignet, die vielfältigen sozialen, wohnungshygienischen und städtebaulichen Probleme befriedigend zu lösen. Durch die industrielle Verstädterung entstanden in der 2. Hälfte des 19. Jh., wie Prof. Mackensen 1.3) nachweist, „Agglomerationen", industrielle Ballungen, die ein völlig anderes Sozial- und Siedlungsgefüge auf-

1.3) Mackensen; Städte in der Statistik

wiesen als die historischen Städte. Das wirtschaftliche Kalkül bestimmte die Standorte für menschliches Handeln, die Bodennutzung und den Wohnungsbau. Die Besiedlung war weitgehend planlos.

Reformmodelle

Diese Entwicklung initiierte um die Jahrhundertwende bedeutende städtebauliche Reformmodelle. Die gemischte Bauweise stellte den Versuch dar, die Wohnverhältnisse in den großen Baublöcken durch Sekundär-Erschließungen und durch Bauformen mit weniger Vollgeschossen zu verbessern. Die Garten- und die Bandstadt sollten nicht nur dem uferlosen Großstadtwachstum ein Ende bereiten, sondern auch durch neue Bebauungsweisen und eine intensive Durchgrünung die Lebensbedingungen nachhaltig verbessern. Gleichzeitig stellte die Bodenpolitik der Gartenstadtbewegung einen Gegenpol zur Bodenspekulation in den Großstädten dar. Alle diese Modelle waren dazu bestimmt, die Stadt sozialer, hygienischer und ästhetischer zu machen.

Moderne Stadtplanung

Die Zeit um die Jahrhundertwende ist aber auch die Geburtsstunde der modernen Stadtplanung. Das erste Fachbuch in deutscher Sprache zum Thema „Stadterweiterungen in technischer, baupolizeilicher und wirtschaftlicher Beziehung" veröffentlichte Reinhard Baumeister 1876 in Berlin. 1890 folgte Josef Stübben mit dem 9. Halbband des Handbuchs der Architektur zum Thema „Der Städtebau". In der Einleitung schreibt Stübben u. a.:

Stübben; Der Städtebau

„Der Städtebau in unserem Sinne hat alle diejenigen baulichen Anlagen zum Gegenstande, welche dazu bestimmt sind, einerseits der städtischen Bevölkerung die Errichtung zweckmäßiger Wohnungen und Arbeitsstätten, den Verkehr unter einander und die Bewegung im Freien, andererseits dem Gemeinwesen die Errichtung der Baulichkeiten für Verwaltung, Gottesdienst, Unterricht, Gesundheits- und Krankenpflege, Lebensmittelversorgung, Sicherheit und Vergnügungen, Kunst und Wissenschaft, Verkehr und sonstige öffentliche Zwecke zu ermöglichen. Der Städtebau bereitet also in der That den allgemeinen Boden vor, auf welchem sich die bauliche Einzelthätigkeit entfaltet; er schafft die örtlichen Vorbedingungen, welche für das bürgerliche Wohnen, den städtischen Verkehr, die Besorgung der öffentlichen Angelegenheiten vorhanden sein müssen; er stellt den Rahmen auf, welcher die miteinander wetteifernden und sich bekämpfenden Einzelbestrebungen umfaßt, das Programm, nach welchem die private und öffentliche Bauthätigkeit, so wie der große und kleine Verkehr sich einrichten sollen."

Faßbender; Grundzüge der modernen Stadtbaukunde

Und Eugen Faßbender forderte 1912 in seinem Buch „Grundzüge der modernen Stadtbaukunde":

„Bei der großen weittragenden Bedeutung und dem segensreichen Wirken des Städtebaues für das Blühen und Gedeihen der Städte

und Orte erscheint es im wohlverstandenen Interesse jedes Staates gelegen, wenn er sich seiner führend und fördernd annimmt, wenn er über die Festsetzung und Ausführung des Planes durch die Gesetzgebung die erforderlichen Bestimmungen trifft ... (S. 5 f.)
Zum Aufbau, zur Regulierung oder Erweiterung einer Siedlung sind erforderlich: Stadtbaupläne oder Verbauungspläne, das sind Regulierungs- oder Erweiterungspläne, die entweder Generalpläne [solche für das ganze Gebiet der Siedlung] oder Teilpläne [für einzelne ihrer Teile] sein können. (S. 113)"

Hier wird das planerische Instrumentarium zur Lösung der großen städtebaulichen Aufgaben benannt und erläutert.

1924 tagte der Internationale Kongreß für Städtebau und Siedlungswesen in Amsterdam und stellte u. a. folgende Leitsätze auf:

1924 Internat. Kongreß für Städtebau und Siedlungswesen Amsterdam

— Dezentralisation mittels Trabantenstädten kann in vielen Fällen ein Mittel sein, dem Entstehen allzu großer Stadtkörper vorzubeugen.
— Es ist erwünscht, daß die Großstädte durch Grüngürtel abgeschlossen werden.
— Angesichts der schnellen Zunahme des Verkehrs ... ist in Zukunft den kommunalen und interkommunalen Verkehrsfragen mehr Aufmerksamkeit zu widmen als bisher.

und

— Überlandplanungen sind in der Umgebung von großen Städten besonders notwendig.

1926 veröffentlichte Paul Wolf sein Modell einer Großstadt, zu dem er schreibt:

Wolf; Modell einer Großstadt (1919)

„Aufgabe des Gesamtsiedlungsplanes ist es, den ganzen Komplex von Verkehrsfragen einer Stadt auf weite Sicht hinaus zu lösen ...; die Verteilung von Industrie- und Wohngebieten so vorzunehmen, daß nicht allein die hygienischen Gesichtspunkte gewahrt sind, sondern auch die Einflußzonen von Industrie- und Wohngebieten unter Berücksichtigung der Verkehrsverhältnisse gegenseitig festgelegt werden. Aufgabe des Generalplanes ist es weiterhin, das ganze Stadtgebiet organisch mit einem Netz von Freiflächen so zu durchziehen, daß die Entfernungen von den Wohnungen zu den Erholungsstätten, Grünflächen und Spielplatzanlagen angemessen sind." 1.4)

Damit sind die Problemstellungen des Städtebaus in der 1. Hälfte der 20er Jahre unseres Jahrhunderts angesprochen:

1.4) Wolf; Wohnung und Siedlung

— die Notwendigkeit einer städtebaulichen Planung für größere Räume;

— die Integration des Verkehrs als Transport- und Kommunikationsmittel innerhalb der Stadt und zwischen den Städten und Gemeinden;

— eine großflächig angelegte Grünordnung zur Gliederung der besiedelten Räume und zur Erfüllung sozialer Bedürfnisse;

— eine Vermenschlichung der gebauten Wohn- und Arbeitswelt.

Wiederaufbau und Stadterweiterung nach 1945

Strukturveränderungen

Nach dem Ende des 2. Weltkrieges expandierten die Städte und Gemeinden in den 50er Jahren erneut, während sich der Wiederaufbau der zerbombten Stadtgebiete vielfach nur schleppend entwickelte. Es entstanden neue Ballungsgebiete. Diese Entwicklung ist mit einer tiefgreifenden Umschichtung in der räumlichen Verteilung der Wohnbevölkerung verbunden. In den aufzubauenden Kerngebieten begannen Handel und Dienstleistungen, das Wohnen zu verdrängen. Durch die räumliche Trennung von Wohn- und Arbeitsstätten und einer immer größer werdenden Mobilität der Bewohner wuchs der Kfz-Verkehr und drohte in den 60er Jahren die Stadtkerngebiete zu erdrosseln. In dieser Zeit einer stürmischen Siedlungsentwicklung fallen vielfach land- und forstwirtschaftlich genutzte Flächen von hohem ökologischem Wert rein ökonomisch bestimmten Abwägungen zum Opfer.

Veränderungen in den 70er Jahren

Veränderungen in den demographischen Daten (Rückgang der Geburtenzahlen ab 1966), eine rückläufige Wirtschaftsentwicklung, steigende Energiekosten und ein neues Umweltbewußtsein sowie ein besseres Verständnis für die gewachsenen Siedlungsstrukturen und die baulichen Werte einer überlieferten Bausubstanz veränderten die Planungsziele und die -inhalte. Das 19. Jh. und seine Fassadenarchitektur, die Bedeutung und die städtebaulichen Werte der gewachsenen, teilweise wieder aufgebauten Stadtzentren werden wiederentdeckt. Die Zeit der Stadt- und später auch der Dorferneuerung beginnt.

Stadt- und Dorferneuerung

Stadt

Es fällt in der Tat schwer, aufgrund der vielfältigen Strukturen den Begriff „Stadt" kurz und prägnant zu definieren. Folgt man dem Soziologen Norbert Schmidt-Relenberg 1.5), der die Stadt als System zu erklären versucht, so sind die Funktionen des „Systems Stadt" nichts anderes als die Gesamtheit der Leistungen, die den individuellen Ansprüchen genügen und die von den beteiligten Individuen, Gruppen und Untersystemen erbracht werden. Die Ansprüche konzentrieren sich dabei auf die Möglichkeiten zum Einkommenserwerb und sich mit allen Gütern versorgen und Dienstleistungen

1.5) Schmidt-Relenberg; Soziologe und Städtebau

aller Art in Anspruch nehmen zu können. Dabei ist das System im Falle der Stadt ... „als Zusammenhang von Struktur und Funktion ... in engster Beziehung zum Raum zu sehen." Die Stadt kann beschrieben werden nach ihren

- räumlichen Komponenten
- Strukturmerkmalen
  und
- ihrer ästhetischen Erscheinungsform.

Stadt und Umland

Stadt und Umland stehen mehr denn je in einer engen sozioökonomischen Verflechtung und Abhängigkeit. „Durch historische Vorgaben geprägt und durch die Entwicklung beeinflußt, haben sich Standorte mit zentraler Bedeutung für den Raum herausgebildet." 1.6)

Zentralort und Entwicklungsachse

So schreibt Christaller in seiner Arbeit über die zentralen Orte in Süddeutschland schon 1933. Er hatte erkannt, daß es eine der wichtigsten Aufgaben der Stadt ist, zentrale Aufgaben zu erfüllen. Darunter versteht man die Versorgung des Umlandes mit Gütern und Dienstleistungen, an denen es dort fehlt. Die Rede ist von der Theorie der „zentralen Orte". Das System der zentralen Orte und der Entwicklungsachsen — eine unregelmäßige Abfolge von Zentralorten mit unterschiedlich großer Zentralität — wurde zum gesellschaftsräumlichen Ordnungsmodell der modernen Landes- und Regionalplanungen.

Im Sinne der Systemtheorie ist es die Aufgabe der Stadtplanung, „Struktur und Funktion im Raum in Einklang zu bringen". 1.7) Das System Stadt ist kein statisches, sondern ein dynamisches. Die Struktur ändert sich ununterbrochen. Das System lebt in einer dauernden Konfliktsituation. Die Stadtplanung ist ihrem Wesen nach statischer Natur. In dieser Gegensätzlichkeit liegt ihr Problem.

Stadtplanung

Die Stadtplanung hat grundsätzlich zwei Aufgaben zu lösen:
- die Standorte für menschliche Tätigkeiten zu finden und zu bestimmen
  und
- die Umwelt zu gestalten.

Städtebauliches Planen ist Ordnen und Gestalten im Raum. Dabei entsteht Neues, oder Bestehendes wird erneuert. Um ihre Aufgaben erfüllen zu können, bedient sich die Stadtplanung des Instrumentes der Bauleitplanung. Die rechtlichen Grundlagen enthalten das Baugesetzbuch (BauGB) und die Vorschriften über die Darstellungen und Festsetzungen in den Bauleitplänen sowie über die Ausarbeitung der Bauleitpläne.

1.6) Christaller; Die zentralen Orte in Süddeutschland
1.7) Schmidt-Relenberg; Soziologie und Städtebau

2.0 GRUNDSÄTZE DES BEBAUUNGSPLANES

2.1 ZWECK DES BEBAUUNGSPLANES

Das Baugesetzbuch übernimmt die Zweiteilung der Bauleitplanung aus dem Bundesbaugesetz. Danach unterscheidet man zwei Bauleitpläne:

Flächennutzungsplan FNP

— den Flächennutzungsplan (vorbereitender Bauleitplan) und

Bebauungsplan BBP

— den Bebauungsplan (verbindlicher Bauleitplan)

Mit der formalen Unterscheidung bleibt auch die inhaltliche und rechtliche bestehen.

„Informelle Planungen"

Infolge der inhaltlich und rechtlich vorgegebenen Lücken zwischen dem Flächennutzungsplan und den Bebauungsplänen haben in den vergangenen Jahren „informelle Planungen" einen unverzichtbaren Platz zwischen diesen beiden Bauleitplänen in der Planungspraxis eingenommen. Das Baugesetzbuch berücksichtigt diesen Sachverhalt mehr als das Bundesbaugesetz.

Rahmenplan (§ 140 BauGB)

So können Planungen mit informellem Charakter bei der Beteiligung der Bürger (§ 3 Abs. 1 BauGB), bei der Ausübung des besonderen Vorkaufsrechts (§ 25 Abs. 1 BauGB) und der Zulässigkeit von Vorhaben während der Planaufstellung (§ 33 Abs. 2 BauGB) eingesetzt werden. Bei der Vorbereitung von Sicherungsmaßnahmen tritt der Rahmenplan gleichrangig neben die Bauleitplanung. Mit dem „einfachen Bebauungsplan" (§ 30 Abs. 2 BauGB) gibt der Gesetzgeber der Planung ein neues, rechtlich verankertes, vielfältig und variabel einsetzbares Planungsinstrument an die Hand.

Allgemeine Aufgaben

Der Bebauungsplan wird von der Gemeinde in Eigenverantwortung aufgestellt, sobald und soweit dies erforderlich ist (§ 2 Abs. 1 und 3 BauGB). Grundsätzlich hat der Bebauungsplan mit seinen Festsetzungen dazu beizutragen, eine geordnete städtebauliche Entwicklung und eine dem Wohl der Allgemeinheit entsprechende sozialgerechte Bodennutzung zu gewährleisten, eine menschenwürdige Umwelt zu sichern und die natürlichen Lebensgrundlagen zu schützen (§ 1 Abs. 5 BauGB). In Verfolgung seiner grundsätzlichen und seiner besonderen Zielsetzungen sind bei der Aufstellung eines Bebauungsplanes die öffentlichen und die privaten Belange gegeneinander und untereinander gerecht abzuwägen. Aufgrund der Rechtsprechung in den vergangenen Jahren ist dieses Abwägungsgebot bei der Planaufstellung besonders ernst zu nehmen (§ 1 Abs. 6 BauGB).

Abwägungsgebot

Mit seinen Rechtsaussagen bildet der Bebauungsplan die Grundlage für weitere zum Vollzug dieses Gesetzes erforderliche Maßnahmen.

Zu den weiteren Maßnahmen zählen:

Folgemaßnahmen

Veränderungssperre
Allgemeines und besonderes Verkaufsrecht
Boden-Verkehrsgenehmigung
Umlegung
Grenzregelung
Enteignung
Erschließungsmaßnahmen
Erschließungsbeitrag
Baugenehmigung
Ausnahmen und Befreiungen
Entschädigung

In der Regel besteht der Bebauungsplan aus folgenden Teilen:

Teile des Bebauungsplanes

— Zeichnerischer Teil, der die notwendigen Festsetzungen nach den §§ 30 und 9 BauGB enthält, Maßstab 1:500

— Längenschnitte der Planstraßen, Maßstab 1:500/1:100

— Bebauungsvorschriften

Beigefügt sind:

— Übersichtsplan, Maßstab 1:5000
— Gestaltungsplan, Maßstab 1:500
— Regelschnitte, Maßstab 1:200
— Begründung
— Modell

2.2 PLANUNGSUNTERLAGEN

Nach der Planzeichenverordnung (PlanzV 90) sind für die Bauleitpläne Karten zu verwenden,

> „die in Genauigkeit und Vollständigkeit den Zustand des Planungsgebietes in einem für den Planinhalt ausreichenden Grade erkennen lassen. Die Maßstäbe sind so zu wählen, daß der Inhalt der Bauleitpläne eindeutig dargestellt oder festgesetzt werden kann." (§ 1 Abs. 1 PlanzV)

Den Anforderungen an die Genauigkeit der Karten für den Bebauungsplan genügen nur die sogenannten „amtlichen Karten", die Flurkarten. Hier handelt es sich um Karten, die von den Landesvermessungsämtern oder den städtischen Vermessungsdienststellen erworben werden können oder die in besonderen Fällen von einem staatlich anerkannten Ingenieurbüro für Vermessungswesen angefertigt werden dürfen.

Flurkarten

Für Bebauungspläne, die parzellenscharf sein müssen, haben sich Flukarten in den Maßstäben 1:500 oder 1:1000 als geeignet erwiesen. Sie sollen

- die Flurstücke mit ihren Grenzen und Bezeichnungen in Übereinstimmung mit dem Liegenschaftskataster,
- die vorhandenen baulichen Anlagen, die Straßen, Wege und Plätze enthalten. Die Übereinstimmung mit dem Liegenschaftskataster soll gewährleisten, daß die in den Planungsunterlagen eingetragenen Grenzen und Bezeichnungen der Flurstücke urkundsmäßig erfaßt und richtig sind.

Geländehöhe
Höhenschichtlinie
Höhenkoten

Nach dem Planzeichenerlaß für das Land Baden-Württemberg kann von der Angabe der Geländehöhen mit Rücksicht auf die topographisch überwiegend stark differenzierte Geländestruktur nicht abgesehen werden. Die jeweilige Geländehöhe wird in Höhenkoten oder durch Höhenschichtlinien dargestellt. Die Höhenschichtlinien sollten einen Abstand von höchstens 1,0 m haben. Angaben zu den Geländehöhen sind in den Flurkarten nicht enthalten. Sie müssen durch terrestrische Vermessungen oder photogrammetrische Auswertungen gewonnen werden. In jedem Falle sind die Planungsunterlagen auf ihre Vollständigkeit zu überprüfen und, soweit erforderlich, fortzuschreiben.

In Altbaugebieten mit großer Bebauungsdichte und stark differenzierter Bebauung sowie in Sanierungsgebieten reicht der Kartenmaßstab 1:500 nicht aus. Hier ist die Ablesbarkeit der Festsetzungen in Beziehung zum Baubestand äußerst wichtig. Ungenauigkeiten können weitreichende und kostspielige Folgen nach sich ziehen. Aus diesem Grunde wird in solchen Fällen eine Karte im Maßstab 1:200 verwendet.

Katasterkarten, Flurkarte 1:500 (FK 5)

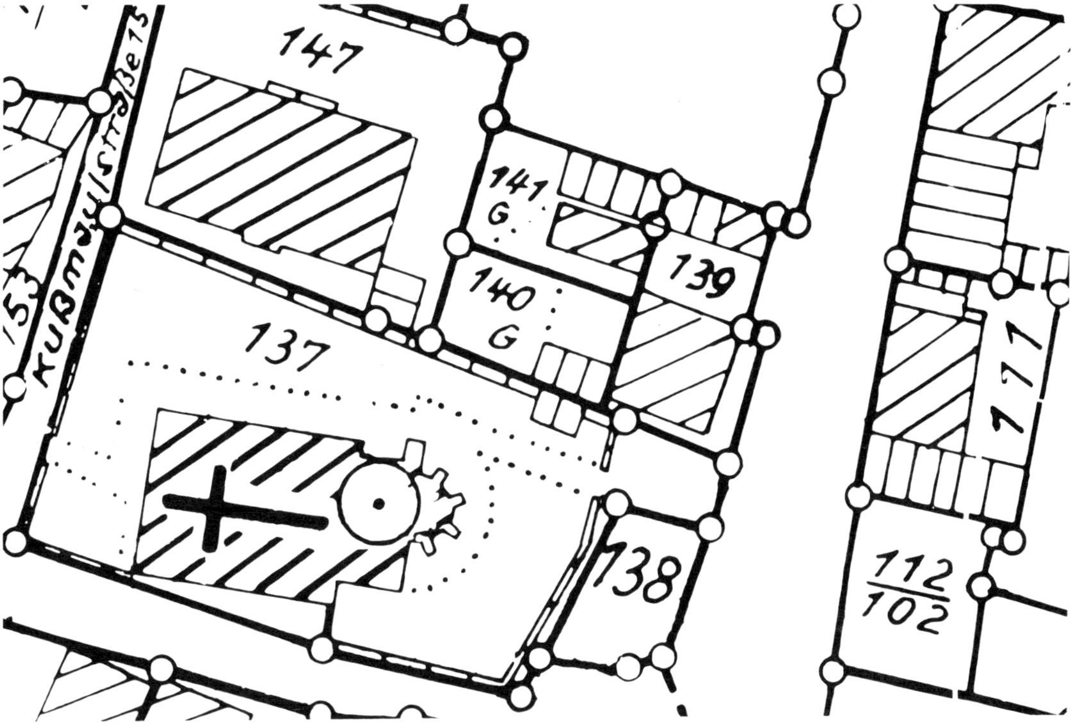

Photogrammetrische Höhenauswertung

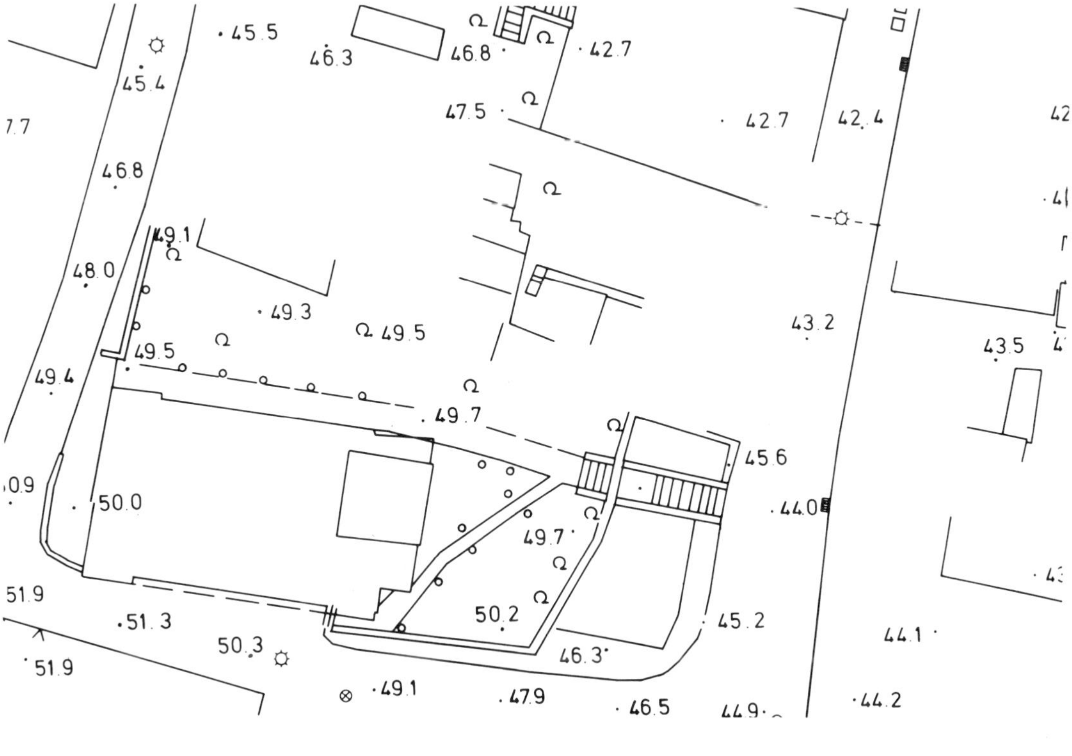

3.0 KONZEPTION DES BEBAUUNGSPLANES

3.1 PLANUNG UND PLANAUFSTELLUNG

Die Bauleitplanung gehört nach § 2 (1) BauGB zu den weisungsfreien Pflichtaufgaben der Gemeinden. Sie haben einen Bebauungsplan dann aufzustellen, sobald und soweit es für die städtebauliche Entwicklung und Ordnung erforderlich ist. Anhaltspunkte für das Erfordernis zur Planaufstellung ergeben sich u. a. aus der Nachfrage nach Bauland, dem Umfang des Bodenverkehrs, dem Grad der Bautätigkeit oder aus der Notwendigkeit, städtebauliche Mißstände zu beseitigen. Planung und Aufstellung eines Bebauungsplanes sind zwei Vorgänge, die nach Aufgaben und Inhalten unterschiedlicher Natur sind. Die Abläufe sind jedoch engstens miteinander verknüpft.

Planungserfordernis

Planung

Zu den Aufgaben der Planung gehören:

> das Ordnen und Gestalten im Raum, das Umsetzen von Ordnungssystemen, Raum- und Gestaltungsvorstellungen in konkrete und nutzungsbestimmte Planinhalte und Rechtsaussagen. Diese wiederum bilden die Grundlage für den Vollzug der Planung.

Planaufstellung

Aufgabe der Planaufstellung ist es:

> diese Inhalte der Planung in aufeinander abgestimmten Schritten zur Rechtskraft zu führen. Nach dem Willen des Gesetzgebers regeln die §§ 2, 3, 4, 10, 11, 12 und 13 BauGB die einzelnen Verfahrensschritte und -inhalte für die Planaufstellung oder Änderung eines Bebauungsplanes. An diesem Verfahren sind die Bürger und die Träger öffentlicher Belange zu beteiligen.

Anpassung an Raumordnung und Landesplanung

Die Bauleitpläne sind dabei den Zielen der Raumordnung und der Landesplanung anzupassen (§ 1 Abs. 4 BauGB).

System und Instrumente der Planung

Rechtsgrundlage Träger der Planung	Planungsinstrument
Raumordnungs- gesetz (ROG) Bund	Raumordnungsbericht des Bundes
Landesplanungs- gesetz (LaplaG) Bundesländer	Landesentwicklungsplan (LEP) Landesentwicklungsbericht Landesentwicklungsprogramm
Landesplanungs- gesetz Regionalverband	Regionalplan, Landschaftsrahmenplan Regionaler Raumordnungsbericht
Nachbarschafts- verbandsgesetz (NverbG) Nachbarschafts- verband	Gemeinsamer Flächennutzungsplan Gemeinsamer Landschaftsplan
Baugesetzbuch (BauGB) Baunutzungsver- ordnung (BauNVO) Planzeichenver- ordnung (PlanzV) Landesbauordnung (LBO) Gemeinde Planungsverband	Bauleitplanung Flächennutzungsplan (FNP) Bebauungsplan (BBP) Einfacher Bebauungsplan (EBBP) Rahmenplan (RP) Landschaftsplan (LP) Grünordnungsplan (GP) Örtliche Bauvorschriften
Bebauungsplan (BBP)	Veränderungssperre Allgemeines Vorkaufsrecht Bodenordnung Erschließung
Landesbauordnung LBO Bauherr	Bauantrag und Bauvorlagen (Lageplan)

Schritte der Planung

Die Planung läuft in aufeinander abgestimmten Schritten ab. Dazu zählen:

- Klären der Aufgabenstellung

  Festlegen des räumlichen Geltungsbereichs und Zusammenstellen einer Übersicht der hierfür vorgesehenen bestehenden örtlichen und überörtlichen Planungen.
  Formulieren von Entscheidungshilfen für die Auswahl anderer an der Planung fachlich Beteiligter.
  Überprüfen, inwieweit der Bebauungsplan aus dem Flächennutzungsplan erarbeitet werden kann.
  Ortsbesichtigung

- Ermitteln der Planvorgaben

Bestandsaufnahme

Bestandsaufnahme
Ermitteln des Planungsbestandes von Gemeinde und Trägern öffentlicher Belange.
Ermitteln des Zustandes im Planungsbereich:

  Merkmale der Landschaft: Topographie, Vegetation, Wasser, Klima
  Merkmale der Siedlung:
  Art der Nutzungen und ihre funktionalen und räumlichen Vernetzungen
  Bauformen, Bauweisen, Bebauungsweisen
  Platz-, Straßen- und Freiräume und ihre Abfolgen
  Verkehrsflächen, ihre Art der Nutzung und Netzzusammenhänge
  Ver- und Entsorgungsanlagen
  Schutzflächen
  Baugrund
  Eigentumsverhältnisse
  Begehungen, Kartierungen, Beschreibungen
  Aufnehmen von Äußerungen der Bewohner

Analyse

Analyse des in der Bestandsaufnahme ermittelten und beschriebenen Zustandes:
  Gestaltungsmerkmale des Landschafts- und Ortsbildes (Ortsbildanalyse)
  Störfaktoren
  Abgrenzung unverzichtbarer Schutzflächen
  Verfügbarkeit des Grund und Bodens
  Bindungen aus den Planungen und Maßnahmen der Träger öffentlicher Belange
  Erschließungsfähigkeit

- Vorläufige Planfassung

Vorentwurf

Grundsätzliche Lösung der wesentlichen Teile der Planungsaufgabe in zeichnerischer Darstellung mit Begründung sowie Alternativen.

Bei diesem Entwurfsvorgang werden Baugrundstücksflächen, überbaubare Flächen mit unterschiedlichen Nutzungen und öffentliche Verkehrsflächen in Bebauungsweisen geordnet und zusammen mit den Grundstücksflächen für Einrichtungen des Gemeinbedarfs, der technischen Ver- und Entsorgung sowie Grün- und Schutzflächen zu einem einheitlichen Ganzen gefügt. Die Grundzüge der räumlichen Gestaltung und der Grünordnung werden festgelegt. Das Ergebnis ist ein umfassendes Bebauungs- und Erschließungssystem einschließlich der Grundzüge für die beabsichtigte räumliche Gestaltung.

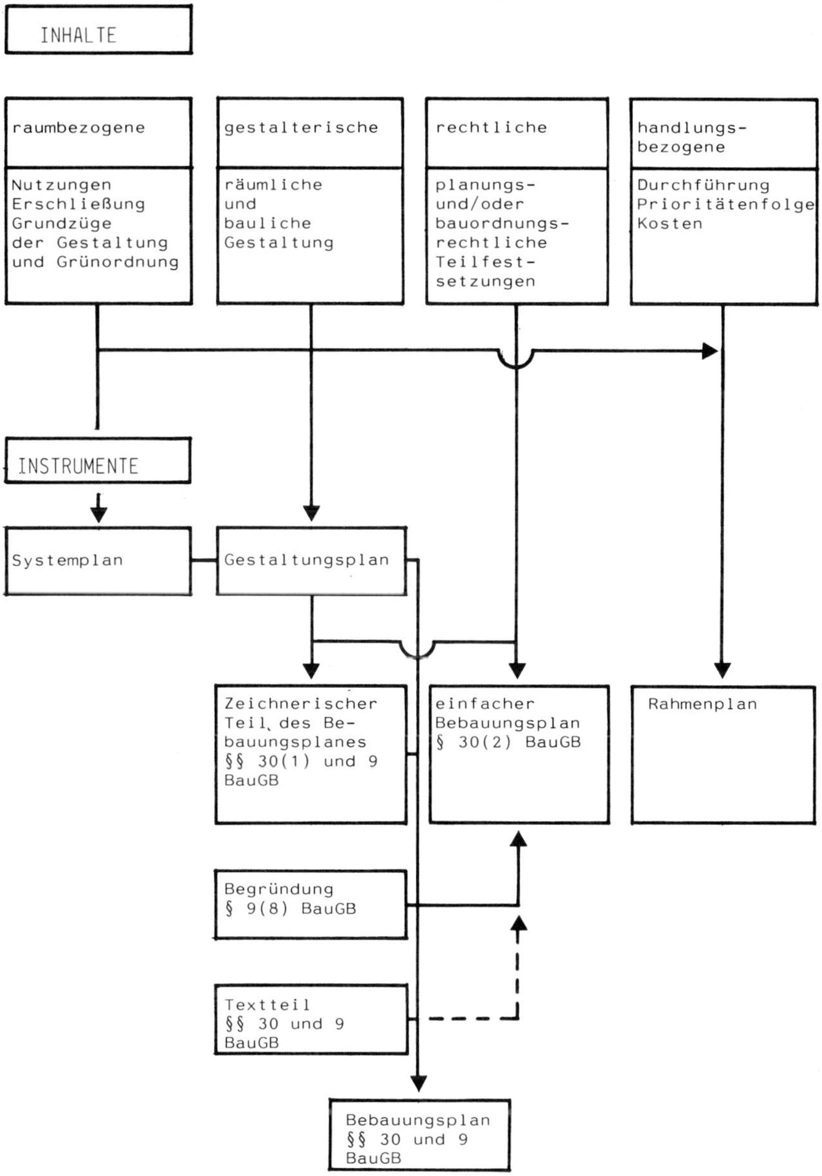

Die Instrumente dieser Planungsstufe sind vielgestaltig. Planart und Inhalt richten sich nach dem Zweck der Planung, dem gewünschten Informationsgrad und der beabsichtigten Weiterentwicklung.

Systemplan

Dieser enthält Aussagen zur städtebaulich strukturellen Ordnung eines Planungsgebietes und zu den Grundzügen der räumlichen Gestaltung. Er ist frei von städtebaulich-gestalterischen Detailaussagen und eignet sich dadurch in besonderem Maße für das Aufzeigen der Grundsätze einer Planung und für die vergleichende Darstellung von Alternativen.

Er kann zu einem städtebaulichen Gestaltungsplan weiterentwickelt werden. Bei größeren Planungsgebieten veranschaulicht er die strukturellen und räumlichen Gesamtzusammenhänge und schafft damit gesicherte Grundlagen für die weitere Bearbeitung eines Teilgebiets bis zur Bebauungsplanreife. Mit seinem informellen Charakter eignet er sich auch für die Unterrichtung der Bürger, der Mandatsträger und der Träger öffentlicher Belange, für die Beurteilung von Bauvorhaben während der Planaufstellung oder solcher Bauvorhaben, die in einem im Zusammenhang bebauten Ortsteil verwirklicht werden sollen. Er ist ein Planungsinstrument zur Vorbereitung von Sanierungsmaßnahmen bei Grobanalysen oder bei den vorbereitenden Untersuchungen.

Städtebaulicher Gestaltungsplan

Die städtebaulich freiräumliche und die bauliche Gestaltung zählen zu seinen Inhalten. So werden die bestehenden und die geplanten Baukörper mit den Dachdraufsichten dargestellt. Alle öffentlichen Verkehrsflächen werden nach den Nutzungsansprüchen und den Funktionen detailliert. Die Besonderheiten der Grünordnung auf den öffentlichen und privaten Freiflächen werden herausgearbeitet, wie Baumstandorte, Busch- und Heckenpflanzungen, Wegeführungen.

Er bildet die Grundlage für die planungsrechtlichen Festsetzungen im zeichnerischen Teil des Bebauungsplans. Dem Bebauungsplan wird er beigefügt.

Entsprechend dem gewünschten Informationsgrad, wird der städtebauliche Gestaltungsplan im gleichen Maßstab (1:500) wie der zeichnerische Teil eines Bebauungsplanes dargestellt. Sollen die städtebaulichen Detailaussagen aber noch verfeinert und anschaulicher werden oder stoßen sich die baulichen oder sonstigen Vorgaben für eine Planung hart im Raum, so ist der Maßstab 1:200 zu wählen. Vielfach wird der Inhalt des Gestaltungsplans durch Systemgrundrisse der baulichen Anlagen und durch Regelschnitte ergänzt.

Der städtebauliche Gestaltungsplan enthält die Summe aller gestalterischen Vorstellungen für eine städtebauliche Planung.

Der einfache Bebauungsplan nach § 30 (2) BauGB ist ein Bauleitungsplan, der planungs- und bauordnungsrechtliche Teilfestsetzungen enthält. Er ist gleichermaßen qualifiziert wie der Bebauungsplan nach § 30 (1) BauGB, mit dem Unterschied jedoch, daß er nur ganz bestimmte, von Fall zu Fall festzulegende Rechtsaussagen aufnimmt. Mit seinen Teilfestsetzungen eignet er sich in besonderem Maße für die Steuerung und Koordinierung von Baumaßnahmen innerhalb der im Zusammenhang bebauten Ortsteile (§ 34 BauGB). Anstelle des Bebauungsplans nach § 30 (1) BauGB ist er auch für die Vorbereitung und Durchführung von Sanierungsmaßnahmen geeignet.

Einfacher Bebauungsplan § 30 (2) BauGB

Im Rahmenplan sind raumbezogene, gestalterische und handlungsbezogene Aussagen in einem Planwerk zusammengefaßt. Mit der Ergänzung durch die handlungsbezogenen Aussagen verliert der Rahmenplan den weitgehend statischen Charakter der Bauleitpläne. Er wird zur Handlungsanweisung.

Rahmenplan

Die handlungsbezogenen Aussagen enthalten u. a. Angaben über die:

Durchführung, Prioritätenfolge und Kosten der Planung.

Aufgrund dieser Inhalte ist es nicht verwunderlich, daß der Rahmenplan seit der rechtlichen Normierung der städtebaulichen Planung durch das Bundesbaugesetz neben den Bauleitplänen als Planungsinstrument verwendet wird. Im § 140 BauGB wird die Rahmenplanung gleichrangig neben die Bauleitplanung gestellt.

- Endgültige Planfassung

  Entwurf des Bebauungsplans nach den §§ 30 und 9 BauGB (zeichnerischer Teil und Textteil).
  Beipläne wie: Städtebaulicher Gestaltungsplan
  Regelschnitte
  Grünordnungsplan
  Fachplanungen für Straßenbau, Kanalisation, Wasser-/Gas-/Elektrizitätsversorgung

Entwurf Zeichnerischer Teil und Textteil des BBP

- Genehmigungsfähige Planfassung

  Sie ist das Ergebnis eines Abwägungsprozesses über die während der Planaufstellung vorgetragenen Bedenken und Anregungen. Vom Gemeinderat wird sie als Satzung beschlossen und ist für die Vorlage zur Genehmigung bestimmt.

PLANUNG	PLANAUFSTELLUNG
	Aufstellungsbeschluß
	Der Gemeinderat beschließt, für ein räumlich begrenztes Gebiet einen Bebauungsplan aufzustellen. § 2 Abs.1 BauBG.
	Ortsübliche Bekanntmachung des Aufstellungsbeschlusses. § 2 Abs.1 BauGB.
Klären der Aufgabenstellung	
Ermitteln der Planungsvorgaben	
Vorläufige Planfassung (Vorentwurf)	
	Beratung in den kommunalen Gremien
	Beteiligung der Bürger Darlegung der Allgemeinen Ziele und Zwecke der Planung, Planungsalternativen, Auswirkungen der Planung. Unterrichtung und Erörterung. § 3 Abs.1 BauGB.
	Beteiligung der Träger öffentlicher Belange. § 4 Abs.1 und 2 BauGB.
	Abstimmung der Planung mit den benachbarten Gemeinden. § 2 Abs.2 BauGB.
Überarbeitung der vorläufigen Planfassung als Ergebnis der Beteiligung von Bürgern, Trägern öffentlicher Belange und Nachbargemeinden	Beratung in den kommunalen Gremien

Endgültige Fassung

Billigung der endgültigen Planfassung durch den Gemeinderat

Auslegungsbeschluß

Der Gemeinderat beschließt, die endgültige Planfassung für die Dauer eines Monats öffentlich auszulegen. § 3 Abs.2 BauGB.

Ort und Dauer der Auslegung sind mindestens eine Woche vorher ortsüblich bekanntzumachen mit dem Hinweis darauf, daß Bedenken und Anregungen während der Auslegungsfrist vorgebracht werden können.

Behandlung der Bedenken und Anregungen durch sachgerechtes Abwägen der öffentlichen und privaten Belange gegeneinander und untereinander. § 1 Abs.6 BauGB.

Mitteilung der Ergebnisse oder Einsichtmöglichkeit in die Ergebnisse des Abwägungsprozesses. § 3 Abs.2 BauGB (mehr als 100 Personen mit B. und A. wesentlich gleichen Inhalts).

Änderung der Grundzüge der Planung
§ 3 Abs.3 BauGB.

Auslegungsbeschluß und Offenlage

Eingeschränkte Beteiligung der Betroffenen, soweit die Grundzüge der Planung nicht berührt werden.
§ 3 Abs.3 BauGB und
§ 13 Abs.1 BauGB.

Behandlung der erneut vorgetragenen Bedenken und Anregungen und sachgerechtes Abwägen der öffentlichen und privaten Belange gegeneinander und untereinander.
§ 1 Abs.6 BauGB.

Genehmigungs-
fähige
Planfassung

Satzungsbeschluß

Der Gemeinderat beschließt den Bebauungsplan als Satzung. § 10 BauGB, § 4 GemO.

Genehmigung des

Bebauungsplanes durch die höhere Verwaltungsbehörde.
§ 11 Abs.1 1.Halbsatz

- Der Bebauungsplan reicht aus, um die städtebauliche Entwicklung zu ordnen.
- Vorzeitiger Bebauungsplan.

Anzeige des

Bebauungsplanes bei der höheren Verwaltungsbehörde.
§ 11 Abs.1 2.Halbsatz

Inkrafttreten des Bebauungsplanes

Die Erteilung der Genehmigung oder die Durchführung des Anzeigeverfahrens ist ortsüblich bekanntzumachen (§ 12 BauGB). Der Bebauungsplan ist mit der Begründung zu jedermanns Einsicht bereitzuhalten; über den Inhalt ist auf Verlangen Auskunft zu geben. In der Bekanntmachung ist darauf hinzuweisen, wo der Bebauungsplan eingesehen werden kann. Mit der Bekanntmachung tritt der Bebauungsplan in Kraft. Die Bekanntmachung tritt an die Stelle der sonst für Satzungen vorgeschriebenen Veröffentlichung (§ 12 BauGB).

3.2 BEGRIFFE

Bezugsgrößen	Personen (P)
„Wohnung ist eine nicht nur zum Übernachten, sondern auch zum dauernden Aufenthalt während des Tages — zum Bewohnen — geeignete Einheit verschiedenartiger Räume.“ (VGH-Urt. v. 7.11. 74 — BRS 28,87 = BauR 75, 196) 3.1)	Wohnung (WE)
Flächen Gebiet innerhalb der Gemarkungsgrenzen. Räumlicher Geltungsbereich des FNP (§ 5 Abs. 1 BauGB).	Gemeindegebiet (ha)
Summe der Flächen eines besiedelten Gebietes. Dazu gehören u. a.: private für die Bebauung vorgesehene Flächen, Flächen für bauliche Anlagen und Einrichtungen des Gemeinbedarfs, öffentliche Verkehrsflächen, Flächen für Versorgungsanlagen, Grünflächen, Flächen für die Landwirtschaft und den Wald.	Bruttobauland (ha)
Summe der privaten für die Bebauung vorgesehenen Flächen.	Nettobauland (ha)
Fläche, die nach öffentlich-rechtlichen Vorschriften bebaut werden darf oder bebaut und im Grundbuch unter einer selbständigen Nummer eingetragen ist. Die Baugrundstücksfläche wird durch Grundstücksgrenzen begrenzt. Vordere Grundstücksgrenze. Sie schließt in der Regel an eine öffentliche Verkehrsfläche an und ist deckungsgleich mit der Straßenbegrenzungslinie. Seitliche und hintere Grundstücksgrenzen trennen Baugrundstücksflächen voneinander.	Baugrundstücksfläche (m^2, a)
Teil der Grundstücksfläche, der von baulichen Anlagen des Hochbaus entsprechend dem festgesetzten Maß der baulichen Nutzung in Anspruch genommen werden kann (§ 23 BauNVO).	Überbaubare Grundstücksfläche (m^2)
Teil der Grundstücksfläche, der von baulichen Anlagen des Hochbaus überdeckt wird.	Grundfläche (m^2)
Teil der Grundstücksfläche, der von baulichen Anlagen des Hochbaus nicht überdeckt wird. Die nicht überdeckte Fläche ist mit Ausnahme der Flächen für Stellplätze, der Arbeits- und Lagerflächen gärtnerisch anzulegen und zu unterhalten (§ 10 Abs. 1 LBO BW).	Freifläche (m^2)

3.1) Landesbauordnung für Baden-Württemberg
Kommentar 1985, § 37 Abschn. 2 Ziff. 3

Abstandsfläche (m^2)	Teil der Grundstücksfläche, der vor den Außenwänden von Gebäuden liegt und von oberirdischen baulichen Anlagen zur Sicherstellung einer ausreichenden Belichtung und Belüftung der Gebäude und des nachbarlichen Wohnfriedens freizuhalten ist (§ 6 LBO BW).
Geschoßfläche (m^2)	Bruttofläche von baulichen Anlagen des Hochbaus im Sinne von § 20 BauNVO.
Wohnfläche (m^2)	Nutzbare Grundfläche einer Wohnung nach DIN 283 (2).
Nutzfläche (m^2)	Nutzbare Grundfläche für Dienstleistungen, Gewerbe und Industrie nach DIN 283 (3).

Dichten

Dichten sind Verhältniswerte. Man unterscheidet zwei Arten von Dichtewerten:

- Personen oder Wohneinheiten werden in Beziehung gesetzt zu einer Flächeneinheit. Diese Dichtewerte werden zum Vergleich für die wirtschaftliche Ausnutzung des Grund und Bodens herangezogen.

Siedlungsdichte	$\frac{\text{Personen}}{\text{Gemeindegebiet}}$	$\left(\frac{P}{ha}\right)$
Bruttodichte	$\frac{\text{Personen}}{\text{Bruttobauland}}$	$\left(\frac{P}{ha}\right)$
Nettowohndichte	$\frac{\text{Personen}}{\text{Nettobauland}}$	$\left(\frac{P}{ha}\right)$
Nettowohnungsdichte	$\frac{\text{Wohnungen}}{\text{Nettobauland}}$	$\left(\frac{WE}{ha}\right)$

Personen werden in Beziehung gesetzt zu Wohneinheiten.

Belegungsziffer	$\frac{\text{Personen}}{\text{Wohneinheit}}$	$\left(\frac{P}{WE}\right)$

- Grund- und Geschoßflächen werden in Beziehung gesetzt zu einer Baugrundstücksfläche. Diese Dichtewerte bestimmen u. a. das Maß der baulichen Ausnutzung der Grundstücksflächen.

Grundflächenzahl (GRZ)	$\frac{\text{Grundfläche}}{\text{Baugrundstücksfl.}}$ (§ 19 BauNVO)	$\left(\frac{m^2}{m^2}\right)$
Geschoßflächenzahl (GFZ)	$\frac{\text{Summe d. Geschoßfl.}}{\text{Baugrundstücksfl.}}$ (§ 20 BauNVO)	$\left(\frac{m^2}{m^2}\right)$

Baurechtliche Begriffe (§ 2 Abs. 1—7 LBO BW)

Bauliche Anlagen

Bauliche Anlagen sind mit dem Erdboden verbundene, aus Baustoffen und Bauteilen hergestellte Anlagen. Als bauliche Anlagen gelten auch Aufschüttungen und Abgrabungen; Ausstellungs-, Abstell- und Lagerplätze; Camping- und Zeltplätze; Stellplätze.

Gebäude

Gebäude sind selbständig benutzbar überdeckte bauliche Anlagen, die von Menschen betreten werden können und geeignet sind, dem Schutz von Menschen, Tieren oder Sachen zu dienen.

Hochhäuser

Hochhäuser sind Gebäude, bei denen der Fußboden mindestens eines Aufenthaltraumes mehr als 22 m über der für das Aufstellen von Feuerwehrfahrzeugen notwendigen Fläche liegt.

Vollgeschosse

Vollgeschosse sind Geschosse, die mehr als 1,40 m über die festgelegte, im Mittel gemessene Geländeoberfläche hinausragen und mindestens 2,30 m hoch sind. Die Geschosse werden von Oberkante Fußboden bis Oberkante Fußboden der darüberliegenden Decke gemessen. Bei obersten Geschossen muß die Höhe von 2,30 m über mindestens $3/4$ der Grundfläche des darunterliegenden Geschosses vorhanden sein. Diese Geschosse werden von Oberkante Fußboden bis Oberkante Dachhaut gemessen.

Aufenthaltsräume

Aufenthaltsräume sind Räume, die zum nicht nur vorübergehenden Aufenthalt von Menschen bestimmt oder geeignet sind.

Stellplätze

Stellplätze sind Flächen im Freien, die dem Abstellen von Kraftfahrzeugen außerhalb der öffentlichen Verkehrsflächen dienen.

Garagen

Garagen sind ganz oder teilweise umschlossene Räume zum Abstellen von Kraftfahrzeugen.

3.3 BEBAUUNGSWEISEN — SYSTEMPLAN — GESTALTUNGSPLAN

Nach dem Landesrecht dürfen Gebäude nur dann errichtet werden, wenn das Grundstück nach öffentlich-rechtlichen Vorschriften bebaubar ist und das Grundstück in angemessener Breite an einer befahrbaren öffentlichen Verkehrsfläche liegt (§ 4 Abs. 1 LBO BW).

Zu den öffentlich-rechtlichen Vorschriften, die die Bebaubarkeit regeln, zählen u. a.:

- die bebauungsplanmäßigen Festsetzungen nach den §§ 30 und 9 BauGB
- die Erschließung und die Erschließungspflicht der Gemeinde nach § 123 BauGB

— die Landesbauordnung
— das Bundesfernstraßengesetz
— das Naturschutz- und Denkmalschutzgesetz
— das Wasserhaushaltsgesetz

befahrbare öffentliche Verkehrsfläche

Die bebauungsplanmäßigen Festsetzungen sind dazu bestimmt, die städtebauliche Ordnung sicherzustellen. Sie bilden nach § 8 BauGB die Grundlage für alle Folgemaßnahmen. Zu diesen Maßnahmen zählen u. a. die Erschließung im allgemeinen und die verkehrliche Erschließung des Baugrundstücks im besonderen. Dabei genügt es nicht, daß das Grundstück nur an einer öffentlichen Verkehrsfläche liegt, sondern „... daß der Benutzung der Straße durch den Verkehr von und zum Grundstück weder tatsächliche noch rechtliche Hindernisse entgegenstehen." 3.2)

Dimensionierung und Befestigung müssen also so gewählt sein, daß die Verkehrsflächen von Versorgungs- und Rettungsfahrzeugen ungehindert benutzt werden können. Aber auch der Verkehr von Nutzern und Besuchern muß in rechtlicher Hinsicht möglich sein. Oberflächlich besehen könnte der Eindruck entstehen, daß diese Verkehrsflächen nur im Sinne des Trennungsprinzips zumindest als Anliegerstraße ausgebildet sein müssen. Dem ist nicht so. Auch Wohnwege sind als technisch und rechtlich ausreichende Verkehrsflächen anzusehen, „.. wenn keine Bedenken wegen des Brandschutzes bestehen." 3.3)

Ordnen und Gestalten

Städtebauliches Planen bedeutet Ordnen und Gestalten im Raum und als Ergebnis dieses Prozesses das Festlegen von Rechtsaussagen. Sie stellen die Normen dar, innerhalb derer sich öffentliches und privates Handeln entwickeln und vollziehen kann. Inhalt des Handelns ist das Errichten oder Ändern von Gebäuden. In besonderen Fällen können diese Normen auch Gebote zum Handeln aussprechen, z. B. ein Baugebot (§ 176 BauGB) oder ein Abbruchgebot (§ 179 BauGB).

Zuordnen von Planungselementen

§ 30 BauGB nennt u. a. zwei Planungselemente, die in einem städtebaulichen Planungsprozeß einander zugeordnet werden müssen. Es sind dies:
— die überbaubare Grundstücksfläche
  und
— die örtliche Verkehrsfläche.

Die überbaubaren Grundstücksflächen sind, wie unter Ziffer 3.2 dargestellt, Teilflächen der Baugrundstücksflächen. Sie werden von den Grundflächen der baulichen Anlagen des Hochbaus in Anspruch genommen. Ihre Ergänzung finden sie in den Freiflächen.

3.2) Sauter, Landesbauordnung Baden-Württemberg § 4 Abs. 1 Ziffer 2.4
3.3) § 4 Abs. 1 LBO

Das Verhältnis zwischen baulich in Anspruch genommenen Flächen und den Freiflächen regelt das Maß der baulichen Nutzung. Diese Feststellung macht deutlich, daß die Bestimmung von Lage und Größe der überbaubaren Grundstücksflächen ohne eine Vorstellung über die Art der Wohnformen zum Beispiel nicht möglich ist. Beide Flächenanteile, überbaubare Flächen und Freiflächen, bilden zusammen die Grundstücksflächen und in größerem Zusammenhang das Bauland.

Gestalt — Vorstellung

In diesem Planungsprozeß ist auch die besondere Art der baulichen Nutzung zu bestimmen. Sie kann dem Wohnen, Versorgen oder Arbeiten gewidmet sein.

Dementsprechend wird die Art der Nutzung als reines oder allgemeines Wohngebiet, Misch- oder Kerngebiet, Gewerbe-oder Industriegebiet festgelegt. Die §§ 2 - 11 BauNVO regeln die Zulässigkeit der Gebäude, Einrichtungen und Betriebe. Je nach der Art der Nutzung werden besondere Anforderungen an die Beschaffenheit der überbaubaren Grundstücksflächen und an das Verhältnis von überbaubaren Flächen zu den Freiflächen zu stellen sein. Aus diesen Anforderungen ergeben sich nutzungsspezifische Abhängigkeiten.

WOHNFORMEN

Gebäudetyp	Planungselement
Freistehendes Haus Einfamilienhaus Zweifamilienhaus Einfamilienhaus mit Einliegerwohnung	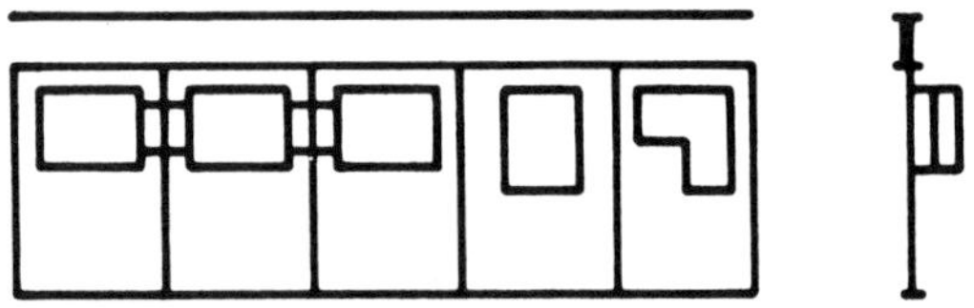
Reihenhaus Einfamilienhaus Zweifamilienhaus Einfamilienhaus mit Einliegerwohnung	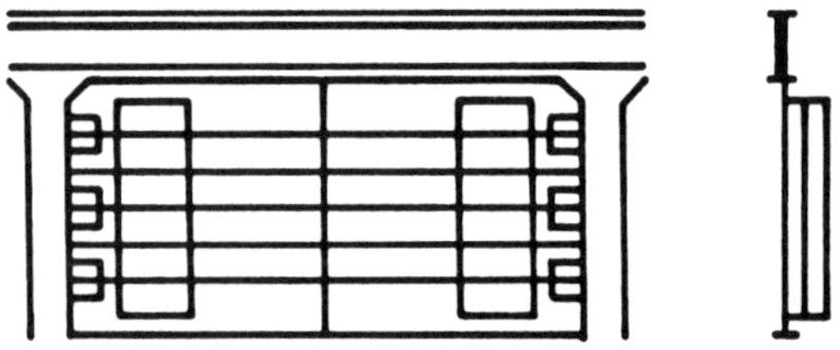
Reihenhaus	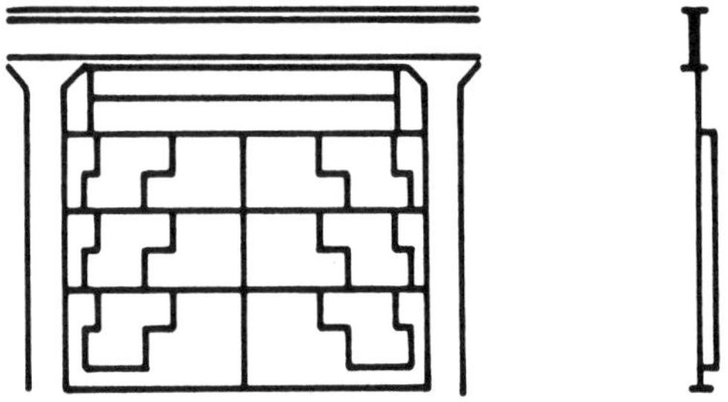
Atriumhaus	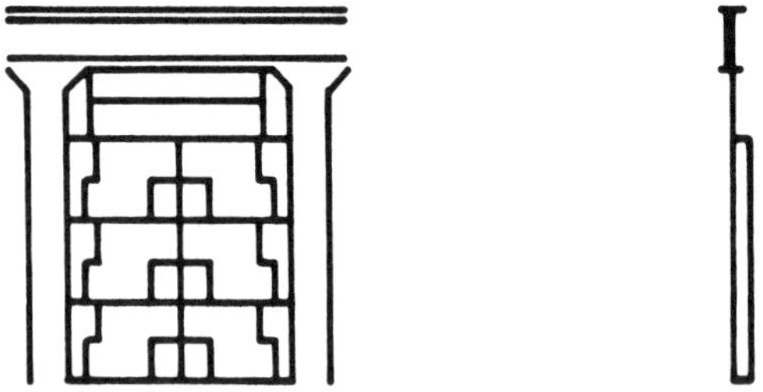

Gebäudetyp	Planungselement
Wohnzeile Mehrfamilienhaus Miet-/Eigentums- wohnungen	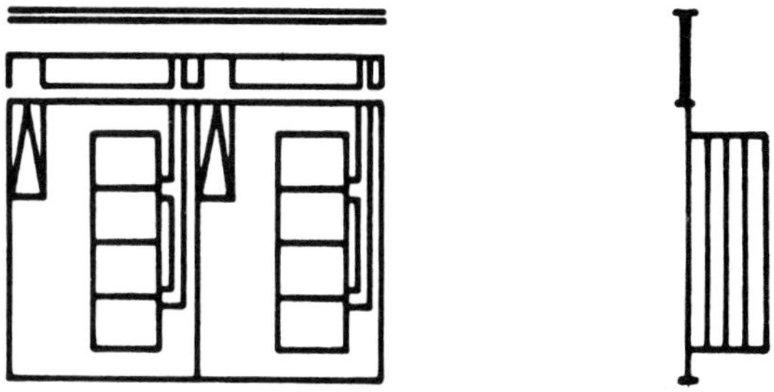
Punkthaus Mehrfamilienhaus Miet-/Eigentums- wohnungen	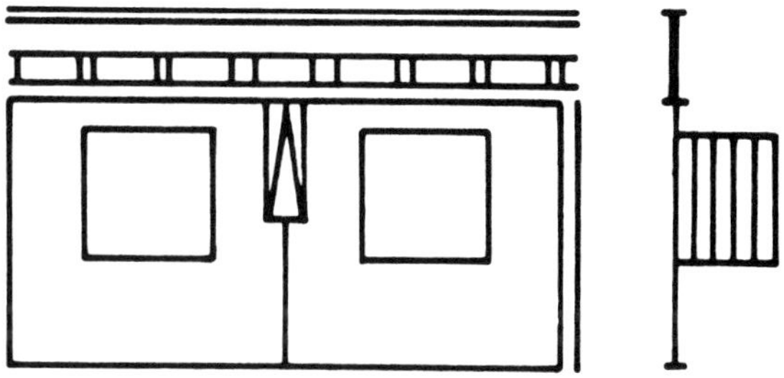
Terrassenhaus Mehrfamilienhaus Miet-/Eigentums- wohnungen	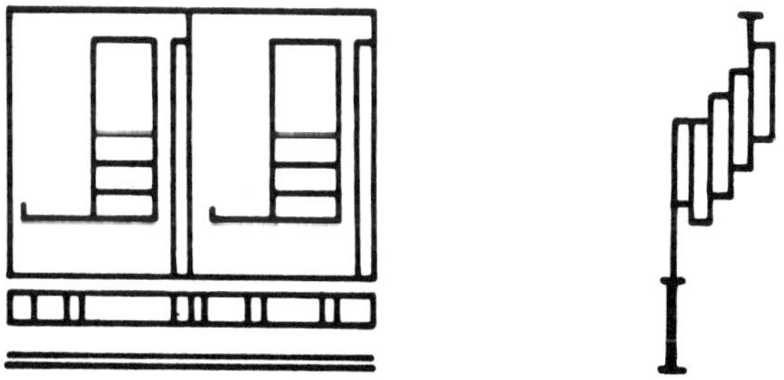
Wohnhügel Mehrfamilienhaus Miet-/Eigentums- wohnungen	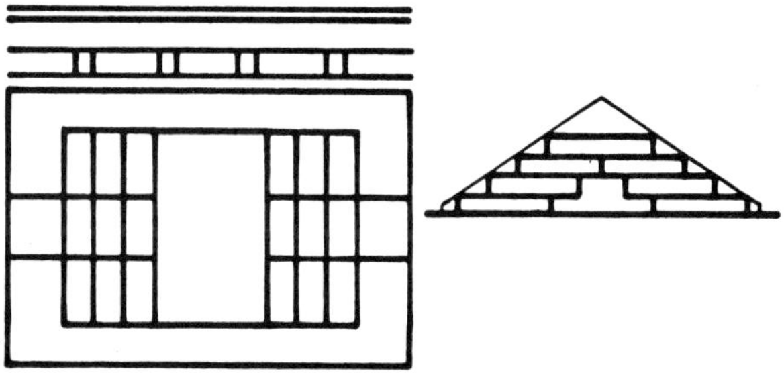

WOHNEN

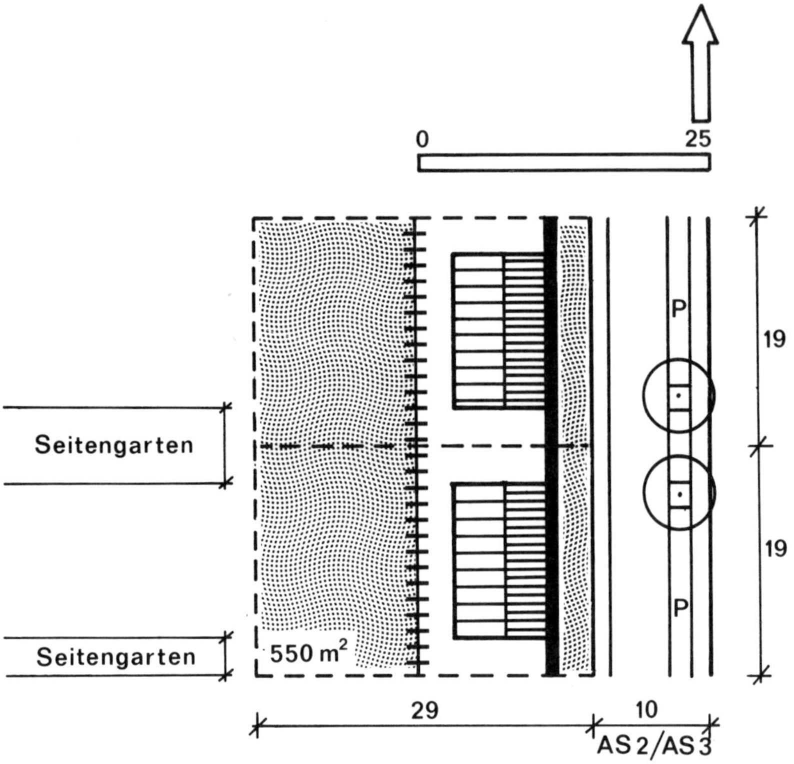

BEWERTUNG

Wohngarten/ Hausgarten	Überbaubare Grundstücksfläche	Vorgarten	öffentliche Verkehrsfläche
privat		Übergang öffentl.-privat	öffentlich

Individuelle Wohnwünsche	0
Grundstücksfläche	0
Wohngarten	0
Einblick	möglich
Lärmbelästigung	möglich

0 = befriedigend

Diese Art des Wohnens hat sich in der Nachkriegszeit bei einem großen Teil der Bevölkerung als eine optimale Wunschvorstellung herauskristallisiert. Mit ihr verbindet sich die Vorstellung vom Wohnen mit dem Grün, obwohl, wie die Bewertung zeigt, daß individuelle Wohnwünsche nur durchschnittlich befriedigt und bei der angenommenen Grundstücksgröße Belastungen durch Einblick und Lärm nicht ausgeschlossen werden können. Beides sind Kriterien, die heute einen hohen Stellenwert haben. Seitdem die Grundstücks-und Baupreise Ende der 70er und Anfang der 80er Jahre eine Größenordnung erreicht haben, die der Bürger vielfach nicht mehr aufbringen kann, ist der Ruf nach einem flächensparenden und kostengünstigen Bauen unüberhörbar geworden.

Wohnen

Planungs-
elemente

Baugrundstücksfläche

überbaubare Grundstücksfläche

Hauptwohnseite

öffentliche Verkehrsfläche

Stellplätze

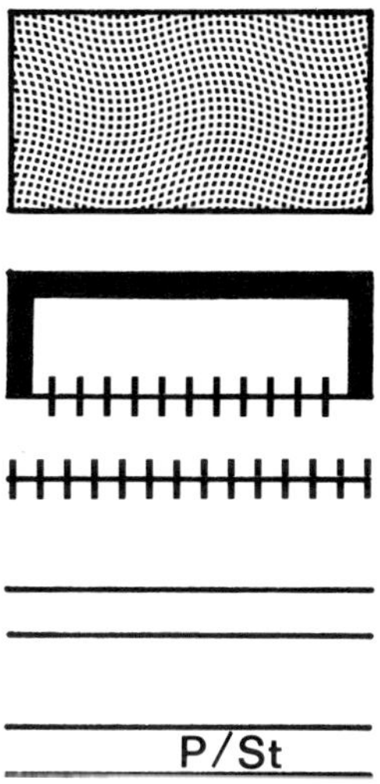

Die Planungselemente sind so einander zuzuordnen, daß jedes für sich und als einheitliches Ganzes seine Funktionen optimal erfüllen kann. Dabei ist das Ganze in seiner Wirksamkeit mit der Summe seiner Elemente nicht gleichzusetzen. Die Ergebnisse dieses Ordnungsprozesses sind Bebauungssysteme, die „Bebauungsweisen" genannt werden. Da die Zuordnung der Elemente jeweils artspezifisch ist, werden sie auch als Systemtypen bezeichnet.

Bewertungs-
kriterien

Bewertungskriterien für die Beurteilung der Systemtypen sind:

- Besonnung und Wohnruhe
- Räumliche/optische Verbindung der Aufenthaltsräume mit dem Wohngarten/Freiflächen
- Ausreichende Zahl an Stellplätzen auf den Grundstücksflächen oder in Gemeinschaftsanlagen

— Differenzierung der Verkehrsflächen nach Nutzungsansprüchen.
— Verkehrsberuhigende Maßnahmen
— Wirtschaftlichkeit

Die Bebauungsweisen können linear und in der Fläche addiert und kombiniert werden. Daraus entstehen Bebauungssysteme für den größeren Raum.

Randbebauungsweise

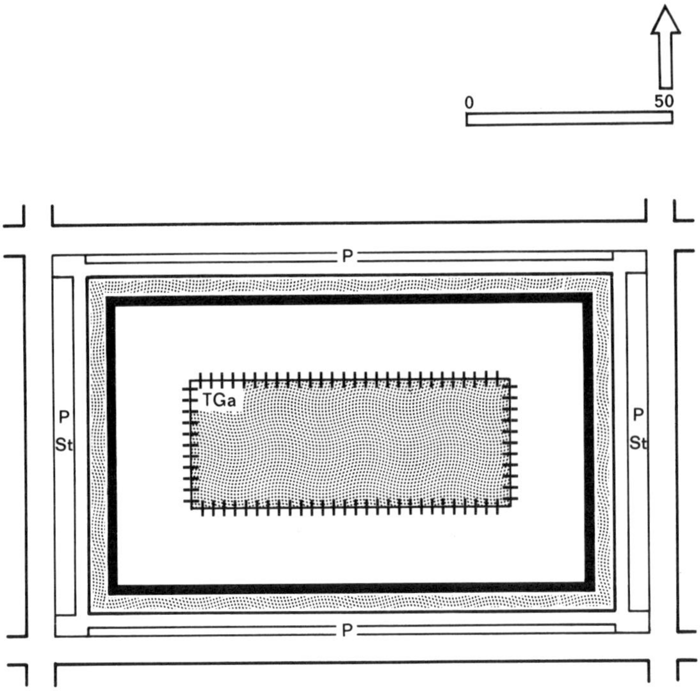

Engmaschiges, geometrisch geschlossenes Netz der öffentlichen Verkehrsflächen. Flächen für Stellplätze parallel dazu oder Garagen/Gemeinschaftsgaragen unterirdisch/überdeckt angelegt.

Überbaubare Grundstücksflächen parallel zu den öffentlichen Verkehrsflächen. Bebaubar mit ein- und mehrgeschossigen Wohnformen in offener oder geschlossener Bauweise.

Freiflächen in der Mittellage zusammengefaßt.

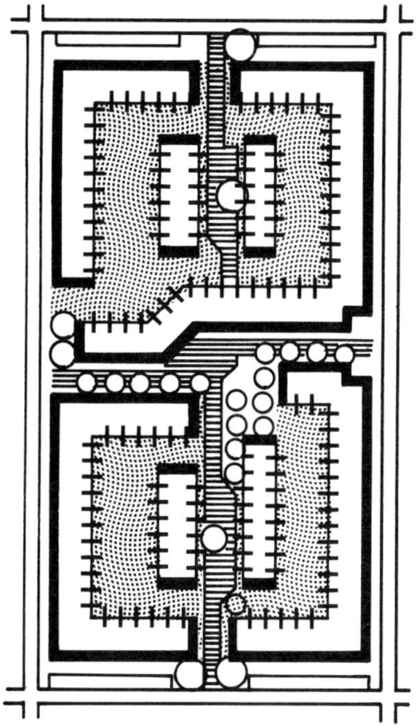

Erweiterte Randbebauungsweise

Großmaschig, geometrisch geschlossenes Netz der öffentlichen Verkehrsflächen. Differenziert nach Funktionen. Verkehrsberuhigende Maßnahmen im Innenbereich. Anliegerstraßen nach dem Mischungsprinzip. Erschließung und Aufenthaltsfunktion (AS 3/AS 4) oder Anliegerwege mit maßgebender Aufenthaltsfunktion. Nach Nutzungsansprüchen differenzierte Raumbildung.

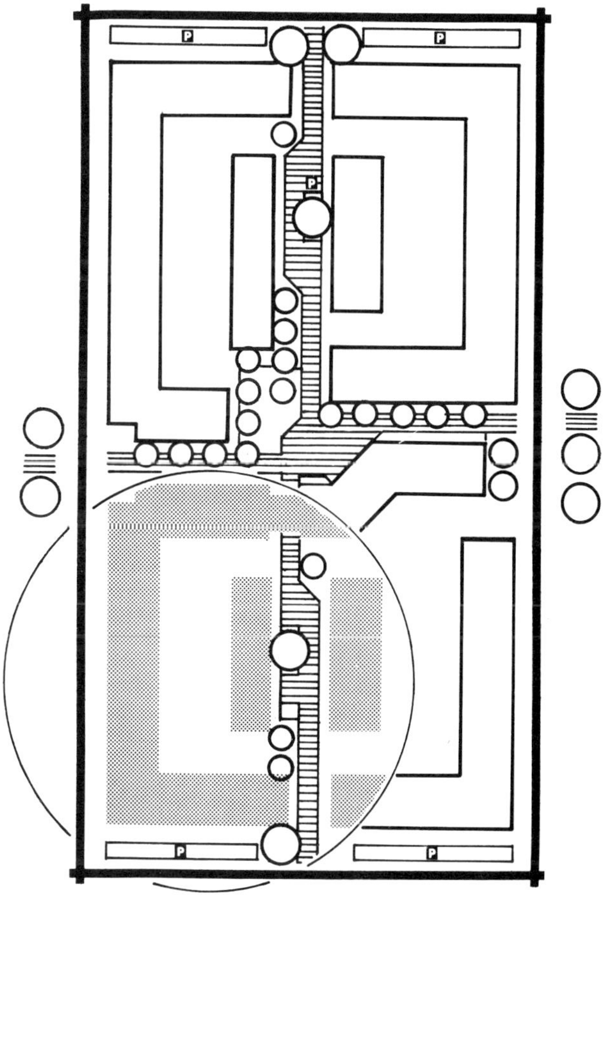

HISTORISCHE BEBAUUNGSWEISE

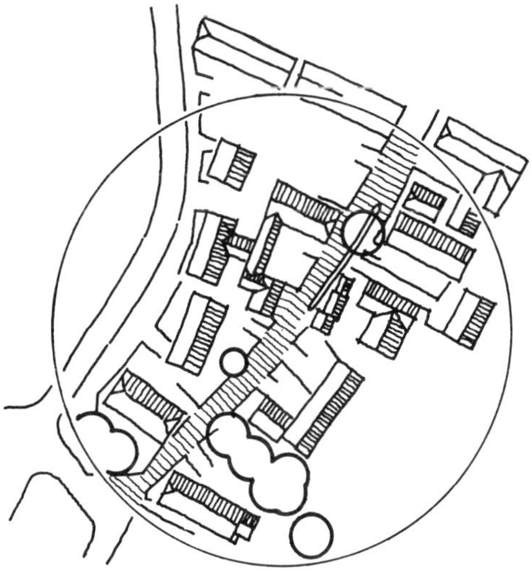

Zeilen-
bebauungsweise

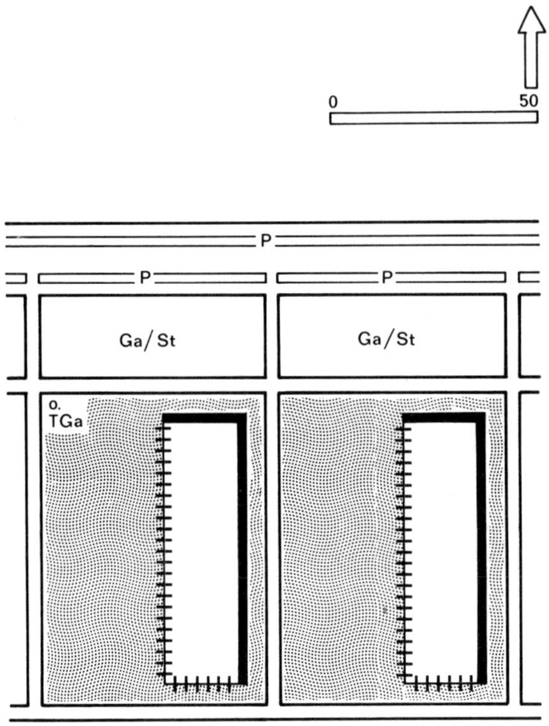

Großmaschig, geometrisch geschlossenes Netz der öffentlichen Verkehrsflächen. Flächen für Stellplätze und Garagen parallel dazu oder unterirdisch angelegt.

Überbaubare Grundstücksflächen senkrecht zu den öffentlichen Verkehrsflächen. Bebaubar mit ein- und mehrgeschossigen Wohnformen in offener oder geschlossener Bauweise.

Freiflächen mit den überbaubaren Flächen kammartig verzahnt.

Gekuppelte Zeilenbebauungsweise

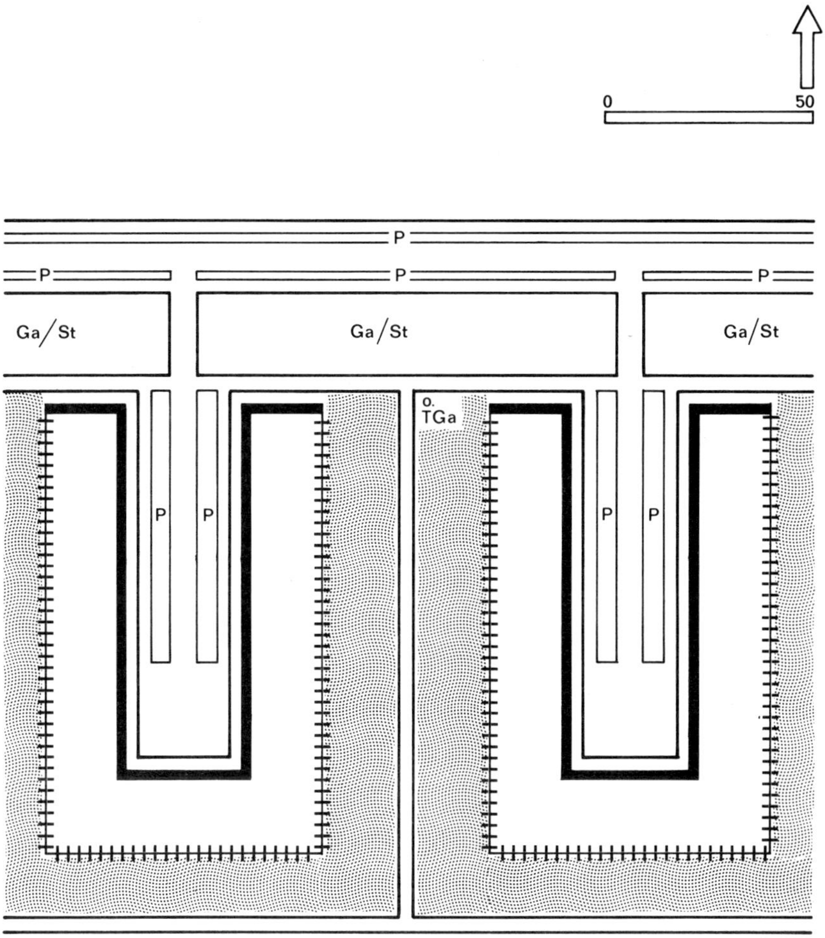

Großmaschig, geometrisch geschlossenes Netz der öffentlichen Verkehrsflächen. Anliegerstraßen/Anliegerwege erschließen die Tiefe des Baulandes. Flächen für Stellplätze und Garagen parallel dazu oder unterirdisch angelegt.

Die überbaubaren Grundstücksflächen sind den Anliegerstraßen/Anliegerwegen zugeordnet. Bebaubar mit ein- oder mehrgeschossigen Wohnformen in offener oder geschlossener Bauweise.

Freiflächen mit den überbaubaren Flächen kammartig verzahnt.

Bewertung Randbebauungsweise

Randbebauungsweise

Die Qualität von Besonnung und Wohnruhe ist abhängig von der Wahl der Wohnformen und der Bauweise. Wohn- und Schlafräume sollten, soweit als möglich, auf die in der Mittellage zusammengefaßten Freiflächen orientiert sein. Daraus ergibt sich, daß Stellplätze und Garagen im Anschluß an die Verkehrsflächen oder im Innenbereich nur unterirdisch/überdeckt angelegt sein können.

Die öffentlichen Verkehrsflächen sind nicht oder nur teilweise nach Nutzungsansprüchen zu differenzieren. Die parallel dazu angelegten Stellplätze reichen bei mehrgeschossigen Wohnformen zahlenmäßig nicht aus.

Die Mängel bei der traditionellen Randbebauungsweise können in einem erweiterten System weitestgehend ausgeglichen werden.

Zeilenbebauungsweise

Zeilenbebauungsweise

Besonnung und Belichtung sind für alle Wohnformen als gleichwertig und gut anzusehen. Im Gegensatz dazu kann Wohnruhe durch einen aktiven Lärmschutz (Garagen) nur eingeschränkt erreicht werden.

Die öffentlichen Verkehrsflächen sind nach Nutzungsansprüchen optimal differenziert. Stellplätze und Garagen werden parallel zu den Verkehrsflächen oder unter den Freiflächen angelegt. Jede andere Anordnung würde die Freiflächennutzung und die Wohnruhe empfindlich stören.

Gekuppelte Zeilenbebauungsweise

Gekuppelte Zeilenbebauungsweise

Sie ist aus der einfachen Zeilenbebauungsweise entwickelt. Ihre Vorzüge sind darin zu sehen, daß auch größere Baulandtiefen erschlossen werden können, ohne dabei auf Besonnung und Wohnruhe verzichten zu müssen.

Die öffentlichen Verkehrsflächen sind wie bei der Zeilenbebauungsweise nach Nutzungsansprüchen optimal differenziert. Die Stellplätze und Garagen werden parallel zu den öffentlichen Verkehrsflächen oder unterirdisch oder als überdeckte Gemeinschaftsgaragen im Bereich der Anliegerstraßen angeordnet.

Verdichtung und Mischung der Nutzungen

Grund und Boden ist keine Handelsware, die beliebig vermehrbar ist. Es ist vielmehr ein einmaliges Gut, auf dem auch künftige Flächenansprüche befriedigt werden müssen. Dabei ist mehr als in der Vergangenheit

Planungsziele

- „eine dem Wohl der Allgemeinheit entsprechende sozialgerechte Bodennutzung zu gewährleisten",
- „eine menschenwürdige Umwelt zu sichern und sind die natürlichen Lebensgrundlagen zu schützen und zu entwickeln". (§ 1 Abs. 5 BauGB)

Flächen- und kostensparendes Bauen Verdichtung

Beide Ziele der Bauleitplanung können nur dann erfolgversprechend angegangen werden, wenn sich die baulichen Anlagen des Hochbaus auf kleinere Grundstücksflächen beschränken. Das bedeutet eine größere Verdichtung. Hand in Hand mit der Ausweisung neuer Baulandflächen muß die Erneuerung und Sanierung bereits bebauter Flächen gehen.

Trennung der Nutzungen in der Vergangenheit

Ein weiteres Problem ist die über 20 Jahre in der städtebaulichen Nachkriegsentwicklung betriebene räumliche Trennung von verschiedenartigen Nutzungen. Sie basiert auf dem städtebaulichen Denkmodell der ausgehenden 20er Jahre, nach dem die Stadt in Funktionsbereiche zu gliedern sei. Dieses Stadtbaumodell, beschrieben in der Charta von Athen, war Vorbild für die „gegliederte und aufgelockerte Stadt" der späten 50er Jahre. Reine Wohnsiedlungen (Schlafstädte) und entvölkerte Stadtzentren waren die Folge. Ein wesentliches Element, das die Stadt und das städtische Leben in der Vergangenheit bestimmt hatte, die Mischung verschiedenartiger Nutzung, war verlorengegangen.

Die Baunutzungsverordnung setzt mit der Festlegung der besonderen Art der baulichen Nutzung den rechtlichen Rahmen für das Mischen unterschiedlicher Nutzungen.

Mischung nichtstörender Nutzungen

Zur Lösung beider Probleme — der Verdichtung und der Mischung unterschiedlicher Nutzungen — sind die bisher erarbeiteten und beschriebenen Bebauungsweisen weiterzuentwickeln. Das Wohnen in der Verdichtung ist nur bei einer Abkehr von den traditionellen Wohnformen und bei gleichzeitiger Minimierung der Freiflächenanteile erreichbar. Die Mischung unterschiedlicher Nutzungen kann z. B. geschoßweise erfolgen. Beide Entwicklungen führen zwangsläufig zu einer flächenhaften baulichen Ausnutzung.

Teppich-
bebauungsweise

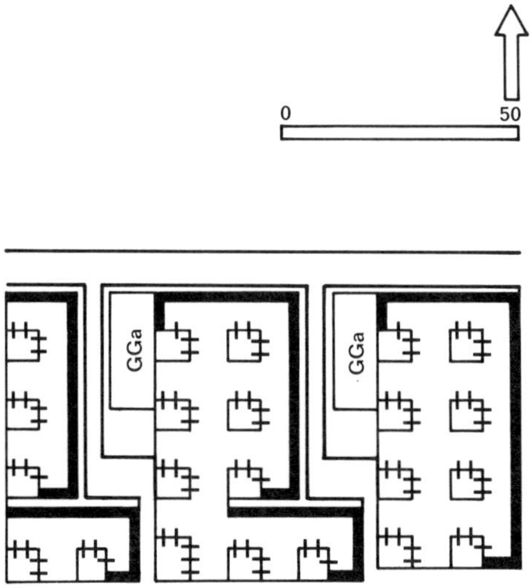

Großmaschig, geometrisch geschlossenes Netz der öffentlichen Verkehrsflächen. Anliegerwege erschließen die Tiefe des Baulandes. Flächen für Stellplätze und Garagen punktuell zusammengefaßt und am Anfang der Wohnwege angeordnet.

Die überbaubaren Grundstücksflächen/Grundflächen bedecken bis zu 60% der Baugrundstücksflächen. Gartenhof- und Atriumhaus.

Freiflächen fremder Sicht entzogen.

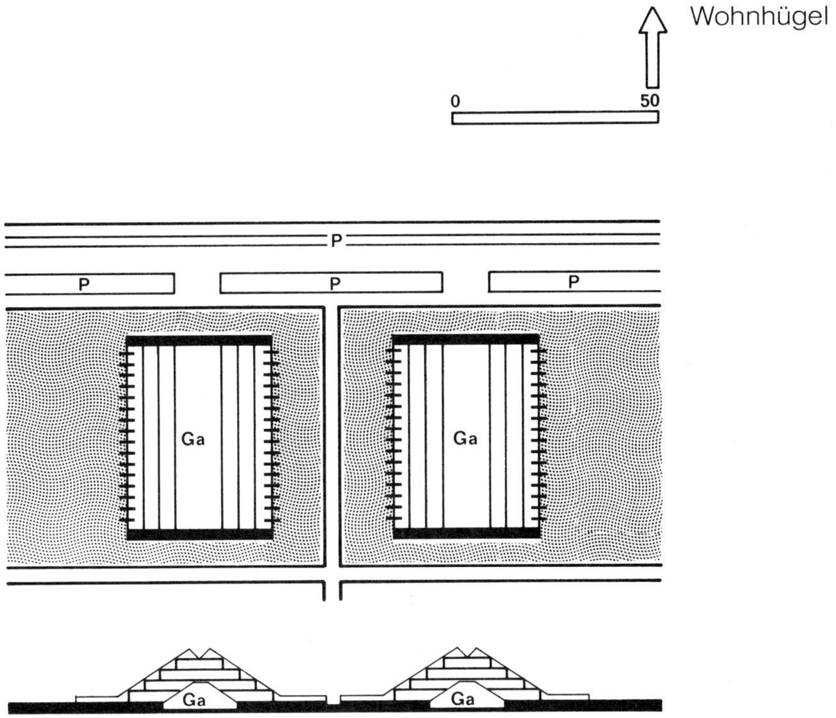

Großmaschig, geometrisch geschlossenes Netz der öffentlichen Verkehrsflächen. Stellplätze parallel zu den Verkehrsflächen.

Die überbaubaren Grundstücksflächen überlagern die privaten Verkehrsflächen. Sie sind geschoßweise hügelartig zurückgestuft. Garagen innerhalb der überbaubaren Grundstücksflächen.

Freiflächen mit den überbaubaren Flächen kammartig verzahnt.

Geschichtete Flächenbebauungsweise

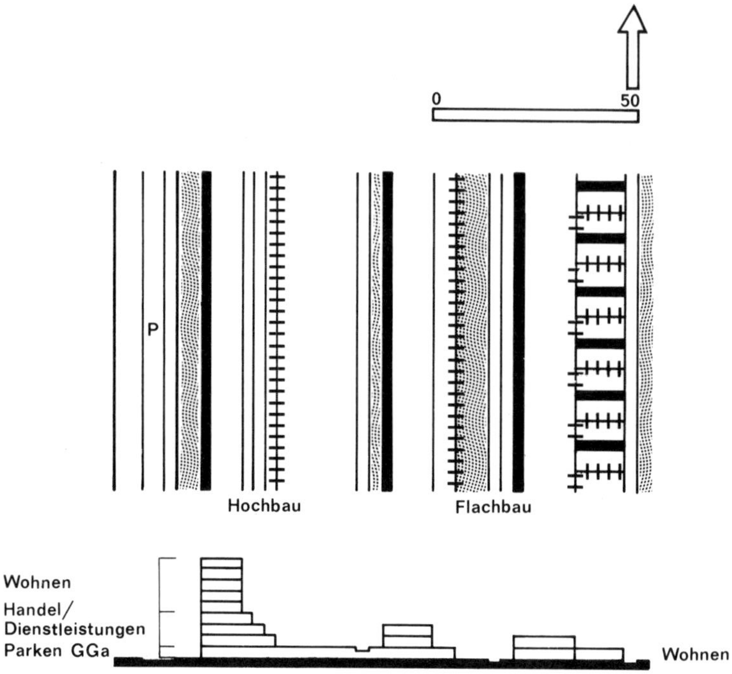

Großmaschig, geometrisch geschlossenes Netz der öffentlichen Verkehrsflächen. Stellplätze parallel dazu angelegt. Private Verkehrsflächen erschließen die Tiefe des Baulandes.

Die überbaubaren Grundstücksflächen überlagern die privaten Verkehrsflächen und Garagen. Mischung unterschiedlicher Nutzungen durch Schichtung.

Freiflächen parallel zu den geschoßweise unterschiedlichen großen, überbaubaren Grundstücksflächen.

Vorgaben der Landschaft und des bebauten Raumes

Wie schon dargestellt, können Bebauungsweisen linear und in der Fläche addiert und kombiniert werden. Eine Analyse der Bebauungsweisen verdeutlicht, daß die Bestimmung der überbaubaren Grundstücksflächen nach Lage und Zuschnitt sowie das Verhältnis von den überbaubaren Flächen zu den Freiflächen ohne die gedankliche Einbeziehung von Wohnformen nicht möglich ist. Die Planungsarbeit im Strukturellen ist von der kreativ-gestalterischen grundsätzlich nicht zu trennen. Bauliche Detailformen spielen dabei keine Rolle.

Ordnen und Gestalten als Planungsprozeß

Das Ergebnis dieses Planungsprozesses sind zunächst Bebauungssysteme für den größeren Raum. Dieser Prozeß könnte theoretisch zum Ziel haben, ein „ideales Bebauungssystem" zu entwickeln, das in vollkommener Weise die Wünsche und Vorstellungen vom Wohnen erfüllt.

Bebauungssysteme für den größeren Raum

Die Praxis sieht jedoch anders aus. Städtebauliche Planung (Bauleitplanung) erfolgt nicht für den theoretischen, sondern für den konkreten Raum. Landschaft und bebauter Raum haben ihre strukturellen und gestalterischen Eigenarten. Sie gilt es in die Planung zu integrieren, bzw. die Planung hat sich an ihren Vorgaben zu orientieren. Das Einbeziehen dieser Vorgaben aus Landschaft und bebautem Raum ist die Gewähr dafür, daß ein standortspezifisches Bebauungssystem entwickelt werden kann.

Landschaft und bebauter Raum

Standortspezifisches Bebauungssystem

Merkmale der Landschaft sind:

Topographie, Vegetation, Wasser und Klima

Merkmale des bebauten Raumes sind:

Art der Nutzungen und ihre funktionalen wie räumlichen Vernetzungen.
Bauformen, Bauweisen und Bebauungsweisen.
Platz-, Straßen- und Freiräume mit ihren Abfolgen.
Verkehrsflächen, die Art ihrer Nutzungen und der Netzzusammenhang.

Beide Merkmalgruppen zusammen bestimmen das Landschafts- und Ortsbild.

Bebauungsweisen und Bebauungssysteme sind Hilfsmittel der städtebaulich strukturellen Planung. Städtebauliche Planung besteht aber aus Ordnen und Gestalten. Schon zu diesem frühen Zeitpunkt sind die Grundzüge der künftigen räumlichen Gestaltung unverzichtbar. Die Summe aller Planungsaussagen findet ihren Niederschlag in der Form eines „Systemplanes", der zum städtebaulichen Gestaltungsplan weiterentwickelt werden kann.

Systemplan

Merkmale des bebauten Raumes

MI-/MD-Gebiet
WR-/WA-Gebiet
Gemeinschaftseinrichtungen
öffentliche Verkehrsflächen
verkehrsberuhigter Bereich
Fußgängerweg
Haltestelle
Erholung
Naherholung
Kleingärten
Friedhof

1 bis 3 VG
geneigte Dachflächen
offene/halboffene Bauweise

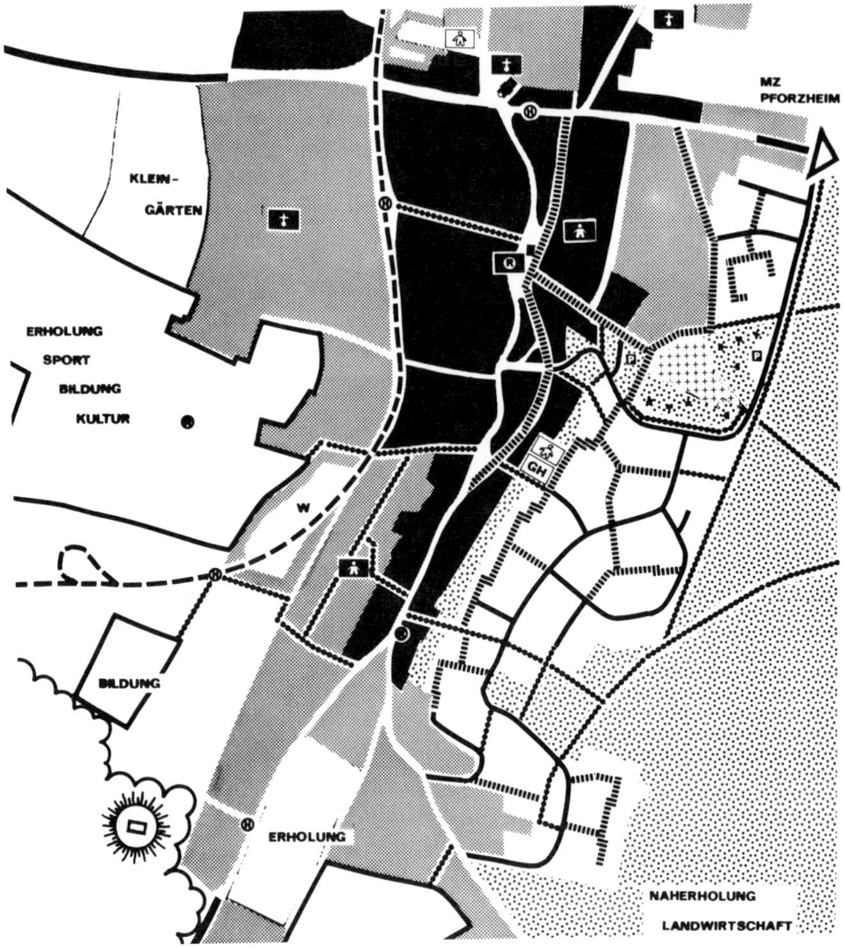

Merkmale der Landschaft

Topographie
Geländesprung
Feldweg/Fußweg
Hausgärten/
Kleingärten/
Grabeland
Waldgrenze
Bäume
Baugrenze
Blickbeziehung

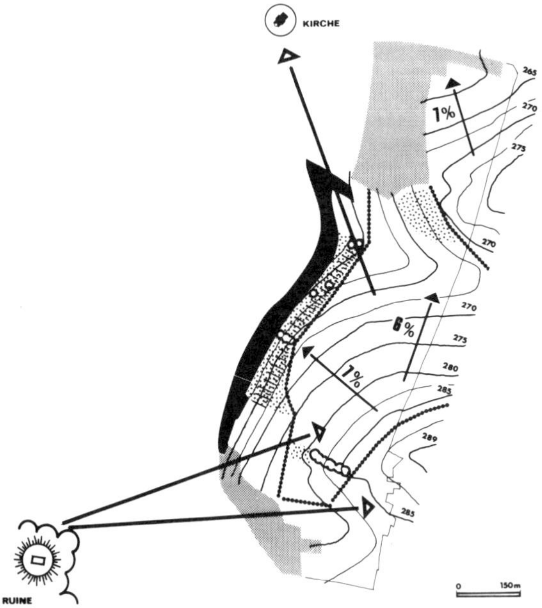

Städtebauliche Ziele:

- Wohnen im Grün
  1-2 VG, geneigte Dachflächen
- Gemeinschaftshaus mit Kindergarten
- Verkehrsberuhigung
- Raumbildung mit Hausgruppen
- räumliche und verkehrl. Vernetzung mit dem alten Ortszentrum und den sonstigen Gemeinbedarfseinrichtungen
- Sicherung der Landschaft, Ortsrandbildung
- Realisierungsabschnitte

Systemplan

Ergebnis eines Planungsprozesses, bei dem zur Verwirklichung städtebaulicher Ziele unter Anwendung der erweiterten Randbebauungsweise und Einbeziehen der Vorgaben aus Landschaft und bebautem Raum ein ortsspezifisches Bebauungssystem entwickelt wurde.

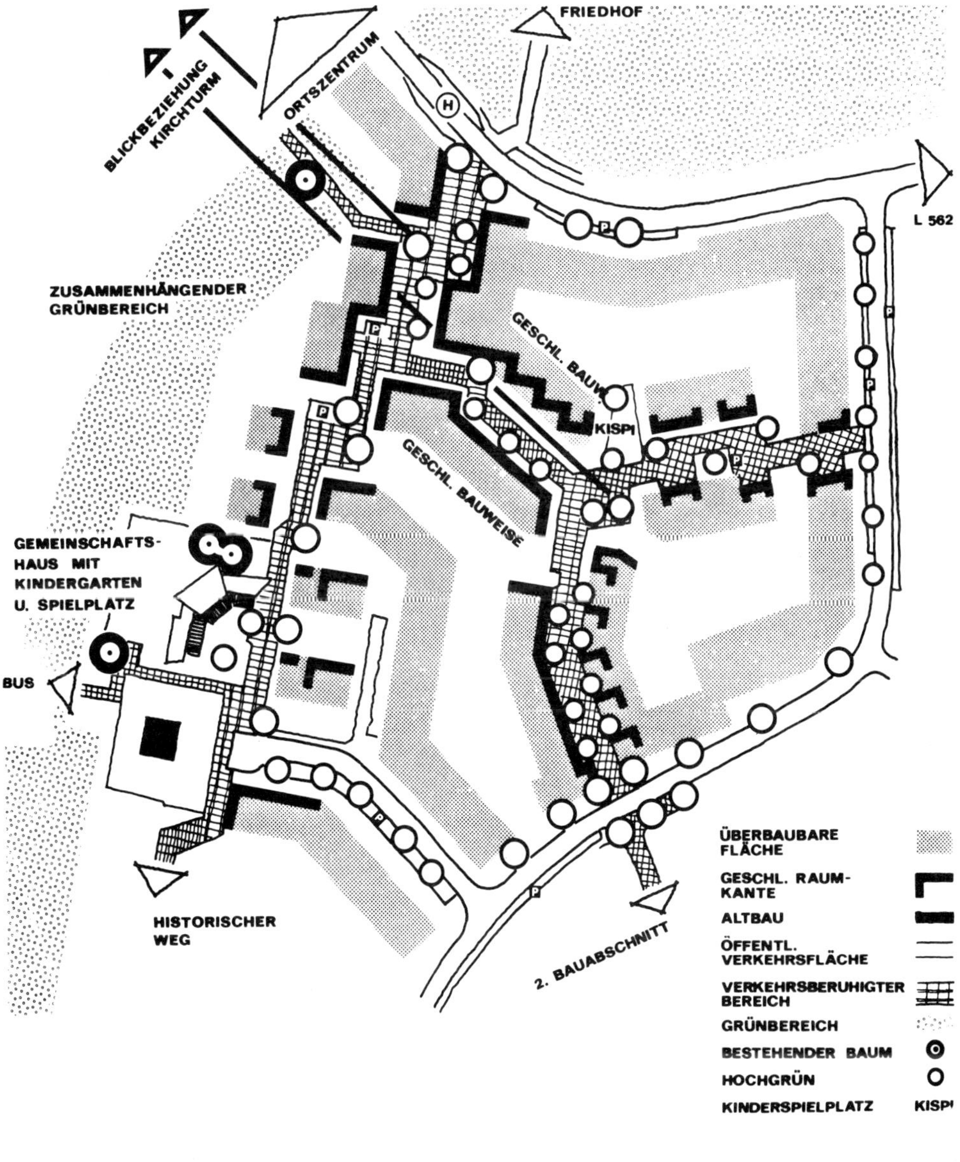

Systemplan

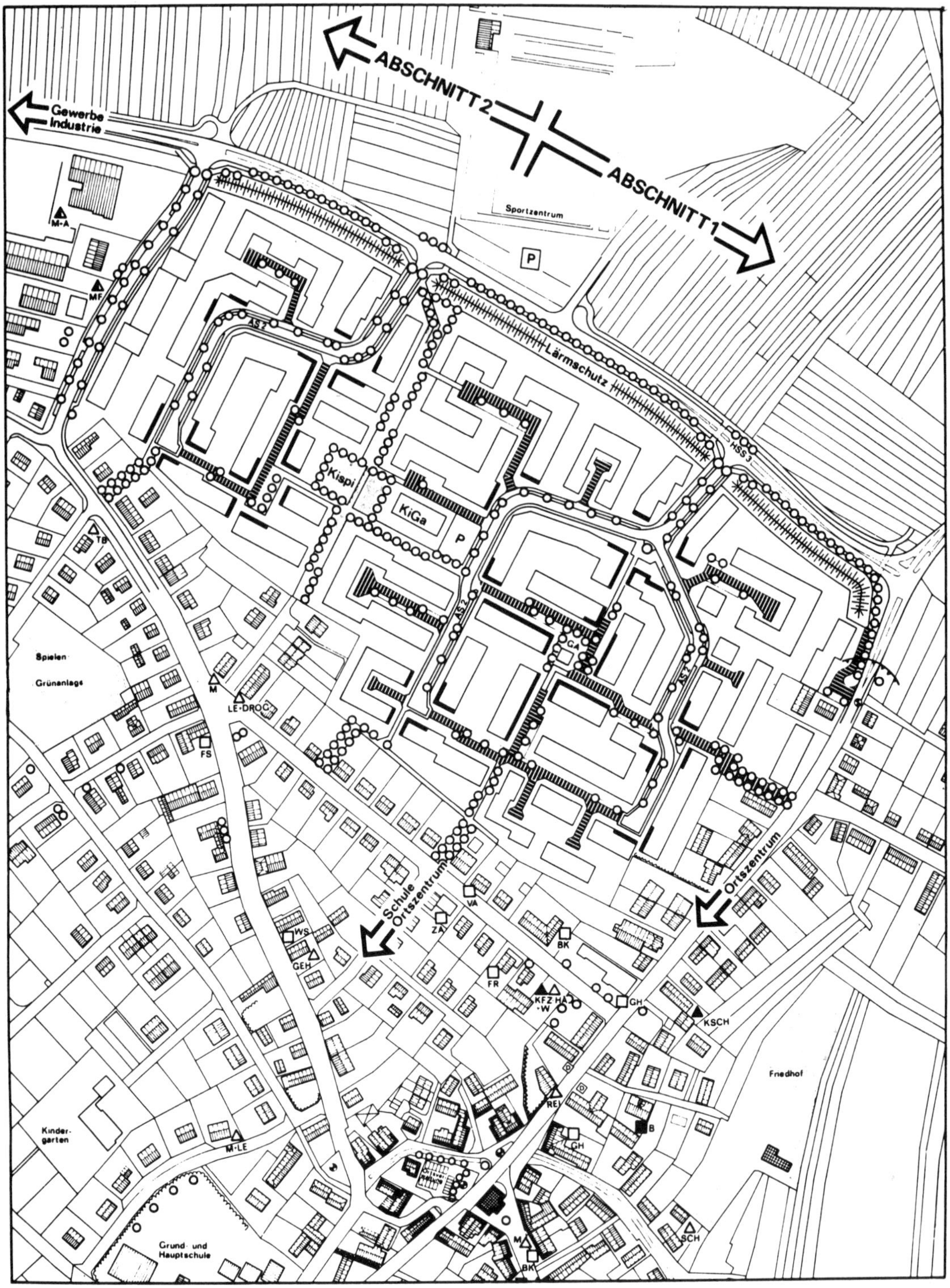
ABSCHNITT 2
ABSCHNITT 1
Gewerbe
Industrie
Sportzentrum
P
Lärmschutz
HSS 3
Kispi
KiGa
P
GA
AS 2
M-A
MF
TB
M
LE-DROG
FS
Spielen
Grünanlage
Schule
Ortszentrum
Ortszentrum
WS
GEH
VA
ZA
BK
FR
KFZ-W
HA
GH
KSCH
Friedhof
REI
B
GH
Kinder-
garten
M-LE
Grund- und
Hauptschule
M
BK
SCH

Planzeichen

1.0 Struktur

1.1 Besondere Art der baulichen Nutzung

EINZELHANDEL

- M Metzger
- LE Lebensmittel
- DROG Drogerie
- GEH Getränkehandel
- OW Optiker
- KFZ-HÄ Kfz-Handel
- TEX Textilien
- SCH Schuhe
- TB Tennis-Boutique

GEWERBE

- SW Süßwaren
- MF Motorflug
- M+A Maschinen- u. Apparatebau

DIENSTLEISTUNG

- GH Gasthaus
- BK Bank
- ZA Zahnarzt
- VA Versandannahme
- WS Waschsalon
- FS Fahrschule
- FR Friseur

ÖFF. DIENSTLEISTUNG

- B Bauhof

HANDWERK

- KSCH Kunstschmied
- KFZ-W Kfz-Werkstatt

1.2 Analyse

2.0 Ortsbild

2.1 Bestandsaufnahme

- Bestehende Gebäude Dachform/Firstrichtung
- Gebäude denkmalgeschützt/ -wert
- Baum
- Hecke
- Öffentliche Verkehrsfläche
- Grünfläche
- Fußweg
- Ortstypischer Straßen-/Platzraum
- Denkmal/Brunnen/Kreuz

2.2 Analyse

- Gebäude, schlechter Bauzustand
- Dominierendes Gebäude
- Erhaltenswertes, ortstypisches Gebäude
- Raumkante
- Gestörte Ansichten/fehlende Raumkante
- Lärmbelästigung
- Umgestalteter Ortseingang

Historische Bebauungsweisen

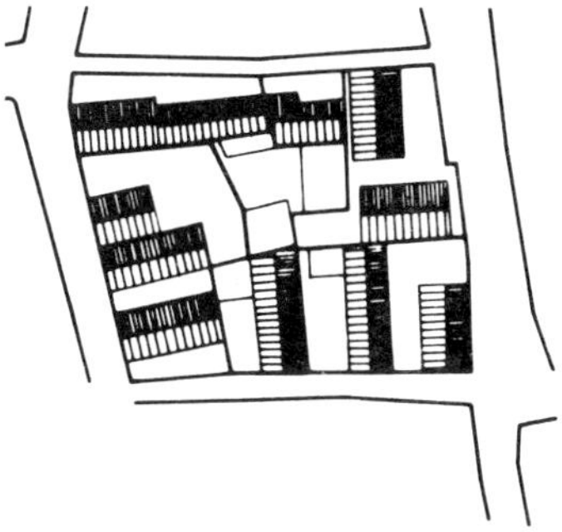

Dorfbebauung

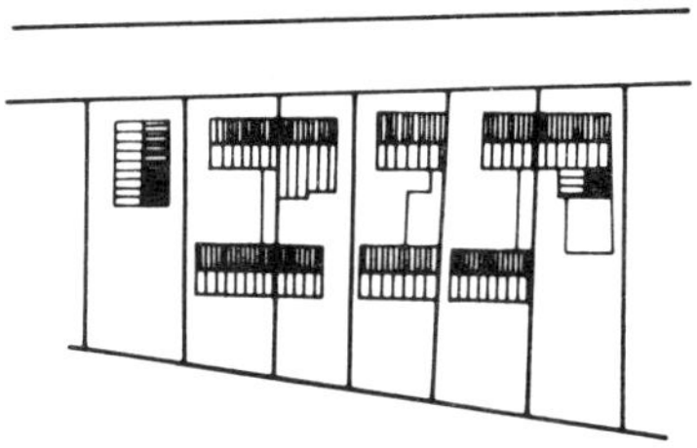

Randbebauung vor 1945

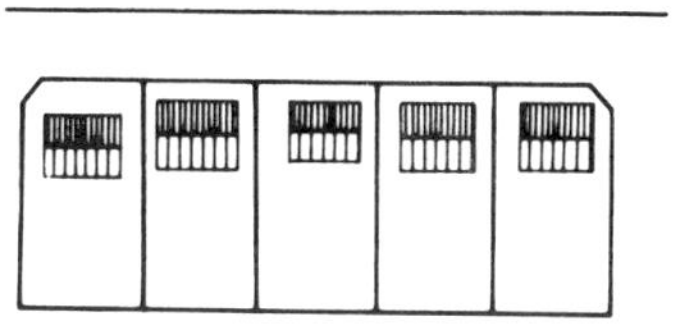

Randbebauung nach 1945

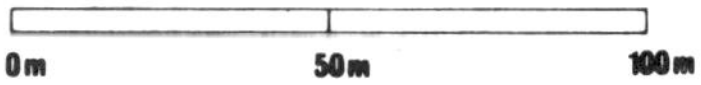

3.0 Systemplan

- Bauland/Grundstücksfläche
- Überbaubare Fläche, o/g, Bauweise, 1-2 Vollgeschosse, Satteldach
- Raumkante
- KiGa Kindergarten
- Anliegerstraße (AS 2)
- Anliegerstraße (AS 3/AS 4)
- Rad- und Fußweg
- Grünfläche
- Kispi Kinderspielplatz
- Baum
- Lärmschutz
- GA Garage

Städtebaulicher
Gestaltungsplan

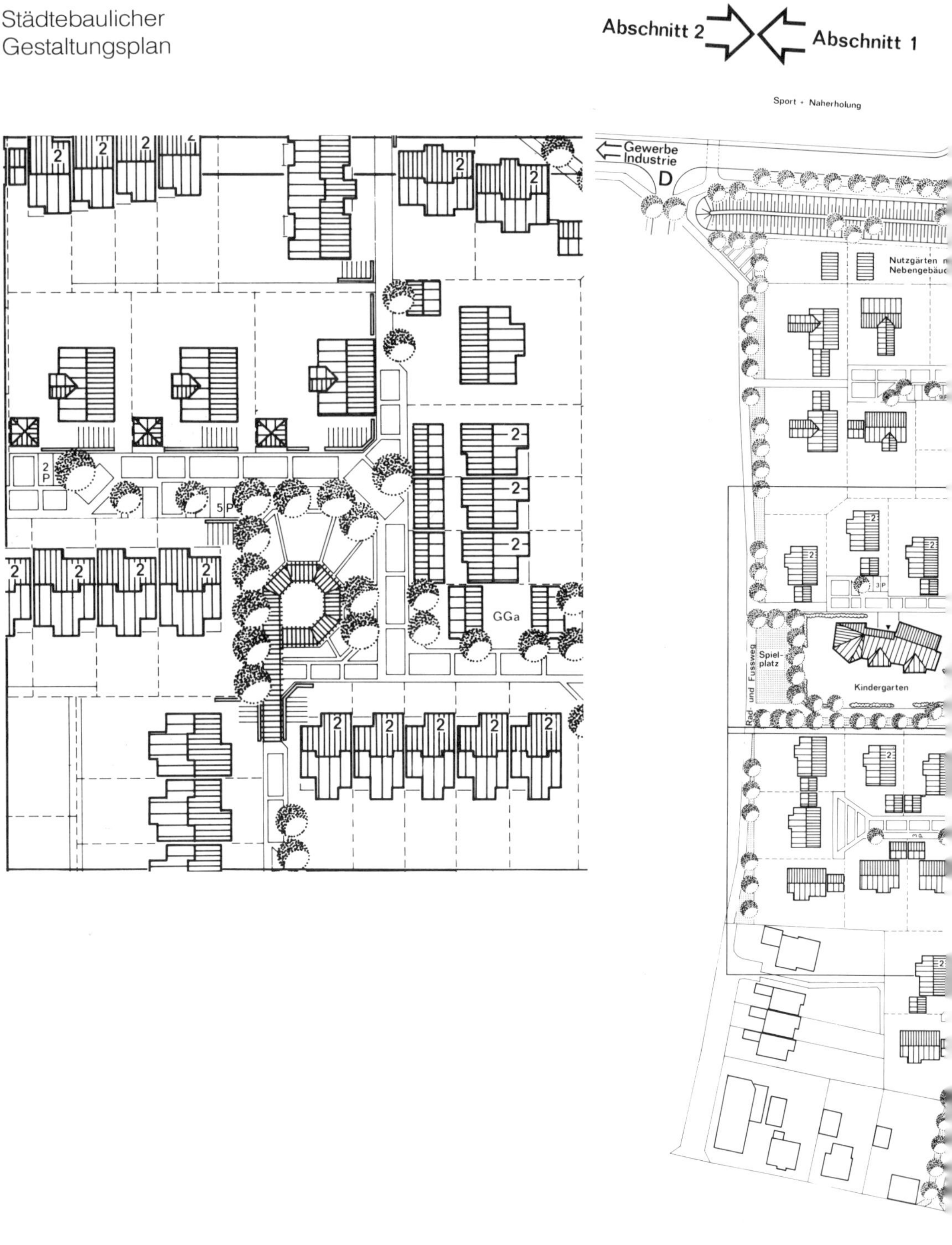

B
A
Lärmschutzwall
AS 2 K
AS 2 L
AS 2 L
GGa
GGa

Systemplan
für ein hängiges
Gelände
30 - 40%
Südhang

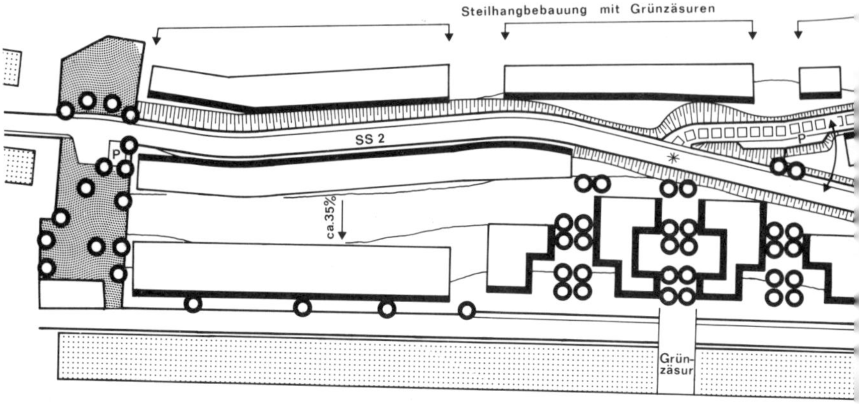

Regelschnitt

Höhenlage der
öffentlichen
Verkehrsflächen

Höhenlage der
Gebäude

Stellung der
Gebäude zur
öffentlichen
Verkehrsfläche

Lage und Stellung
der Garagen

Gebäudehöhe
(GH) berg- und
talseitig

Dachneigung

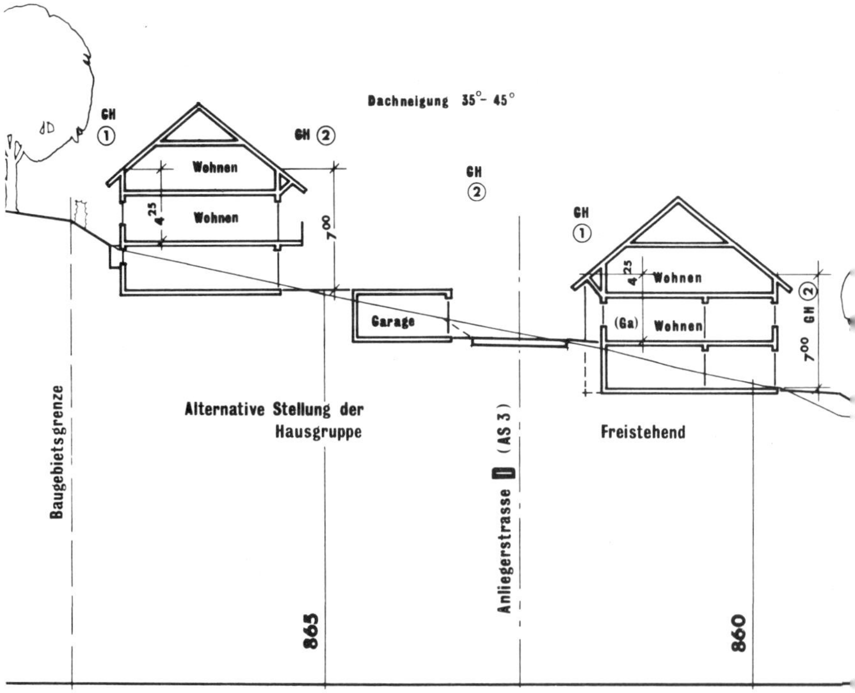

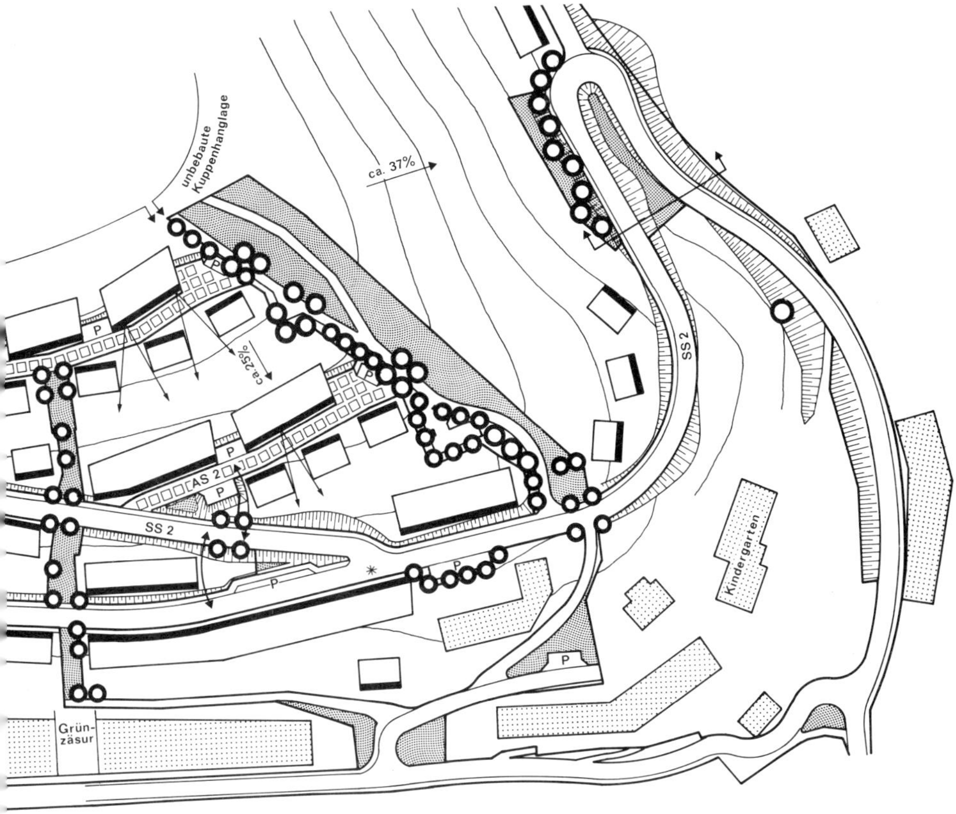

Sommerbergstrasse
Sammelstrasse B (SS 2

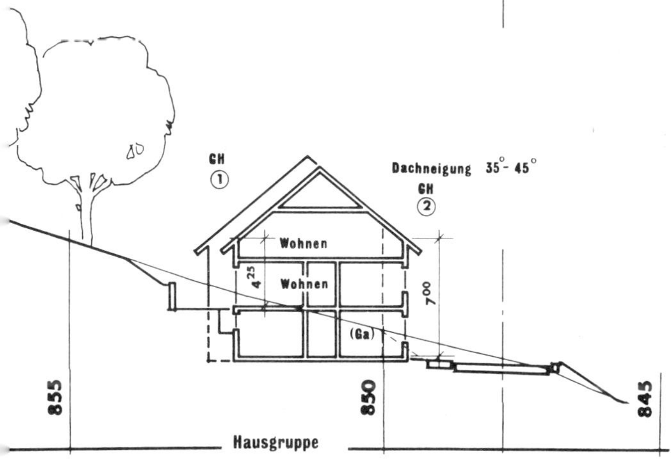

Planzeichen

- Höhenschichtlinien im 5m-Abstand
- Höhenpunkte
- Gefällelinie
- Böschungsfläche
- Bäume
- Grünfläche
- Fussweg
- Grundstücksfläche
- überbaubare Grundstücksfläche
- überbaubare Grundstücksfläche (Bestand)
- Raumkante
- Ausblick
- Sammelstrasse AS 2
- Anliegerstrasse AS 2
- unbebaubarer Einmündungsbereich
- Kehre mit Fahrbahnaufweitung

Städtebaulicher
Gestaltungsplan

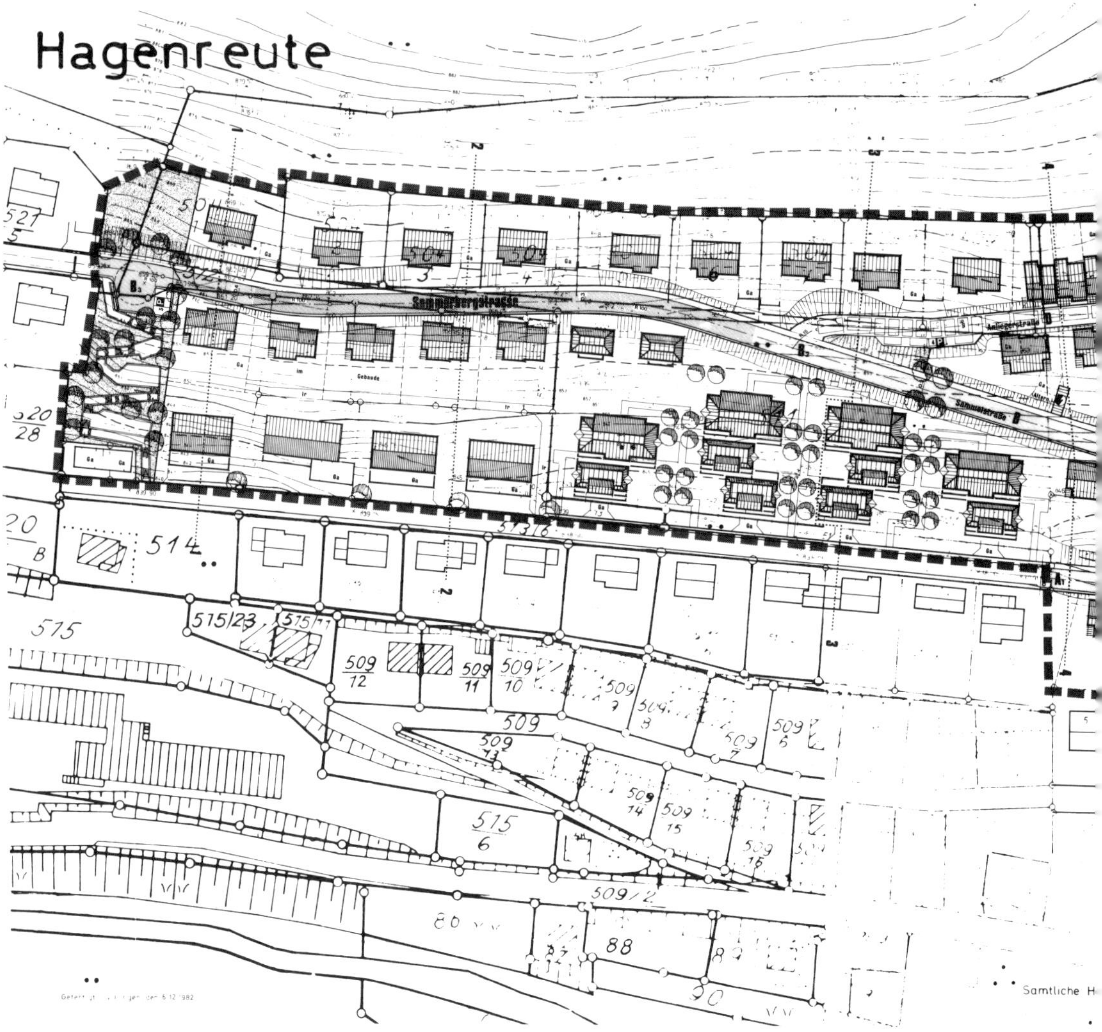

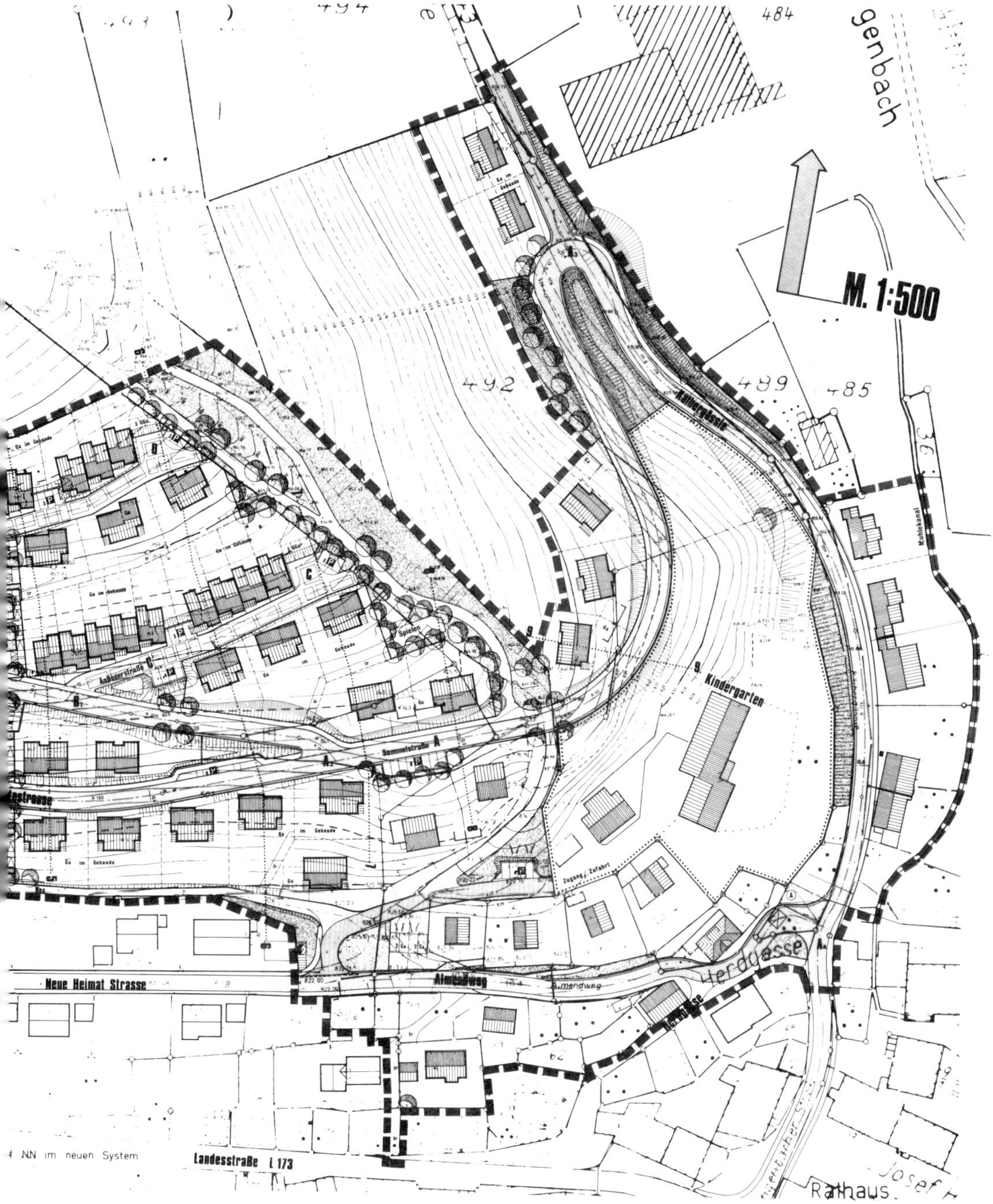
M. 1:500
genbach
484
494
492
489
485
Kindergarten
Spielen
Sammelstraße A
Anliegerstraße C
Neue Heimat Strasse
Almendweg
Landesstraße L 173
Rathaus
Zugang / Zufahrt
Mühlekanal
f NN im neuen System

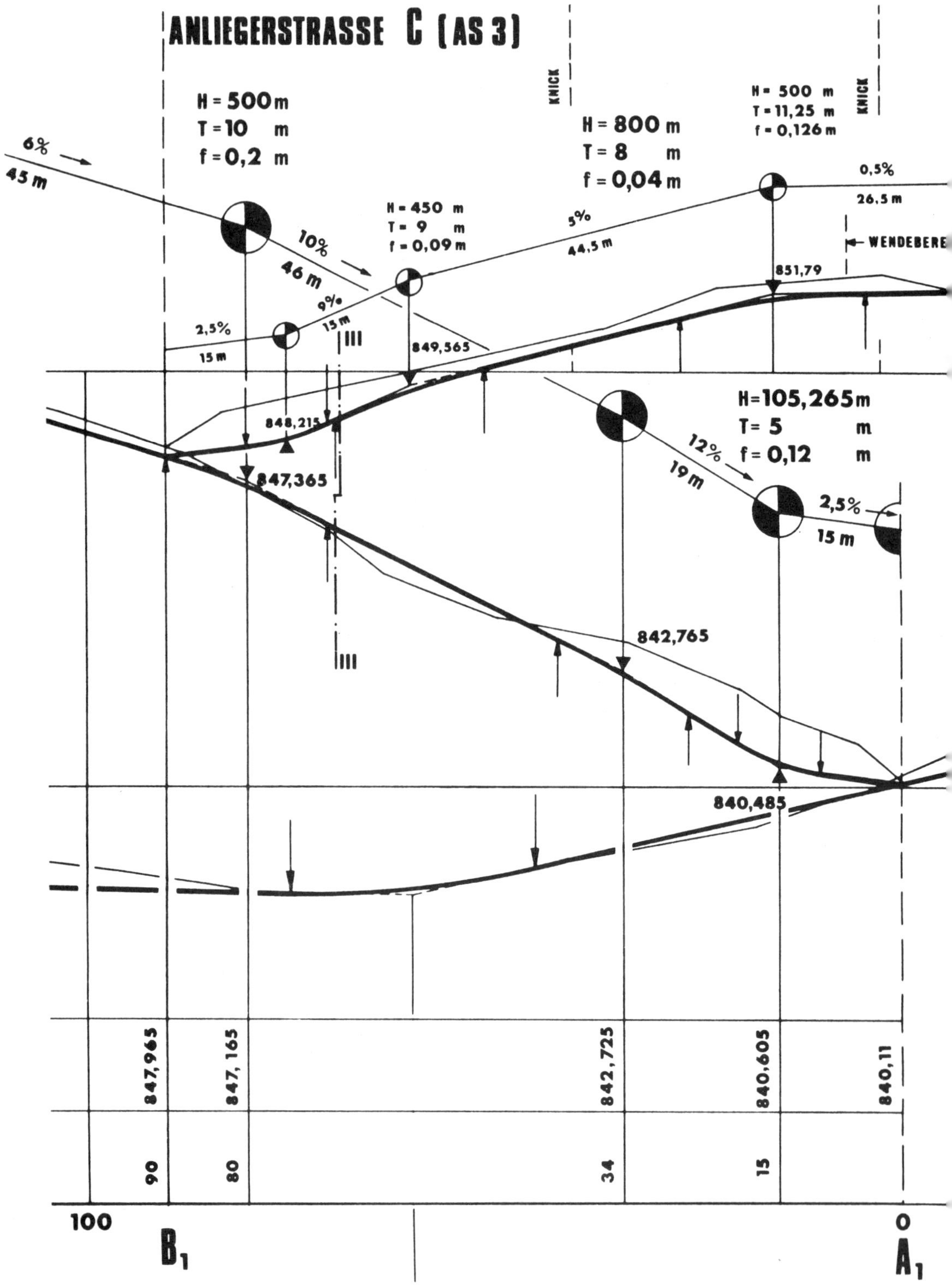
ANLIEGERSTRASSE C (AS 3)
H = 500 m
T = 10 m
f = 0,2 m
6%
45 m
10%
46 m
H = 450 m
T = 9 m
f = 0,09 m
9%
15 m
2,5%
15 m
KNICK
H = 800 m
T = 8 m
f = 0,04 m
5%
44,5 m
H = 500 m
T = 11,25 m
f = 0,126 m
KNICK
0,5%
26,5 m
WENDEBERE
851,79
849,565
848,215
847,365
H=105,265 m
T= 5 m
f = 0,12 m
12%
19 m
2,5%
15 m
III
III
842,765
840,485
847,965
847,165
842,725
840,605
840,11
90
80
34
15
100
0
B1
A1

Die Steilheit des Geländes bestimmt den Grad der verkehrlichen Erschließbarkeit. Der Höhenplan aller Planstraßen ist in diesen Fällen ein unverzichtbarer Bestandteil des Bebauungsplanes. Er wird auf der Grundlage einer exakten Höhenaufnahme und -auswertung vom Verkehrs-/Tiefbau-Ingenieur erarbeitet.

Höhenplan aller Planstraßen (Entwurf)

Die Steilheit des Geländes und die verkehrliche Erschließbarkeit beeinflussen die Wahl und die Konzeption der Bebauungsweisen. Das rektanguläre System der Randbebauungsweise, das für das ebene Gelände bestimmt ist, wird in hängigem Gelände zu einem Parallelogramm weiterentwickelt. Das Verkehrsflächennetz gliedert sich in bergauf- bzw. bergabführende Verkehrsflächen und solche, die, soweit als möglich, den Höhenschichtlinien folgen. Sie sind in der Regel uneingeschränkt anbaufähig.

Je steiler das Gelände geneigt ist, um so eher entstehen in den Einmündungsbereichen unbebaubare Zwickelflächen. Sie werden für Böschungen benötigt.

An den steilsten Bereichen des Geländes vervollständigen sie die Verkehrsflächen (Ausbildung von Kehren).

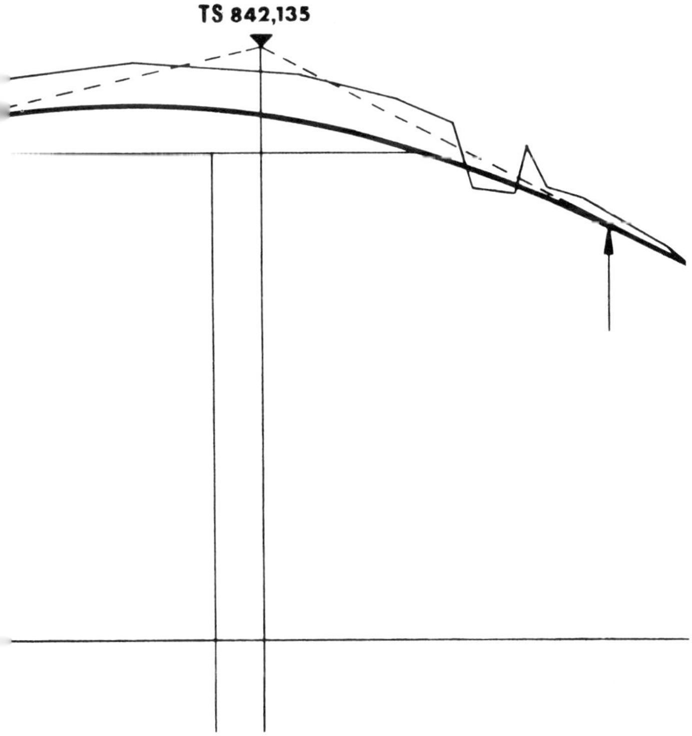

Stellung der Garagen im hängigen Gelände, ein Problemfall! (?)

1. Bergseitig Doppelgarage im Untergeschoß

   Talseitig Doppelgarage teilintegriert

2. Talseitig Einzelgarage vorgelagert

3. Talseitig Einzelgarage integriert

4. Talseitig Einzel-/Doppelgarage im Erdgeschoß

   Bauordnungsrechtliche Gestaltungsvorschriften für die Fassaden

   Bei kleinen Baukörpern: Verhindern von ungestalteten Überhöhungen durch vertikale und horizontale Gliederung der Fassaden (talseitig), Überstände (Dach, Mauern) mit Schattenbildung

1.

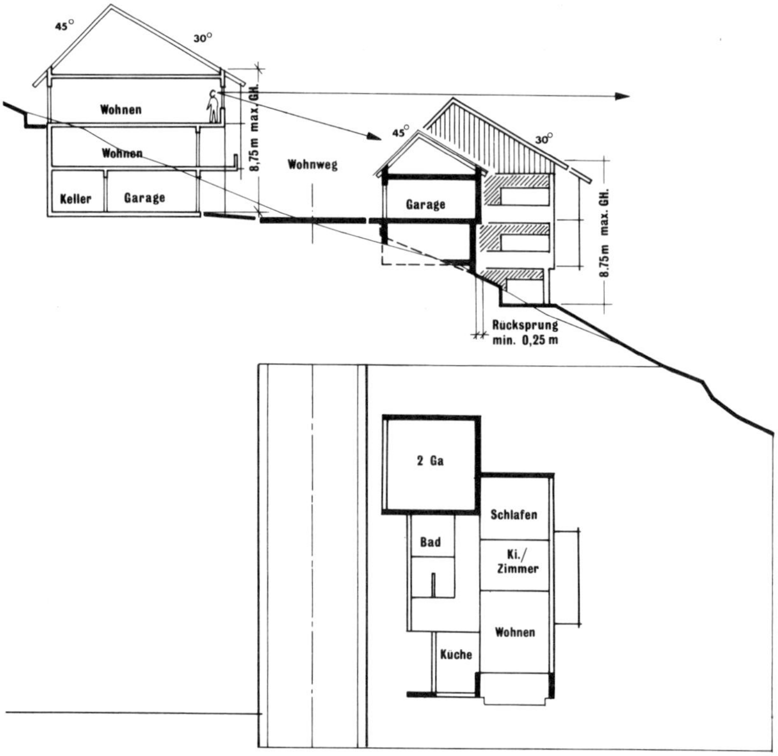

2.

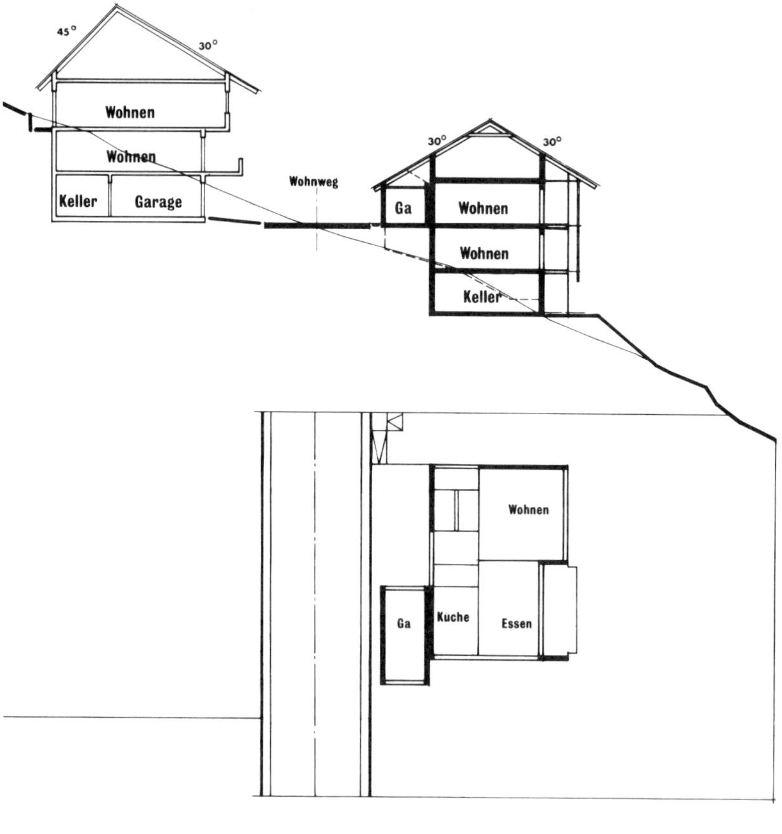

3.

4.

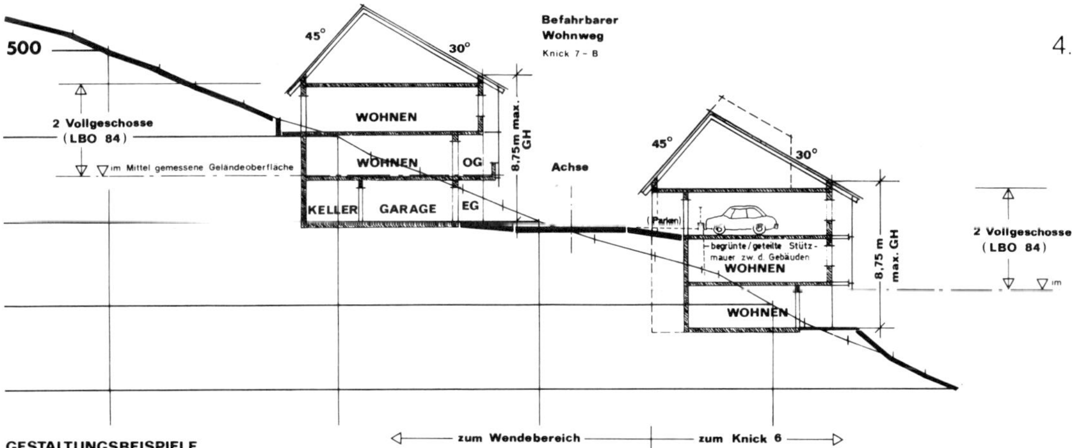

GESTALTUNGSBEISPIELE
TALSEITIGE ANSICHT

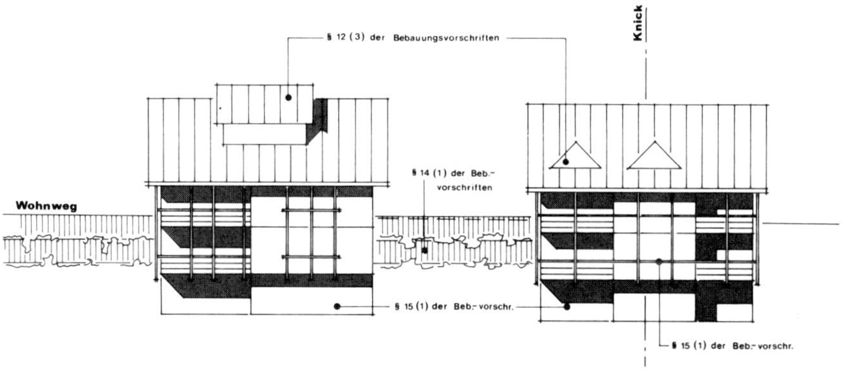

Bebauungsweisen und Bebauungssysteme können für alle Arten der baulichen Nutzung entwickelt werden. Voraussetzung dafür ist die Bestimmung der jeweiligen Systemelemente.

Handel und Dienstleistungen

Planungs-elemente

Baugrundstücksfläche

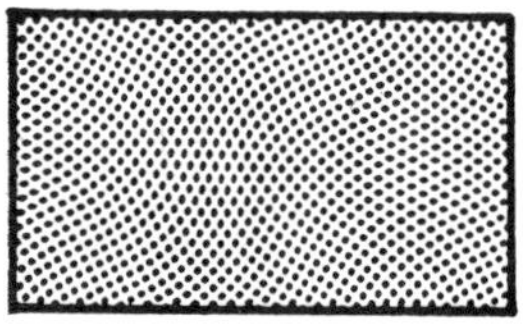

überbaubare Grundstücksfläche

Nebenverkaufs-nutzfläche

Verkaufsnutz-fläche

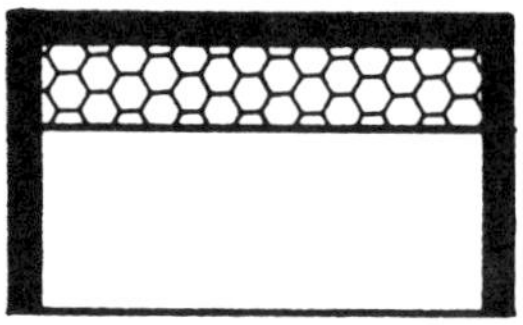

Verkaufsseite

Verkehrsfläche besonderer Zweckbestimmung Mischungsprinzip/Fußgänger

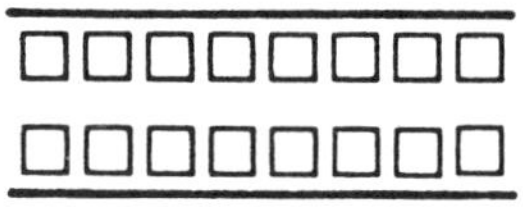

Stellplätze

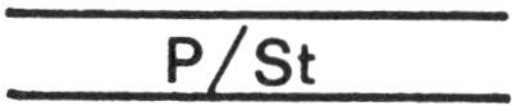

Andienung

Bewertungs-kriterien

Bewertungskriterien für die Beurteilung der Systemtypen sind:

- Zugänglichkeit
- Überschaubarkeit der verschiedenartigen Nutzungen
- Erweiterung der Nutzflächen
- Trennung der Betriebs- und Benutzungsabläufe Fußgänger/Käufer/Benutzer - Parken - Andienung
- Ausreichende Zahl von Stellplätzen auf den Grundstücksflächen oder in zumutbarer Entfernung
- Sichere und ausreichende Flächen für die Andienung
- Verkehrsberuhigende Maßnahmen
- Wirtschaftlichkeit

Rand-
bebauungsweise

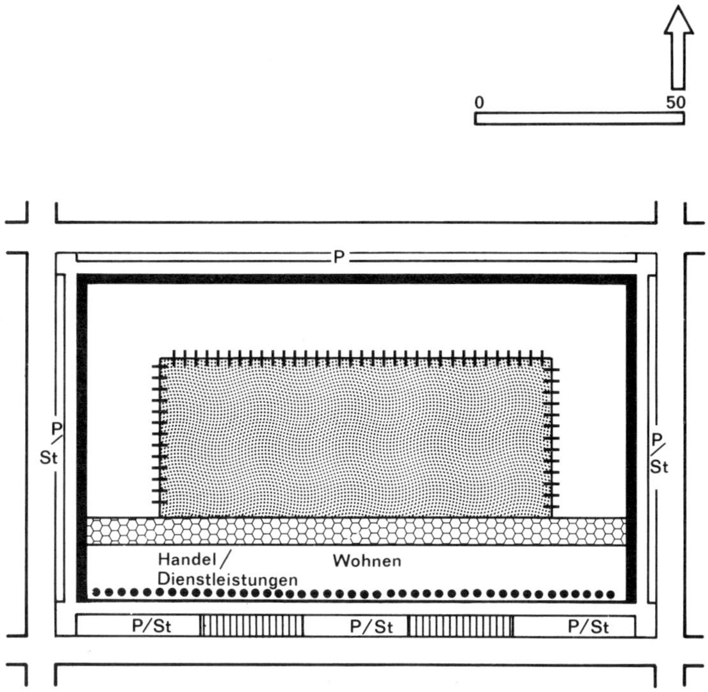

Engmaschig, geometrisch geschlossenes Netz der öffentlichen Verkehrsflächen. Flächen für Stellplätze und Andienung überlagern sich.

Überbaubare Grundstücksflächen parallel zu den öffentlichen Verkehrsflächen. Handel und Dienstleistungen im Erdgeschoß. Sonstige Wohnungen in den Obergeschossen. Geschlossene Bauweise.

Bewertung

Diese Bebauungsweise ist typisch für die Geschäftsstraßen um die Jahrhundertwende. Handel und Dienstleistungen verdrängen die Wohnungen aus den Erdgeschossen oder werden von Anbeginn an dort angesiedelt. Dieses Bebauungs- und Nutzungssystem wird bis in die 60er Jahre angewendet.

Der Mangel an erweiterungsfähigen Nutzflächen, die Gefahren durch den wachsenden Individualverkehr, die Parkierungs- und Andienungsprobleme, die nachteiligen Überschneidungen bei den inneren und äußeren Betriebsabläufen sowie das nachhaltige Verlangen von Käufern und Besuchern nach nutzungsspezifisch differenzierten und gestalterisch attraktiven Freiräumen waren Anlaß dafür, das überlieferte Bebauungssystem in Frage zu stellen. Es wurde im Sinne einer Minimierung der aufgetretenen Mängel weiterentwickelt oder durch neue Bebauungsweisen ersetzt.

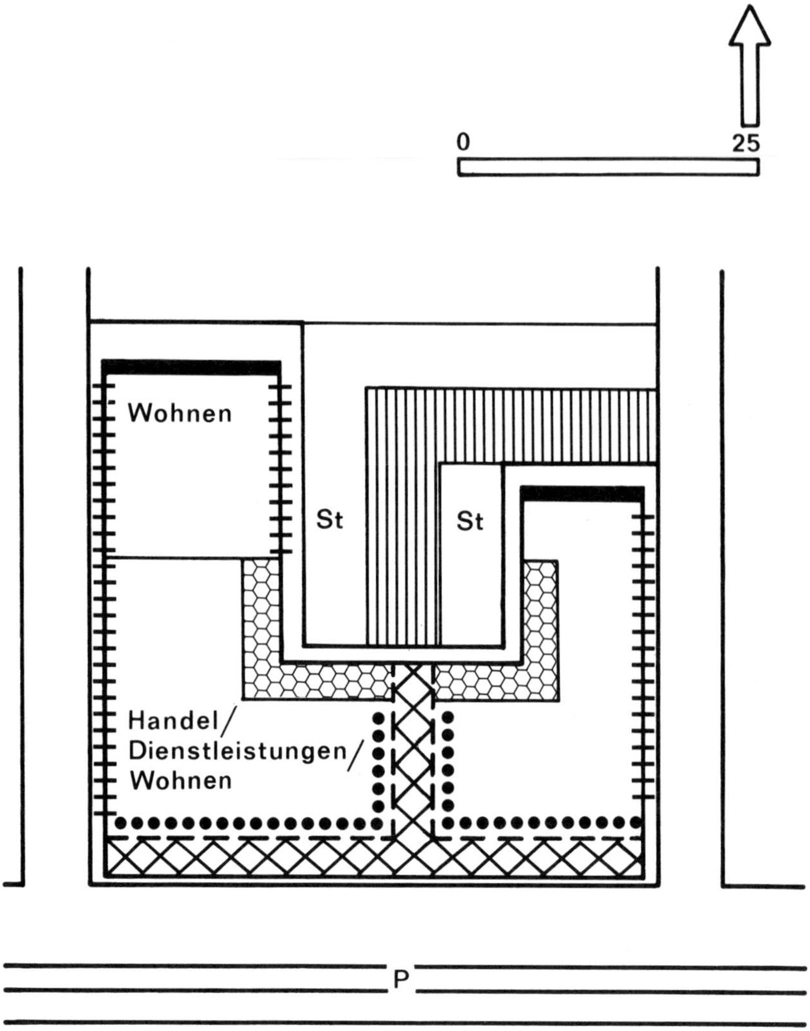

Modell 1 Art der Nutzungen: Handel, Dienstleistung, Wohnen.

Überbaubare Grundstücksflächen parallel zu den öffentlichen Verkehrsflächen.

Verkehrsflächen differenziert. Käufer und Besucher unter Arkaden, Parken und Andienen im Innenhof, Fußgängerdurchgang.

Mängel Stellplätze für den Kunden und Besucher nicht einsehbar. Andienung erschwert. Beeinträchtigung des Wohnens durch die Freiflächennutzung. Wenig attraktiver Straßenraum.

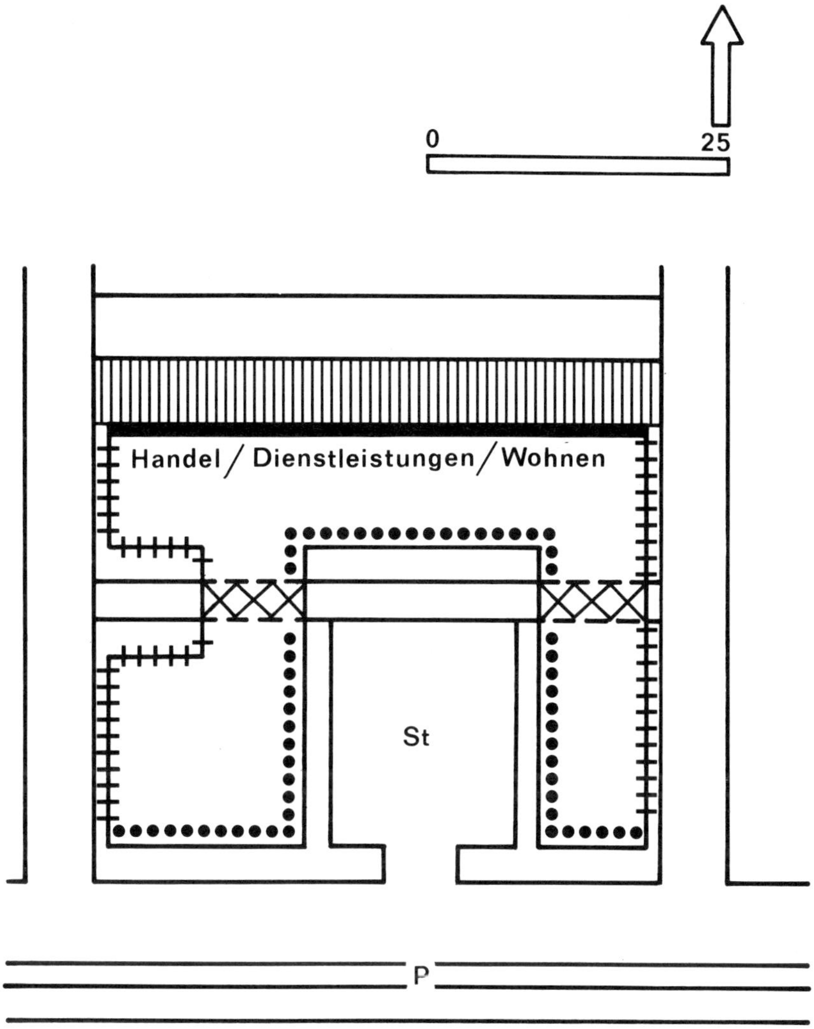

Art der Nutzungen: Handel, Dienstleistung, Wohnen.

Modell 2

Überbaubare Grundstücksflächen nur an zwei Seiten parallel zu den öffentlichen Verkehrsflächen. Hofbildung, nach Einkaufsstraße geöffnet.

Führung des Fußgängers auf zwei parallel angelegten Gehwegen, die über den Innenhof miteinander verbunden sind. Andienen und Stellplätze teilweise im Innenbereich.

Mängel

Eingeschränkte Erweiterungsfähigkeit der Nutzflächen.
Geringe Übersichtlichkeit.

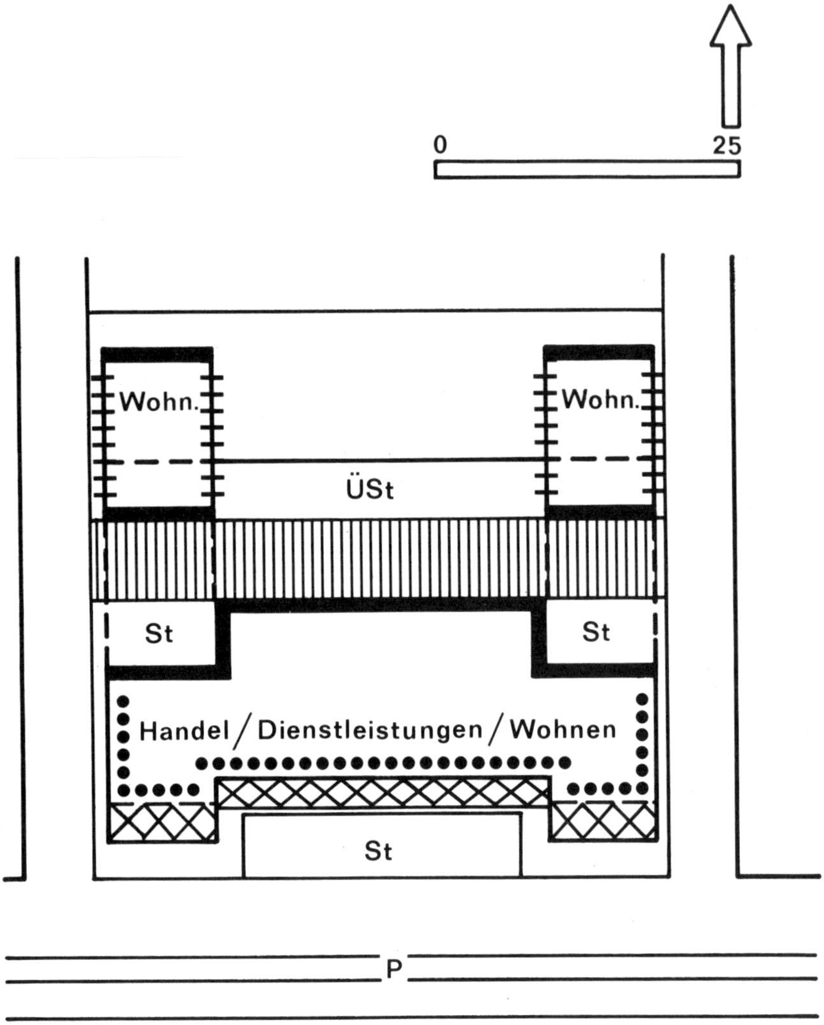

Modell 3 Art der Nutzungen: Handel, Dienstleistung, Wohnen.

Überbaubare Grundstücksflächen parallel zu den öffentlichen Verkehrsflächen mit Nischenbildung.

Andienen und Stellplätze teilweise im Innenbereich. Für Kunden und Besucher Arkaden. Räumlich differenzierter Straßenraum.

Mängel Zahl der notwendigen Stellplätze nicht ausreichend. Beeinträchtigung des Wohnens durch die Freiflächennutzung.

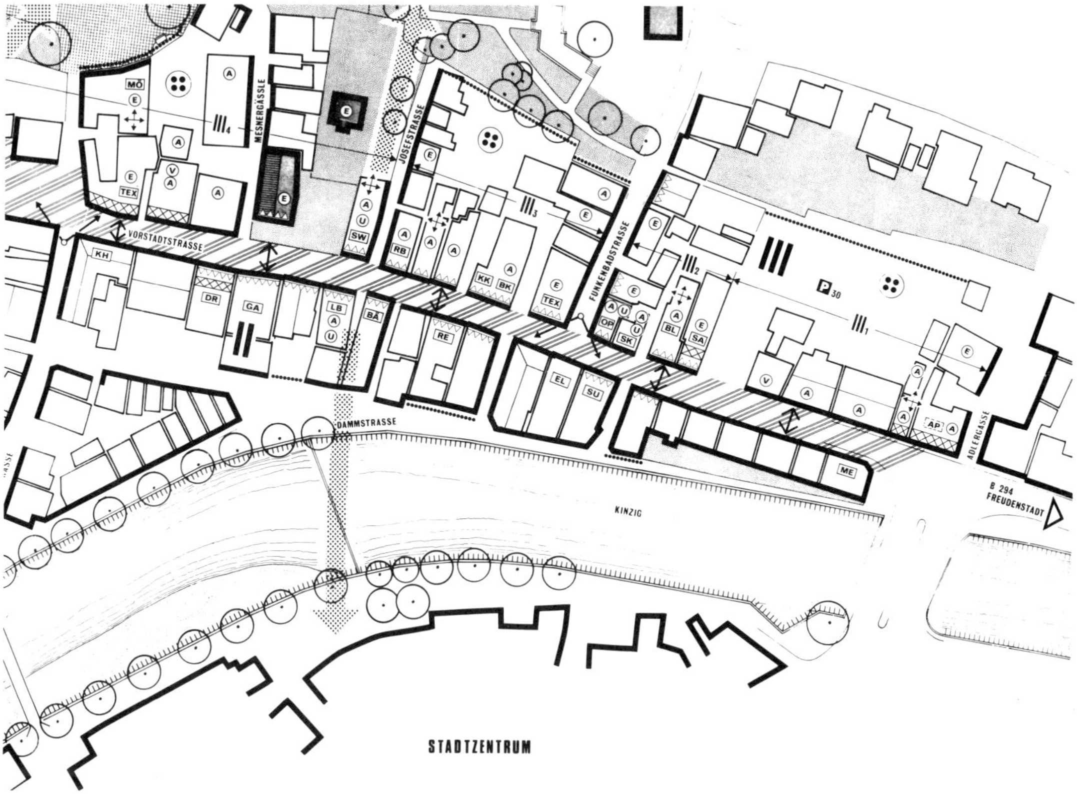

Bestandsaufnahme und Analyse

STÄDTEBAULICHE MISS-STÄNDE IM PLANUNGSGEBIET

Unzureichende Arbeits- und Wohnverhältnisse

Mangel in der Erfüllung der Funktionen:

- Fahrverkehr
- Andienen
- Parken
- Einkaufen
- Wohnumfeld

NUTZUNG IM ERDGESCHOSS

Bestand

Geplant

AP	Apotheke	ME	Metzgerei
BÄ	Bäckerei	MÖ	Möbel
BK	Bausparkasse	OP	Optik
BC	Blechnerei	RB	Reisebüro
DR	Drogerie	RE	Reinigung
EL	Elektro	SA	Sanitär
GA	Gaststätte	SK	Schmuck
KH	Kaufhaus	SU	Schuhe
KK	Krankenkasse	SW	Schreibwaren
LB	Lebensmittel	TEX	Textilien

ÖFFENTLICHE PLANUNGSABSICHTEN

- Verbesserung der Funktionsfähigkeit öffentlicher Verkehrsflächen
- Fußgängerverbindung
- Verbesserung der Sichtverhältnisse
- Öffentliche Parkplätze
- Kinderspielplatz
- Bauliche Nutzung nicht bebauter Grundstücke für Wohnen, Einkauf, Dienstleistungen

PRIVATE PLANUNGSABSICHTEN

- Erweiterung
- Arkaden
- Ⓐ Abbruch
- Ⓔ Erhalt
- Ⓤ Umnutzungsbereit
- Ⓥ Verkaufsbereit

Systemplan

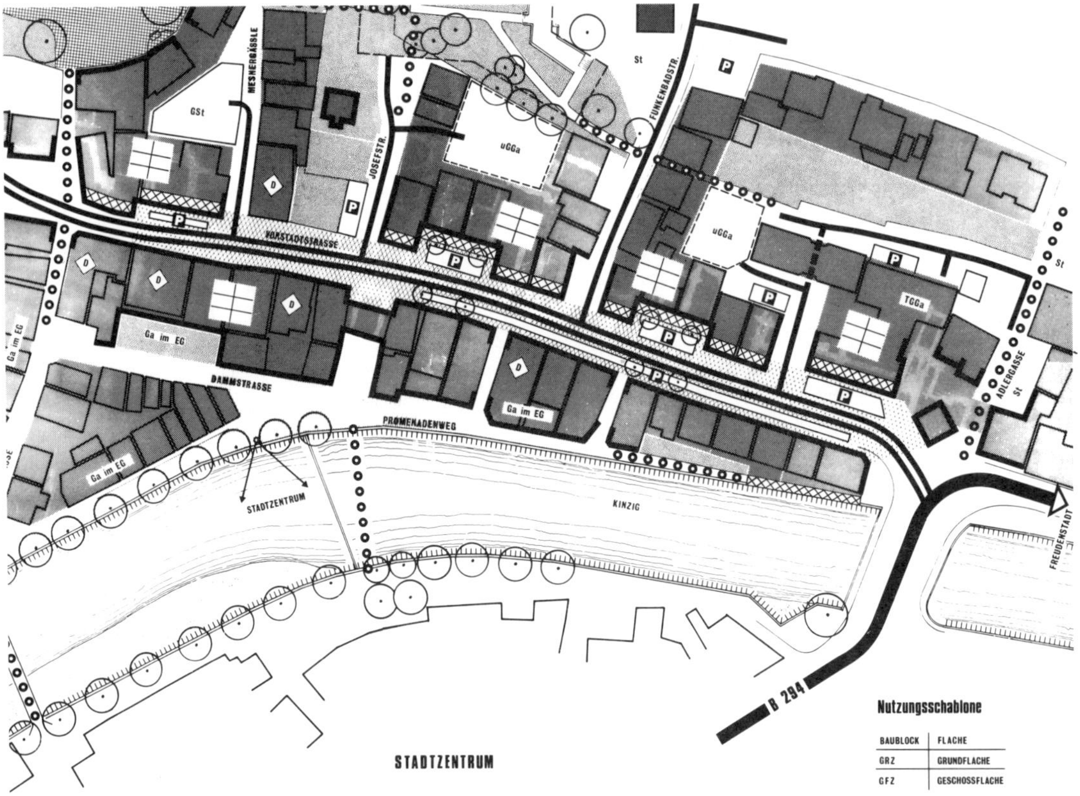

Bestandsaufnahme und Analyse

STADTGESTALT

- Geschlossene Raumkante (Geschlossene Bauweise)
- Unterbrochene Raumkante (Offene Bauweise)
- Fehlende/Gestörte Raumkante
- Giebelstellung
- Arkaden
- Kulturdenkmal nach § 12 DSchG
- Kulturdenkmal nach § 2 DSchG
- Dominierendes Gebäude
- Denkmal/Brunnen/Kreuze
- Innenhof gestört
- Zusammenhängende Grünfläche (privat/öffentlich)
- Bäume
- Straßenraum
- Straßenraum mit Funktionsüberlastung
- Öffentliche Pkw-Stellplätze
- Ufermauer
- Gestörte/nicht bestehende freiräumliche Verbindung

Systemplan

VERKEHR

- Bundesstraße B 294
- Landesstraße L 96
- Anliegerstraße
- Gemischt genutzte Fläche
- Fußgängerbereich/Fußgängerweg
- Parken

P	Öffentliche Stellplätze
ST	Private Stellplätze
GST	Private Gemeinschaftsstellplätze
GA	Garage
ÜGGA	Überdeckte Gemeinschaftsgarage
TGA	Tiefgarage

STADTGESTALT

- Überbaubare Fläche
- Raumbestimmende Kante
- Arkade, Überdachung
- Kulturdenkmal/Erhaltenswertes Gebäude
- Platz
- Straßenraum mit Funktionsüberlagerung Verkehr - Einkauf

GRÜN / FREIFLÄCHENBEREICHE

- Flächengrün, Park, Friedhof
- Hochgrün
- Baumpaket
- Wasser
- Vorland
- Ufermauer
- Kinderspielplatz

Geschichtete Flächenbebauungsweise

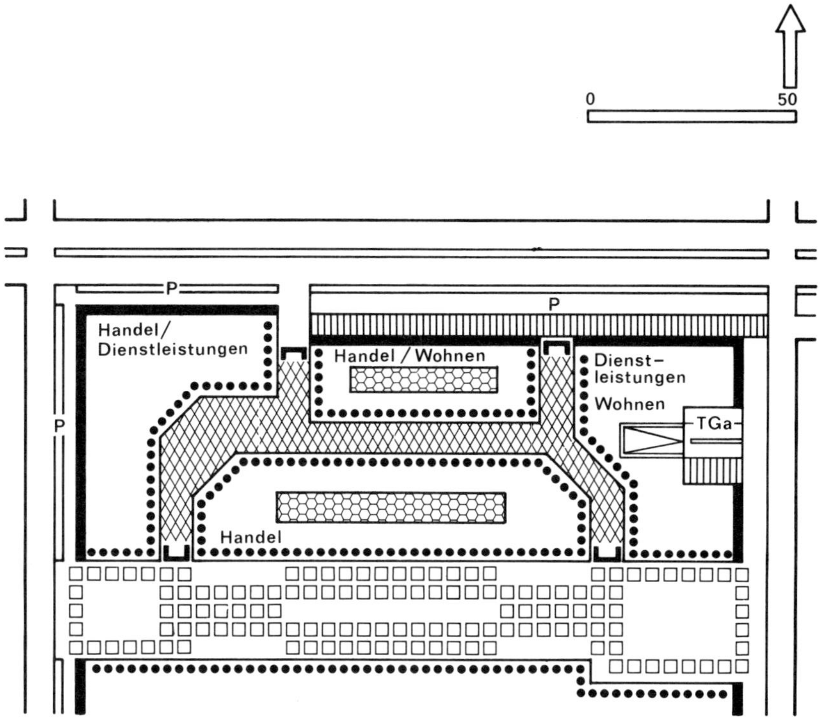

Großmaschig, geometrisch geschlossenes Netz der öffentlichen Verkehrsflächen, differenziert nach Funktionen. Verkehrsberuhigende Maßnahmen im Innenbereich. Fußgängerzone mit temporärer Andienung. Geradlinig und geknickte Glaspassage, mehrgeschossige Anlage mit Galerien. Stellplätze in Tiefgarage.

Mischung unterschiedlicher Nutzungen durch Schichtung.

Nach Nutzungsansprüchen differenzierte Raumbildung.

Erweiterte Randbebauungsweise

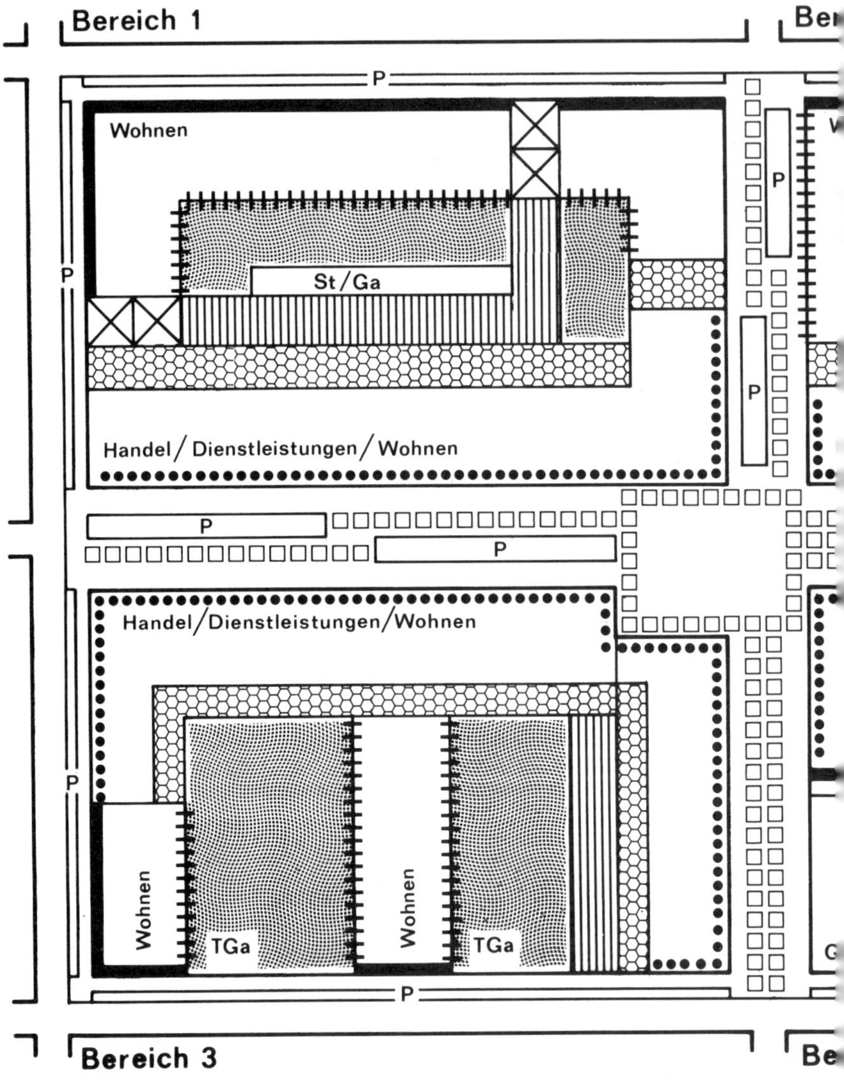

Großmaschig, geometrisch geschlossenes Netz der öffentlichen Verkehrsflächen, differenziert nach Funktionen. Verkehrsberuhigende Maßnahmen im Innenbereich, Anliegerstraßen nach dem Mischungsprinzip (AS3/AS4) mit temporärer Andienung, Aufenthaltsfunktion überwiegt, und reinem Fußgängerbereich.

Nach Nutzungsansprüchen differenzierte Raumbildung.

Zusammenfassen von vier Bebauungssystemen (Bereich 1-4) zu einer größeren Erschließungs- und Bebauungseinheit

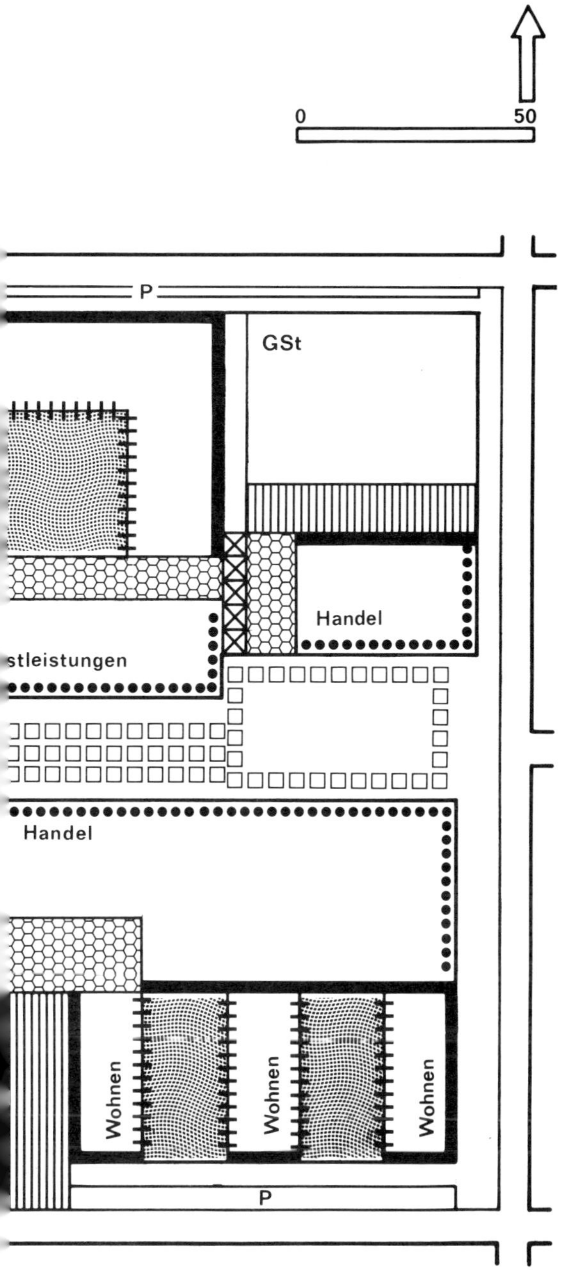

Bereich 1 Randbebauungsweise mit innenliegender Andienung.
Bereich 2 Teilauflösung der Randbebauungsweise zugunsten einer großflächigen Überbauung und Gemeinschaftsstellplätzen.
Bereich 3 Auflösung der Randbebauungsweise.
Bereich 4 Umwandlung in eine geschichtete Flächenbebauungsweise. Großflächennutzung für Handel, Parkhaus mit verdichteter Wohnbebauung überbaut.

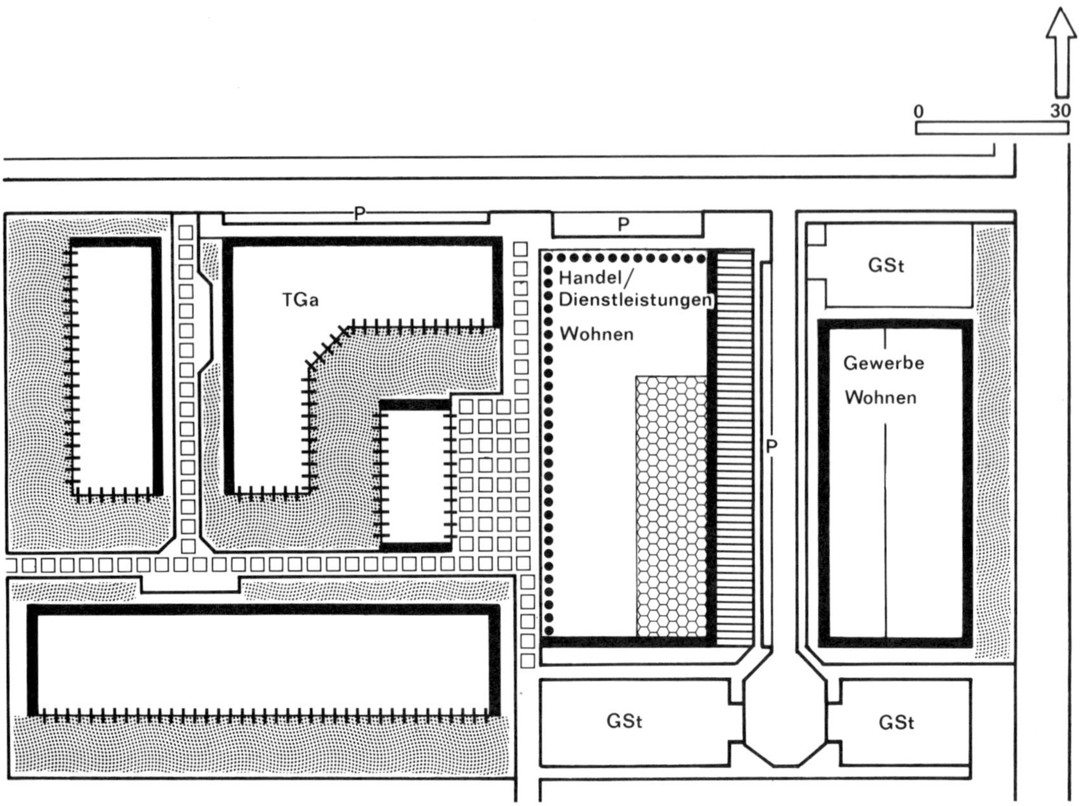

Zeilenbebauungsweise

Großmaschig, geometrisch geschlossenes Netz der öffentlichen Verkehrsflächen, nach Funktionen differenziert.

Überbaubare Grundstücksflächen sind den Anliegerstraßen/Anliegerwegen zugeordnet.

Nutzung für Handel, Dienstleistungen und Wohnen sowie Gewerbe und Wohnen. Bebaubar mit mehrgeschossigen Wohnformen in geschlossener Bauweise.

Nach Nutzungsansprüchen differenzierte Raumbildung, Fußgängerbereich/Markt, Hausgärten, Wohngrün.

Gewerbe und Industrie

Die Nachkriegsentwicklung ist u. a. dadurch gekennzeichnet, daß eine vorausschauende, umweltfreundliche städtebauliche Entwicklung für Gewerbe- und Industriegebiete bis in die frühen 70er Jahre, von Ausnahmen abgesehen, kein Thema für die städtebauliche Planung war. Mit der Verstädterung und einem wachsenden Umweltbewußtsein änderte sich jedoch diese Einstellung.

Es wurden Fragen nach den Standorten für Gewerbe und Industrie, nach deren Integration in das Orts- und Landschaftsbild und Umweltverträglichkeit gestellt. Hinzu kommt, daß die Gesellschaft heute nicht allein ein umfassendes, differenziertes Angebot an qualitativ guten Arbeitsplätzen, ausgestattet mit allen sozialen Leistungen, erwartet, sondern auch nach ihrer Erreichbarkeit und Gestaltqualität fragt. Die Gestaltqualität unserer Arbeitswelt beinhaltet bauliche und freiräumliche Werte, das Vermeiden schädlicher Einflüsse auf unsere Umwelt.

Gestaltqualität

Stadtplanung bedeutet Ordnen und Gestalten unserer Umwelt und damit auch unserer Arbeitswelt. Wie beim Wohnen, bei den Einrichtungen für Handel und Dienstleistungen ist damit auch die Frage nach den Bebauungsweisen gestellt.

Die fertigungstechnisch perfekte Herstellung eines Produktes, Wirtschaftlichkeit und Konkurrenzfähigkeit sowie die soziale Ausgestaltung und Sicherung der Arbeitsplätze bestimmen Planen und Handeln der Unternehmer. Automatisierte Fertigungstechniken werden bis heute vorwiegend in großflächigen, erdgeschossigen Hallen eingesetzt. Dazu kommen die versiegelten Flächen für das Be- und Entladen, Fahren und Parken. Es ist unstrittig, daß das Verhältnis zwischen bebauten sowie versiegelten Flächen und begrünten Freiflächen viel ungünstiger ist als bei anderen Nutzungen. Die Baunutzungsverordnung läßt eine Überbauung bis zu 80% zu. § 19 (4) BauNVO findet keine Anwendung. Eine Minderung der Gestaltqualität und Umweltschäden sind dadurch unvermeidbar.

Freiflächennutzung und Gestaltung

Im Gegensatz dazu gibt es aber auch Betriebe, die dem High-Tech-Bereich zuzuordnen sind oder die Produkte herstellen, die schon am Herstellungsort dem Handwerker oder Einzelhändler zum Kauf angeboten werden. Durch ihre Gebäude, die qualitätsvoll gestaltet sind, und einem begrünten Umfeld sehen sie eine Chance, für ihre Produkte zu werben und Imagepflege zu betreiben. Über Ausstellungs- und Verkaufsflächen suchen sie den Kontakt zur Öffentlichkeit. Dichtbepflanzte Freiflächen sollen schädliche Einflüsse fernhalten. Betriebe dieser Art bilden eine Minderheit.

Gezielt konzipierte Bebauungsweisen sowie planungs- und bauordnungsrechtliche Gestaltungsvorschriften können zu einer Verbesserung der Gestaltqualität in unserer Arbeitswelt beitragen.

Tiefentyp
Breitentyp

Man unterscheidet grundsätzlich zwei Bebauungselemente, den Tiefen- und den Breitentyp. Beim Tiefentyp entwickeln sich die baulichen Nutzungen in die Tiefe des Baulandes/Baugrundstücks. Der erste Abschnitt der Bebauung tritt in der Regel als abgeschlossenes Bauelement, das den öffentlichen Raum begrenzt, in Erscheinung. Der Breitentyp zeichnet sich dadurch aus, daß sich die baulichen Nutzungen parallel zu den öffentlichen Verkehrsflächen entwickeln. Die Gebäude, die mit ihren Fassaden den öffentlichen Raum bestimmen, wechseln mit Freiflächen. Die Raumkanten weisen unterschiedlich große Unterbrechungen auf.

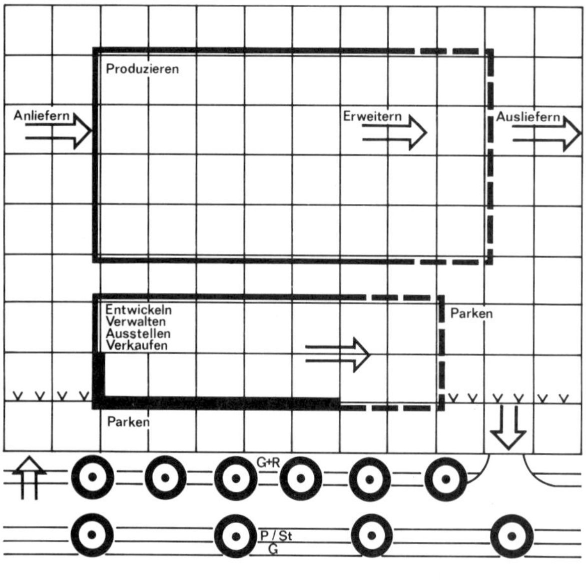

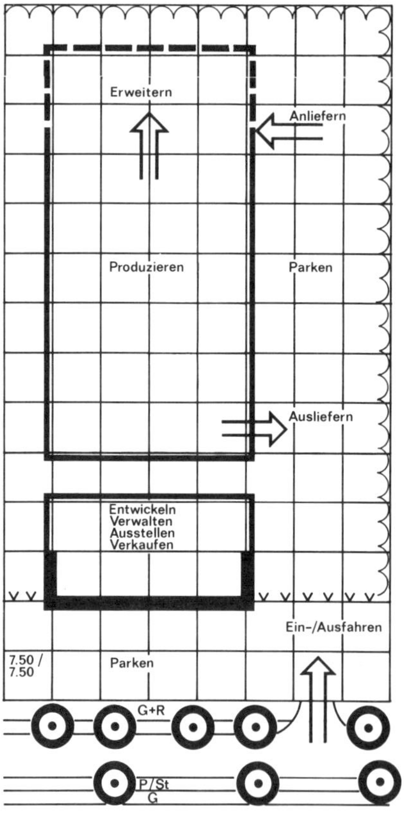

Bei kleineren Betrieben, z. B. Handwerksbetrieben, sind die Nutzflächen für Entwickeln, Verwalten, Ausstellen, Verkaufen auf zwei bis drei Räume reduziert und werden in einen einheitlichen Baukörper integriert. Hier genügen überbaubare Grundstücksflächen von 500 - 2500 m². Der Baulandbedarf kann u. a. dadurch eingeschränkt werden, daß die Nutzflächen für Entwickeln und Verwalten im ersten OG über den Produktionsflächen angelegt werden. Auch bei der High-Tech-Branche ist es nicht ungewöhnlich, daß Nutzflächen für das Produzieren übereinandergestapelt werden.

Baulandbedarf

Grundsätzlich muß man davon ausgehen, daß im Gewerbebau eine strenge Gebäudetypologie wie im Wohnungsbau nicht möglich ist. Die Art der Produkte und ihre Herstellungstechniken bestimmen die Entwicklung der Nutzflächen und die Gliederung der Baumassen.

Gestaltung und Umwelt

Die Gestaltung unserer Umwelt beginnt bei der Wahl des Standortes für eine bestimmte Nutzung und endet bei der Freiflächengestaltung. Dazwischen liegt ein weites Feld für Gestaltungsinitiativen und Maßnahmen zum Schutz unserer Umwelt. Die Gestaltqualität der baulichen Anlagen ist abhängig von der Größe und Gliederung der Baumassen, den Bauelementen, den Werkstoffen und Farben sowie den Werbeanlagen. Die Fähigkeiten des Architekten und der Wille des Bauherrn zur Gestaltung bestimmen die architektonische Qualität. Hier liegt eine große Verantwortung für die Beteiligten.

Das Grün in der Gewerbeansiedlung

Größere, gewerblich genutzte Baugebiete werden durch Grünzüge gegliedert. Das ist heute eine Selbstverständlichkeit. Die wertvollen Merkmale eines Landschaftsraumes können dadurch nicht nur erhalten, sondern auch im Rahmen einer landschaftspflegerischen Gestaltung integriert werden. Sie vermitteln das „Ortsspezifische" eines Standortes. Bei den vielgepriesenen „Gewerbe- und Industrieparks" mit großen, zentral liegenden öffentlichen, parkartigen Grünflächen ist oft der Wunsch der Vater des Gedankens. Der Mangel an geeignetem Bauland steht dieser grundsätzlich begrüßenswerten Absicht entgegen.

Öffentlicher Raum Straßenraum

Die öffentlichen Räume konzentrieren sich dadurch auf die öffentlichen Verkehrsflächen. Unter den genannten Bedingungen ist der Gestaltung der Straßenräume besondere Aufmerksamkeit zu widmen. Ihre Gestalt wird durch die Führung der Straße und durch die sie begrenzenden privaten Grundstücksflächen mit ihren baulichen Anlagen bestimmt. Raumbegrenzend sind die Fassaden der Gewerbe- und Industriegebäude. Je weiter die Fassaden von den Verkehrsflächen abrücken, um so weniger definieren sie den Raum. Größere und unregelmäßige Unterbrechungen stören das Raumerlebnis. Gerade diese Erscheinung haben wir beim sogenannten Breitentyp. Erweiterungs-, Lager- und Parkierungsflächen schieben sich zwischen die „harten Raumkanten".

Die Befürworter eines räumlich streng gefaßten Straßenraumes treten deshalb für die Verwendung des Tiefentyps ein. Daraus ergeben sich aber Konsequenzen für die Netzgestaltung der Verkehrsflächen und auch für die Bebauungsweisen.

Traditioneller Straßenraum

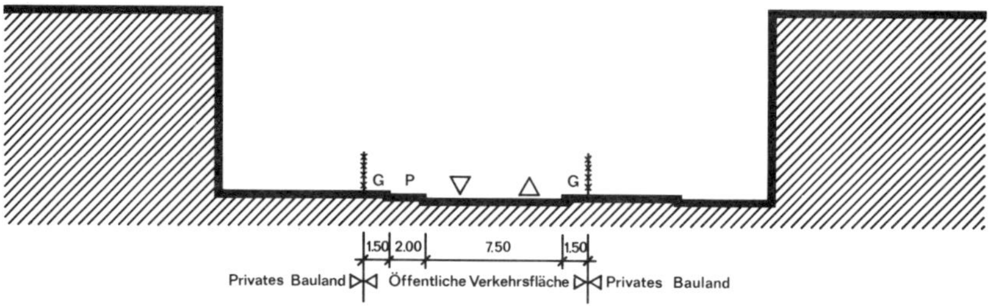

Moderner Straßenraum

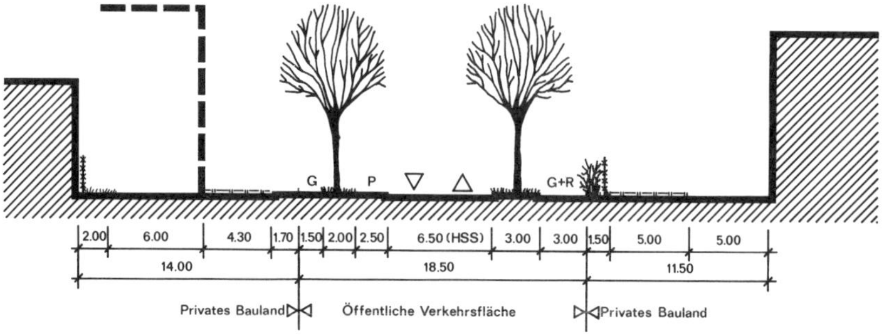

Einfriedungen und öffentlicher Raum

Bei Gewerbe- und Industrieanlagen besteht ein besonderes Sicherheitsbedürfnis. Der Schutz der baulichen Anlagen und der Freiflächen vor fremdem Zugriff und der Schutz des Fremden sind die Gründe dafür. Es werden Einfriedungen in Form von 2,0 bis 2,5 m hohen Zäunen errichtet. Werden diese Zäune unmittelbar hinter der Begrenzungslinie der öffentlichen Verkehrsfläche aufgestellt, zerschneiden sie den Straßenraum. Soll dieser als Einheit erlebt werden, sind die Einfriedungen auf die Gebäudefluchten zurückzunehmen. Eine Umwandlung der davorliegenden privaten Flächen in öffentliche Flächen ist unrealistisch. Der Anteil der öffentlichen Flächen am Bruttobauland wäre zu groß (größer als 30%). Zwischenlösungen sind denkbar, z. B., daß ein öffentlicher Grünstreifen (1,5 bis 3,0 m breit) die Geh- und Radwege auch auf den Außenseiten begleitet. Diese Flächen sind mit Sträuchern zu bepflanzen und hochstämmigen, standortgerechten Bäumen zu überstellen. Daran können sich die Einfriedungen anschließen.

Randbebauungsweise mit Breitentypen

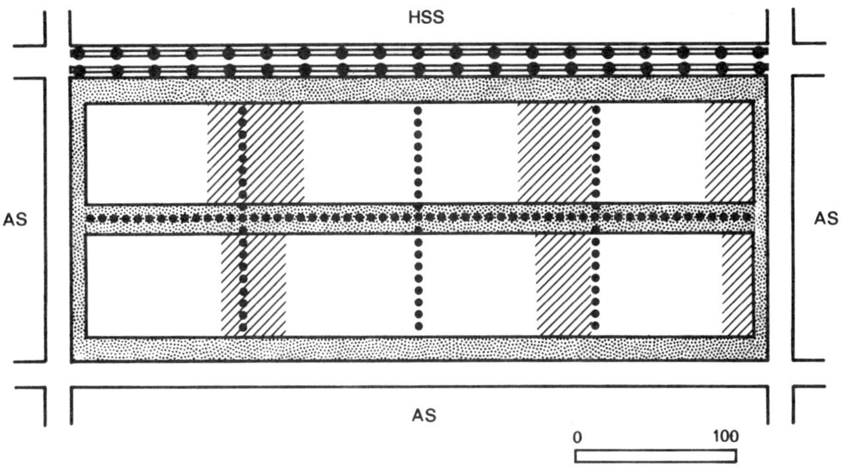

Randbebauungsweise mit Tiefentypen

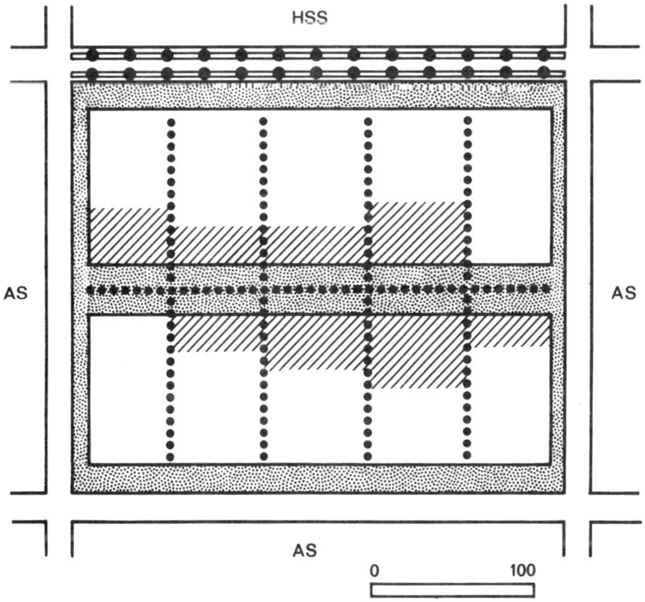

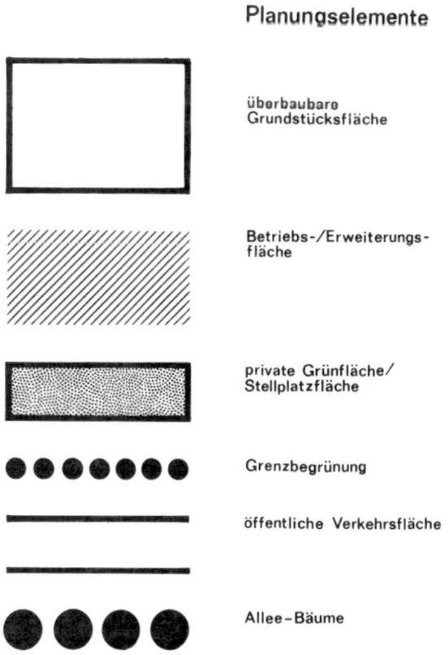

Modifizierte Randbebauungsweise
(Gewerbepark)

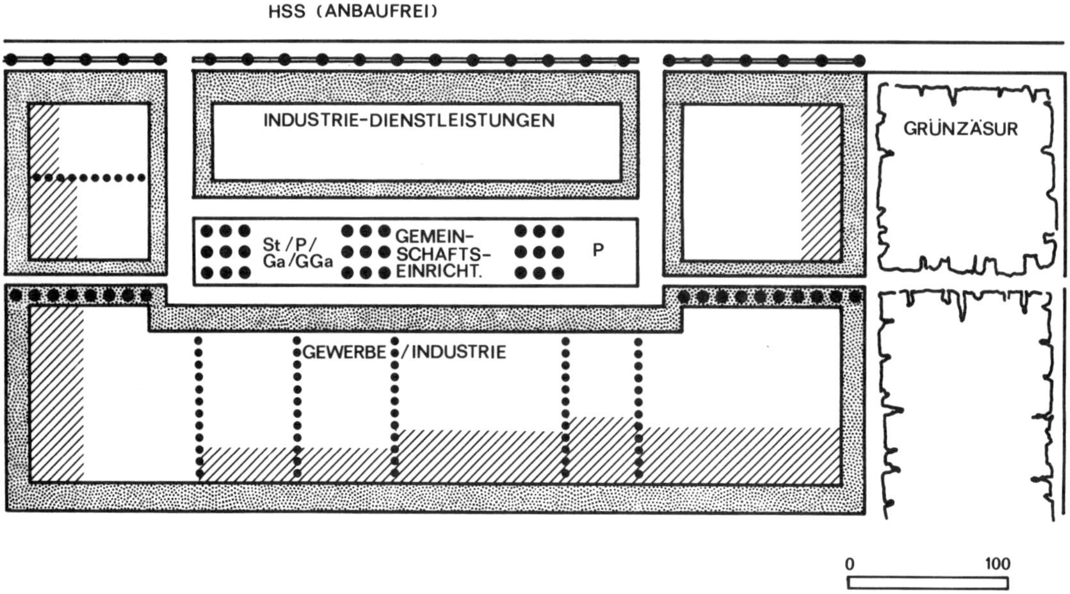

Gekuppelte Zeilen-
bebauungsweise

Beide Bebauungsweisen sind in sich abgeschlossene größere, jedoch überschaubare Bebauungselemente. Sie sind durch Grünzäsuren voneinander getrennt. Charakteristisch sind innenliegende Flächen für Erschließung.
Parken und Gemeinschaftseinrichtungen. Diese Flächen sind mit hochstämmigen, standortgerechten Bäumen zu überstellen.

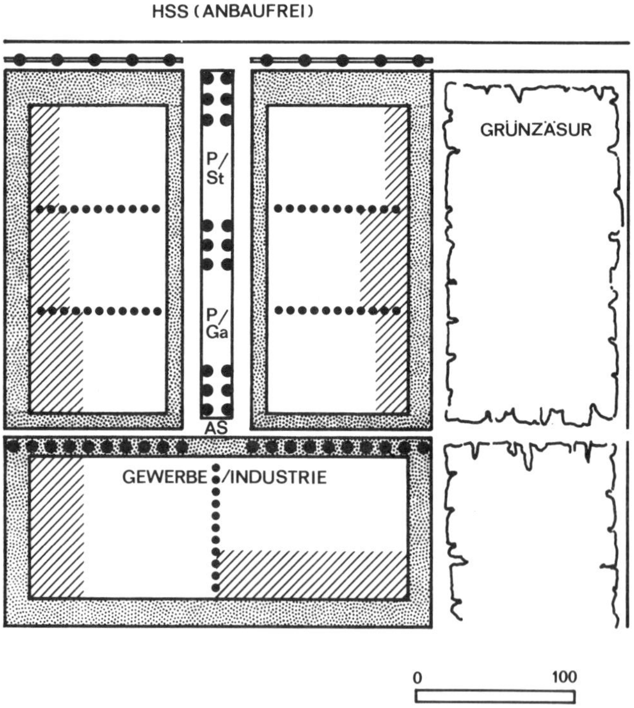

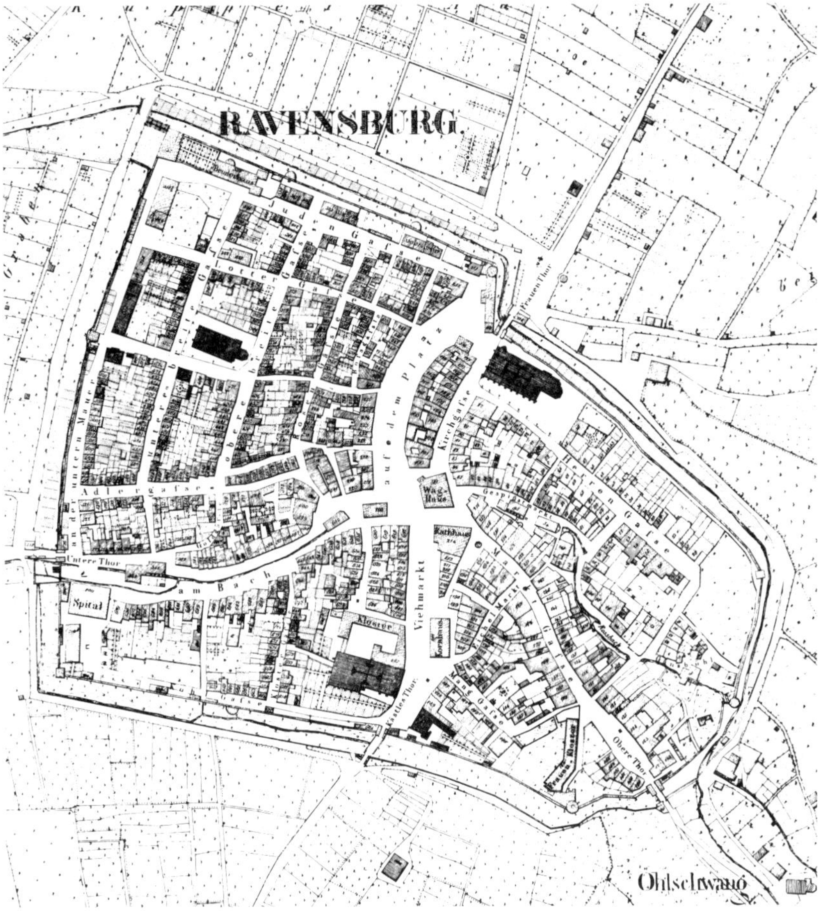

Historische Entwicklung

Stadt Ravensburg, Flurkarte von 1825

Landesvermessungsamt Baden-Württemberg 1986

Die Flurkarte der Stadt Ravensburg von 1825 zeigt den ältesten Teil der Stadtanlage unterhalb der Ravensburg und die Stadterweiterung (Unterstadt) nach Westen. In der Forschung geht man davon aus, daß die Entwicklung zur Stadt bis 1200 n. Chr. abgeschlossen war. Das nach Funktionen gegliederte Erschließungssystem und die Verteilung der Hofstätten sind ablesbar.

Die Bebauung erfolgte unter den welfisch-staufischen Stadtherren auf annähernd gleich großen Grundstücksflächen. Das System der Randbebauungsweise ist bestimmend. Dabei überwiegt das traufständige Haus. Beachtenswert sind auch die am Rand bebauten großen Bebauungssysteme in der westlichen Vorstadt.

Prospekt der
Stadt Ravensburg
und ihrer nächsten
Umgebung

Kopie von
Dav. Mieser,
im Jahre 1625
aufgenommen

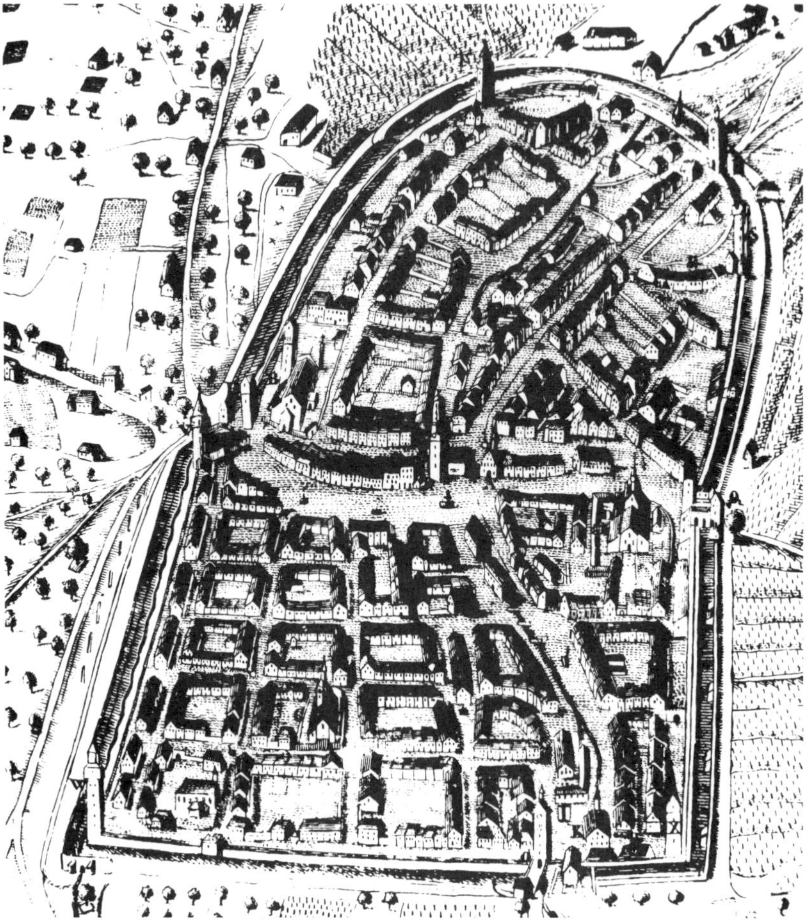

Perspektivischer
Aufriß der Hoch-
fürstlich Markgräf-
lichen Residenzstadt
Karlsruhe

I. B. Haas
nach und bei
G. N. Fischer
um 1780

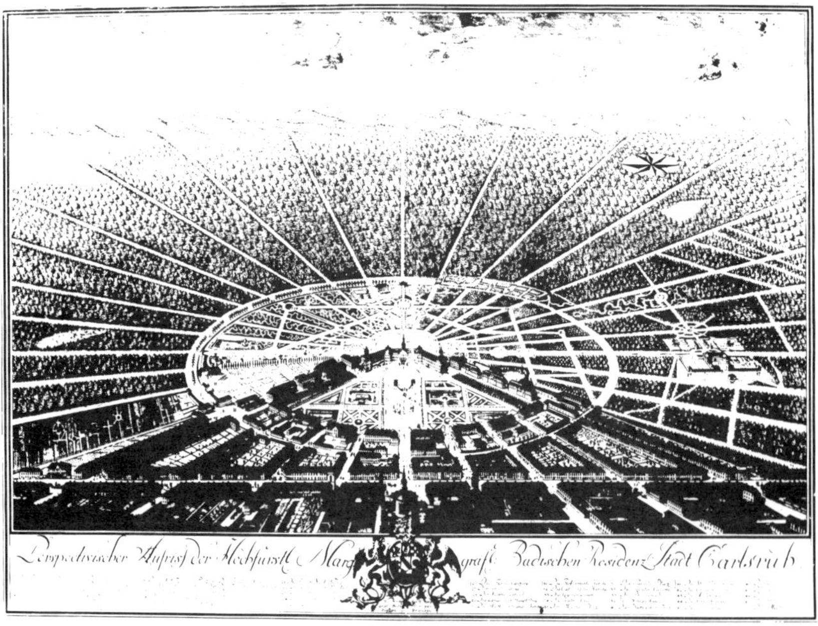

Arbeitersiedlung Saltaire 1851

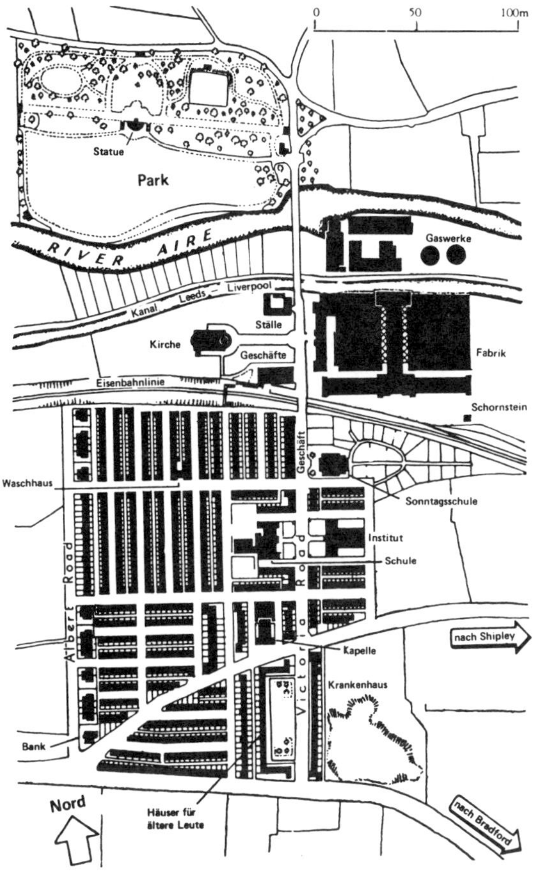

Sie wurde 1851 von Sir Titus Salt in der Nähe von Bradford gegründet. Von den früheren Arbeitersiedlungen unterscheidet sie sich grundlegend. Neben den Wohnquartieren besteht sie aus zahlreichen Versorgungseinrichtungen, wie Waschhäusern, Badehäusern, Sonntagsschule, Kapelle und Krankenhaus sowie Geschäften. Zusammen mit einer großen Fabrikanlage, Sport- und Parkflächen in Verbindung mit einer Flußniederung bildet sie eine Stadteinheit, die alle notwendigen Funktionen erfüllen kann.

Die Randbebauungsweise, bebaut mit Reihenhäusern und kleinsten Gartenanteilen, stellt eine wesentliche Verbesserung gegenüber den früheren Back-to-back-Bebauungen dar.

Sanierung von Paris unter Haussmann

Der neue Straßenverlauf wurde durch die Enteignung der Grundstücke nach dem Gesetz von 1850 möglich. Nach Benevolo wurden mit der Neuordnung folgende Ziele verfolgt:

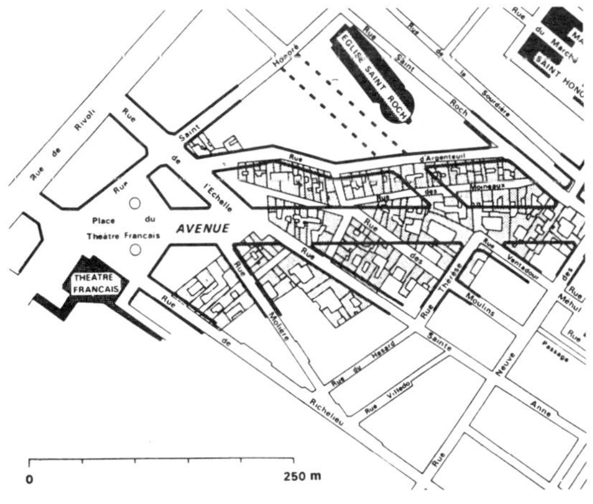

Benevolo: Die Geschichte der Stadt

— Beseitigung des alten, engen, mittelalterlichen Straßennetzes. Barocke Boulevards, die mit den übrigen Straßen zu einem neuen, einheitlichen Erschließungssystem verbunden werden sollten.

— Neue Primär-Infrastruktur (Wasserleitungen, Kanalisation, Gasbeleuchtung, öffentliches Verkehrsnetz).

— Neue Sekundär-Infrastruktur (Schulen, Krankenhäuser, Kasernen, Gefängnisse, öffentliche Parks).

— Neue Verwaltungsstruktur der Stadt.

Das Ergebnis ist eine hochverdichtete Blockbebauungsweise.

Blockbebauungs-
weisen

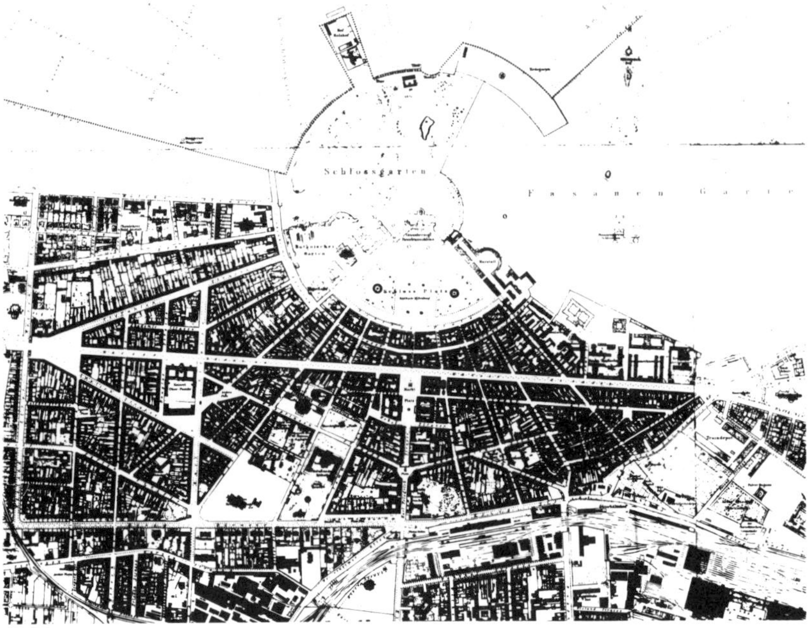

Übersichtsplan der Haupt- und Residenzstadt Karlsruhe

Bearbeitet im Jahre 1895 durch das städtische Tiefbauamt nach der von demselben ausgeführten Stadtvermessung. Ergänzt bis zum Jahre 1897.

Blockbebauungsweisen

In der 1. Hälfte des 19. Jh. vollzog sich mit der Industrialisierung eine tiefgreifende Veränderung in der räumlichen Verteilung der Bevölkerung. Man versuchte, dort eine Wohnstätte zu finden, wo neue industrielle Produktionsstätten entstanden.

Städte und Gemeinden gingen dazu über, angrenzende Ortschaften einzugemeinden, um damit die Voraussetzungen für die Befriedigung der vielfältigen Baubedürfnisse schaffen zu können. So veranlaßte eine Kabinettsorder im Januar 1860 in Berlin u. a. die Eingemeindungen von Moabit und Wedding. Seit 1858 wurde im Polizeipräsidium in Berlin der 1. „Bebauungsplan der Umgebungen Berlins" mit dem Ziel bearbeitet, die bestehenden Einzelpläne aufeinander abzustimmen und zu vereinheitlichen. James Hobrecht war der Verfasser dieses Plans. In der Folgezeit wurde der Plan heftig kritisiert und für die Fehlentwicklungen im Wohnungsbau verantwortlich gemacht. Der Plan war auf eine Entwicklung von 100 Jahren berechnet. Er war ein „Straßenplan", dem ein streng geometrisch geformtes, großmaschiges Straßennetz zugrunde lag, mit Straßen, die wirklich nie angelegt wurden. Für diesen Plan gaben sicherlich die Straßenanlagen, wie sie von Haussmann für Paris vorgeschlagen und auch realisiert wurden, ein Vorbild ab. 3.4)

Neben diesen planerischen Vorgaben leisteten bei der Abwägung die „überwiegende Rücksichtnahme auf Eigentum der Beteiligten" (Eigentum an Grund und Boden), das damals bestehende Dreiklassenwahlrecht und die Steuergesetzgebung der Bodenspekulation Vorschub. Die maximale bauliche Ausnutzung der Grundstücke war die Folge, und die Baugesetzgebung beschränkte sich weitestgehend auf den öffentlichen Straßenraum. Der Brandschutz bestimmte die Mindestgrößen der Flächen, die nicht bebaut werden durften.

Stübben beschreibt im Handbuch der Architektur, 9. Halbband: „Der Städtebau", die Elemente des Erschließungssystems mit „Radialen erster und zweiter Ordnung" und peripheren Straßen oder Ringstraßen, die mit den Radialen ein in sich geschlossenes Netz bilden. Um ein großes Verkehrsaufkommen bewältigen zu können, kann nach Stübben dieses Netz durch „Diagonallinien" ergänzt werden. Die Knotenpunkte werden in einem solchen System als „Verkehrsplätze" bezeichnet. 3.5)

„Auf den öffentlichen Straßen und Plätzen gliedert sich der Verkehr in denjenigen der Fußgänger, der Reiter, des Lastfuhrwerkes, der Personenwagen und der Straßenbahn. Für den Fußgänger werden besondere Streifen an den Häusern entlang (Bürgersteige oder Trottoirs) oder inmitten der Straßen- und Platzflächen (baumbesetzte Gehwege, Fußweginseln) vorbehalten; sie werden gegen Überfahren in der Regel durch Erhöhung der Kanten, seltener und weniger

3.4) Kleihues; 750 Jahre Architektur und Städtebau in Berlin
3.5) Stübben; Der Städtebau

zweckmäßig durch Prellsteine oder Geländer geschützt." 3.6)

Entsprechend dem Verkehrsaufkommen sind die Straßen nach ihrer Breite in den Ausführungsbestimmungen des Preußischen Ministeriums der öffentlichen Arbeiten zum Fluchtliniengesetz vom 2. Juli 1875 wie folgt eingeteilt:

Nebenstraßen	12 — 20 m Breite
Verkehrsstraßen mittleren Ranges	20 — 30 m Breite
Hauptverkehrsstraßen	30 m und mehr

„Die Anforderungen der Gesundheit einer Breite einer Straße werden durch die richtige Berücksichtigung der Verkehrsverhältnisse gleichfalls erfüllt sein, vorausgesetzt, daß die zulässige Haushöhe, wie dies in den meisten Bauordnungen der Fall ist, zur Straßenbreite in einem angemessenen Verhältnis steht..." 3.7)

Gemischte Bauweise
Eberstadt, Möhrung und Petersen 1910

Die Reformmodelle der Bebauungsweisen entstanden als Antwort auf die unhygienischen und unsozialen Verhältnisse, welche die Folgen der Blockbebauungsweise waren. Sie sollten den Nachweis erbringen, daß bei einer Differenzierung der Verkehrsflächen in Verkehrsstraßen und Wohnstraßen so viel an Fläche gespart werden kann, daß diese Art der Bebauung bei jedem Bodenpreis möglich ist. Die Bebauung bestand aus einer mehrgeschossigen Randbebauung und einer zweigeschossigen Reihenhausbebauung im Blockinnern. Auf Hinterhäuser wurde verzichtet.

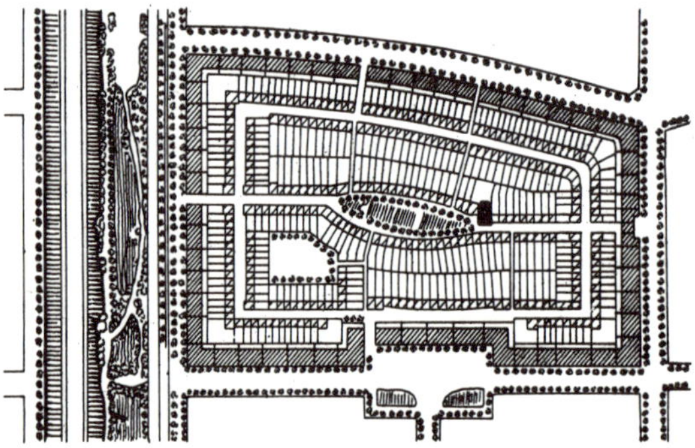

Heiligental; Deutscher Städtebau

3.6) Stübben; Der Städtebau, verschiedene Arten des Straßenverkehrs
3.7) Stübben; Der Städtebau, Straßenbreite und Straßenrichtung

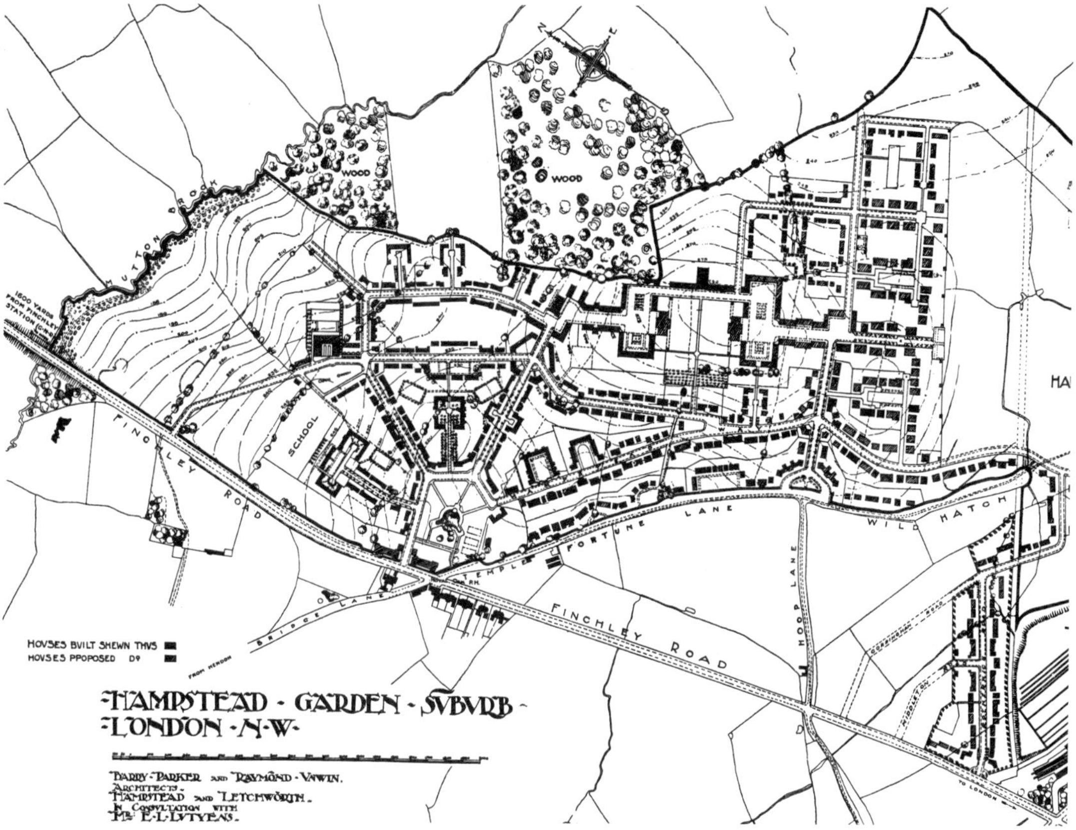

Unwin; Town planning in practice

Die Gartenstadt

1898 veröffentlichte Ebenezer Howard in der Schrift „To-Morrow" seine Ideen von der Gartenstadt. Diese sollte ein neues Gleichgewicht zwischen Stadt und Land herbeiführen. Dazu war eine Dezentralisierung der großen Stadt notwendig. Die Gartenstadt sollte sozialer, hygienischer, wirtschaftlicher und ästhetischer als die bisher ungehindert wachsende Großstadt sein.

Raymond Unwin war der Begründer der Gartenstadtbebauung. Sein Ziel war, Lebensraum für ein Leben in der Gemeinschaft Gleichgesinnter zu schaffen. Um dieses Ziel zu erreichen, sollte sich eine begrenzte Zahl von Wohnhäusern um einen gemeinschaftlichen Hof gruppieren. Diese Gruppe von Bewohnern war die kleinste Einheit der sozialen Organisation.

Um dieses Ziel zu erreichen, entwickelte Unwin 1912 u. a. 3 Baugruppen, die er als typisch für seine Gartenstadtbebauung bezeichnete:
— den allseitig umschlossenen Wohnhof
— den Wohnhof zur Straße geöffnet
— die Sackgasse mit Hausgruppen

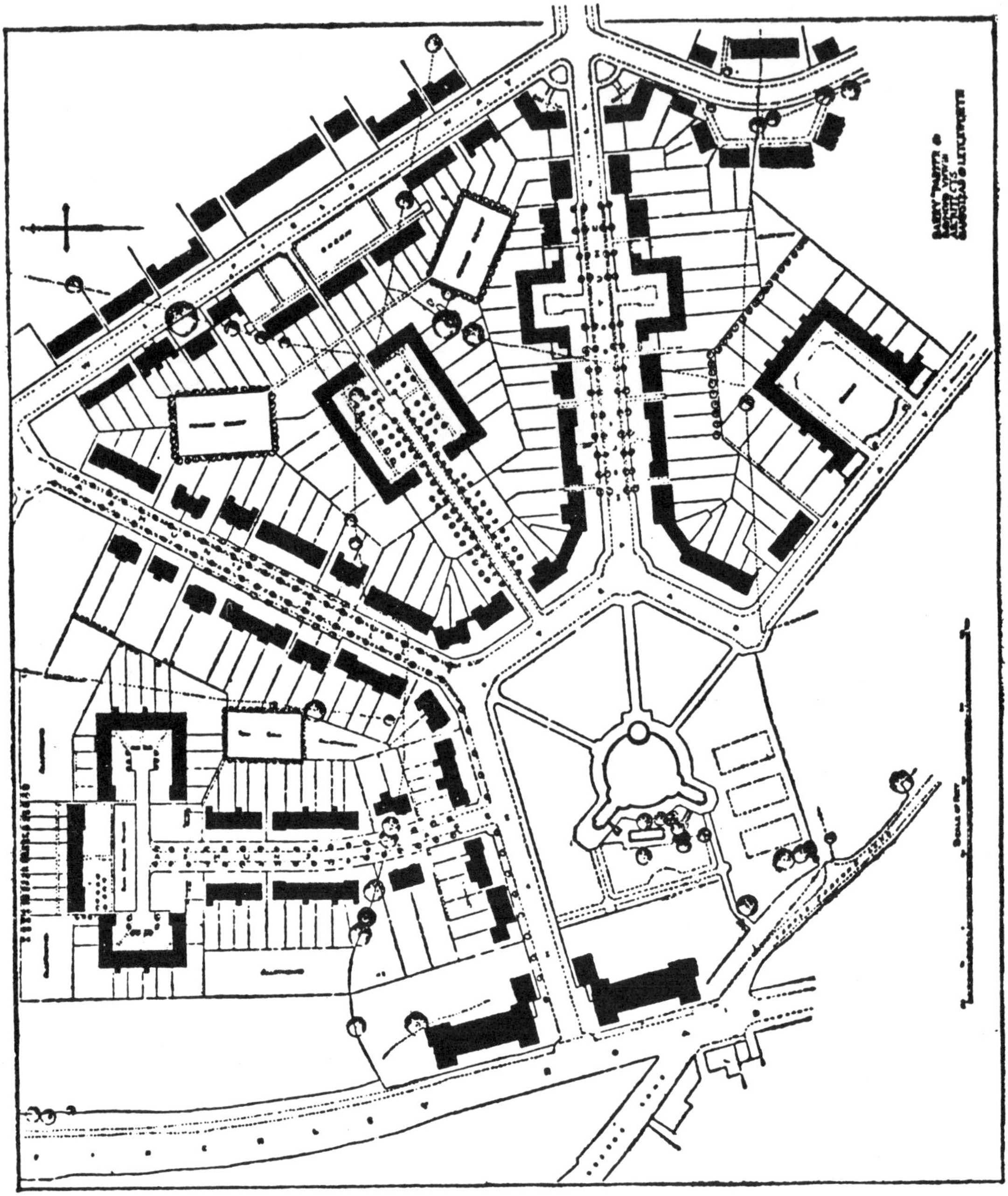

Illus. 235 — Part of Hampstead Garden Suburb developed by the Hampstead Tenants, Limited, and laid out for cottages

Unwin; Town planning in practice

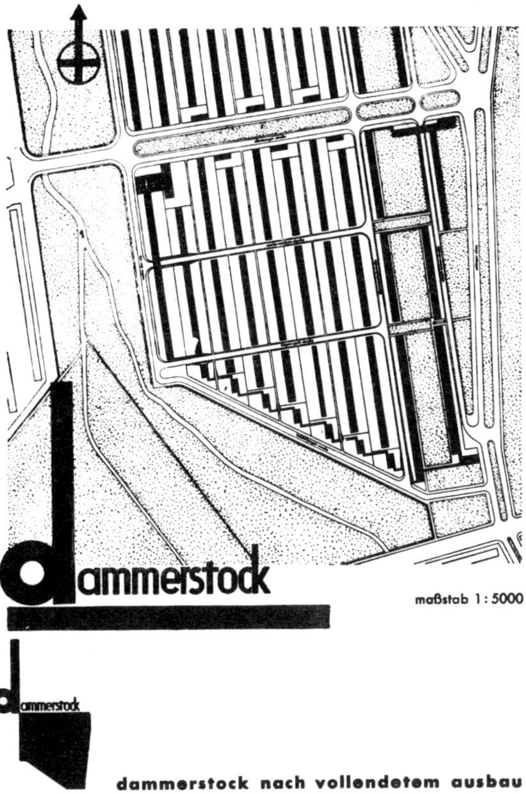

Ausstellung Karlsruhe,
Dammerstock-Siedlung.
Die Gebrauchswohnung
29. Sept. - 27. Okt. 1929.

Dammerstock Karlsruhe 1927/28

Alle Bemühungen waren um die Jahrhundertwende darauf abgestimmt, Baugesetze und Bauordnungen zu erlassen, die eine Verringerung der baulichen Ausnutzung der Grundstücke und damit auch der Dichte zum Ziel hatten.

In den 20er Jahren begannen die ersten systematischen Untersuchungen über die Wohnbedürfnisse der Bevölkerung und über die Voraussetzungen des Wohnwertes. „Funktion und Nutzung, Orientierung zur Sonne, Verbindung zum Freiraum" (F. Spengelin) waren die Kriterien.

Zwei Bebauungsweisen wurden als möglich anerkannt:

— die Randbebauungsweisen mit begrüntem Innenhof
— die Zeilenbebauungsweise

In der 2. Hälfte der 20er Jahre entstanden die sogenannten Reformsiedlungen, bei denen diese Ziele verwirklicht werden sollten. Dazu zählen u. a.: die Römerstadt in Frankfurt (1927) und die Dammerstock-Siedlung in Karlsruhe (1927/28). Themen des Wohnens wurden auch auf den internationalen Kongressen für das Neue Bauen behandelt, so in Frankfurt (1929). „Die Wohnung für das Existenzminimum" und in Brüssel (1930) „Rationelle Bebauungsweisen".

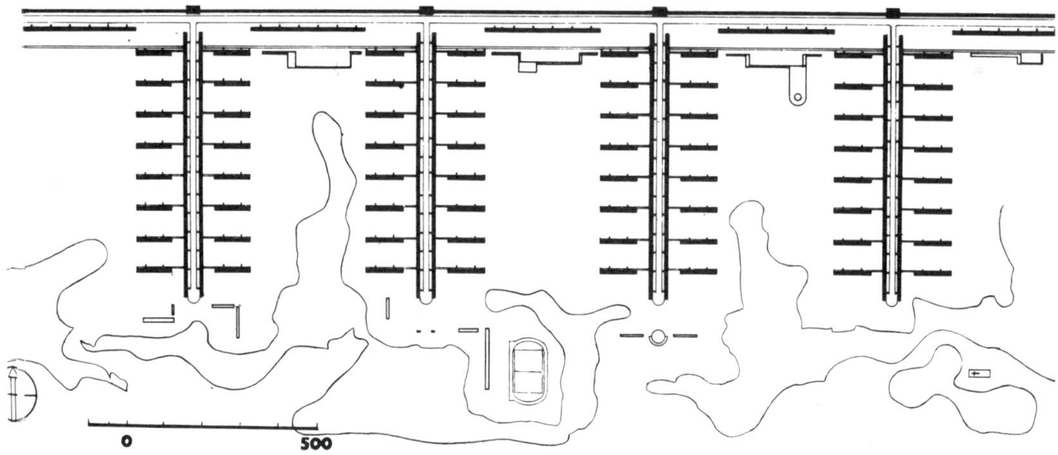

Parkstadt im Hochbau 1931

Prof. Dr.-Ing. e. h. Otto Ernst Schweizer propagierte 1931 in seiner Studie „Parkstadt im Hochbau" die gekuppelte Zeilenbebauungsweise. Hochbauten in Form von Scheibenhochhäusern wurden zu einem größeren Bausystem zusammengefaßt. Zwischen diesen Bauelementen sind größere private und öffentliche Grünflächen vorgesehen. Die Wohndichte beträgt etwa 375 P/ha.

Schweizer;
Die architektonische Großform

Nach dem 2. Weltkrieg wird die städtebauliche Planung für Wohnsiedlungen von drei Bauelementen bestimmt:

— dem Punkt — der Zeile — der Terrasse —

Punkt	Zeile	Terrasse	
			Bauelemente
Ein-/Zwei- familienhaus 1-2 VG	Kettenhaus 1-2 VG Ein-/Zwei- familien- Reihenhauszeile 1-3 VG Stadthauszeile 2-3 VG Wohnzeile 4 VG Wohnscheibe 8 und mehr VG	Terrassenhaus am Hang 3-4 VG Wohnhügel bis 6 VG	Wohnform
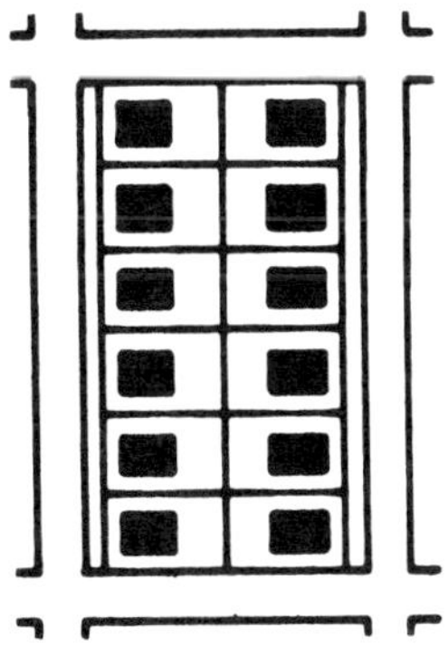		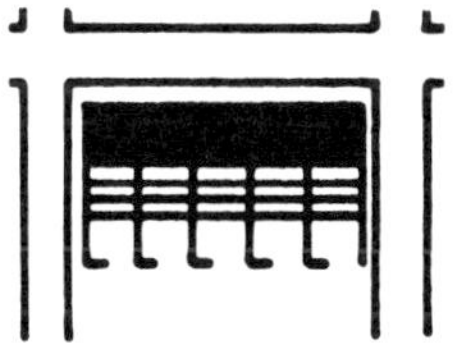	Randbebauungs- weise
			Einfache Zeilen- bebauungsweise

Gekuppelte Zeilenbebauungsweise

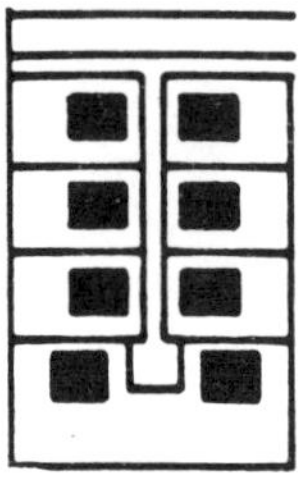

Weiterentwickelte Bebauungsweisen

Großformen der Randbebauungsweise

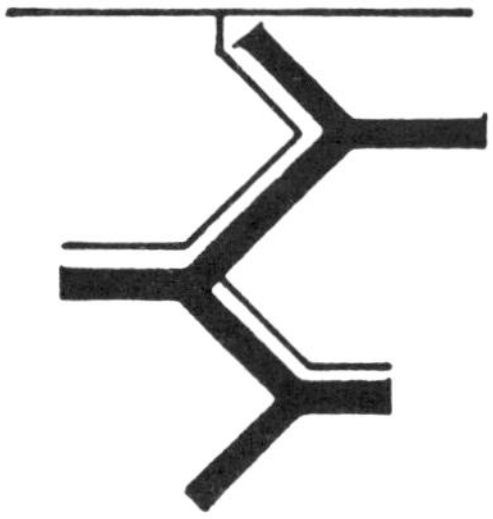

Teppichbebauungsweise

Randbebauungsweise mit verkehrsberuhigenden Maßnahmen

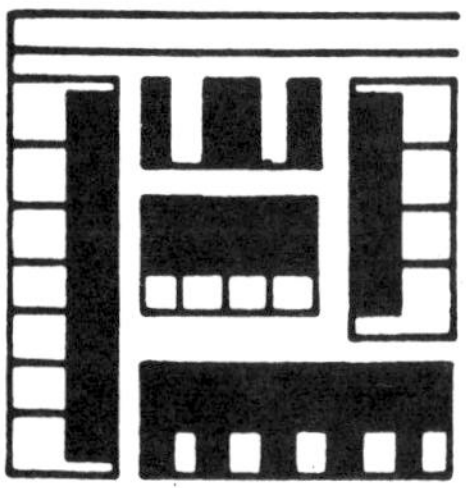

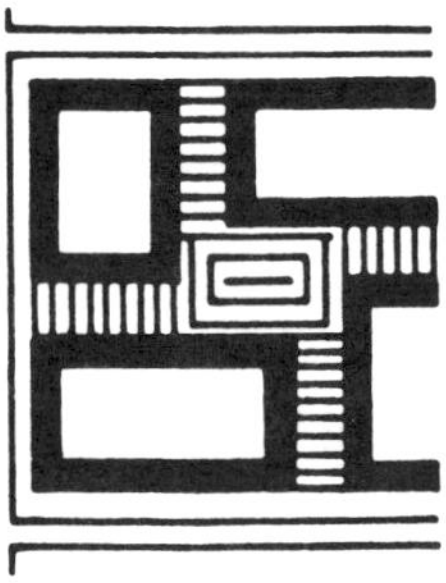

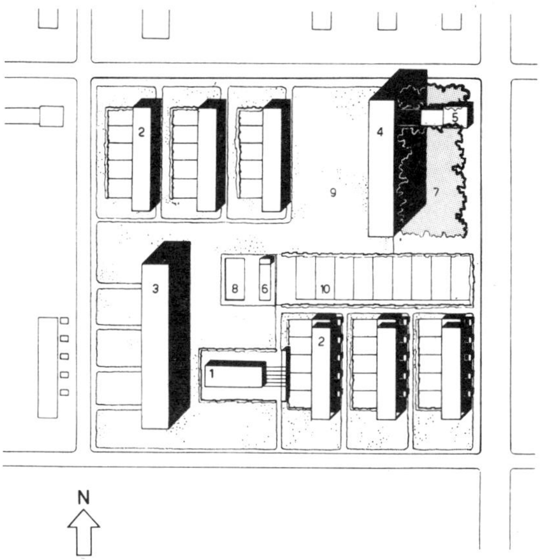

Pendrecht — Rotterdam 1949

Beispiel einer Bebauung zu einer Nachbarschaft für etwa 4000 Einwohner. 2- bis 4geschossige Zeilenbauten in einem streng geometrischen Blocknetzsystem.

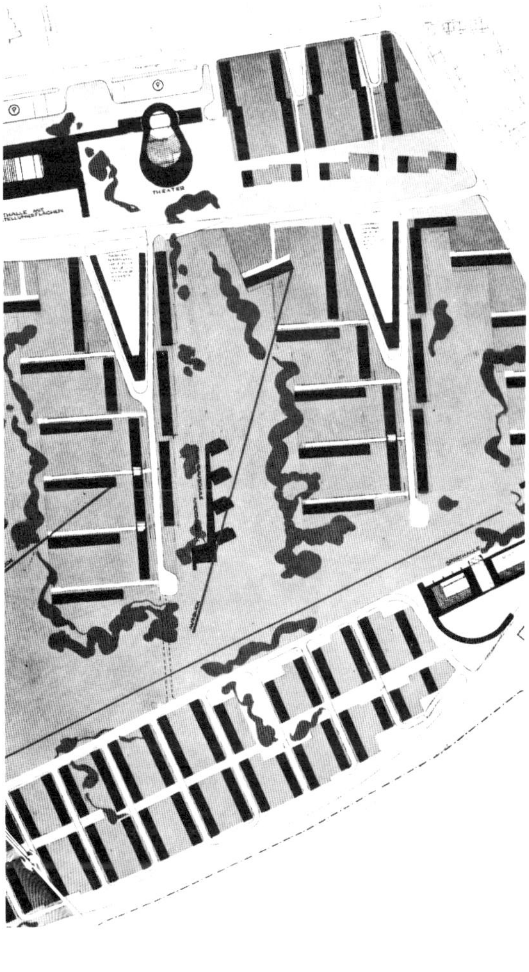

Rheinhausen-Mitte 1954

Prof. Dr.-Ing. e. h. Otto Ernst Schweizer, etwa 5000 WE für 16 200 Einwohner, Bruttowohndichte 126 P/ha. System der einfachen und der gekuppelten Zeilenbebauungsweise.

Gartensiedlung Sängglen in Pfaffhausen bei Zürich 1960 - 1965,
Architekten Bridel und Spirig

System der gekuppelten Zeilenbebauungsweise, bebaut mit einer Hausgruppe. 4 Wohneinheiten, etwa 10 Personen, Nettowohndichte 30 P/ha.

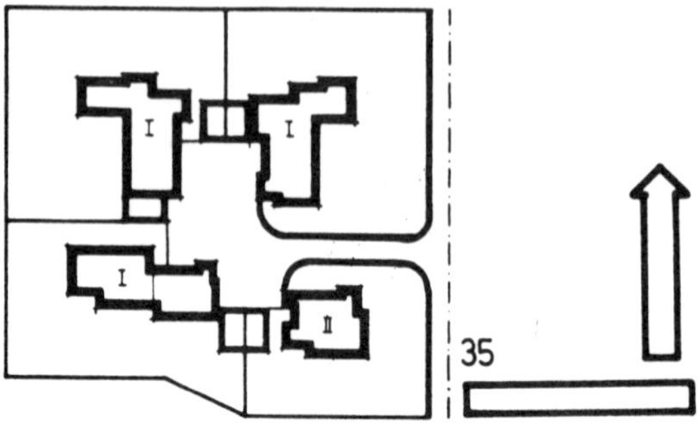

Atriumsiedlung „Im Pfeiffengarten“
Rheinach/Schweiz 1960 - 1962
Architekten Löw und Manz

Wohnbebauung im verdichteten Flachbau mit Winkelreihenhäusern. Teppichbebauungsweise, 30 Wohneinheiten, etwa 78 Personen, Nettowohndichte 80 P/ha.

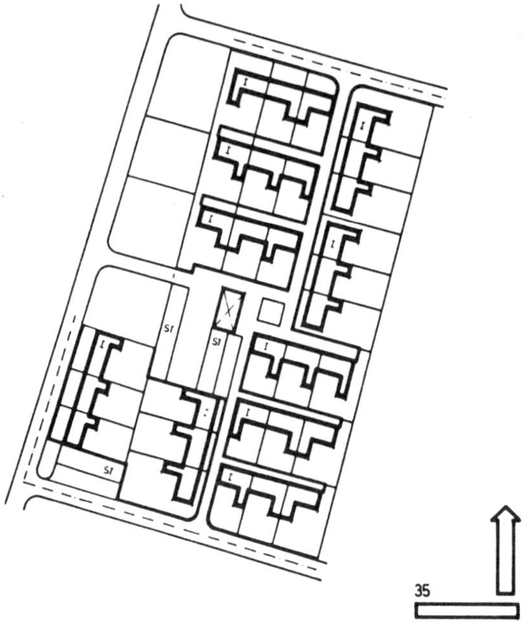

Siedlung an der Battstraße,
Karlsruhe-Rüppurr, 1963
Werkgemeinschaft Hirsch und Partner

Verdichteter Flachbau, bebaut mit 1- bis 2geschossigen Reihenhäusern, zentrale Gartenhöfe, 68 Wohneinheiten, etwa 177 Personen, Nettowohndichte 105 P/ha.

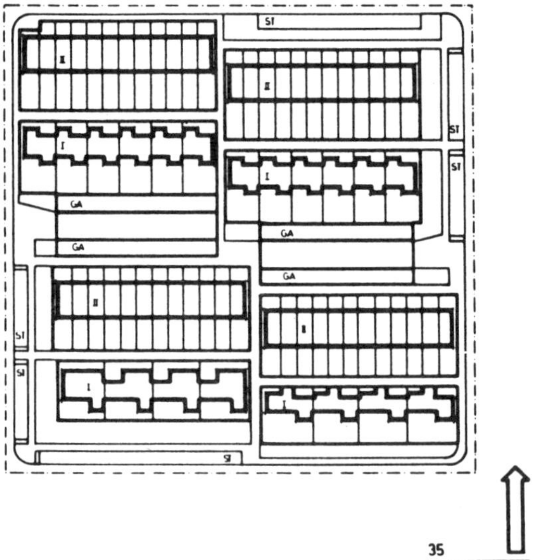

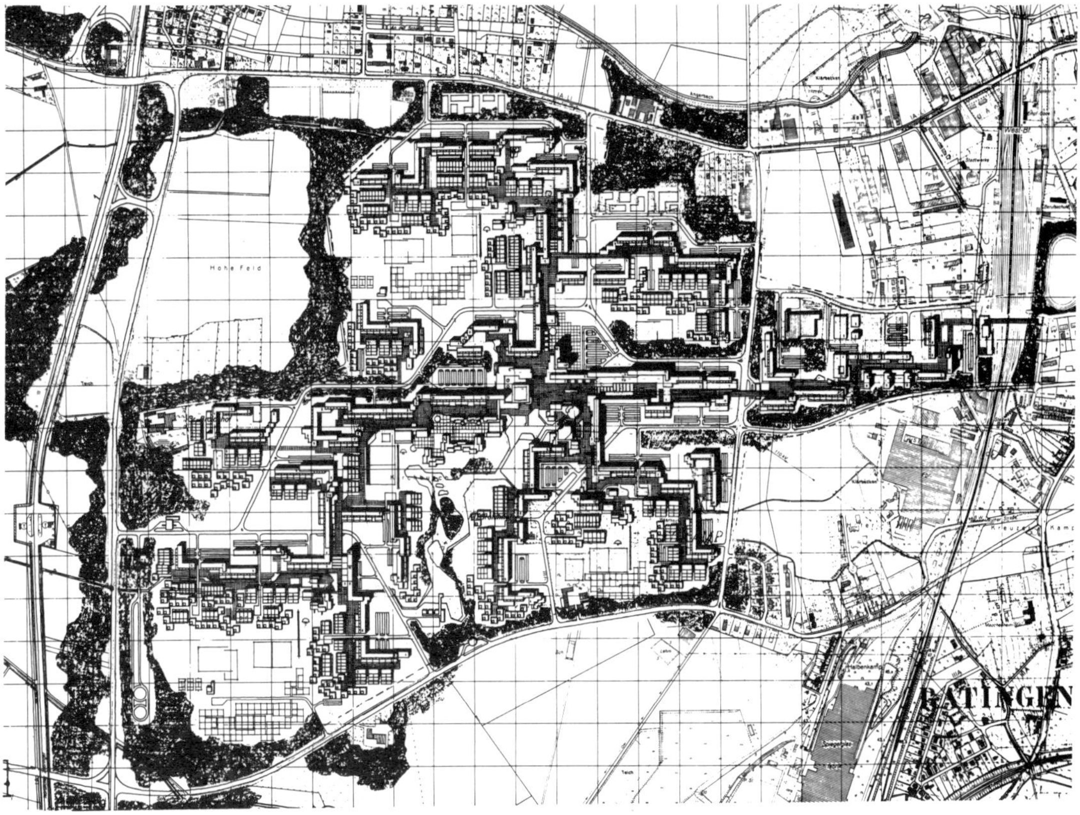

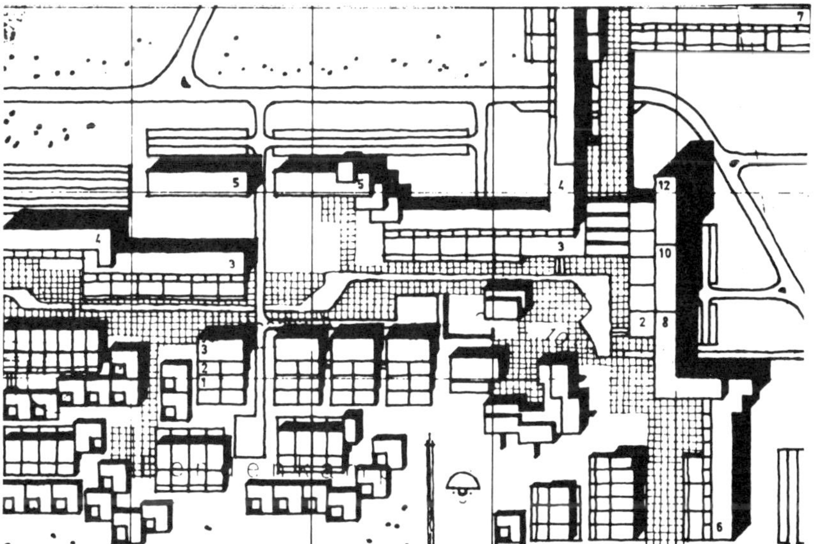

Europäischer Wohnungsbau-Wettbewerb 1959/60
Schwagenscheidt und Sittmann, Kronberg/Taunus, 1. Preis

Wettbewerb „Das Leben in der Siedlung“ 1966
Hirsch, Hoinkis, Lanz, Schütz, Stahl, Karlsruhe, 1. Preis

Eigenheimbau
Randbebauungsweise

Ende der 50er und in den 60er Jahren führt die Eigentumsbildung im Wohnungsbau zu einem ungeahnten Aufschwung des Eigenheimbaus. Die Besiedlung erfolgt nach dem System der Randbebauungsweise. Sie ist rationell, ver- und entsorgungstechnisch unproblematisch. Auch die Bodenordnung kann nach wirtschaftlichen Gesichtspunkten durchgezogen werden.

Zersiedelung der Landschaft

Unter diesen Voraussetzungen bleiben die Anpassung der Besiedlungssysteme an die Eigenarten der Landschaft und eine gezielte Raumbildung vielfach auf der Strecke. Die Zerstörung und Zersiedelung der Landschaft, Gleichförmigkeit und Langeweile sind vorprogrammiert.

Zeilenbau

Die mehrgeschossigen Wohnzeilen, in denen Miet- und Eigentumswohnungen untergebracht sind, werden in dem System der einfachen und der gekuppelten Zeilenbaubebauungsweise angesiedelt. Die Flächen zwischen den Zeilen degenerieren zu reinen Abstandsflächen. Auch hier wird keine Rücksicht auf die Eigenarten der Landschaft genommen oder eine gezielte Raumbildung angestrebt.

Entflechtung der Stadtfunktionen
„Die gegliederte und aufgelockerte Stadt"

Hand in Hand mit dieser Art der Besiedelung geht die Entflechtung der Stadtfunktionen. Die „gegliederte und aufgelockerte" Stadt, die „organische" und die „autogerechte" Stadt sind die angestrebten Stadtbaumodelle. Damit verbunden ist eine räumliche Umschichtung der Wohnbevölkerung aus der Großstadt in die Umlandgemeinden. Der Individualverkehr nimmt solche Ausmaße an, daß Ende der 60er Jahre die Stadtzentren dem „Autoinfarkt" erliegen. Nur wenige Beispiele aus dieser Zeit lassen eine Abkehr von dem allgemeinen Trend erkennen.
So ist es nicht verwunderlich, daß in den 60er Jahren die Zielvorstellung von der „Gliederung und Auflockerung" als Leitbild für die Stadtplanung zunehmender Kritik ausgesetzt ist.

Reformbewegungen

1961 erscheint das Buch „Vom Tod und Leben der großen amerikanischen Städte" (Jane Jacobs). Darin wird u. a. der Versuch unternommen nachzuweisen, daß Mannigfaltigkeit eine Voraussetzung für städtisches Leben ist. 1966 schreiben die Neue Heimat und der Bund Deutscher Architekten einen Wettbewerb zum Thema „Das Leben in der Siedlung am Beispiel Ratingen-West" aus. Die Arbeit der Karlsruher Architekten Hirsch, Hoinkis, Lanz, Schütz, Stahl wird mit dem 1. Preis ausgezeichnet. Die Abkehr von der Betonung der Dezentralisierung und der Nachbarschaft als räumlicher und sozialer Einheit wird vollzogen. Die Bauhöhen werden differenziert. Die Raumbildung erhält neue Akzente, und die konsequente Durchgrünung bleibt erhalten. Zur gleichen Zeit wird für Toulouse der Stadtteil „Le Mirail" geplant und realisiert.

In der 2. Hälfte der 60er Jahre erreicht die Kommerzialisierung im

Wohnungsbau ihren Höhepunkt. Verdichtung und das Streben nach Urbanität werden schamlos mißbraucht. Daran ändern auch die nachträglichen Analysen der Soziologen nicht viel. Der Emmertsgrund in Heidelberg, die Trabantenstadt München-Perlach und die Olympiastadt in München sowie das Märkische Viertel in Berlin sind typische Beispiele einer verfehlten Siedlungspolitik und -planung.

Kommerzialisierung im Wohnungsbau

1960 verfaßt Kevin Lynch sein Buch „The Image of the City". Er setzt ein Zeichen für die Bedeutung des Stadtbildes in der Stadtplanung. Hans Paul Bahrdt postuliert 1961 die Notwendigkeit vom Wechselspiel der öffentlichen mit der privaten Sphäre als Grundlage für ein städtisches Leben. Im Jahre 1963 folgt mit dem Buchanan-Report die Absage an die bisherigen Grundsätze für die Gestaltung der Verkehrsliniennetze. Am Ende dieser Entwicklung steht ein neues Verständnis für Landschaft, Verkehr und Raum.

Bedeutung des Stadtbildes

Öffentlichkeit — Privatheit

Verkehrsberuhigung

- Die Eigenarten der Landschaft, wie Topographie, Bewuchs und Wasser, sollen Elemente sein, welche die städtebauliche Konzeption mitbestimmen.
- Das Verkehrsliniennetz soll so angelegt sein, daß im Wohnquartier eine Verkehrsberuhigung wirksam wird. Verkehrsberuhigung bedeutet dabei weniger Kraftfahrzeuge und langsamere Fahrweise.
- Die städtebauliche Konzeption darf sich nicht darin erschöpfen, Gebäude und Grundstücksflächen schematisch zu addieren. Es sollen vielmehr differenzierte, nutzungsspezifische Freiräume geschaffen werden.

Ein neues Verständnis für Landschaft, Verkehr, Raum

Europäischer Wohnungsbau-Wettbewerb 1959/60

Das Programm forderte etwa 400 WE, eine Grundschule, ein kleines Geschäftsviertel mit 8 -10 Läden, eine Station für Sozialmedizin, ein Gebäude für kulturelle Veranstaltungen, Kinderspielplätze und Grünflächen. System der gekuppelten Zeilenbebauungsweise mit Hausgruppen.

Wettbewerb „Das Leben in der Siedlung" 1966

„Das Leben in der Siedlung — Die Kommunikationsbereiche", dargestellt am Beispiel Ratingen-West, Stadtteil mit 20 000 Einwohnern. Bebauungsweise in der Südwestecke des Planungsgebietes ist die gekuppelte Zeilenbebauungsweise als Großform.

Anliegerstraßen und Fußwege sind auf gleicher Ebene. Vor den Wohngebäuden liegen Mietergärten, Raumbildung, Kindergarten und Schule.

Hamburg-Steilshoop, Wettbewerb 1961
Planungsgemeinschaft Burmester, Ostermann, Candilis-Josic-Woods; Gartenarchitektur Kahl, Suhr.

System der Randbebauungsweise (Wohnhöfe), bebaut mit 5- bis 10geschossigen Wohnformen in geschlossener Bauweise, Nettowohndichte 404 P/ha.

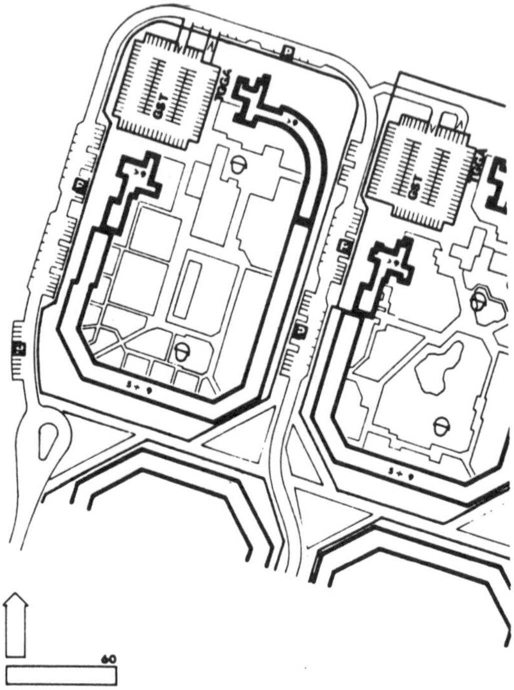

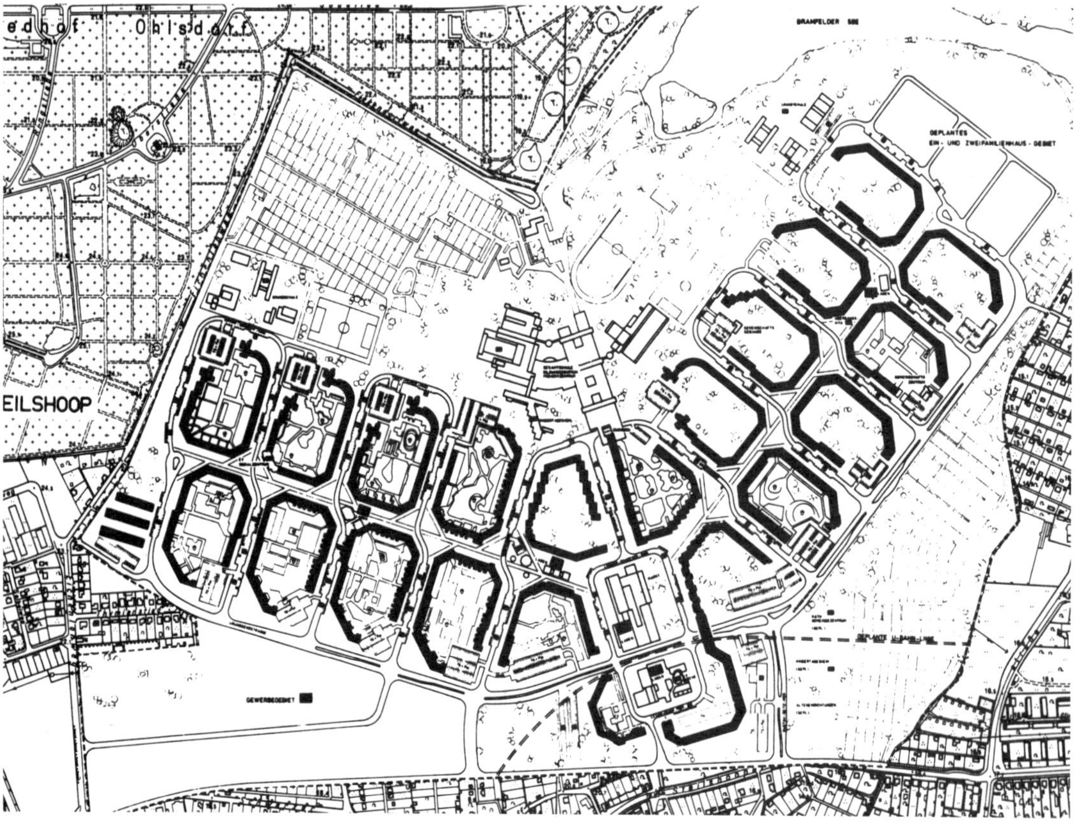

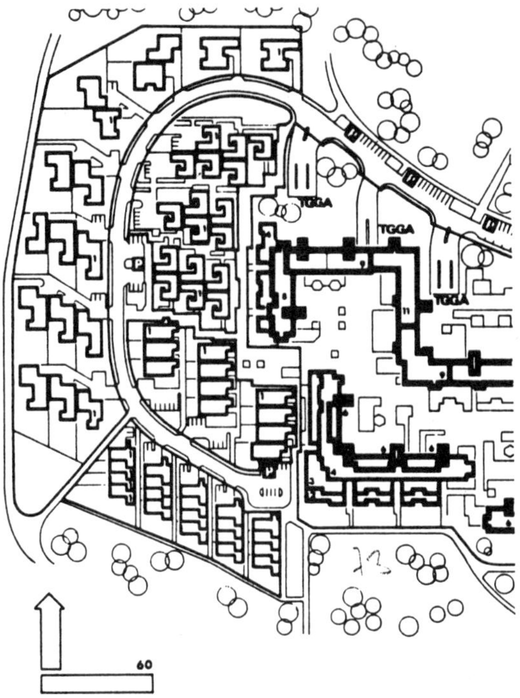

Heidelberg, Emmertsgrund, 1972
Neue Heimat Baden-Württemberg, Stuttgart

Linearentwicklung, Zusammenfügen mehrerer Bebauungsweisen zu einer Großform, Nettowohndichte 404 P/ha.

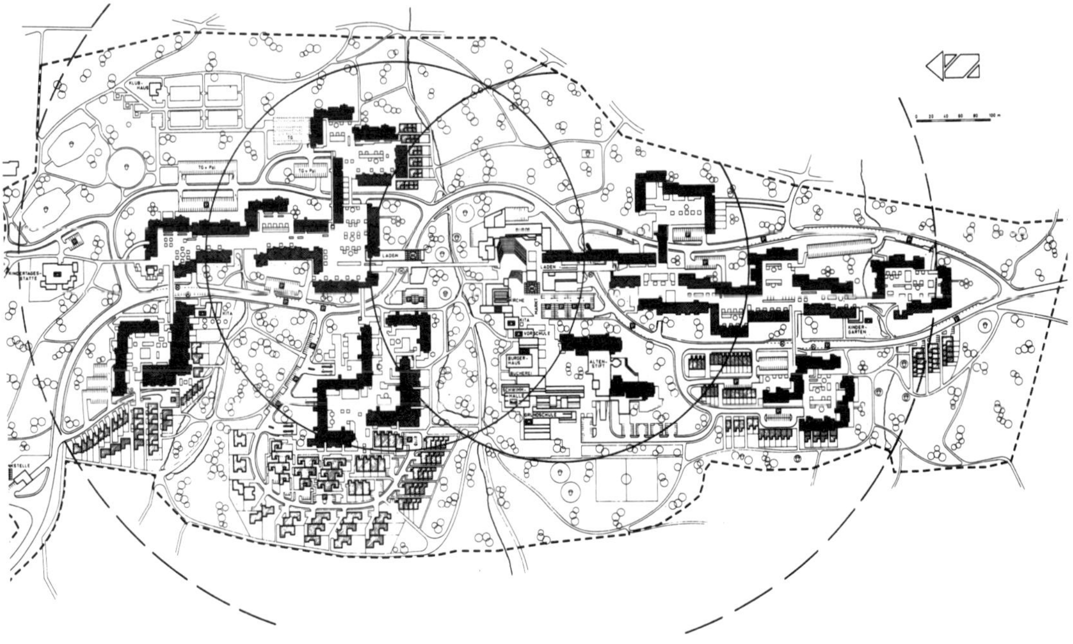

Zürich-Dübendorf
Wohnsiedlung
Chriesmatt, 1979
R. Keller

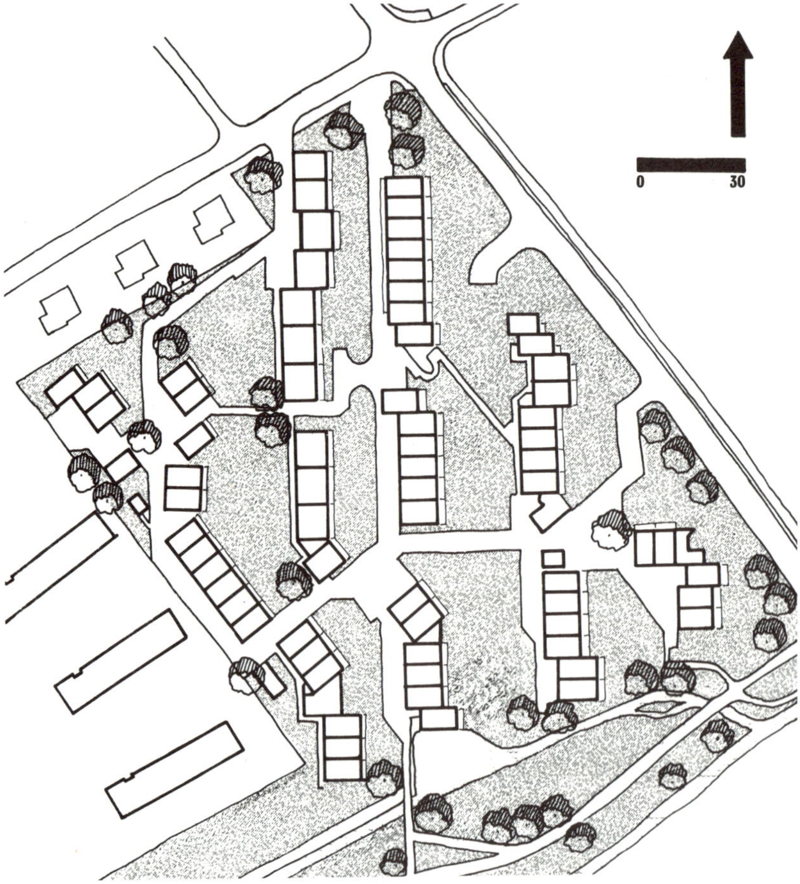

Zürich-Dübendorf, Wohnsiedlung Chriesmatt, 1979, R. Keller 3.8)

„Die 15 Einfamilienhäuser sind als lockere, dorfartige Gruppe um einen Quartiersplatz projektiert, und zwar so, daß sowohl freistehende Häuser wie auch Gruppen zu 2, 3 und 6 Häusern entstehen. Sie sind durch eine Wohnstraße erschlossen, über die kein fremder Verkehr geführt wird, wodurch es möglich ist, im eigenen Haus das Auto abzustellen, sei es in der offenen Halle oder in einer geschlossenen Garage." 3.8)

Dazu kommen 92 Mietwohnungen, die zur Hälfte über einen Laubengang zugänglich sind. Durch diese Konzeption wird erreicht, daß jede Wohnung ihren Zugang direkt von außen erhält. Die notwendigen Pkw-Stellplätze sind in zwei Sammelgaragen untergebracht.

Das Bebauungssystem ist eine modifizierte einfache Zeilenbebauungsweise, die aus der örtlichen Situation, wie Geländezuschnitt, Nordrichtung, Bachlauf und Erschließbarkeit entwickelt ist.

Bis Ende der 60er Jahre wurde der Bedarf an Wohnbauland von steigenden Einwohnerzahlen und einem wachsenden Eigenbedarf der ortsansässigen Bevölkerung bestimmt. Rückläufige Geburtenzahlen, steigende Sterbeüberschüsse, verbunden mit Wanderungsverlusten, haben in der Folgezeit eine entscheidende Determinante für den Baulandbedarf verändert. Die Belegungsziffern nehmen ab.

Der Baulandbedarf resultiert heute vorwiegend aus dem Eigenbedarf. Die Wohnungspolitik wird künftig noch mehr von zwei weiteren Faktoren bestimmt werden: den Baulandpreisen und den gestiegenen Baupreisen.

Zusammen führen alle Faktoren zu Überlegungen, wie Flächen und Kosten gespart werden können.

Das flächen- und kostensparende Bauen beginnt bei der städtebaulichen Planung. Es erfordert eine Reduktion der Grundstücksflächen und der Verkehrsflächen. Damit ist die Frage nicht nur nach neuen Bau- und Wohnformen gestellt, sondern auch nach weiterentwickelten Bebauungsweisen.

3.8) Keller, R.; Zürich-Dübendorf, Wohnsiedlung Chriesmatt, 1979

Wohnquartier „Bradwell Common" in Milton Keynes, England 1981
Richardson, Machrell, Somerset

Das Quartier besteht ausschließlich aus 2- und 3geschossigen Reihenhäusern. Das Bebauungssystem entspricht der Randbebauungsweise. Die Erschließung erfolgt über befahrbare Wohnwege. Auffallend ist die ausgeprägte Raumbildung. Neben den öffentlichen Räumen gibt es benutzbare private Freiräume.

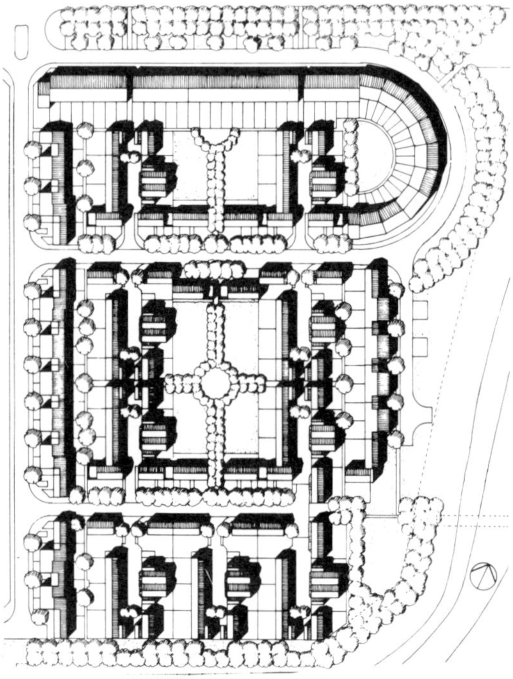

Essen-Vogelheim
Kühn-Meurer + Partner, Aachen

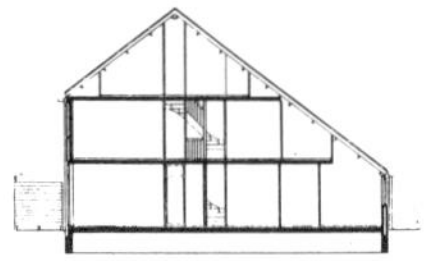

Schnitt

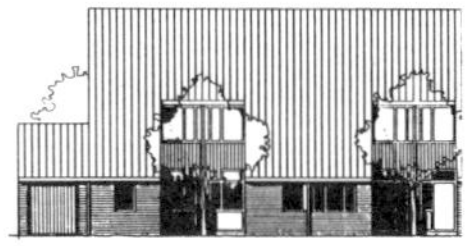

Straßenansicht

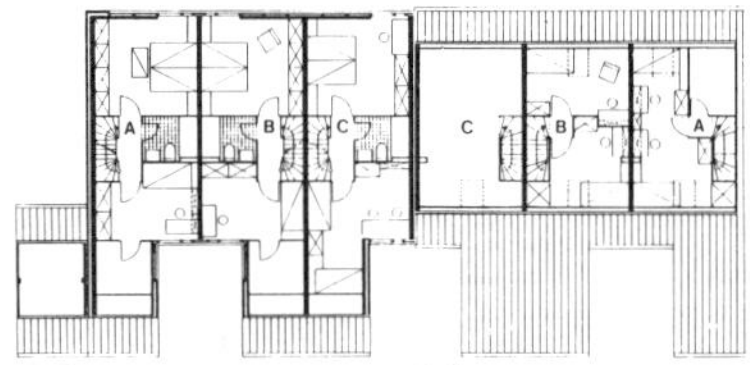

OG *DG*

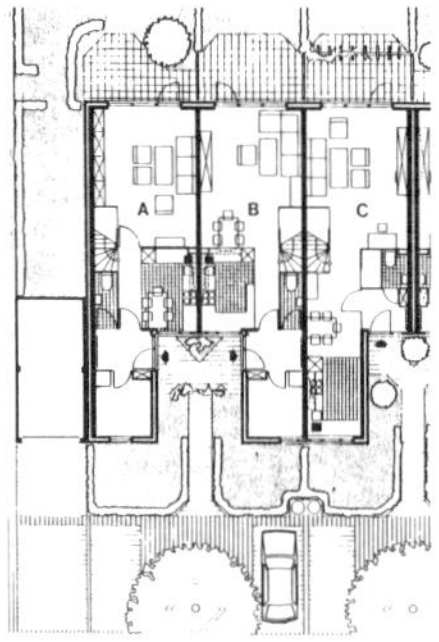

EG

Grundrisse, Ansicht und Schnitt M 1 : 500

Essen-Vogelheim
Wettbewerb: Kosten- und flächensparendes Bauen
Planungsbüro Kühn-Meurer + Partner, Aachen, in Verbindung mit Arbeitsgemeinschaft Bobema, Heerlen, Bauunternehmung Peters
1986
1. Preisgruppe

Die besondere Aufgabe bei diesem Wettbewerb war, daß vom Architekten neben der städtebaulichen Konzeption und dem Bauentwurf für Wohntypen ein Festpreisangebot von einem Investor gefordert wurde.

Aus dem Ausschreibungstext:

— Kleine Baugrundstücke und wirtschaftliche Erschließung
— Übergreifende Gestaltungsprinzipien für Gebäudeplanung und Wohnumfeld
— Variationsmöglichkeit zu Grundriß- und Fassadengestaltung, Erweiterungsmöglichkeiten
— Verwirklichung alternativen, kostenbewußten, aber wohnwertsichernden Standards in Ausstattung, Baukonstruktion und Wohnumfeld
— Ausschöpfen von Kostenvorteilen durch Rationalisierung, Elementierung und Vorfertigung
— Beteiligung von Nutzern
— Eigenleistungen

Festpreis von 190 000 DM je Haus (max. 2 VG, öffentliche Erschließung im Grundstückspreis).

Randbebauungsweise und gekuppelte Zeilenbebauungsweise, einfache, klar ablesbare Frciräumc, bcfahrbarc Wohnwcgc.

Gartenstadt Düppel, Berlin
Müller und Rohde, Berlin
1. Preis, Wettbewerb 1981

20 ha Gelände, Bebauung mit etwa 500 WE und entsprechender Infrastruktur, GFZ 0,8.

Randbebauungsweise mit gezielter Freiraumbildung durch leichte Schrägstellung der Gebäude. Zweigeschossige Bebauung mit 3geschossigen Querhäusern, „Langhaus" mit Kopfseiten als Einfamilienhäuser, dreiseitiger Garten, erweiterbar.

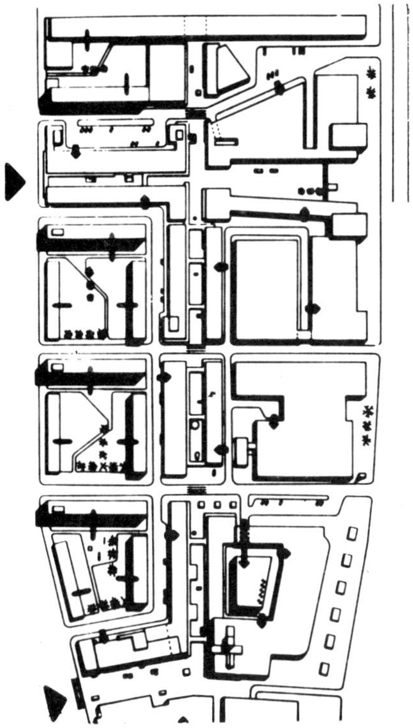

Rotterdam, Lijnbaan
van den Broek und Bakema 1949/50

Mit dem Wiederaufbau des im Jahre 1940 zerstörten Stadtzentrums wurde ein Zeichen für die neue Struktur und Gestaltung eines modernen Großstadtzentrums gesetzt. Grundlagen dafür bildeten Entscheidungen, die schon kurz nach der Zerstörung getroffen wurden. Am 24. Mai 1940 wurden alle Grundstücke mit verwüsteten Baulichkeiten enteignet, so daß man unmittelbar über Schutt und Grundstücke verfügen konnte.

3geschossige, zweizeilige Einkaufsstraße (18,0 m Breite), die ausschließlich für den Fußgänger bestimmt ist. Rückwärtige Andienung. Randbebauungsweise.

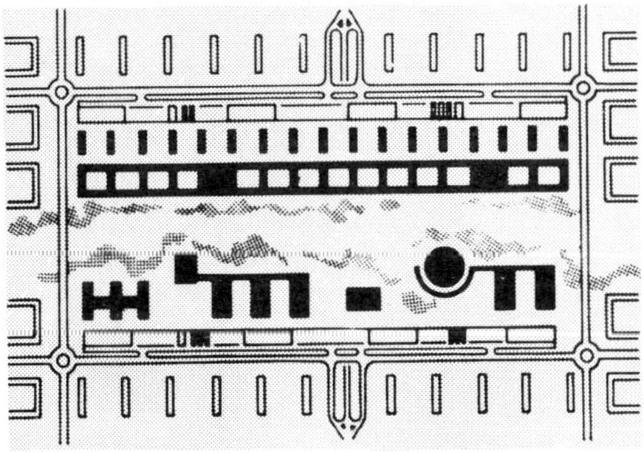

Idealzentrum 1957
Prof. Dr.-Ing. e. h. Otto Ernst Schweizer

Ein Schnellbahnring erschließt das Zentrum, das aus Einrichtungen des Handels und der privaten wie öffentlichen Dienstleistungen besteht. Es ist ein Fußgängerzentrum, in dessen Mitte ein 100 m breiter Grünraum liegt. Parkplätze und Hochgaragen schließen direkt an den Schnellbahnring an. Die Belieferung der Einzelhandelsgeschäfte erfolgt durch einen Tunnel, der unter der Ladezone liegt. Differenzierte Randbebauungsweise.

Schweizer;
Die architektonische Großform

Die Innenstadt als Autograb;
Hansdietmar Klug, Hamburg, 1967
Karikatur aus dem Buch „The heart of our cities“ von Victor Gruen

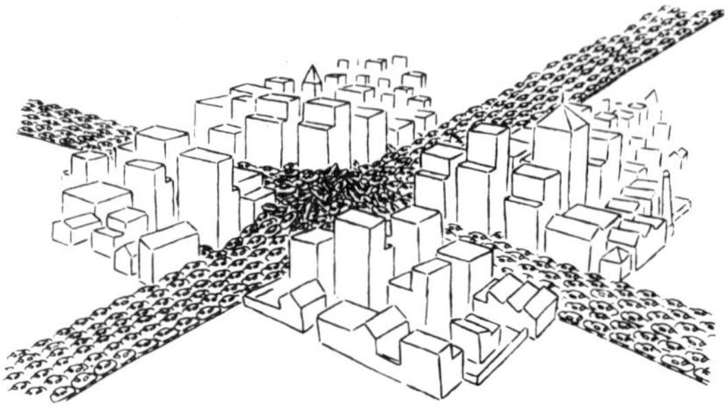

Wie eine Flutwelle hat der Individualverkehr in der 2. Hälfte der 60er Jahre die Städte und deren Zentren überspült. Ein Ende der Motorisierungszahl war nicht abzusehen. Die Stadtzentren waren dem „Autoinfarkt“ nahe.

Siedlungsplanung; Baubehörde der Freien und Hansestadt Hamburg, 1966

Funktionsschema eines lokalen Zentrums ohne Gewerbe für die Nahversorgung. Randbebauungsweise.

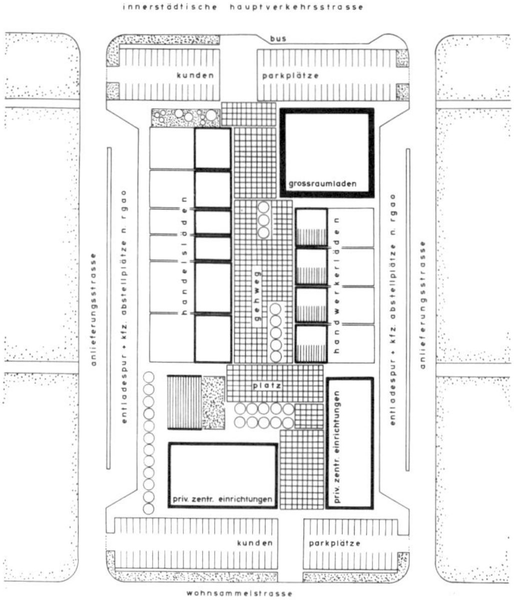

„Das Leben in der Siedlung“
Ratingen-West
1966

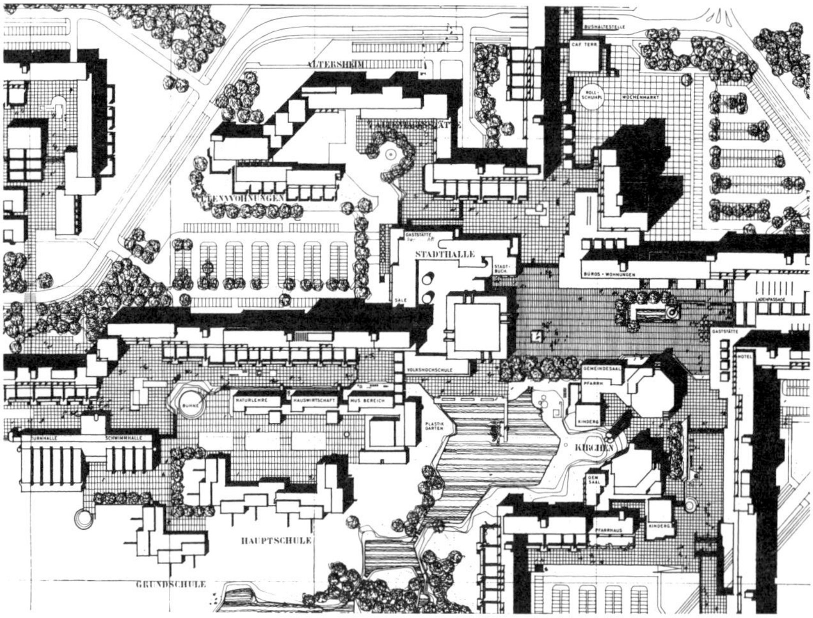

Ratingen-West 1966

Wettbewerb: „Das Leben in der Siedlung“ 1966
Hirsch, Hoinkis, Lanz, Schütz, Stahl, Karlsruhe
1. Preis

„Zentrumsbezogene“ neue Stadtanlage. Hauptzentrum und Nebenzentren in linearer Entwicklung. Der Fahrverkehr wird tangential herangeführt. Dem Fußgänger sind die zentral liegenden „Fußgängerstraßen“, Plätze und Promenaden vorbehalten. Plätze und sonstige Fußgängerbereiche haben „multifunktionale“ Nutzungen. Geschichtete Flächenbebauungsweise. Wohnen in den Obergeschossen im zentralen Bereich.

München-Neuperlach Nord
Stadtteilzentrum, Fertigstellung 1970

Zentrum für 10 000 - 15 000 Einwohner
Modifizierte Randbebauungsweise

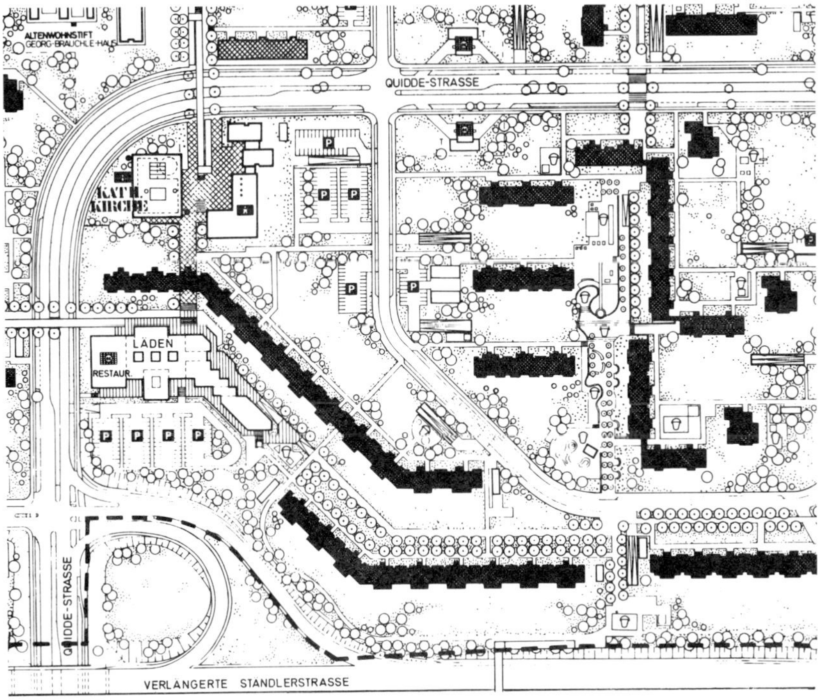

Hamburg-Steilshoop
Wettbewerb 1960
Zentrum
Wettbewerbsentwurf 1971
Patschan-Werner-Winking

Geschichtete Flächenbebauungsweise mit umlaufender Randerschließung und einer Galerie als klimatisierte Verlängerung der Nord-Süd-Achse. Bei der Überarbeitung (ab 1972) fiel diese Galerie jedoch technischen Bedenken (Brandsicherheit und Lüftungstechnik) zum Opfer. U-Bahn-Anschluß.

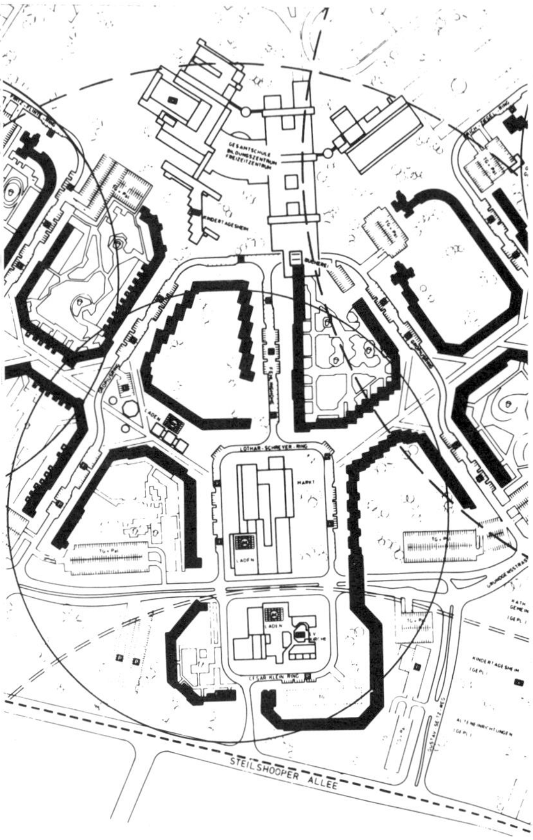

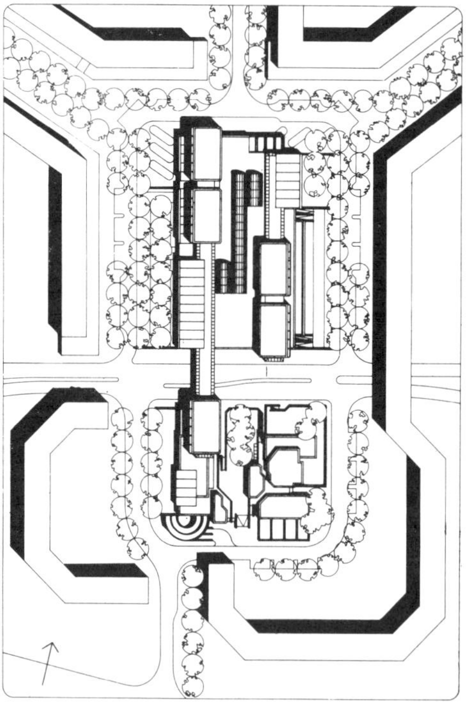

Bruchsal 1986
Hangarter und Partner

Zentrum für etwa 3 500 Einwohner, gekuppelte Zeilenbebauungsweise, Gewerbeansiedlung

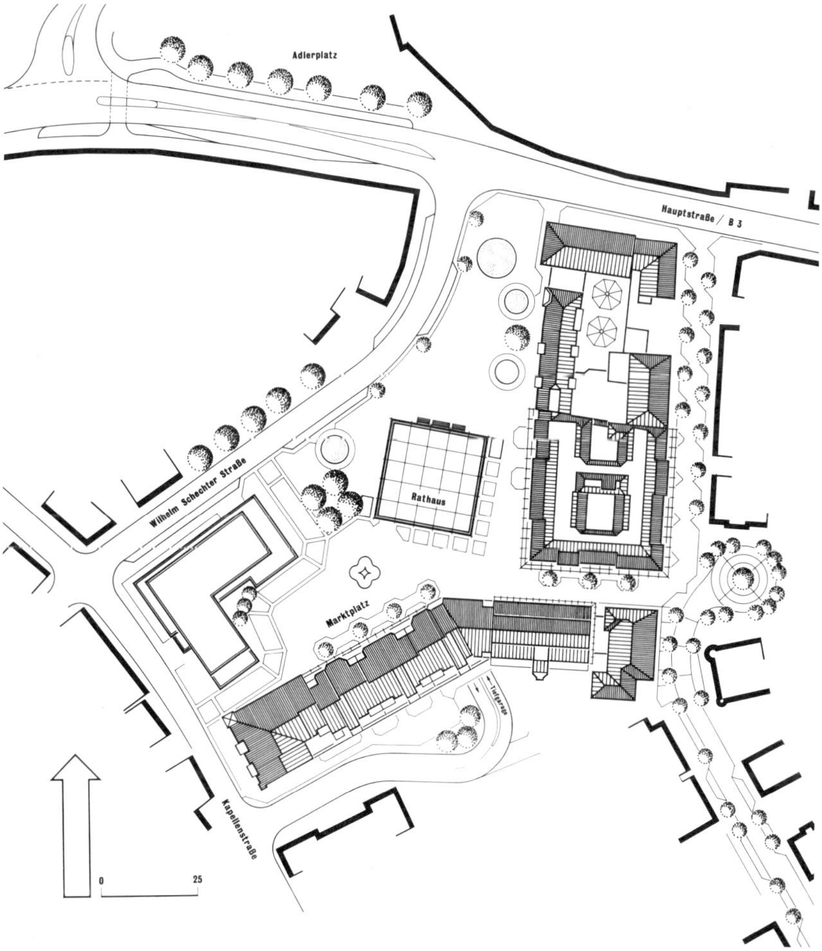

Achern 1984
Hangarter und Partner
Arbeitsgemeinschaft Haug, Kohler und Seebacher

Handels- und Dienstleistungszentrum, Wohnen. Randbebauungsweise mit verkehrsberuhigenden Maßnahmen. Marktplatz, gemischt genutzte Flächen, Sammelstraßen, Tiefgarage.

3.4 NUTZUNG — BAUFORM — GRUNDSTÜCKSFLÄCHE

Schon im Baulandbericht von 1983 hat die Bundesregierung darauf hingewiesen, daß die Größe der Baugrundstücke abnimmt. Der Baulandbericht von 1986 bestätigt diese Tendenz.

Die Ursachen dafür sind u. a. in einem stetigen Preisanstieg auf dem Baulandmarkt bis etwa 1981/82, in einem begrenzten Baulandangebot in den Kernstädten und den Verdichtungsräumen sowie den steigenden Baukosten zu sehen. Der Trend zu kleineren Wohnbaugrundstücken dürfte bei den Städten und Gemeinden aber auch darin begründet sein, daß sie mehr als bisher darum bemüht sind, für einen größeren Kreis von Begünstigten Wohnbauland zu erschwinglichen Preisen bereitzustellen.

Veränderung der Baulandpreise und Flächenumsätze gegenüber dem Vorjahr im Vergleich zu anderen Indikatoren in der Bundesrepublik Deutschland

Jahr	Kaufwerte für Bauland[1]	Flächenumsätze für Bauland[1]	Wohnungsbau[2] Genehmigungen	Wohnungsbau[2] Fertigstellungen	Hypothekarkreditzinsen für Wohnbaugrundstücke[3] (Sollzinsen)	Lebenshaltungskosten aller privaten Haushalte[3]	Löhne und Gehälter in der Industrie (Monat Juni)[3]
1971	+ 6,84	+10,65	+12,90	+16,67	−0,1	–	+10,42
1972	+16,25	+ 4,85	+10,00	+17,86	−0,2	+3,6	+10,45
1973	+ 4,23	−28,90	− 4,29	+ 7,58	+1,6	+4,0	+10,64
1974	− 3,21	−21,87	−37,31	−19,72	+0,7	+5,4	+ 9,08
1975	+10,73	− 4,21	−11,90	−22,61	−1,8	+5,8	+ 9,96
1976	+13,94	+ 3,01	+ 2,70	− 9,09	−1,5	+4,3	+10,44
1977	+ 5,55	+ 8,75	− 7,89	+ 5,00	−0,3	+3,5	+11,79
1978	+ 6,35	+21,44	+22,86	−11,90	−0,6	+2,6	+ 3,33
1979	+15,65	− 6,40	−10,47	− 2,70	+1,6	+4,0	+ 3,57
1980	+15,89	−13,86	− 2,60	+ 8,33	+1,8	+5,8	+ 7,42
1981	+16,39	−22,44	− 6,67	− 6,41	+1,6	+7,3	+ 7,53
1982	+14,22	−13,02	+ 1,43	− 5,48	−1,1	+6,6	+ 4,57
1983	+ 6,66	− 4,33	+18,31	− 1,54	−1,7	+4,2	+ 3,91
1984	− 0,90	−10,34	−19,05	+17,65	−0,3	+3,2	− 3,07
1985	−11,82	− 1,42					

Quellen: [1] Statistisches Bundesamt, Fachserie 17, Reihe 5
[2] Gutachten über „Perspektiven der Wohnungsbaufinanzierung" 1985
[3] Statistischen Jahrbuch für die Bundesrepublik Deutschland und Veröffentlichungen der Statistischen Landesämter (Lebenshaltungskostenindex: 1976 = 100) Laufende Raumbeobachtung der BfLR

Baulandbericht 1986

Die Tabelle veranschaulicht die zweistelligen Steigerungsraten der Kaufwerte für Bauland in den Jahren 1975-1982 bei gleichzeitig geringerem Anstieg der Löhne und Gehälter in der Industrie. Eine deutliche Ausnahme machen von dieser Entwicklung die Rezessionsjahre 1977 und 1978.

Entwicklung der Grundstücksgrößen, Durchschnittswerte bundesweit, Baulandbericht 1986

Art der Nutzung	Grundstücksgröße in m² im Durchschnitt	
	1981	1984
Wohnen		
Einfamilienhaus	651	565
Zweifamilienhaus	752	695
Geschoßwohnungsbau	1159	1050
Gewerbe und Handel		
Fabrik-, Werkstatt-, Handels- und Lagergebäude	3863	3229

Grundstücksgröße bei Wohngebäuden

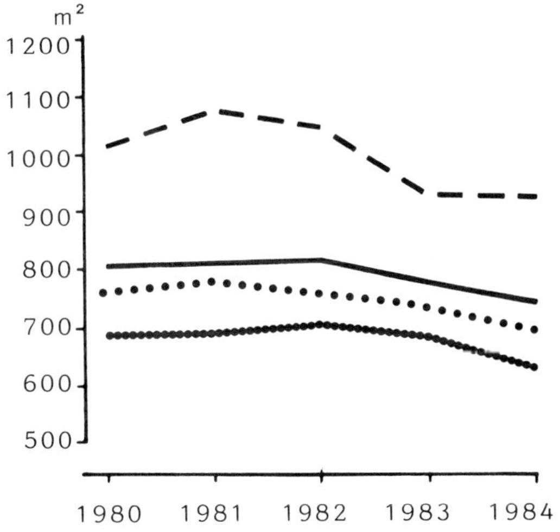

Grundstücksgröße bei Nichtwohngebäuden

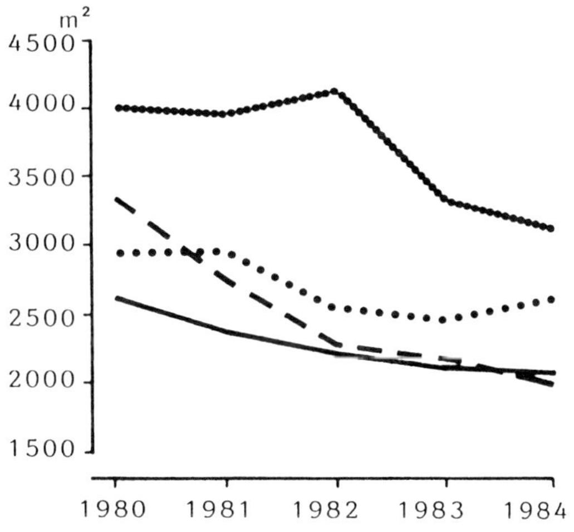

Im Geltungsbereich eines BBP

Mit einfachem BBP innerhalb von im Zusammenhang bebauten Ortsteilen

Ohne BBP innerhalb von im Zusammenhang bebautem Ortsteil

Außenbereich

Quelle: Baulandbericht 1986
Laufende Raumbeobachtung der BfLR

Die Entwicklung der Grundstücksgrößen kann ohne ihre Einbeziehung in die Gesamtsiedlungsentwicklung nicht ausreichend beurteilt werden. So ist die Siedlungsfläche insgesamt von 1981 bis 1985 um 6,1% gewachsen. Im gleichen Zeitraum nehmen die Zahlen der Wohnbevölkerung ab. Zwischen 1981 und 1985 wurden täglich mehr als 120 ha Freifläche in Siedlungsfläche umgewandelt. Diese Entwicklung vollzieht sich — so der Baulandbericht 1986 — überwiegend zu Lasten der Landwirtschaftsflächen. 3.9) Das heißt, immer weniger Personen beanspruchen immer mehr Bauland für Wohnzwecke. Die Belegungsziffern nehmen stetig ab.

Auch in der Gesamtsiedlungsentwicklung lassen sich verschiedene Faktoren einer Trendwende erkennen.

— „Die hohen Bauleistungen der letzten Jahrzehnte haben den Bestand an Gebäuden und Infrastruktureinrichtungen erheblich ausgeweitet. Damit konnte ein großer Teil der vorhandenen Nachfrage befriedigt werden.“ 3.10)

— „Bei Inanspruchnahme neuer Bauflächen wird zunehmend ein sparsamerer Grundstückszuschnitt bevorzugt.“
„Ab Mitte der 90er Jahre geht die Zahl der privaten Haushalte zurück.“ 3.11)

Alle Daten und Entwicklungstendenzen deuten auf einen sparsameren Siedlungsflächenverbrauch bei kleiner werdenden Grundstücksgrößen hin. In diese allgemeine Tendenz können auch die Verkehrsflächen einbezogen werden.

In der Folge sollen einzelne Wohnformen beispielhaft mit ihren Grundstücksflächen dargestellt werden.

Entwicklung der Siedlungsfläche der Wohnbevölkerung und der Anzahl der Erwerbstätigen 1965 - 1985
1965 = 100 (Index)

Index

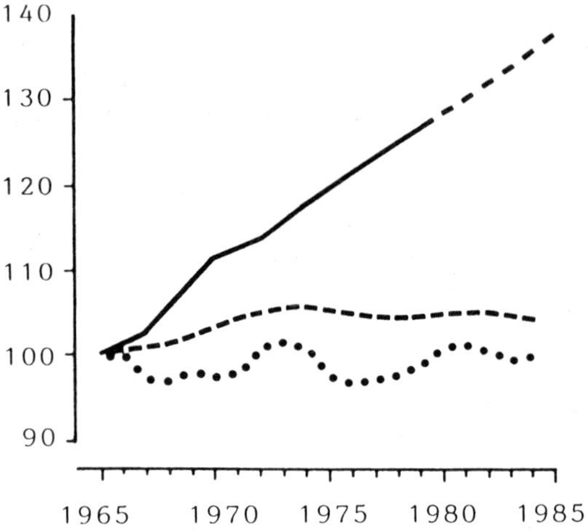

——— Siedlungsfläche
- - - - - Wohnbevölkerung
• • • • • Erwerbstätige

Quelle: Baulandbericht 1986
Stat. Bundesamt
Stat. Jahrbücher

3.9) Baulandbericht 1986
3.10) Baulandbericht 1986
3.11) Baulandbericht 1986

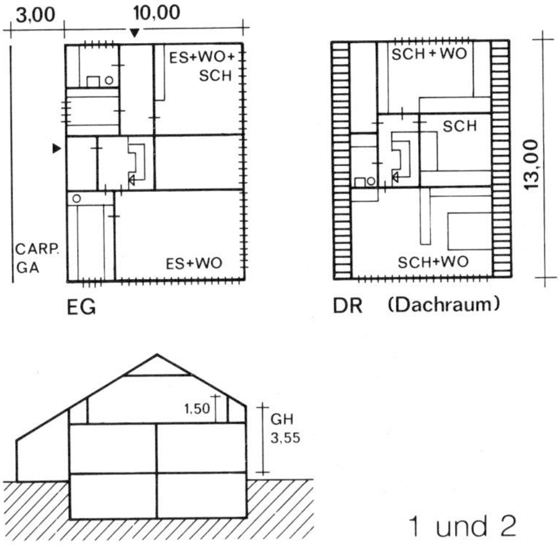

1 und 2

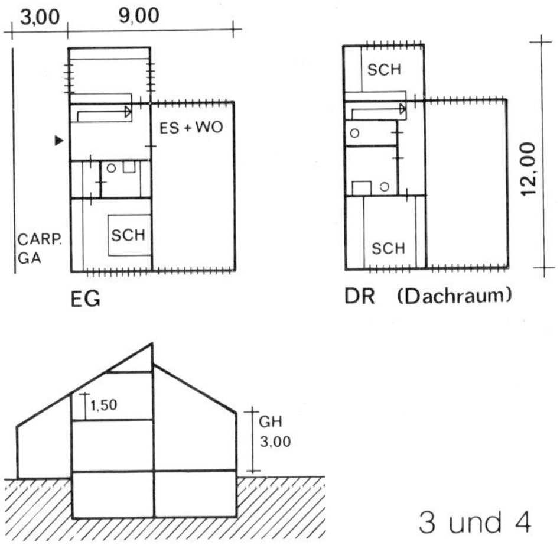

3 und 4

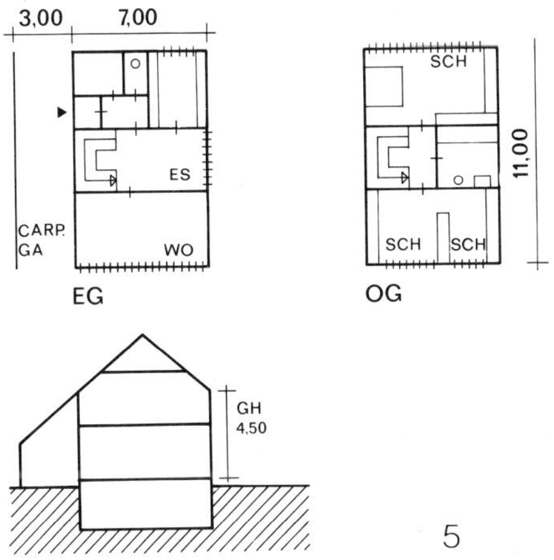

5

Freistehendes Einfamilienhaus

Eine schlüssige Typologie des freistehenden Einfamilienhauses kann aufgrund der zahllosen Grundrißvarianten, die sich aus der funktionsneutralen Raumzuordnung entwickeln lassen, nur unvollständig aufgezeigt werden. Für diese städtebauliche Betrachtung wird bei der Bestimmung der Flächengrößen von den einschlägigen DIN-Normen und Erfahrungswerten ausgegangen. Danach soll eine Wohnung für eine Familie mit 2 Kindern mind. 87,6 m² Wohnfläche haben. Im öffentlich geförderten Familienheimbau vergrößert sich diese Fläche auf 130 m².

Der 3schiffige Typus stellt eine Grundrißlösung dar, die bei vielen freistehenden Einfamilienhäusern in den 60er und 70er Jahren angewendet wurde. Die nach außen gerichteten Wohn-, Schlaf- und Arbeitsräume sind einer inneren Nebenraumzone zugeordnet. Bei einer Grundfläche von 130 m² ist dieser Typ so groß bemessen, daß er auch eine Einliegerwohnung aufnehmen kann.

Unter Berücksichtigung des Wohnwertes als freistehendes Einfamilienhaus sowie der planungs- und bauordnungsrechtlichen Vorschriften ist für diesen Typ eine Grundstücksfläche von etwa 550 m² unerläßlich.

1 und 2	3schiff. Typ mit Einl.-Whg. I VG, Dachraum ausgebaut Grundfläche 130 m², davon 40 m² Einl.-Whg. 4/5 und 1/2 Betten
3 und 4	2schiff. Typ I VG, Dachraum ausgebaut Grundfläche 90 m², 4/5 Betten
5	1schiff. Typ II VG, Grundfläche 77 m², 4 Betten

Die zwei folgenden Typen zeigen die Tendenzen bei der Minimierung der Wohn-und Grundstücksflächen. Auf die Einliegerwohnung muß verzichtet werden. Beim freistehenden Einfamilienhaus sind parallel zur öffentlichen Verkehrsfläche die Breiten von drei verschiedenen Flächenanteilen zu berücksichtigen: zweimal die Breite der Abstandsfläche und einmal die Gebäudebreite. Da die Bemessung der seitlichen Abstandsflächen den bauordnungsrechtlichen Vorschriften unterliegt und bei Inanspruchnahme des Schmalseitenprivilegs nur auf mind. 2,50 m reduziert werden kann, ist die Gebäudebreite die entscheidende variable Größe. Sie kann im Minimum mit etwa 7,0 m angesetzt werden. Daraus ergibt sich eine Grundstücksbreite von 12,0 bis 13,0 m. Alle Überlegungen zur Minimierung der Grundstücksfläche für das freistehende Einfamilienhaus dürfen den Wohnwert dieses Typus jedoch nicht nachhaltig verschlechtern. Zum Wohnwert zählt auch der Freiflächen-(Garten-)Anteil, zu dem alle wesentlichen Wohn- und Schlafräume orientiert sein sollen. Bei der auf 12,0 - 13,0 m verringerten Grundstücksbreite trägt eine versetzte Gebäudestellung zur Aufwertung der Freiflächen bei.

Unter Berücksichtigung des Wohnwertes sowie der planungs- und bauordnungsrechtlichen Vorschriften kann die Baugrundstücksfläche auf 325 m² reduziert werden. Das entspricht einer Flächenersparnis von 41%. Dabei darf nicht übersehen werden, daß die Grundriß- und Freiflächengestaltung eingeschränkt sind.

Ergebnis

Eine Reduzierung des Wohnflächenanspruchs/Person und eine Einschränkung in der Grundrißgestaltung führen zu kleineren Grundstücksgrößen. Eine intensivere bauliche Nutzung der Grundstücke ist damit nicht verbunden.

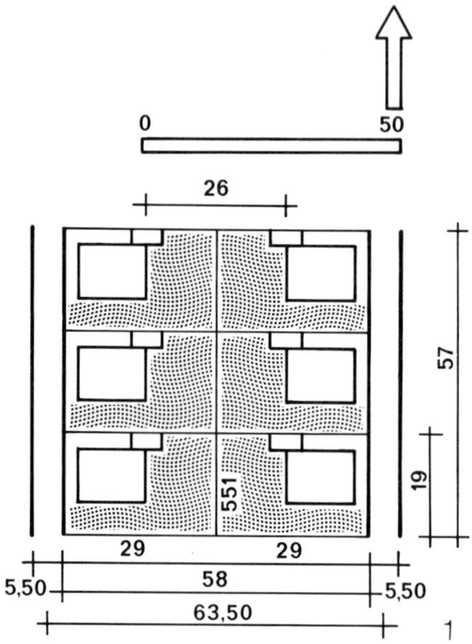

1

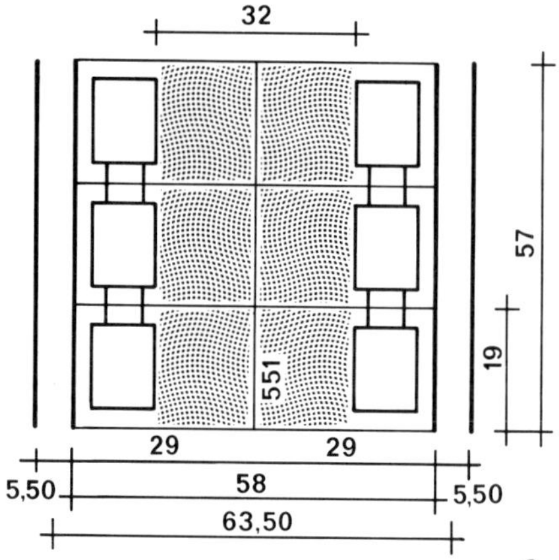

2

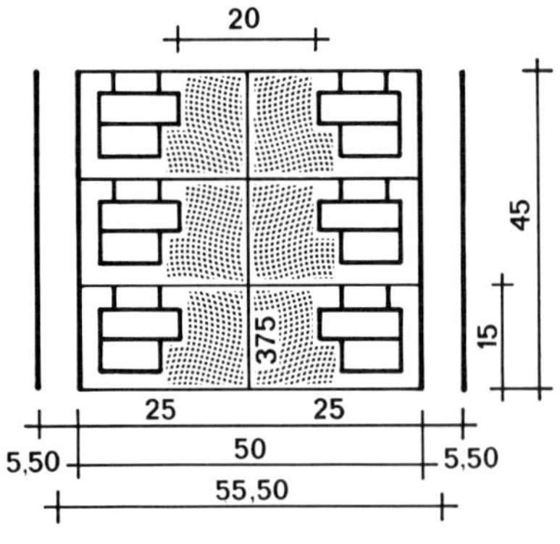

3

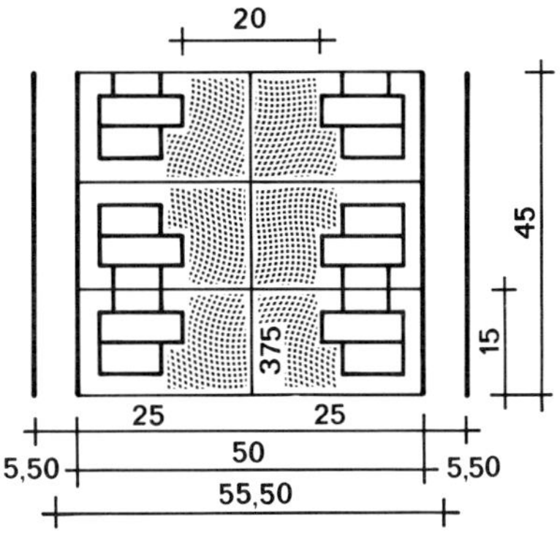

4

Wohnform/ Bebauungsweise	Baugrundstücks-fläche (m²)	Grundfläche (m²)	Geschoßfläche (m²)	GRZ	GFZ
1+2	551	130	233	0,23	0,42
3+4	375	90	144	0,24	0,38
5	325	77	154	0,23	0,47

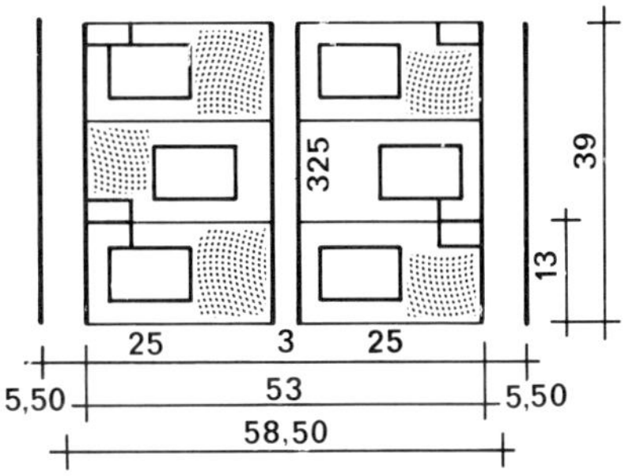

5

6 Reihenhaus I VG
Grundstücksfläche 132 m²
3 Betten
Dachraum ausgebaut
5 Betten

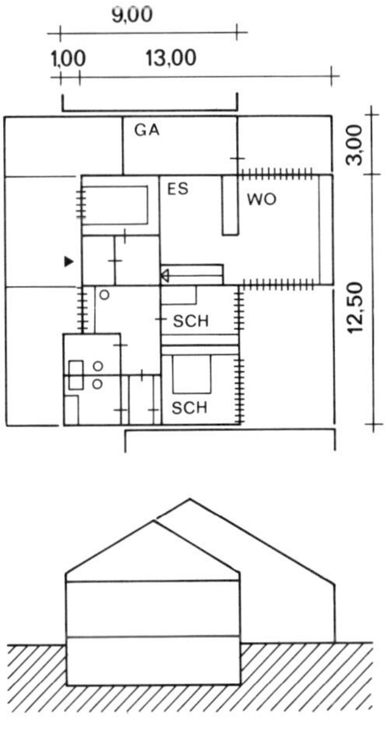

6

Reihenhaus

Die Untersuchung über das freistehende Einfamilienhaus — evtl. mit Einliegerwohnung — zeigt, daß bei Wahrung eines Mindestwohnwertes und Einhaltung der planungs- und bauordnungsrechtlichen Vorschriften eine Grundstücksgröße von 325 m² nicht unterschritten werden kann.

Kleinere Grundstücksgrößen und damit auch eine wirtschaftlichere Ausnutzung des Grund und Bodens können nur bei einer Abkehr von dieser Wohnform erreicht werden. Das ist heute unter Fachleuten eine „Binsenweisheit“, bei vielen Gemeinden jedoch keine allgemein geübte Planungspraxis. Gegen diese Planungspraxis sprechen gerade in den kleineren Gemeinden die Wohnansprüche der relativ wenigen Bauinteressenten und die Bodenpreise.

Bei Bauinteressenten, die Eigentümer von Baugrundstücken sind, entfällt dieser Kostenfaktor ganz. Fertighausanbieter und Baumärkte tragen ebenfalls dazu bei, das freistehende Einfamilienhaus als die erstrebenswerte Wohnform schlechthin anzupreisen.

In allen anderen Situationen ist das Reihenhaus aus der Planungspraxis nicht mehr wegzudenken. Durch die ganze oder teilweise Aufgabe der seitlichen Abstandsflächen kann Grundstücksfläche an den Stellen eingespart werden, wo sie aufgrund ihrer Lage zum Baukörper und der Minimierung der Breitenmaße keinen Beitrag zur Verbesserung des Wohnwertes leisten kann. Neben der Verkleinerung der Baugrundstücksgrößen ist auch bei voller Ausschöpfung der planungsrechtlichen Vorgaben eine größere bauliche Ausnutzung möglich.

Wie zu Beginn dieses Abschnitts dargestellt und im Baulandbericht 1986 bestätigt, haben mehrere Faktoren dazu beigetragen, nach kostengünstigeren Lösungen im Wohnungsbau zu suchen. Für das „kosten- und flächensparende Bauen" bringt das 2geschossige Reihenhaus die besten Voraussetzungen mit. Städtebaulich relevant sind dabei:

— die Grundstücksgröße und der -zuschnitt,
— der Verzicht auf besondere Stellplätze und/oder Garagen

und

— die Minimierung der öffentlichen Verkehrsfläche.

Die Bemessung der Grundstücksbreite mit 4,30 m, wie sie beim „Karlsruher Typ" zunächst verwendet wurde, stellt die unterste Grenze des gerade noch vertretbaren Maßes dar. Der Freiflächenwert sinkt bei einer so geringen Parzellenbreite auf 0 ab, insbesondere dann, wenn die einzelnen Parzellen durch Einfriedungen in Form von Zäunen

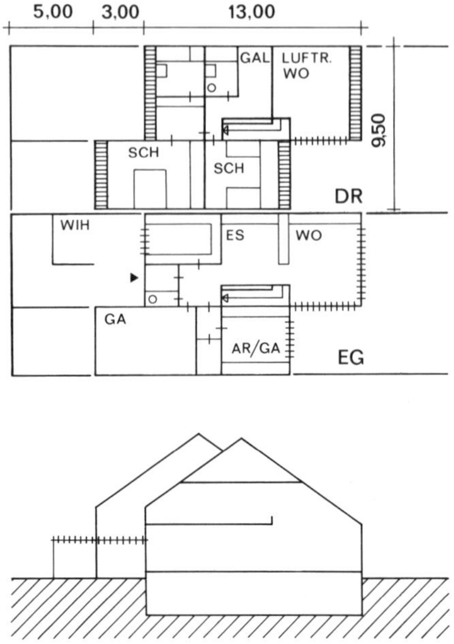

7 und 8

Reihenhaus I VG
Dachraum ausgebaut
Grundfläche 93,5 m²
4 bis 5 Betten

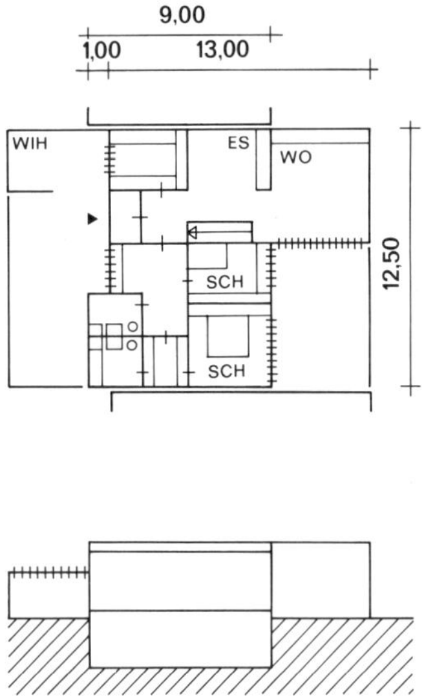

9

Reihenhaus I VG
Grundfläche 132 m²
Gartenhofhaus

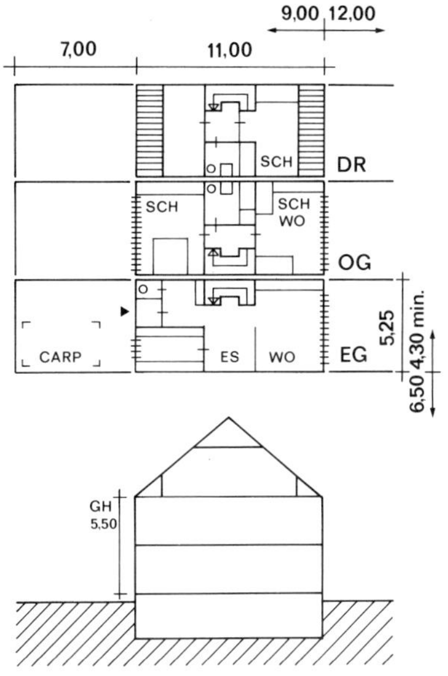

11

Reihenhaus II VG
Dachraum ausgebaut
Grundfläche 57,75 m², 4 Betten
Carport

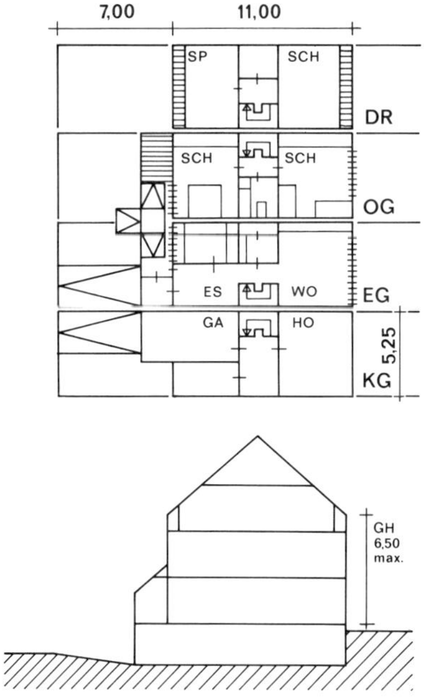

11c

Reihenhaus II VG
Garage im UG
nach LEG Baden-Württemberg mbH
in Verbindung mit Projekt GmbH
Architektengruppe Reichle

gegeneinander abgetrennt sind. Dieses geringe Breitenmaß wurde holländischen Beispielen (Hollandhäuser) entnommen, ohne dabei zu berücksichtigen, daß im holländischen Siedlungsbau der öffentliche Freiflächenanteil im Verhältnis zur privaten Grundstücksfläche überproportional groß ist. Bei 6,50 m Parzellenbreite spricht man heute schon von einem relativ üppig bemessenen 2geschossigen Reihenhaustyp. Die Grundstücksgrößen liegen zwischen 140 und 200 m².

Beim 2geschossigen Reihenhaus nimmt das Erdgeschoß den Wohn- und Eßraum, die Küche und wenige Nebenräume auf. Die Schlafräume liegen im 1. OG, während im Dachraum zusätzliche Schlaf- oder Aufenthaltsräume je nach Bedarf ausgebaut werden können. Diese Typen eignen sich für 4 bis 5 Betten.

Bei einer Grundfläche von 5,25 m x 11,0 m = 57,75 m² und einer Geschoßfläche von etwa 157 m² beträgt die Grundstücksfläche je Einheit bei einer GFZ von 0,8 max. 196 m². Alle Bemühungen sind darauf hingerichtet, diese Flächengrößen noch zu verkleinern.

Eine besondere Bedeutung kommt dabei den Flächen für die notwendigen Stellplätze/Garagen zu. Unter Inanspruchnahme von § 21a BauNVO sind überdachte Stellplätze und Garagen auf die zulässigen Grundflächen/Geschoßflächen nicht anzurechnen, soweit sie 0,1 der Baugrundstücksfläche nicht überschreiten oder der Bebauungsplan ihre Nichtberücksichtigung ausdrücklich vorsieht. Unter Würdigung dieser planungsrechtlichen Voraussetzungen sind Grundstücksgrößen im Minimum bis zu 140 m² im Durchschnitt möglich. Bei der Abwägung zwischen Garagen im Gebäude oder Garagen in Gemeinschaftsanlagen ist aus Kostengründen und aus Gründen der Praktikabilität der ersteren Lösung (11c) der Vorzug zu geben. Dabei darf nicht übersehen werden, daß die Vorgartenfläche mit etwa 7,0 m relativ groß bemessen sein muß und eine befriedigende Gestaltung bei den überwiegend befestigten Flächenanteilen einer besonderen Detailgestaltung bedarf (Abfahrt in das Untergeschoß, Wohnungszugang und Treppen).

Die im Bild dargestellten Bebauungsweisen 11b und 11c sind als Systemdarstellungen zu bewerten, da neben der Problematik der Eingangsbereiche auch die Gebäudeabstände (Frei-/Gartenflächen) minimal bemessen sind (notwendige Abstandsflächen). Gerade die Bewertung aller Faktoren — Städtebau, Wohnwert, Boden- und Baupreise — zeigt die Grenzen dieser Entwicklung.

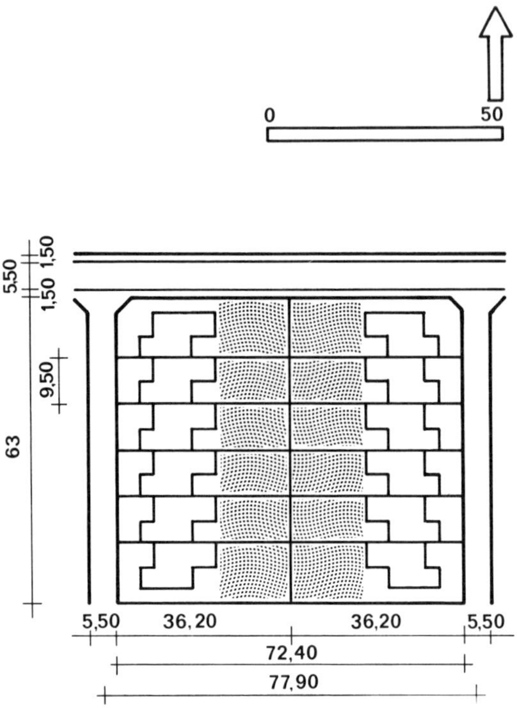

7 und 8

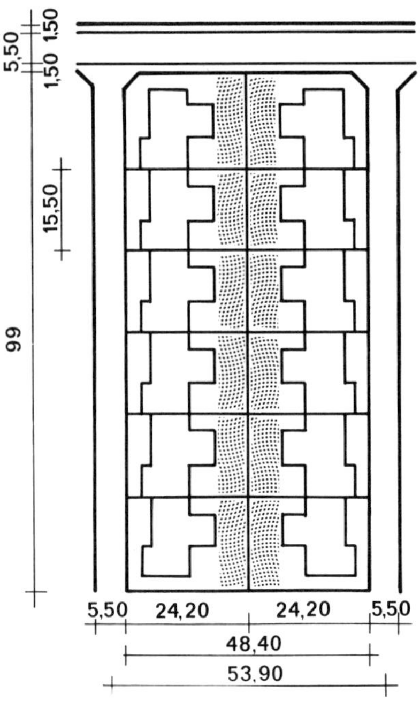

6

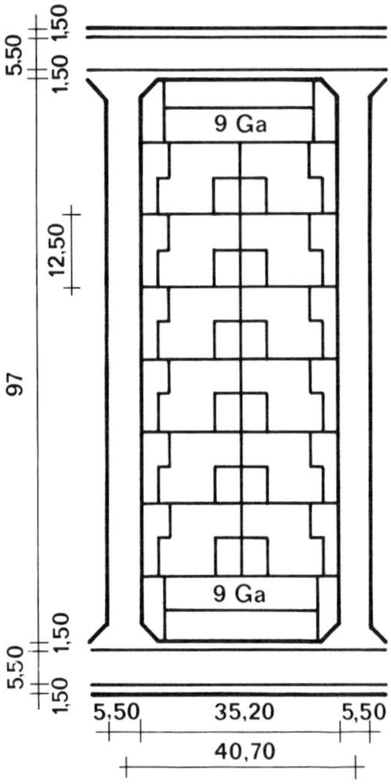

9

Wohnform/ Bebauungsweise	Baugrundstücksfläche (m²)	Grundfläche (m²)	Geschoßfläche (m²)	GRZ	GFZ
6	375	132	132	0,35	0,35
7	344	93,5	172	0,27	0,5
8	308	93,5	154	0,3	0,5
9	220	132	132	0,6	0,6

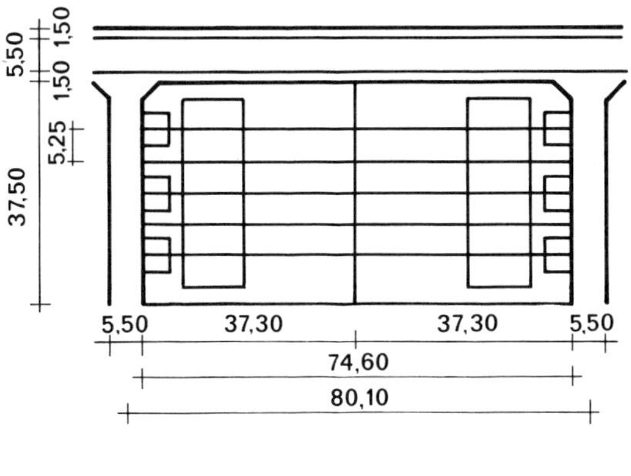

11

1 St/WE und 0,5 GSt/WE
Carport

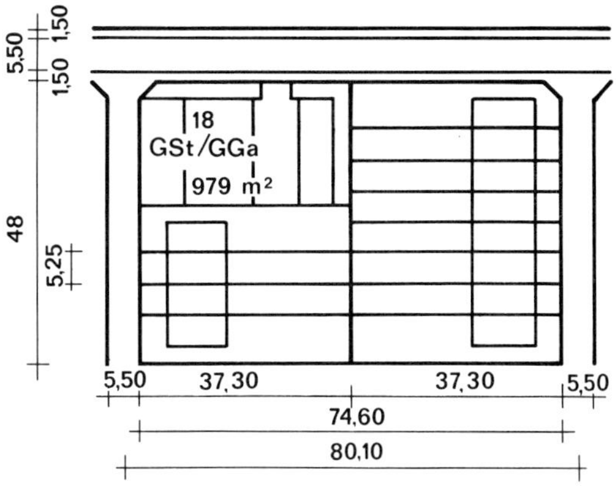

11a

1,5 GSt/GGa

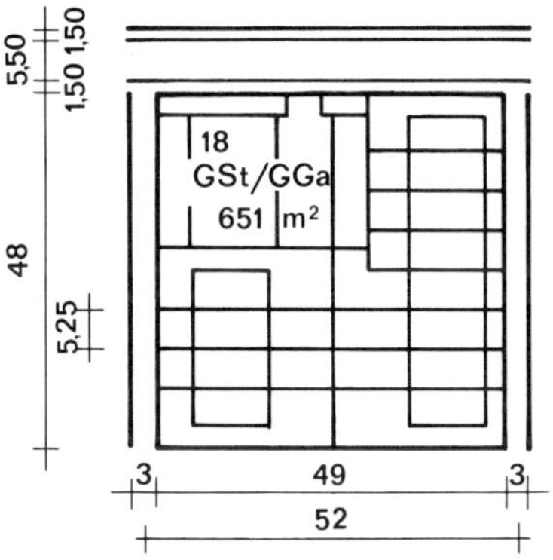

11 b

1,5 GSt/GGa/im UG
unter Inanspruchnahme von § 21a BauNVO

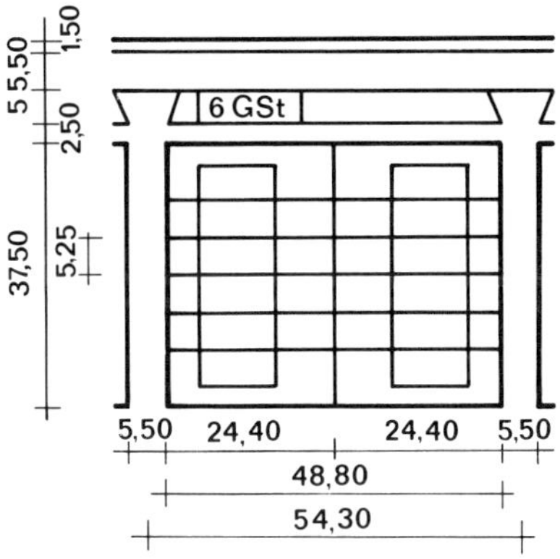

11c

Mindest-Durchschnittsgrundstücksflächen bei einer GFZ von 0,8 142 - 152 m²

Wohnform/ Bebauungsweise	Baugrundstücks- fläche (m^2)	Grundfläche (m^2)	Geschoßfläche (m^2)	GRZ	GFZ
10	213	65	170	0,3	0,8
11	196	57,75	157	0,29	0,8
12	175	48,25	140	0,28	0,8

10 Grundfläche 6,50/10,0 m
11 Grundfläche 5,25/11,0 m
12 Grundfläche 4,30/11,2 m

Geschoßwohnungsbau

Der Untersuchung werden zwei Bauelemente zugrunde gelegt:

— die Wohnung als lineares Zweispänner-Element
und als
— punktförmiges 4-5spänner-Element

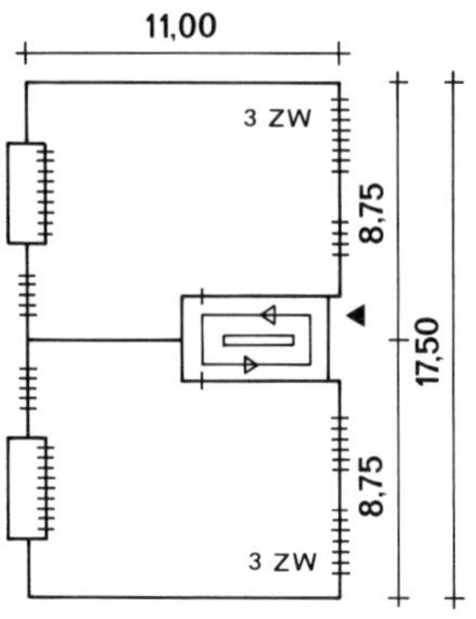

13

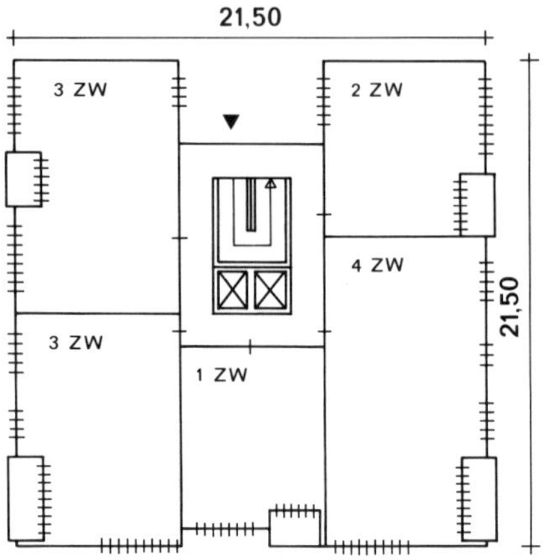

14

Das erste Bauelement führt in der Addition zur Wohnzeile oder zu einer geschlossenen Randbebauung.

Der mehrgeschossige Zeilenbau verdankt seine Entstehung den Planungsüberlegungen in den 20er Jahren. Gleich gute Besonnung und Belüftung sind die Forderungen, welche die Mediziner an die Wohnung damals stellten. In der konsequenten Umsetzung führten diese Forderungen zu einer Abkehr von der geschlossenen Randbebauung mit Hintergebäude, wie sie insbesondere für die zwei letzten Jahrzehnte des 19. Jh. typisch ist. Der Zeilenbau wird zu einem Symbol für den sozialen Wohnungsbau der ausgehenden 20er sowie der 50er und 60er Jahre unseres Jahrhunderts.

Die geschlossene Randbebauung erlebt in den 60er Jahren eine Renaissance. Nachdem der Zeilenbau in seiner stereotypen Anwendung zu einer weitgehenden Auflösung der geschlossenen Stadträume geführt hatte und eine höhere Verdichtung nicht erreicht werden konnte, versuchte man, beide Ziele mit einer Neuauflage der geschlossenen Randbebauung zu erreichen, mit wechselndem Erfolg.

Auch das zweite Bauelement ist geschichtsbelastet. Die „Stadt-Villa" gibt das Vorbild. Sie ist durch die Reduktion der traditionellen Elemente der Land-Villa entstanden. „Was an weitläufigen Baulichkeiten und Sondernutzungen auf dem Lande noch existierte, wurde der Stadt-Villa unmittelbar zugeordnet und auf den engen Grundstücken komprimiert. Mit dem Verlust größerer Gärten entwickelten sich Loggien, Terrassen und Anbauten als Gartenersatz und als Neuinterpretation der Beziehung zwischen Innen (Haus) und Außen (Land)." So beschreibt Florian von Buttlar in seinem Beitrag „Würfel und Palazzo" diesen Gebäudetyp.

Mit dem Wettbewerb zum IBA-Projekt „Rauchstraße" sollten bei den Wohnformen und der Wohnqualität die gängigen Muster des sozialen Geschoßwohnungsbaus zugunsten eines „Individuellen, differenzierten Wohnens mit Hauscharakter" verlassen werden. Daß bei dem genannten Beispiel der historische Kontext des Ortes eine besondere Rolle spielt, sei hier angemerkt. Trotzdem wurde im Rahmen dieses Wettbewerbs ein Anstoß gegeben, der auch bei künftigen Planungsüberlegungen nicht außer acht gelassen werden kann. In diesem Zusammenhang sei auch auf die Versuche und Beispiele mit punktförmigen Wohnformen aus Anlaß der Interbau 57 in Berlin verwiesen. Sie endeten jedoch alle im punktförmigen Wohnhochhaus.

3.12) Baumeister, Januar 1986

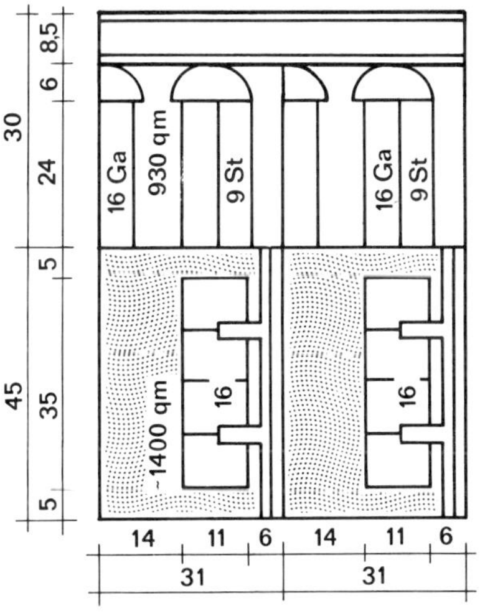

15

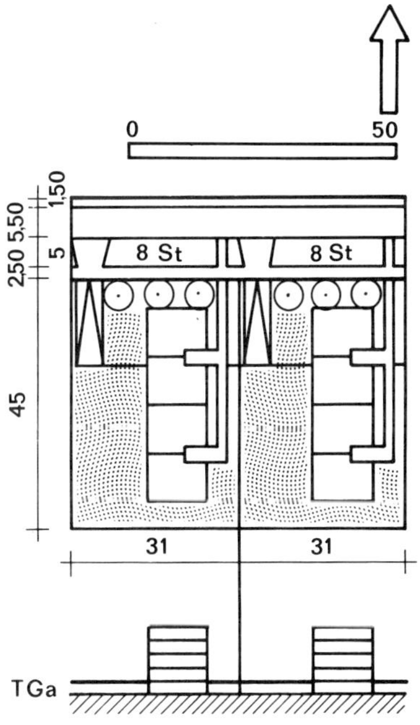

16

Zeilenbau
einfache Zeilenbebauungsweise IV VG
notwendige St/Ga oberirdisch

Zeilenbau
einfache Zeilenbebauungsweise IV VG
notwendige St/Ga ober- und unterirdisch

Zeilenbau
Gekuppelte Zeilen-
bebauungsweise
IV VG
notwendige
St/Ga ober- und
unterirdisch

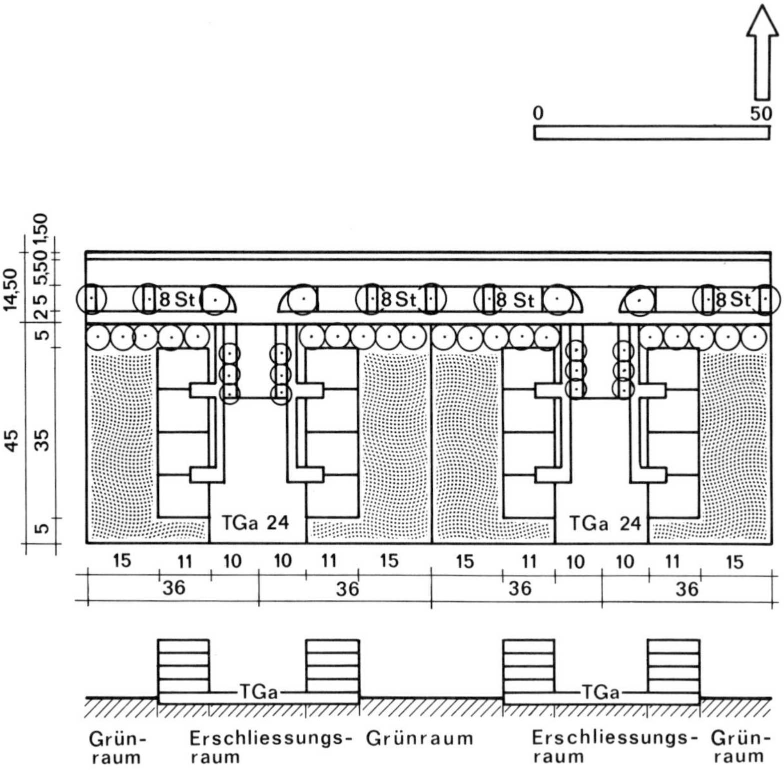

17

Halboffene
Randbebauungs-
weise IV VG
notwendige St/Ga
ober- und unter-
irdisch

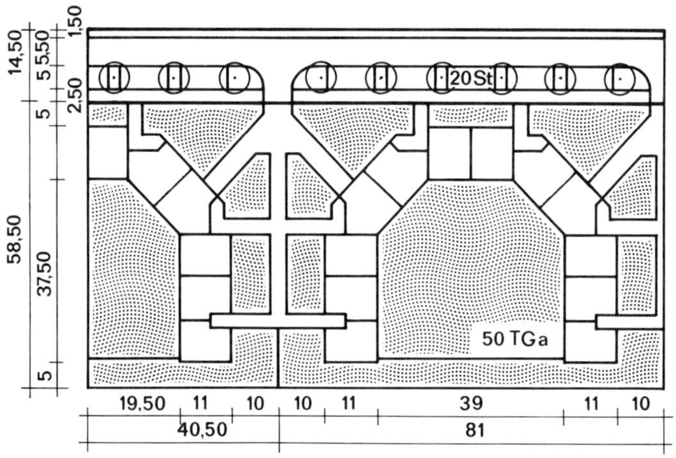

18

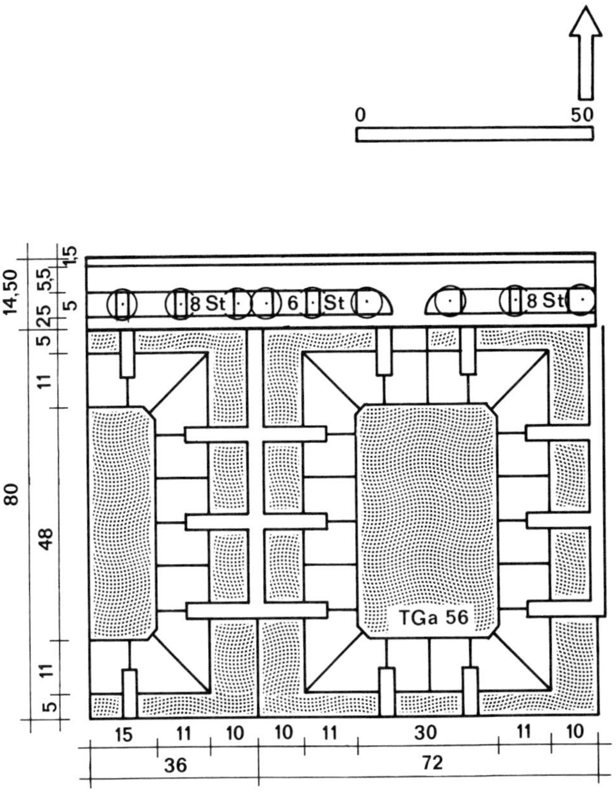

19

Geschlossene Randbebauungsweise III-IV VG notwendige St/Ga ober- und unterirdisch

Wohnform/ Bebauungsweise	Baugrundstücksfläche (m²)	Grundfläche (m²)	Geschoßfläche (m²)	GRZ	GFZ
15	1395	385	1540	0,28	1,1
16	1395	385	1540	0,28	1,1
17	1620	385	1540	0,24	0,95
18	4739	1303	5213	0,29	1,1
19a	5760	2200	8800	0,38	1,53
19b	5760	2200	7700	0,38	1,34

15-19 b
Bei allen Beispielen werden die oberirdischen Stellplatz- und Garagenflächen auf die Grundstücksfläche nicht angerechnet.

17
Mit einer baulichen Nutzung der Dachräume kann bei gleichen Abstandsflächen eine GFZ von 1,1 erreicht werden.

19 a
Auch bei Anwendung von § 21a BauNVO kann bei durchgehend IV VG die höchstzulässige GFZ nicht eingehalten werden.

19 b
Bei III-IV VG und bei Anwendung von § 21a BauNVO kann die höchstzulässige GFZ eingehalten werden.

Ergebnis

Mit einer Zeilenbebauung kann eine GFZ zwischen 1,1 und 1,2 erreicht werden. Die Freiflächen zwischen den Wohnzeilen haben nur noch eine Breite von max. 20,0 m und verkümmern zu reinen Abstandsflächen. Jede Vergrößerung des Gebäudeabstandes mit dem Ziel, eine ausgewogenere Raumbildung zu erreichen (soweit man von Raumbildung beim Zeilenbau sprechen kann), geht zu Lasten der Ausnutzung oder impliziert eine bauliche Nutzung der Dachräume. Eine Verbesserung in der Freiraumgestaltung und damit auch im Wohnwert bringt die halboffene Randbebauungsweise.

Die geschlossene Randbebauungsweise ermöglicht unter Ausschöpfen aller planungsrechtlichen Möglichkeiten (§21 a BauNVO) ein Höchstmaß an Ausnutzung der Grundstücksflächen. Bedrückend enge Innenräume sind oft die Folge.

Nach den Richtzahlen ist beim Geschoßwohnungsbau mit 1,5 Stellplätzen/WE zu rechnen. Bei einer Wohnzeile mit 16 WE bedeutet dies mindestens 24 private Stellplätze. Berücksichtigt man eine Gesamtgrundstücksbreite von 31 m und einen Mindestabstand der Stellplätze von 6,0 m zur öffentlichen Verkehrsfläche (Begrünung sowie ungehinderte Ein- und Ausfahrt), so wird für die Stellplätze eine Fläche von mind. 775 m^2, bei Garagen und Stellplätzen eine Fläche von mind. 930 m^2 benötigt, d. h., zum eigentlichen Baugrundstück sind für die notwendigen Stellplätze mind. 55% zusätzliche Grundstücksfläche erforderlich. Unter städtebaulichen und ökonomischen Gesichtspunkten ist dieser zusätzliche Flächenbedarf in der Regel nicht vertretbar. Lösungen, wie sie in den Beispielen 16, 17, 18 und 19 dargestellt sind — überdeckte Garagen oder Tiefgaragen unter den Freiflächen —, sind anzustreben. Damit kann auch die städtebauliche Qualität solcher Bebauungsweisen insgesamt verbessert werden.

Eine Bebauung mit 5geschossigen punktförmigen Baukörpern bringt bei einer Randbebauungsweise zwei Vorteile:

— ein Höchstmaß an baulicher Ausnutzung
— und optimaler allseitiger Durchgrünung

Die oft beobachtete räumliche Enge der begrünten Innenhöfe bei der geschlossenen Randbebauungsweise unterbleibt. Zur Unterstützung der Raumbildung ist bei dieser Art der Bebauung eine gezielte Hochbegrünung unerläßlich.

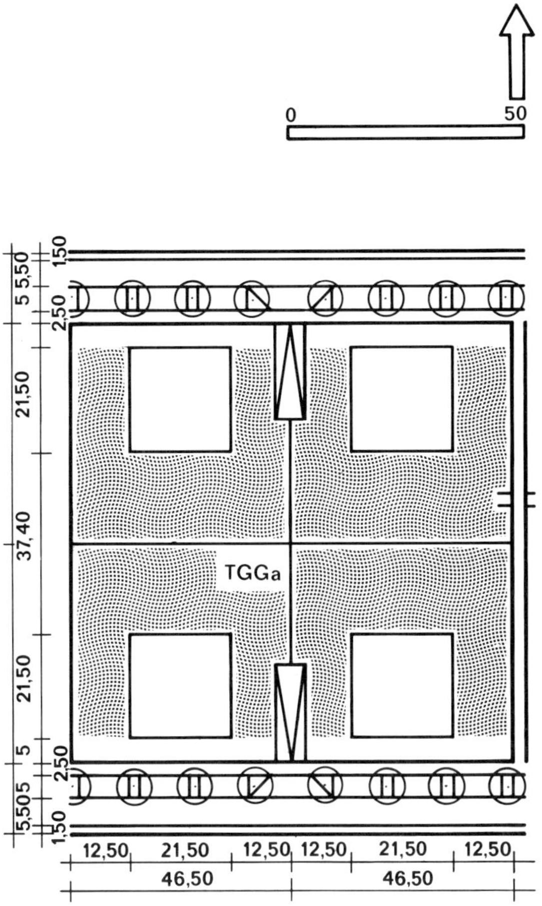

Offene Rand-
bebauungsweise
V VG
notwendige Stell-
plätze ober- und
unterirdisch

20

Wohnform/ Bebauungsweise	Baugrundstücks-fläche (m^2)	Grundfläche (m^2)	Geschoßfläche (m^2)	GRZ	GFZ
20	2100	462,25	2311,25	0,22	1,1

Geschoßflächenzahl — Nettowohndichte — Verkehrsfläche

Geschoßflächenzahl und Nettowohndichte sind Größen, die Auskunft über die bauliche Ausnutzung der Grundstücksflächen geben. Während die Geschoßflächenzahl in der BauNVO verankert und damit rechtlich definiert ist, wird der Begriff der Nettowohndichte in der allgemeinen städtebaulichen Planung verwendet. In der BauNVO sind auch die höchstzulässigen Werte der GFZ in Abhängigkeit von der besonderen Art der baulichen Nutzung und der Zahl der Vollgeschosse festgelegt. Geschoßflächenzahl und Nettowohndichte sind Indikatoren für eine wirtschaftliche Ausnutzung des Baulandes.

GFZ	Geschoßflächenzahl
GFl	(m^2) Geschoßfläche
GRFl	(m^2) Grundstückfläche

NW	Nettowohndichte
P	Person
GRFl	(ha) Grundstücksfläche

$$GFZ = \frac{GFl}{GRFl} \qquad GRFl = \frac{GFl}{GFZ}$$

$$NW = \frac{P \cdot 10\,000}{GRFl} \qquad GRFl = \frac{P \cdot 10\,000}{NW}$$

$$\frac{GFl}{GFZ} = \frac{P \cdot 10\,000}{NW} \qquad \frac{GFZ}{GFl} = \frac{NW}{P \cdot 10\,000}$$

$$GFZ = NW \cdot \frac{GFl}{P \cdot 10\,000} \qquad NW = \frac{P \cdot 10\,000}{GFl}$$

Geschoßflächenzahl und Nettowohndichte stehen in einem direkten Verhältnis zueinander. Ihre Beziehung ist jedoch abhängig von dem Verhältnis Geschoßfläche/Person bzw. Person/Geschoßfläche, wobei der Faktor 10 000 für die Umrechnung von ha auf m^2 steht.

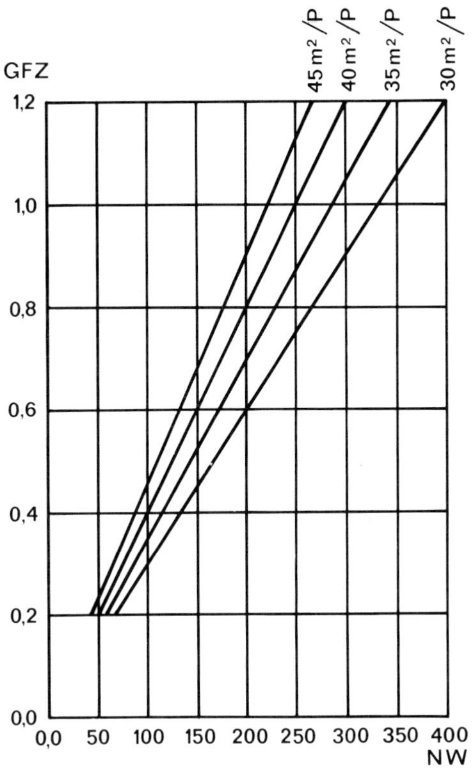

Verringerung des Erschließungsaufwandes

Kriterien für eine wirtschaftliche Erschließung

Der Erschließungsflächenaufwand kann durch Beachtung der Empfehlungen der EAE 85 in der Straßenbreite reduziert werden. Wird ein Bebauungsgebiet im Rastersystem erschlossen — dem am häufigsten eingesetzten Erschließungsnetz —, so müssen folgende Elemente in die Prüfung auf Flächeneinsparung und Wirtschaftlichkeit einbezogen werden:

- der Querstraßenabstand (Bebauungslänge) zwischen zwei Querstraßen),
- die Straßenbreite sowie
- die Grundstücksbreite und -fläche.

Der Anteil der Straßenfläche am Bruttobauland wird um so geringer, je schmaler und größer die Grundstücke geschnitten sind. Entsprechend wächst der Bedarf an Straßenbauland, wenn das Baugebiet in kleinere, aber breitere Grundstücke aufgeteilt wird. Zu einer Verringerung des Straßenlandteils am Brutto-bauland kann auch die Vergrößerung des Abstandes zwischen zwei Querstraßen führen. Sind die Querstraßenabstände zu gering, wird eine größere Anzahl von Grundstücken mehrfach und damit das Baugebiet insgesamt unwirtschaftlich erschlossen.

Das Verhältnis von Nettowohndichte zu Bruttodichte kann bei Wohnsiedlungen mit 100 : 75 angenommen werden.

$$BW = \frac{NW \cdot 75}{100}$$

NW (P/ha)	BW (P/ha)
50	37,5
100	75
150	112,5
200	150
250	187,5
300	225
350	262,5
400	300

Auszug aus dem Baulandbericht 1986,
II Weitere Maßnahmen der Innenentwicklung,
Abschnitt 4

Ähnliche Überlegungen sind bei der Festlegung der Länge von Stichstraßen und Wohnwegen anzustellen. Es kommt also nicht allein auf die Verringerung der Straßenbreite an, wenn der Aufwand für die Erschließungsflächen insgesamt gesenkt werden soll.
Auch was die Erschließungskosten anbelangt, ergeben sich, bezogen auf das Grundstück, bei unterschiedlicher Grundstücksgröße und unterschiedlichem Grundstückszuschnitt je nach Straßenraster und -typ erhebliche Spielräume. Beispiele zeigen, daß — bei ansonsten gleichen Bedingungen — die Erschließung mit befahrbaren Wohnwegen wesentlich geringere grundstücksbezogene Straßenbaukosten verursacht als Anliegerstraßen; auch hier wachsen die Kosten mit abnehmendem Querstraßenabstand. Hierbei muß des weiteren berücksichtigt werden, daß im Bereich der Erschließungsstraßen noch in erforderliche Anlagen für den ruhenden Verkehr sowie für die Müllsammlung investiert werden muß und Aufwendungen für die Ver- und Entsorgung notwendig werden. Beiderseitiger Anbau von befahrbaren Wohnwegen ist am flächen- und kostensparendsten.

Bauland- und Verkehrsflächenbedarf
in Abhängigkeit von der Geschoßflächenzahl

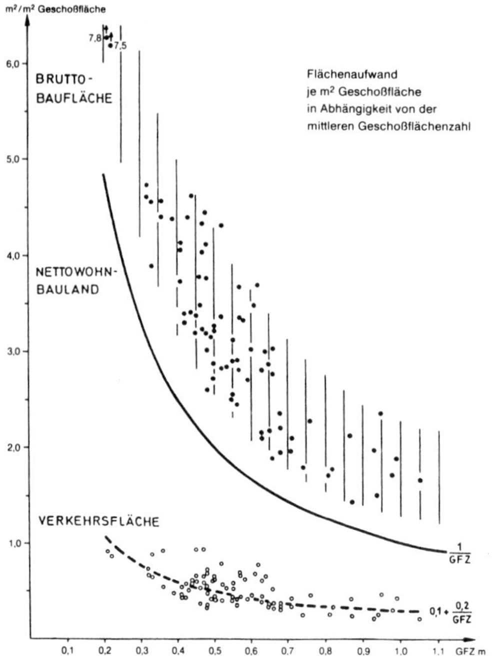

Quelle: Gassner, E., von Barby, J.:
Städtebauliche Analysen und Modellrechnungen zur Aufschließung von Baugebieten
Forschungsarbeit im Auftrag des Bundesministers für Wohnungsbau, Bonn 1972
Als Manuskript gedruckt

Verkehrsfläche je Wohneinheit
in Abhängigkeit von der Geschoßflächenzahl

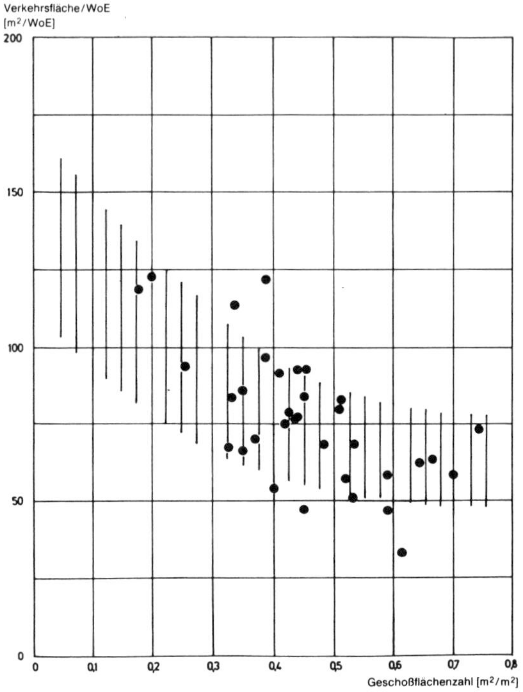

Quelle: Entwicklung der Erschließungsflächen und -kosten
Gutachten i.A. von BMBau/BfLR 1985
Gassner, Heckenbucker, Thünker

3.5 GRUNDLAGEN DER VERKEHRLICHEN ERSCHLIESSUNG

Die öffentlichen Verkehrsflächen haben in den bebauten Gebieten vielfältige Funktionen zu erfüllen. Sie verbinden Stadt- und Ortsteile miteinander. Bebaute und unbebaute Grundstücke werden erschlossen. Im weitesten Sinne dienen sie der Kommunikation und dem Aufenthalt der Bewohner. Die Straßenräume und die Gestaltung ihrer Flächen prägen das Ortsbild.

EAE 85

Die Empfehlungen für die Anlage von Erschließungsstraßen (EAE 85) wurden im Oktober 1985 von der Forschungsgesellschaft für das Straßen- und Verkehrswesen veröffentlicht. Sie ersetzen die RAST-E 71 und weiterentwickelte Entwürfe aus den Jahren 1981 und 1982. Sie sind abgestimmt mit der ARGEBAU und den kommunalen Spitzenverbänden.

Raumordnungsbericht 1986

Ihr entscheidender städtebaulicher Durchbruch ist darin zu sehen, daß sie die Möglichkeit eröffnen, „prinzipielle gleichwertige Nutzungsansprüche an den Straßenraum differenziert gegeneinander abzuwägen". Der primäre Nutzungsanspruch des Fahrverkehrs an den Straßenraum ist aufgegeben. 3.13)

3.12) Raumordnungsbericht 1986
3.13) EAE 85.

Die EAE 85 sind in 6 Kapitel gegliedert: 6 Kapitel

1. Städtebauliche Ziele und Grundsätze
2. Gesamtgemeindliche Zusammenhänge
3. Erschließungsplanung auf Ortsteilebene
4. Grundlagen für den Entwurf von Straßenräumen
5. Entwurf von Straßenräumen
6. Ausgewählte Entwurfs- und Gestaltungsbeispiele

Wie der Bebauungsplan nach § 8 (1) Baugesetzbuch aus dem Flächennutzungsplan zu entwickeln ist, so erhält die „Erschließungsplanung auf Ortsteilebene" ihre planerischen Vorgaben aus dem Generalverkehrsplan. Flächennutzungs- und Generalverkehrsplan sind die geeigneten Planungsinstrumente, um gesamtgemeindliche Nutzungsansprüche und -zusammenhänge aufzuzeigen sowie die funktionale Gliederung des Verkehrswegenetzes darauf abzustimmen. Dabei ist eine Bündelung der Netzelemente mit bedeutender Verbindungsfunktion für den Individualverkehr dort anzustreben, wo die Erschließungsansprüche, Gebäude- und Freiraumnutzungen gering sind.

Flächennutzungsplan
Generalverkehrsplan

Funktionale Gliederung des Verkehrswegenetzes

Bei der Konzeption des Verkehrswegenetzes im größeren Raum sind die Belange des Umweltschutzes besonders zu berücksichtigen, und es darf die Gestaltung des Orts- und Landschaftsbildes nicht beeinträchtigt werden. Lärmemissionen, Luftverunreinigungen, Trennwirkungen, Bodenversiegelungen und -verunreinigungen sowie das Kleinklima sind die vorrangigen Kriterien für die Beurteilung.

Umweltschutz

Umweltqualität

Die Trassen der Verkehrswege sind so zu wählen, daß die landschaftsbestimmenden Naturelemente, wie Kuppen und Geländemulden, Baumgruppen und Waldränder, Fluß- und Bachläufe mit ihrem Umfeld nicht zerstört werden und die historischen Bindungen eines Ortsbildes erhalten bleiben.

„Die Erschließungsplanung auf Ortsteilebene konkretisiert die im Rahmen der Generalverkehrsplanung durchgeführte gesamtgemeindliche Netzplanung." 3.14) Sie findet Eingang in die Bebauungspläne. Zwei grundsätzlich verschiedenartige Verkehrswegenetztypen werden unterschieden:

das Rasternetz, typisch für viele Altbaugebiete,
und
das hierarchisch differenzierte Netz, typisch für Neubaugebiete.

3.14) EAE 85

Rasternetz

+ Kurze Wege für alle Verkehrsarten;
gleich gute Erreichbarkeit aller Grundstücke;
Flexibilität bei Störungen,
abschnittsweiser Ausbau leicht möglich;
einfache Orientierung.

— Verteilung des Kfz-Verkehrs schwer zu beeinflussen;
gebietsfremder Kfz-Verkehr nicht auszuschließen;
viele Gefahrenpunkte;
bei kleiner Maschenweite aufwendige Erschließung.

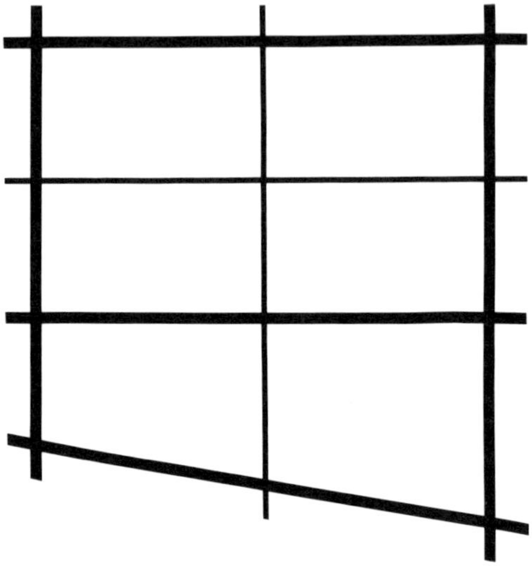

Hierarchisch differenziertes Netz

+ Abstufung der Netzelemente nach Verkehrsstärken;
Bündelung des Kfz-Verkehrs auf wenige Netzelemente;
Abgrenzung schutzbedürftiger Bereiche (Wohnen);
differenzierte Raumbildung.

— Teilweise längere Wege für die verschiedenen Verkehrsarten;
unterschiedliche Erreichbarkeit der Grundstücke.

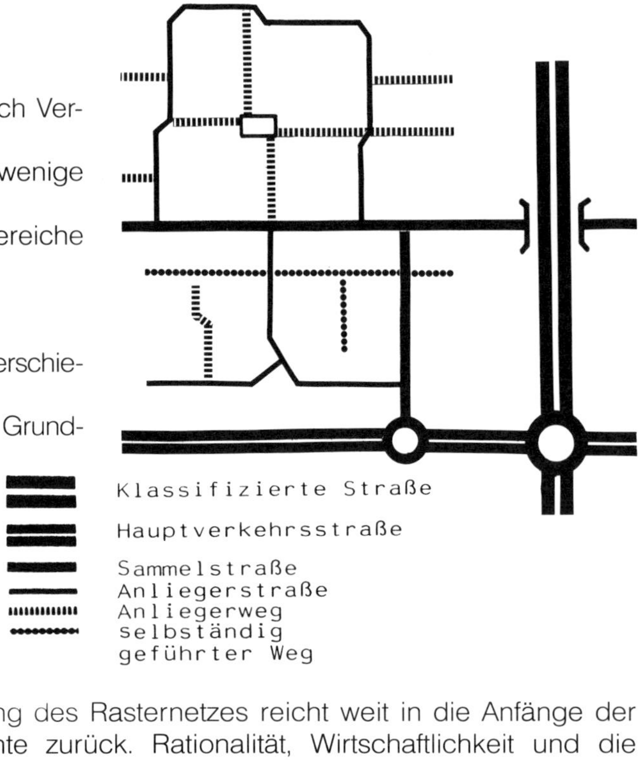

Rasternetz

Die Entstehung des Rasternetzes reicht weit in die Anfänge der Stadtgeschichte zurück. Rationalität, Wirtschaftlichkeit und die strenge räumliche Geometrie des Straßenraumes waren die Kriterien für die Entstehung und Weiterentwicklung dieses Netzsystems. Das hippodamische System der griechischen Kolonialstädte ist ein frühes Beispiel dafür.
Im Zuge der Sanierungs- und Entwicklungsplanungen des 19. Jh. wurde das System hypertrophiert. Das über Jahrhunderte gültige Abhängigkeitsverhältnis zwischen Bebauungstypus, seiner line-

aren und flächenhaften Reihungsfähigkeit und der Größe des Rasternetzes wurde aufgegeben.

Nach dem preußischen Fluchtliniengesetz vom 2. Juli 1875 bestimmen der Verkehr, die Feuersicherheit und die öffentliche Gesundheit die Qualität und damit die Breiten der Straßen. Nach diesem Gesetz gehören zu einer Straße der Straßendamm und der Bürgersteig. Die Straßenfluchtlinien bilden in der Regel auch die Baufluchtlinien, über die hinaus eine Bebauung ausgeschlossen wird. Nur aus besonderen Gründen „... kann aber eine von der Straßenfluchtlinie verschiedene, jedoch in der Regel höchstens 3,0 m von dieser zurückweichende Baufluchtlinie, festgesetzt werden..." 3.15). Nach den „Vorschriften für die Aufstellung von Fluchtlinien- und Bebauungsplänen" vom 28. Mai 1876 werden drei Straßentypen mit entsprechend unterschiedlichen Breiten unterschieden:

Preußisches Fluchtliniengesetz

— Hauptadern, nicht unter 30 m Breite
— Nebenverkehrsstraßen von beträchtlicher Länge, nicht unter 20 m Breite
— andere Straßen, nicht unter 12 m Breite

Die Maschenweite des Rasternetzes wird vergrößert.

Stübben differenziert im Handbuch der Architektur die Straßenbreiten und Richtungen der Straßen nach der Lage und der Größe der zu erschließenden Nutzungen. Beachtenswert ist auch die Feststellung, daß städtische Straßen „... sowohl dem Verkehr als auch dem Wohnen dienen..." 3.16) Er fährt folgerichtig mit der Darstellung fort, daß „... in den einen der Verkehrszweck, in den anderen der Wohnzweck vorherrscht..."

In der 1. Hälfte der 20er Jahre unseres Jahrhunderts wird u. a. die Forderung erhoben, den Verkehr als Transport- und Kommunikationsmittel innerhalb der Stadt und zwischen den Städten und Gemeinden in die Planung zu integrieren. Verkehrszählungen und die Sorgen um die Bewältigung eines voraussichtlich stark anwachsenden Kraftwagenverkehrs in der 2. Hälfte der 20er Jahre sind Anlaß dafür, daß die Generalbebauungspläne durch Verkehrslinienpläne ergänzt werden. Dem Verkehr und der Bewältigung der dadurch enstehenden Probleme wird eine Priorität eingeräumt. Gleichzeitig wird aber betont, daß „Verkehrsanlagen und Siedlungsgedanke" 3.17) sich gegenseitig ergänzen und befruchten lassen.

Generalbebauungspläne
Verkehrslinienpläne

3.15) Preußisches Gesetz vom 2. Juli 1875 betreffend die Anlegung und Veränderung von Straßen und Plätzen in Städten und ländlichen Ortschaften (§ 1).
3.16) Stübben: Handbuch der Architektur, 2. Kapitel, Städt. Verkehr.
3.17) Generalbebauungsplan der Stadt Karlsruhe in Baden, 1926.

So sieht der Verkehrslinienplan als Teil des Generalbebauungsplans ein differenziertes Netz von „Schnellstraßen", die als Überlandstraßen bezeichnet werden, und „Ausfallstraßen" vor, die durch innerstädtische Ringstraßen ergänzt werden. Der Verknüpfung dieser Straßen wird große Bedeutung beigemessen. Diese reicht bis zur zeichnerischen Darstellung von zweigeschossigen niveaufreien Knotenpunkten. Alle diese Konzeptionen werden von dem Grundsatz getragen, daß kein Dorf und keine Stadt ein Interesse daran haben könne, den Durchgangsverkehr durch ihr Weichbild hindurchzuführen.

Hierarchisch gegliedertes Verkehrswegenetz

Im hierarchisch gegliederten Verkehrswegenetz werden unterschieden:
— Hauptsammelstraßen (HSS), Sammelstraßen (SS), Anliegerstraßen (AS 2 — 4) und Anliegerwege (AW 1 + 2)

Funktionen der Straßenräume

Die Straßenräume haben grundsätzlich zwei Funktionen zu erfüllen:

— Verkehrsraum für alle Verkehrsarten und Erschließung der angrenzenden Grundstücke
— Stadtraum als Kommunikations- und Erlebnisraum

Beide Funktionsbereiche stehen heute gleichrangig nebeneinander.

Raumbedarf

Der Raumbedarf wird
— nach den Abmessungen der charakteristischen Verkehrsteilnehmer und ihrer Fahrzeuge
  und
— nach den fahrgeometrischen Möglichkeiten der Fahrzeuge
  ermittelt.

Nutzungsansprüche Abwägungsgebot

Eine Vielzahl von Nutzungsansprüchen besteht an die Straßenräume. Sie sind für jeden Planungsfall zu erfassen. Die Abwägung der Nutzungsansprüche und die Bewertung von Entwurfsvarianten kann anhand der vorgegebenen Ziele in einem formalisierten Bewertungsverfahren erfolgen. Die EAE 85 gibt dazu Arbeitshilfen und Beispiele. In diesem Lehrbuch ist aus Kapitel 4.5 der EAE 85 beispielhaft Tabelle 8 ausgewählt. 3.18) Sie zeigt die Nutzungsansprüche, wie sie an Netzelemente gestellt werden, die daraus abzuleitenden Funktionen der Netzelemente und die anzuwendenden Entwurfsprinzipien.

Diese Methode der Verkehrsplanung gibt Ansatzpunkte dafür, daß die Qualität eines Wohnbereichs verbessert werden kann. Belästigungen und Gefährdungen für Bewohner, Fußgänger und Radfahrer können abgebaut, städtebaulich-räumliche Werte entwickelt und gestaltet werden.

3.18) EAE 85, Kapitel 4.5, Tabelle 8.

Straßenkategorie	Netzelement		Übliche Nutzungsansprüche										Funktionen			Entwurfsprinzip			Straßentyp/Wegetyp
			Fußgängerlängsverkehr	Fußgängerquerverkehr	Aufenthalt	Kinderspiel	Radverkehr	Fließender Kraftfahrzeugverkehr	Ruhender Kraftfahrzeugverkehr	Öffentlicher Personennahverkehr	Begrünung	Ver- und Entsorgung	Verbindung (V)	Erschließung (E)	Aufenthalt und Freiraum (A)	Mischungsprinzip (1)	Trennungsprinzip mit Geschwindigkeitsdämpfung (2)	Trennungsprinzip ohne Geschwindigkeitsdämpfung (3)	
			1	2	3	4	5	6	7	8	9	10	11	12	13	14	15	16	
B IV	Anbaufreie Hauptsammelstraße	1	◑	◑	○	○	◑	●	○	◑	◑	◔	■	□	□			▲	Hauptsammelstraße, Typ 1 (HSS 1)
C IV	Angebaute Hauptsammelstraße	2	●	◑	○	○	●	●	●	●	◑	◔	■	◨	□			▲	Typ 2 (HSS 2)
C IV		3	●	●	◑	◔	●	●	●	●	●	◔	■	◨	◨		▲		Typ 3 (HSS 3)
D IV	Sammelstraße	4	●	◑	○	○	●	●	●	●	◑	◔	▟	■	□			▲	Sammelstraße, Typ 1 (SS 1)
D IV		5	●	●	◕	◑	●	◕	●	◑	●	◔	◨	■	◨		▲		Typ 2 (SS 2)
D V	Anliegerstraße	6	●	◑	○	○	◑	●	●	◔	◑	◑	▟	■	□			▲	Anliegerstraße, Typ 1 (AS 1)
D V		7	●	●	◕	◕	◑	◕	●	◔	◑	◑	◨	■	◨		▲		Typ 2 (AS 2)
D V		8	●	●	◕	◕	◑	◑	●	◔	◑	◑	◳	■	▟	▲			Typ 3 (AS 3)
E V		9	●	●	●	●	◑	◔	●	◔	◑	◑	□	◨	■	▲			Typ 4 (AS 4)
E VI	Anliegerweg	10	●	◑	◑	●	◔	◔	◑	◔	◑	●	□	◨	■	▲			Anliegerweg, Typ 1 (AW 1)

● entwurfsrelevant
◕ ◑ ◔ teilweise entwurfsrelevant
○ nicht entwurfsrelevant

■ maßgebende (Haupt-)Funktion
▟ ◨ ◳ bedeutende (Neben-)Funktion
□ nicht bedeutende (Neben-)Funktion

▲ Entwurfsprinzip

EAE 85, Kapitel 4.5, Tabelle 8
Übliche Nutzungsansprüche an Straßenräume, Funktionen und Entwurfsprinzipien für Netzelemente, Straßen- und Wegetypen

Die EAE 85 unterscheidet für die bauliche Gestaltung der Netzelemente drei Entwurfsprinzipien: **Entwurfsprinzipien**

- Mischungsprinzip (Entwurfsprinzip 1)
- Trennungsprinzip mit Geschwindigkeitsdämpfung (Entwurfsprinzip 2)
- Trennungsprinzip ohne Geschwindigkeitsdämpfung (Entwurfsprinzip 3)

3.19)

Beim **Mischungsprinzip** wird versucht, durch nicht nur punktuelle Entwurfs- und Gestaltungsmaßnahmen auch **in den Fahrbahnen/Fahrgassen** mehrere Nutzungen möglichst weitgehend miteinander verträglich zu machen. Ob gleichzeitig mit Zeichen 325 StVO ein verkehrsberuhigter Bereich ausgewiesen werden kann und soll, ist im Einzelfall zu entscheiden.

Beim **Trennungsprinzip mit Geschwindigkeitsdämpfung** wird zusätzlich versucht, die Fahrgeschwindigkeiten durch punktuelle Entwurfs- und Gestaltungsmaßnahmen gezielt zu beeinflussen und die Überquerbarkeit der Fahrbahn zu verbessern. Derartige Maßnahmen haben das Ziel, unter Aufrechterhaltung der Leistungsfähigkeit der Fahrbahn für den Kraftfahrzeugverkehr auch die Sicherheit für die nichtmotorisierten Verkehrsteilnehmer, eine befriedigende Aufenthaltsqualität für die übrigen Straßenraumnutzer und eine gute städtebauliche Einbindung zu gewährleisten. Damit sie von Kraftfahrern nicht als Schikane empfunden werden, sollen sie mit der Gesamtgestaltung des Straßenraumes und der Baustruktur im Einklang stehen. In welchem Maße die Fahrgeschwindigkeiten durch Entwurfs- und Gestaltungsmaßnahmen allein beeinflußbar sind und ob zusätzliche rechtliche Regelungen, wie beispielsweise die generelle Beschränkung der zulässigen Höchstgeschwindigkeit auf 30 km/h in Wohngebieten (Tempo 30), hilfreich sind, ist nicht abschließend erforscht.

Beim **Trennungsprinzip** wird für den Fahrverkehr eine in der Regel durch Borde oder Rinnen baulich abgetrennte Fahrbahn geschaffen. Auch in diesen Fällen ist es jedoch möglich, Mischnutzung in den Seitenräumen vorzusehen.

3.19) EAE 85, Kapitel 4.4, Entwurfsprinzipien für Straßen und Wege.

Grundmaße für Verkehrsräume des Fußgängers

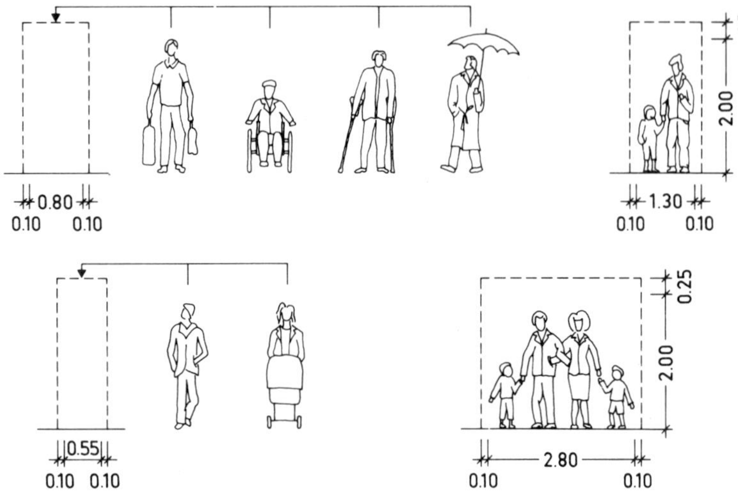

Grundmaße für Verkehrsräume des Radverkehrs

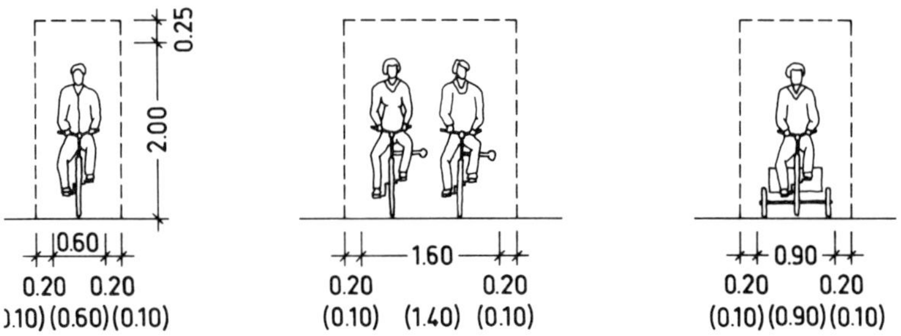

Grundmaße für Verkehrsräume verschiedener Bemessungsfahrzeuge

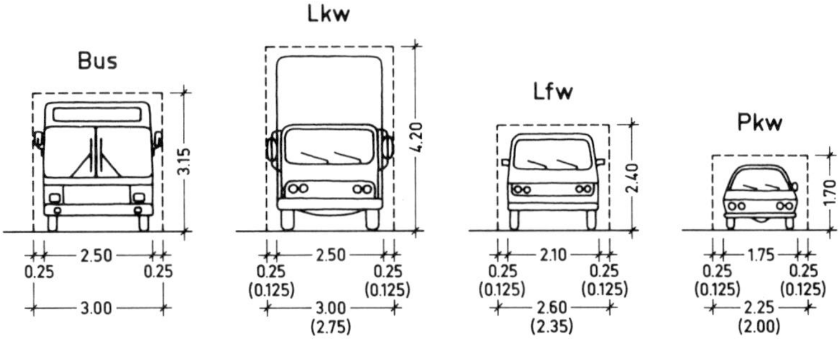

Grundmaße für das Abstellen des Bemessungsfahrzeugs Pkw

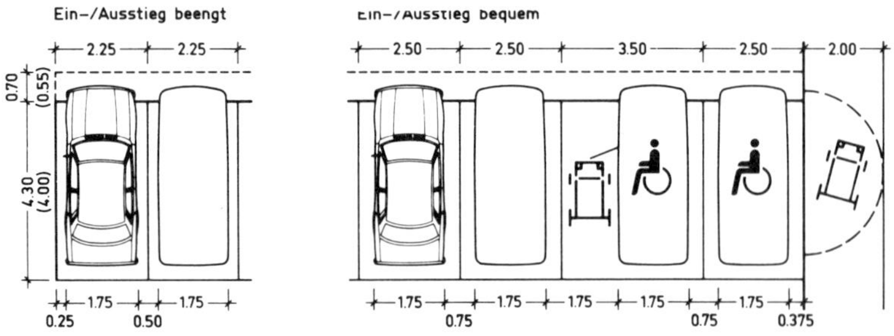

Grundbreiten der Ver- und Entsorgungsleitungen und zweckmäßige Anordnung im Straßenraum nach DIN 1998

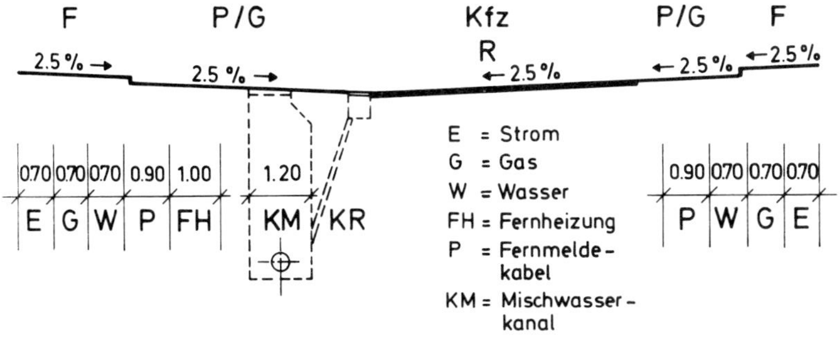

EAE 85, 4.2

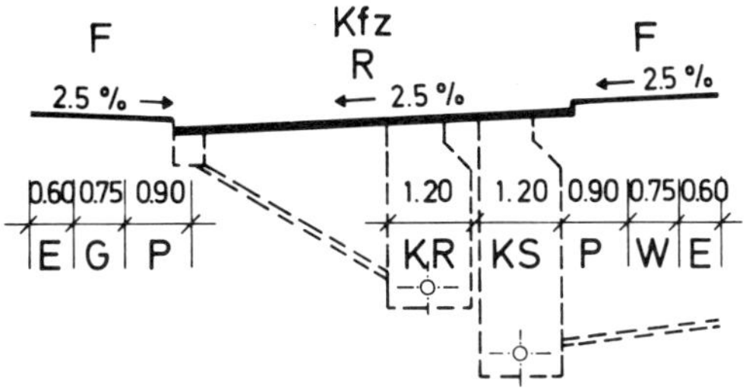

KS = Schmutzwasser-kanal
KR = Regenwasserkanal
F = Fußgänger
R = Radfahrer
Kfz = Kraftfahrzeug
P/G = Park- bzw. Grün-streifen

Grundmaße für Verkehrsräume und lichte Räume bei ausgewählten Begegnungsfällen mit unverminderter und verminderter Geschwindigkeit

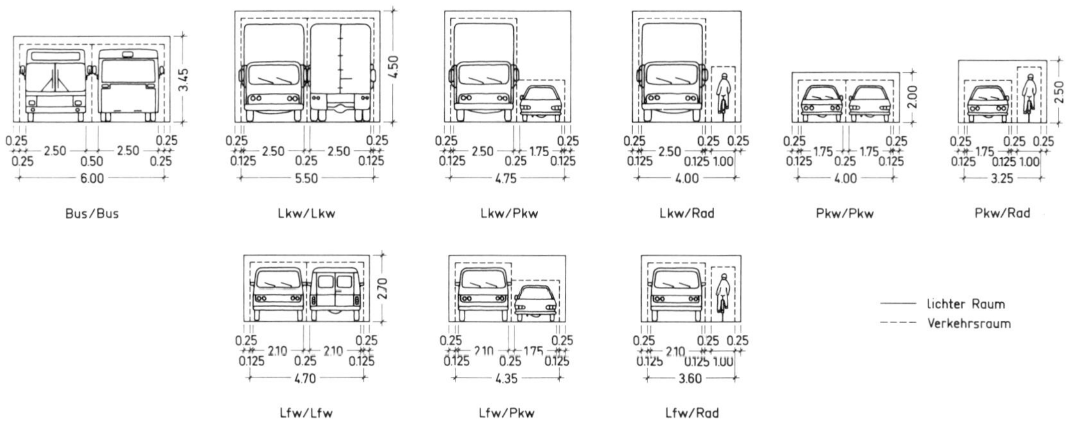

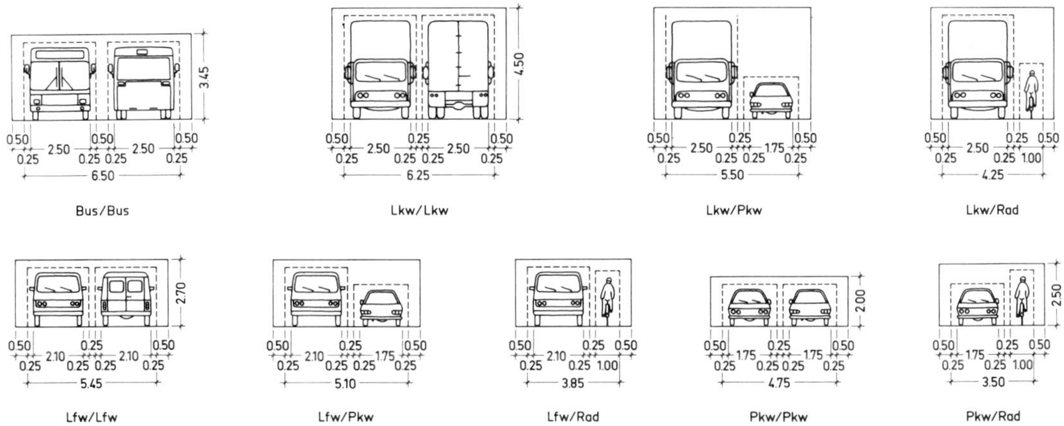

Parken

Abmessungen von Parkständen und Fahrgassen für das Bemessungsfahrzeug Pkw bei bequemem Ein- und Ausparken

EAE 85, 4.2

		α [gon]	Tiefe ab Fahrgassenrand t-ü [m]	Überhangmaß ü [m]	bequemes Ein- und Ausparken				
					Breite des Parkstandes b [m]	Straßenfrontlänge f [m] beim Einparken		notwendige Fahrgassenbreite g [m] beim Einparken	
						vorwärts	rückwärts	vorwärts	rückwärts
Längsaufstellung	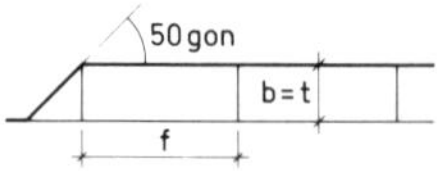	0	2,00	–	2,00	6,75	5,75	2,75	3,50
Schrägaufstellung	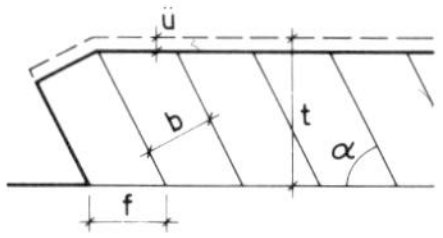	50	4,50 (4,20)	0,40 (0,35)	2,50	3,54	–	2,75	–
		60	4,70 (4,35)	0,45 (0,40)	2,50	3,09	–	2,75	–
		70	4,75 (4,45)	0,50 (0,45)	2,50	2,81	–	3,60	–
		80	4,65 (4,40)	0,60 (0,50)	2,50	2,63	–	4,25	–
		90	4,55 (4,25)	0,65 (0,55)	2,50	2,83	–	5,10	–
Senkrechtaufstellung	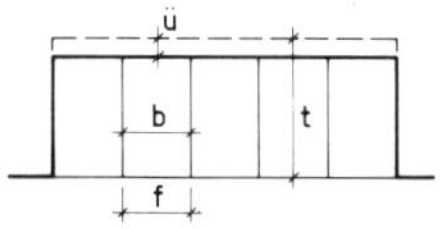	100	4,30 (4,00)	0,70 (0,60)	2,25*)	2,25	2,25	6,10	4,50
					2,50	2,50	2,50	6,10	4,50
Blockaufstellung	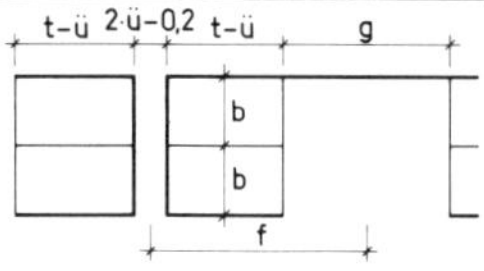	–	4,30 (4,00)	0,70 (0,60)	2,25*)	7,95	7,15	6,10	4,50
					2,50	7,95	7,15	6,10	4,50

*) Randparkstände   Klammerwerte für beengte Verhältnisse und bei Flächenmangel

Beispiele für Zuschläge zu Verkehrsraumbreiten für Fußgänger

EAE 85, 4.2

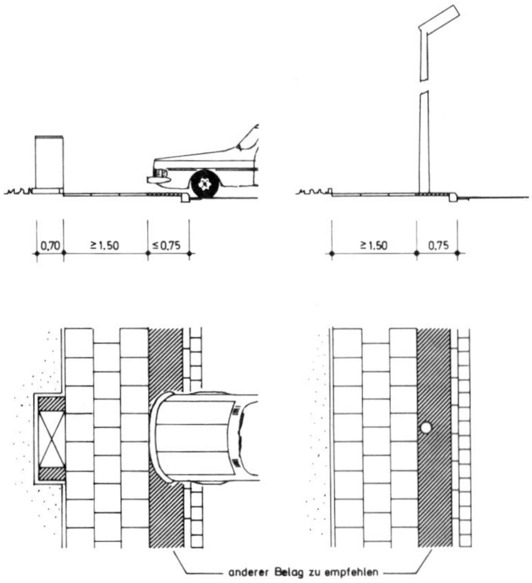

Auszug aus der EAE 85

5.2 ENTWURFSELEMENTE

5.2.1 Streckenabschnitte

5.2.1.1 Fahrbahnen und Fahrgassen

Für den Entwurf von Fahrbahnen und Fahrgassen an Sammelstraßen, Anliegerstraßen und Anliegerwegen ist die Bemessung unter Berücksichtigung der grundsätzlichen Überlegungen zum Verkehrsablauf (vgl. 4.1.3) nach fahrgeometrischen Kriterien die Regel (vgl. 4.4.3). Je nach Stärke und Zusammensetzung des Verkehrs (Schwer- und Radverkehrsanteil, Linienbusverkehr, Abmessungen der häufigsten Lastkraftwagen) können durchlaufend gleiche oder abschnittsweise unterschiedliche Bemessungsfahrzeuge und Begegnungsfälle zugrundegelegt werden (vgl. 4.4.2).

Für die **Linienführung** sind fahrdynamische Kriterien nur bei anbaufreien und angebauten Hauptsammelstraßen von Bedeutung.

Die erwünschte Unterteilung des Straßenraumes in einzelne Raumabschnitte begrenzter Länge wird in erster Linie durch eine entsprechende Gliederung der Randbebauung und der Baulinien erreicht. Außerdem kann der Straßenraum durch die Linienführung der Fahrbahn oder Fahrgasse in Abschnitte begrenzter Länge unterteilt werden.

In Erschließungsstraßen mit großem Anteil schwer manövrierbarer Fahrzeuge (Lastzüge, Sattelschlepper, Gelenkbusse) und gleichzeitig geringer Bedeutung nichtmotorisierter und nichtverkehrlicher Nutzungsansprüche (z. B. in Industrie- und Gewerbegebieten) sollen Fahrbahnen möglichst übersichtlich und geradlinig geführt werden.

Längsneigungen von mehr als 6 % sind nach Möglichkeit zu vermeiden, da sie für Radfahrer, Rollstuhlfahrer und Schwerlastfahrzeuge zu Erschwernissen beim Befahren führen (vgl. 3.3.1 und 3.3.2). Außerdem ist bei großen Längsneigungen – insbesondere wenn punktuell geschwindigkeitsdämpfende Maßnahmen angewendet werden – mit starker Lärm- und Abgasentwicklung durch Kraftfahrzeuge (hohe Drehzahlen) zu rechnen.

Aus Entwässerungsgründen soll eine Mindestlängsneigung von 0,5 % vorhanden sein, da andernfalls Pendelrinnen mit dieser Mindestneigung erforderlich werden.

Kuppen und Wannen sollen bei Geschwindigkeiten von 40 bis 50 km/h mit Mindestradien von min H_w = 400 bis 900 m für Kuppen und von min H_w = 250 bis 500 m für Wannen ausgerundet werden (vgl. 4.2.4).

Für den **Querschnitt** von Fahrbahnen/Fahrgassen sind je nach Stärke und Zusammensetzung des Kraftfahrzeugverkehrs unterschiedliche Gesamtbreiten und unterschiedliche Querschnittsaufteilungen anwendbar. Baulich kann die Gesamtbreite aus einer einheitlich gestalteten Fahrbahn/Fahrgasse oder aus einer Fahrgasse mit ein- oder zweiseitigen Mehrzweckstreifen bestehen (Bild 19). Mehrzweckstreifen können bei seltenen Begegnungsfällen zwischen großen Fahrzeugen mitbenutzt werden und zusätzlich zur Erleichterung des Ein- und Ausparkens, zur Verbesserung des Sichtkontaktes beim Überqueren, zur Schneelagerung in schneereichen Gebieten und bei ausreichender Breite zur Aufnahme des Lieferverkehrs dienen.

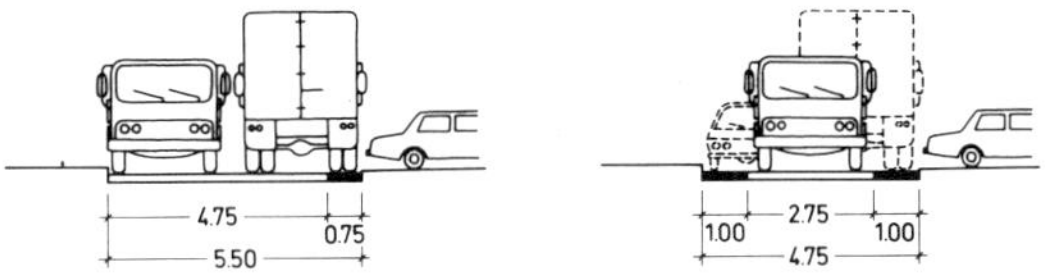

Bild 19: Beispiele für Fahrgassenausbildungen mit Mehrzweckstreifen für Begegnungsfälle mit Lastkraftwagen

Aus den Begegnungsfällen nach Bild 14 ergeben sich vorzugsweise die in Tabelle 9 zusammengestellten Fahrbahn-/Fahrgassenbreiten, in denen die Breiten von Mulden- und Bordrinnen enthalten sind. Bei Fahrbahn-/Fahrgassenbreiten unter 5,50 m ist in der Regel zusätzlich eine Abstimmung mit der örtlichen Feuerwehr und den öffenlichen Verkehrsbetrieben zu empfehlen.

Bei im Gegenverkehr fahrenden Linienbussen soll die Fahrbahn nach Möglichkeit 6,50 m breit sein. Eine Fahrbahnbreite von 6,00 m ist ausreichend, wenn eine Begegnung von Linien-

Tabelle 9: Mögliche Begegnungsfälle, mögliche Parkstreifenarten und Befahrbarkeit durch Müllfahrzeuge für ausgewählte Fahrbahn-/Fahrgassenbreiten

Fahrbahnbreite/ Fahrgassenbreite	mögliche Begegnungsfälle		fahrgeometrisch mögliche Parkstreifen				Befahrbarkeit durch Müllfahrzeuge	
	bei unverminderter Geschwindigkeit	bei verminderter Geschwindigkeit	mit Mitbenutzung der Gegenfahrbahn b = 2,50 m	mit Mitbenutzung der Gegenfahrbahn b = 2,25 m	ohne Mitbenutzung der Gegenfahrbahn b = 2,50 m	ohne Mitbenutzung der Gegenfahrbahn b = 2,25 m	bei unverminderter Geschwindigkeit	bei verminderter Geschwindigkeit
[m]			[gon]	[gon]	[gon]	[gon]		
6,50	Bus/Bus Lkw/Pkw/R	Lkw/Lkw Lfw/Lfw/R	100 100 r	100 r 87	64	58	Müllfz/Lkw Müllfz/Pkw/R	–
5,50	Lkw/Pkw Lfw/Lfw	Lkw/Lkw Pkw/Pkw/R	100 r 93	100 r 78	61	54	Müllfz/Pkw	Müllfz/Lkw
4,75	Pkw/Pkw Lkw/R Pkw/R/R	Lkw/Lfw Lkw/Pkw	100 r 84	70	0	0	Müllfz/R	Müllfz/Pkw
4,00	Lfw/R	Pkw/Pkw Lkw/R	75	64	–	–	Müllfz/-	Müllfz/R
3,50	Pkw/R Feuerwehr/-	Pkw/R	–	–	67	61	Müllfz/-	Müllfz/-
3,00	Lkw/-	Feuerwehr/-	–	–	63	57	Müllfz/-	Müllfz/-
2,75	Lfw/-	Lkw/-	–	–	61	54	–	Müllfz/-
r = rückwärts								

bussen mit verminderter Geschwindigkeit vertretbar ist. Eine Fahrbahnbreite von 5,50 m kann genügen, wenn Ausweichstellen vorhanden oder Begegnungen von Linienbussen aufgrund der Busfolge selten zu erwarten sind.

Für Straßen mit Gegenverkehr soll eine Fahrbahnbreite von 5,50 m gewählt werden, wenn Linienbusverkehr selten ist und mehr als etwa 30 Lkw/Spitzenstunde zu erwarten sind. Eine Breite von 4,75 m (bei beengten Verhältnissen auch 4,50 m) reicht aus, wenn weniger als etwa 30 Lkw/Spitzenstunde anzunehmen sind, in Abständen von etwa 50 m bis maximal 100 m für die Begegnung zweier Lastkraftwagen geeignete Ausweichstellen, platzartige Aufweitungen, mitbenutzbare Grundstückzufahrten oder entsprechend bemessene Versätze zur Verfügung stehen und die einzelnen Straßenabschnitte überschaubar sind.

Die für Fahrgassen in Mischflächen häufig anwendbare Breite von 4,00 m erlaubt das Befahren mit Personenkraftwagen im Gegenverkehr. Der Begegnungsfall Lkw/Pkw ist möglich, wenn Aufweitungen vorhanden sind oder die Fahrgasse mindestens einseitig von einem Gehstreifen begrenzt wird, der ausnahmsweise auch von Kraftfahrzeugen befahren und auch zum Aufstellen von Leuchten und Verkehrsschildern benutzt werden kann.

Fahrbahn-/Fahrgassenbreiten von 3,50 m (ausnahmsweise 3,00 m) sind in Anliegerstraßen und Anliegerwegen auch im Gegenverkehr anwendbar, wenn die Verkehrsstärke sehr gering ist (etwa 70 Kfz/Spitzenstunde), die Straße von Lastkraftwagen selten befahren wird, für Begegnungsfälle Ausweichmöglichkeiten zur Verfügung stehen und Parkstreifen nur einseitig erforderlich sind.

Fahrbahn-/Fahrgassenverbreiterungen in Kurven sind nur erforderlich, wenn der für die Bemessung zugrundegelegte Begegnungsfall aufgrund der zu erwartenden Begegnungshäufigkeit zwischen den Bemessungsfahrzeugen auch in Kurven sichergestellt werden muß und die Gegenfahrspur wegen der Stärke des Kraftfahrzeugverkehrs von größeren Fahrzeugen in der Kurve nicht mitbenutzt werden kann. Zur Überprüfung der Befahrbarkeit können die diesen Empfehlungen beigefügten Schleppkurvenschablonen (vgl. Anhang 4) verwendet werden. Generell sind Kurvenverbreiterungen für den Begegnungsfall Gelenkbus/Gelenkbus bei $R \leq 320$ m, für den Begegnungsfall Lz/Lz bei $R \leq 260$ m und für den Begegnungsfall Pkw/Bus bei $R \leq 160$ m erforderlich (vgl. RAS-L-1-84).

Zur Abführung des Oberflächenwassers erhalten Fahrbahnen/Fahrgassen eine Mindestschrägneigung von 2,5% (bei Pflasterdecken 3%). Wird in fahrdynamisch bemessenen Fahrbahnen ($V_e = 50$ km/h) ein Kurvenradius von $R = 80$ m unterschritten, so ist die Querneigung bis auf 5% bei min $R = 70$ m zu vergrößern.

5.2.1.2 Park- und Ladeflächen im Straßenraum

Sofern die erforderlichen Stellplätze auf den Grundstücken zur Verfügung stehen, sollen im Straßenraum nur für den Besucher- und Lieferverkehr Parkmöglichkeiten[20]) vorgesehen werden. Diese Voraussetzung ist jedoch zumindest in Altbaugebieten häufig nicht erfüllt, so daß auch die Mitbenutzung der Parkmöglichkeiten im Straßenraum durch Anwohner nicht auszuschließen ist. Die im Straßenraum wünschenswerten Parkmöglichkeiten können daher zumindest in Altbaugebieten mit dichter Bebauung oft nur unter Berücksichtigung von Mehrfachnutzungen, Maßnahmen der Parkraumbewirtschaftung (Parkvorrecht für Anwohner, Parkdauerbeschränkung) und der örtlichen Besonderheiten ermittelt werden.

In geplanten Baugebieten ohne private Stellplatzdefizite soll für Besucher und Lieferanten je nach Struktur eines Gebietes in der Regel im öffentlichen Bereich eine Parkmöglichkeit für etwa 3–6 Wohnungen zur Verfügung stehen. In Altbaugebieten lassen sich diese Parkmöglichkeiten bei Flächenmangel den Zielen häufig nicht direkt zuordnen, so daß größere Entfernungen in Kauf genommen werden müssen.

Eine ausreichende Zahl von Parkständen[21]) (etwa 3%) ist für Behinderte zu reservieren.

In öffentlichen Abstellanlagen für Zweiräder ist die Anzahl der erforderlichen Radständer für Fahrräder und Mofas/Mopeds stark von den örtlichen Gegebenheiten abhängig. Richtwerte können daher nicht angegeben werden.

Der gesamte ruhende Verkehr ist in der Regel auf Parkflächen außerhalb der Fahrbahn/Fahrgasse unterzubringen, die dann nur für den maßgebenden Begegnungsfall bemessen zu werden braucht. Ist dies nicht möglich (z.B. in Altbaugebieten) oder nicht notwendig (z.B. bei dünner Besiedelung und geringem Parkraumbedarf im Straßenraum), so ist zu prüfen, ob die durch abgestellte Kraftfahrzeuge entstehende Einengung der (unverbreiterten) Fahrbahn oder Fahrgasse aufgrund der Verkehrsbedeutung der Straße und der zu erwartenden Häufigkeit von Parkvorgängen in Kauf genommen werden kann. Andernfalls muß die Fahrbahn oder Fahrgasse so breit bemessen werden, daß der nach Bild 14 erforderliche Verkehrsraum für den maßgebenden Begegnungsfall auch neben abgestellten Fahrzeugen verfügbar bleibt. Dies ist jedoch gestalterisch unzweckmäßig, da Fahrbahnen optisch nicht dominieren und Parkstreifen durch Bäume und Grünflächen gegliedert werden sollen.

Parkstände können auch hinter Geh- und Radwegen angeordnet werden. Dadurch werden das Gehwegparken erschwert, das Ein- und Ausparken bei schmaler Fahrbahn/Fahrgasse wegen der Mitbenutzung des Gehweges erleichtert, der Sichtkontakt verbessert und die Wirkung der Borde als Schwelle verstärkt. Voraussetzung ist, daß die Nutzung der zu überfahrenden Geh- und Radwege und der anliegenden Bebauung nicht unzumutbar beeinträchtigt wird.

Wenn widerrechliches Gehwegparken nicht durch andere Maßnahmen verhindert werden kann, müssen seitlich der Gehwegüberfahrten für Grundstückszufahrten sowie zwischen Parkstreifen und Gehbereichen natürliche oder künstliche Abgrenzungen (z.B. Bäume, Beete, Poller, Pfosten) angeordnet werden, um die erforderliche Breite des Gehbereiches zu sichern. In diesen Fällen ist die Parkstandtiefe einschließlich des Überhangmaßes ü (t statt t-ü nach Bild 17) zu bemessen.

Bei der Anordnung von Parkbuchten nach Bild 20 sollen die Seitenräume zwischen den Parkbuchten bis an den Fahrbahnrand vorgezogen werden, um die Sichtbeziehungen zwischen Kraftfahrzeugen und Benutzern der Gehbereiche zu gewährleisten und die Überquerbarkeit der Fahrbahn zu verbessern. Auch die Anlage von Sicherheitsstreifen zwischen Fahrbahn und Parkstreifen (Bild 20c) oder die einseitige Anordnung von Parkständen können Sichtkontakt und Überquerbarkeit verbessern.

Wenn Parkstreifen an Geh- und Radwege angrenzen, sind wegen des Überhangmaßes ü der abgestellten Fahrzeuge nach Bild 17 bzw. wegen des Öffnens von Wagentüren Breitenzuschläge (Schutzstreifen) für die Wege erforderlich (vgl. 4.2.2).

Für die Wahl der Aufstellungsart und die Anordnung der Parkstreifen ist entscheidend,

- welche Flächen innerhalb des Straßenraumes für den ruhenden Verkehr zu Verfügung stehen,
- ob die Verkehrsstärke und die Verkehrsbedeutung der Straße im Netz die Mitbenutzung von Gegenfahrspuren beim Ein- und Ausparken zulassen,
- ob beim Ein- und Ausparken Rangiervorgänge in Kauf genommen werden sollen,
- ob die Fahrbahn-/Fahrgassenbreite durchlaufend an den erforderlichen Breiten zum Ein- und Ausparken orientiert werden soll,

---

20) Der Begriff „Parkmöglichkeit" wird in diesen Empfehlungen – unabhängig von der baulichen Ausbildung und der Lage auf öffentlichen oder privaten Flächen – als Oberbegriff für die Flächen des ruhenden Kraftfahrzeugverkehrs verwendet.

21) Der Begriff „Parkstand" bezeichnet in diesen Empfehlungen eine baulich, material- oder markierungsmäßig gekennzeichnete Parkmöglichkeit.

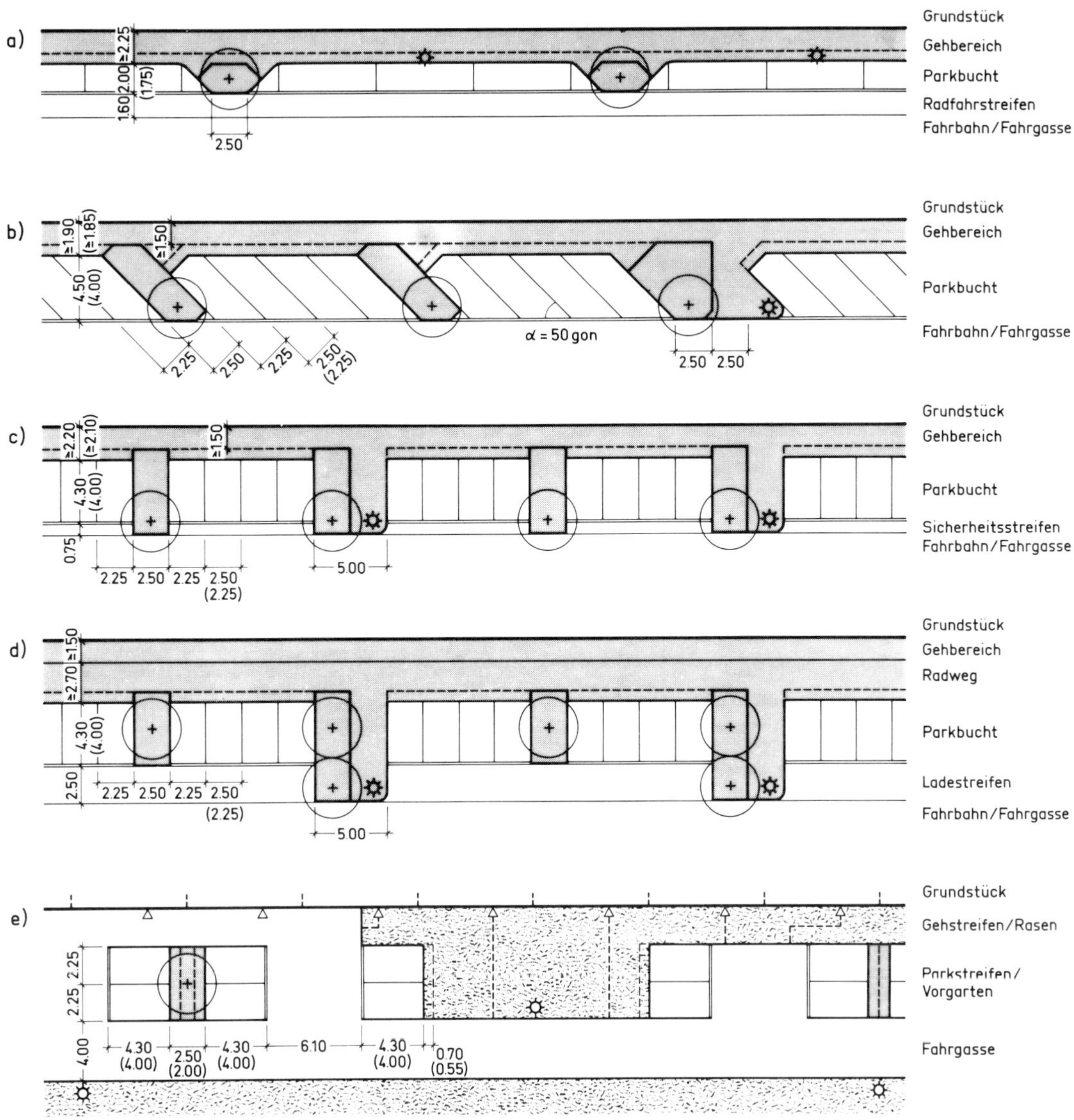

Bild 20: Beispiele für die Anordnung von Parkständen, Bäumen und Leuchten in Straßenräumen
(Klammerwerte für beengte Verhältnisse und bei Flächenmangel nach Bild 17)

- ob vor den Parkstreifen Sicherheitsstreifen angeordnet werden, die den Sichtkontakt beim Überqueren verbessern, das Ein- und Ausparken erleichtern und bei ausreichender Breite (mind. 2,50 m nach 4.2.4) auch als Ladeflächen benutzbar sind,
- ob bestimmte Straßenabschnitte ganz von Parkständen freigehalten werden sollen und
- ob straßenraumgestalterische Gesichtspunkte für eine bestimmte Aufstellungsart sprechen.

Die **Längsaufstellung** (Bild 20a) soll gewählt werden, wenn beim Ausparken eine gute Sicht auf den fließenden Kraftfahrzeugverkehr erforderlich ist, aus Platzgründen andere Aufstellungsarten nicht möglich sind und sich wegen der Bedeutung der Straße (z. B. bei Hauptsammelstraßen und Sammelstraßen) Schräg- und Senkrechtparkstreifen nicht empfehlen. Für den Verkehrsablauf ist die Längsaufstellung nicht günstiger als die Schrägaufstellung, wenn das Vorwärtseinparken bei großem Stellplatzbedarf nicht sichergestellt werden kann.

Die **Schrägaufstellung** (Bild 20b) ist an Anliegerstraßen und -wegen besonders geeignet, weil das Ein- und Ausparken zumindest bei beidseitiger Anordnung der Parkstände einfach ist und das spontane Betreten der Fahrbahn durch Fußgänger erschwert wird. Die Schrägaufstellung mit 70 gon ist bei großem Stellplatzbedarf besonders zweckmäßig, weil damit in Schrägaufstellung die größte Anzahl von Parkständen je Längeneinheit erreichbar ist.

Die **Senkrechtaufstellung** (Bild 20c und d) ist geeignet, wenn die Parkstände aus beiden Fahrtrichtungen anfahrbar sein sollen und die Schwierigkeiten beim Ein- und Ausparken für den Verkehrsablauf ohne Belang sind.

In Stichstraßen und -wegen ist die Senkrechtaufstellung zu bevorzugen, weil parkende Fahrzeuge lediglich bis zum Parkstand fahren müssen und beim Ausparken dort wenden können.

Die **Blockaufstellung** (Bild 20e) kann zweckmäßig sein, wenn zwischen den Parkstandblöcken zusammenhängende Flächen für andere Nutzungsansprüche (z.B. Aufenthaltsflächen, Vorgärten, Grünflächen) geschaffen werden sollen, wenn die Lage von Grundstückszufahrten oder die verfügbaren Flächen zusammenhängende Parkstreifen unmöglich machen oder wenn die Fahrgassenbreite für andere Aufstellungsarten nicht ausreicht. In Wohngebieten mit Einzel- oder Reihenhausbebauung erlaubt die Blockaufstellung in vielen Fällen eine günstige Zuordnung der Parkstände zu den zugehörigen Wohnungen.

Die **wechselseitige Anordnung von Parkständen** verbessert Sichtkontakt und Überquerbarkeit gegenüber der beidseitigen Anordnung zumindest auf einer Straßenseite. Für die Befahrbarkeit von Grundstückszufahrten durch Lastkraftwagen kann diese Aufstellungsart ungünstig sein, wenn die Parkstände nicht auf der Seite der Grundstückszufahrt angeordnet werden können (Überprüfung mit Schleppkurvenschablonen). Die wechselseitige Anordnung von Parkständen ist in Verbindung mit Versätzen von Fahrbahnen/Fahrgassen zweckmäßig (vgl. 5.2.1.4), läßt sich aber durch Kombination mit anderen Entwurfselementen (z.B. Einengungen, Teilaufpflasterungen, Stichstraßensperren) auch linear ausgerichteten Straßenräumen gestalterisch befriedigend anpassen.
Aus ökologischen und gestalterischen Gründen ist zu prüfen, ob Parkstände als unversiegelte Flächen (Lochsteine, Betongittersteine, Schotterrasen, wassergebundene Decken) ausgebildet werden können und ob Stellplatzgruppen mit Bäumen, Sträuchern und Beeten eingegrünt werden sollen.

Bei Anliegerwegen können die öffentlichen Stellplätze in der Regel nur an platzartigen Aufweitungen, an den Enden der Wege in Verbindung mit Garagenflächen oder an der höherrangigen Straße ausgewiesen werden.

5.2.1.3 Fußgänger- und Radverkehrsflächen

Gehflächen sollen – auch mit Rücksicht auf den Nutzungsanspruch Kinderspiel – vielgestaltig und interessant entworfen werden. Witterungsschutz durch Bäume, durch Arkaden und in Einzelfällen durch Schutzdächer kann sich empfehlen.

Straßenbegleitende Gehwege sind an allen nach dem Trennungsprinzip entworfenen Straßen erforderlich. Bei einseitiger Bebauung und an anbaufreien Sammelstraßen kann ein einseitiger Gehweg genügen. Auch an Anliegerstraßen, die nach dem Mischungsprinzip entworfen sind, sollen entlang der Gebäude oder Grundstücksgrenzen insbesondere bei wechselseitiger Anordnung der Parkstände Gehstreifen vorhanden sein, die durch Abgrenzung (z.B. Bäume, Beete, Poller, Pfosten) Fußgängern vorbehalten sind und auch die Hauseingangsbereiche sichern.

Für die durchlaufenden Gehweg-/Gehstreifenbreite sind die qualitativen Gesichtspunkte (vgl. 4.2.2), eine möglichst störungsfreie Begehbarkeit (z.B. Begegnung von zwei Personen mit Kinderwagen), ein angemessener nutzungsbezogener Aufenthalt, der Raumbedarf der im Gehbereich zu verlegenden Leitungen, gestalterische Gesichtspunkte (Raumwirkung), Breitenzuschläge und abschnittsweise Aufweitungen für Aufenthalt und Kinderspiel (vgl. Bilder 7–9) wichtiger als die Leistungsfähigkeit.

Straßenbegleitende Gehwege sollen nach Möglichkeit nicht schmaler als 2,00 m sein (davon 1,50 m lichte Mindestbreite und 0,50 m Schutzabstand zur Fahrbahn). Vielfach ist jedoch eine deutlich größere Breite zweckmäßig. Geringere Breiten sind vertretbar, wenn bei beengten Verhältnissen andernfalls selbst bei Einengung der Fahrbahn auf Gehflächen verzichtet werden müßte. In der Nähe von Schulen, Einkaufszentren, Freizeiteinrichtungen u.ä. und in Baugebieten mit einer Geschoßflächenzahl von mehr als 0,6 ist für Gehwege entlang der wichtigsten Anlieger- und Sammelstraßen eine durchlaufende Mindestbreite von 3,00 m anzustreben.

Für Behinderte kann die Benutzung straßenbegleitender Gehflächen erleichtert werden, wenn geringe Neigungen (≤ 6%)angestrebt, in angemessenen Abständen Ruhebänke vorgesehen, Sehbehinderte durch taktile Hilfen zu markanten Orientierungspunkten geführt und Borde an Überquerungsstellen abgesenkt werden.

An Gehwegüberfahrten ist es für die Begehbarkeit günstig, wenn die Gehflächen so breit sind, daß die notwendigen Abschrägungen ohne Einschränkung der üblichen Gehwegbreite unterzubringen sind (vgl. Bild 37).

Straßenbegleitende Radwege sind an Sammelstraßen und höherrangigen Straßen in der Regel erforderlich, um für den Radverkehr ein vermaschtes Netz zu erreichen. Radfahrstreifen können angelegt werden, wenn keine Sicherheitsbedenken bestehen, aus Kostengründen keine Radwege möglich sind und das Zuparken der Radfahrstreifen verhindert werden kann[22]). Anliegerstraßen erhalten nur in Ausnahmefällen Radwege, z.B. wenn sie mit Hauptradwegen zusammenfallen.

Straßenbegleitende Radwege sollen bei einspurigem Ausbau mindestens 1,00 m, bei zweispurigem Ausbau 2,00 m (mindestens 1,60 m) breit sein. Zusätzlich soll nach Möglichkeit ein 0,75 m breiter Schutzstreifen zwischen Fahrbahn bzw. Parkstreifen und Radweg vorgesehen werden, auf dem auch Lichtmaste und Verkehrsschilder aufgestellt werden können. Zweispurige Radwege können einspurige Abschnitte erhalten, wenn für Begegnungen und Überholungen auf begleitende Gehflächen oder Schutzstreifen ausgewichen werden kann.

Gemeinsame Geh- und Radwege sollen nur bei geringem Fußgänger- oder Radverkehr angewendet werden, da andernfalls Fußgänger zu stark belästigt werden. Solche Wege sollen 2,50 m (mindestens 2,00 m) breit sein. Ihre Anwendung kann sich an aufbaufreien Hauptsammelstraßen empfehlen.

Fahrradstraßen sollen mindestens 4,00 m breite Radverkehrsflächen (vgl. Bild 11) enthalten. An Knotenpunkten sollte der Radverkehr auf Furten oder Teilaufpflasterungen gegenüber querendem Kraftfahrzeugverkehr so weit wie möglich bevorrechtigt werden. An signalgesteuerten Knotenpunkten sind fahrradfreundliche Schaltungen und gegebenenfalls spezielle Radfahrerphasen mit Freigabezeitanforderung für den Querverkehr empfehlenswert.

Verlaufen Fahrradstraßen innerhalb von Straßenräumen ohne Seitentrennstreifen in Fahrbahnhöhe, so müssen Verkehrsstärken und Geschwindigkeiten des Kraftfahrzeugverkehrs aus Gründen der Leistungsfähigkeit, Sicherheit und Bequemlichkeit des Radverkehrs beschränkt werden. In engen Straßenräumen kann es erforderlich werden, den Kraftfahrzeugverkehr ganz auszuschließen oder ihn nur zeitweise zuzulassen. Bei straßenbegleitenden Fahrradstraßen ist es vorteilhaft, wenn die Anzahl der Grundstückszufahrten gering ist.

Selbständig geführte Geh- und Radwege sollen in angemessenen Abständen platzartig aufgeweitet werden, um Raum für Bäume, Sträucher und Ruhebänke zu schaffen. Lichtmasten, Papierkörbe, Schaltkästen und sonstige Einbauten sollen den Wegequerschnitt nicht einschränken (Breitenzuschläge vgl. 4.2.2).

Selbständig geführte Gehwege sollen mindestens 1,50 m und mit Rücksicht auf Behinderte und ältere Menschen nicht stärker als 6% geneigt sein. In bewegtem Gelände sind jedoch größere Werte nicht immer vermeidbar. Wenn Treppen und Gehwege mit stärkeren Längsneigungen erwünscht sind, sollen zusätzliche Rampen oder Alternativwege mit annehmbarem Gefälle vorgesehen werden (vgl. 5.2.1.10).

Selbständig geführte Radwege sollen mindestens 2,00 m (1,60 m) breit sein. Gegenüber seitlichen Hindernissen sind beidseitig 0,25 m freizuhalten. Ihre Neigung soll im Regelfall 3% nicht überschreiten; auf kürzeren Strecken können größere Neigungen vorgesehen werden (z.B. bis zu 8% auf höchstens 30 m Länge und bis zu 4% auf höchstens 250 m Länge).

Nichtbefahrbare Wohnwege dienen zwar der Erschließung von Grundstükken, sind jedoch für den Kraftfahrzeugverkehr in der Regel gesperrt (z.B. durch Sperrpfähle). Ihre Länge sollte

- bei 1- bis 2geschossiger Bebauung etwa 80 m,
- bei 3geschossiger Bebauung etwa 60 m und
- bei 4- und mehrgeschossiger Bebauung etwa 50 m

nicht überschreiten.

Nichtbefahrbare Wohnwege sollen in einer lichten Breite von 1,50 m bis 2,00 m befestigt sein. Zusätzlich ist zu beachten, daß Wege mit weniger als 3,00 m Gesamtbreite (bei Trennkanalisation mit weniger als 4,00 bis

22) Forschungsgesellschaft für Straßen- und Verkehrswesen
Empfehlungen für Planung, Entwurf und Betrieb von Radverkehrsanlagen, Ausgabe 1982.

Tabelle 10: Fußgänger- und Radverkehrsflächen

	Querschnitt[1] (Klammerwerte: Mindestmaße in bestehenden Baugebieten bzw. bei beengten Verhältnissen)	**Werte der Entwurfselemente**				
		R_l min [m]	s[2]) max [%]	H_K min [m]	H_w min [m]	lichte Höhe min [m]
straßenbegleitender Gehweg	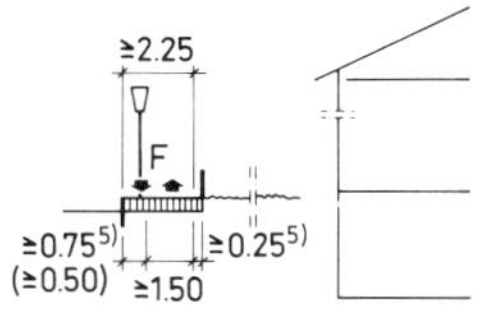		6 (12)[8])			2,50
straßenbegleitender Radweg	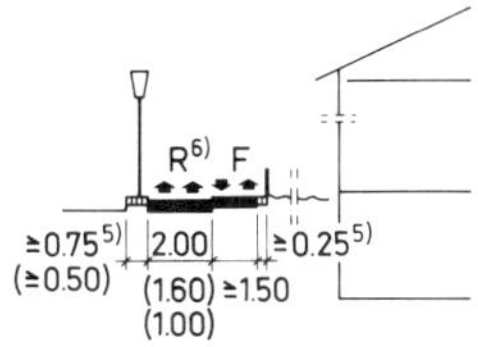	10 (2)[7])	wie entsprechende Straßenart	30	10	2,50
gemeinsamer Geh- und Radweg	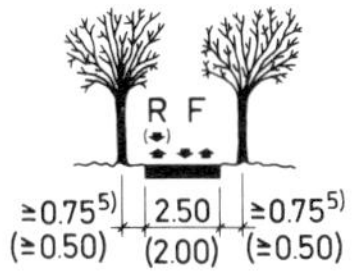	10 (2)[7])	3 (4 auf < 250 m)[8]) (8 auf < 30 m)[8])	30	10	2,50
Fahrradstraße	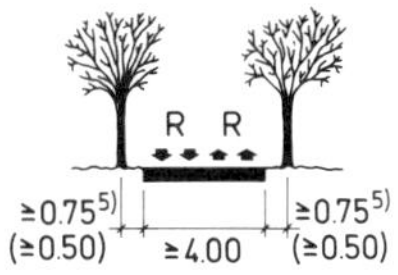	10 (2)[7])	3 (4 auf < 250 m)[8]) (8 auf < 30 m)[8])	30	10	2,50
selbständig geführter Gehweg	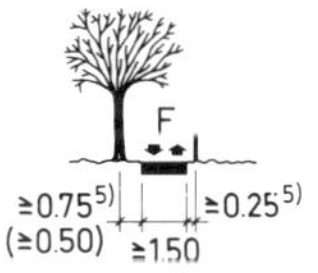		6 (12)[8])			2,50
selbständig geführter Radweg	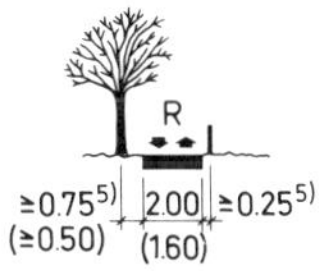	10 (2)[7])	3 (4 auf < 250 m)[8]) (8 auf < 30 m)[8])	30	10	2,50
nichtbefahrbarer Wohnweg[3])	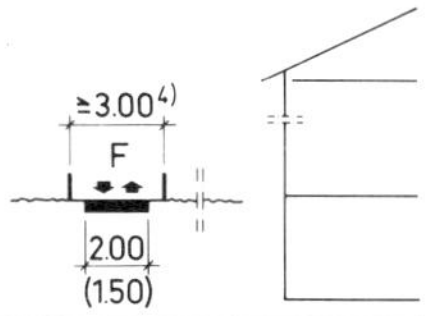		6 (12)[8])			3,50 (2,50)

Anmerkungen:

[1]) geringfügige Abweichungen von den Breitenmaßen können wegen der Plattenmaße erforderlich werden
[2]) s_{min} = 0,5 % (Entwässerung)
[3]) Länge der nichtbefahrbaren Wohnwege
1 bis 2 Geschosse ≤ 80 m
3 Geschosse ≤ 60 m
4 und mehr Geschosse ≤ 50 m
[4]) bei Trennkanalisation 4,00 bis 4,50 m
[5]) sonstige Breitenzuschläge vgl. 4.2.2. Durchlaufende Baumreihen erfordern mindestens 2,50 m breite Pflanzstreifen
[6]) Zweirichtungsverkehr nur in Ausnahmefällen
[7]) Ausrundungsradius in Knotenpunktbereichen
[8]) in Ausnahmefällen

Abkürzungen:
F = Fußgänger
R = Radfahrer
R_l = Kurvenradius
s = Längsneigung
H_K = Kuppenausrundungsradius
H_w = Wannenausrundungsradius

4,50 m Gesamtbreite) eine Verlegung aller Leitungen zur Ver- und Endsorgung, eine ausreichende Arbeitsbreite und sichere Zugänge zu den Häusern bei Reparaturen nur selten zulassen und in der Bauphase die Zugänglichkeit für Baufahrzeuge erschweren. Abhilfe ist nur durch Verlegung der Leitungen in die Vorgärten der Häuser (Eintragung von Leitungsrechten im Bebauungsplan oder von Grunddienstbarkeiten erforderlich) oder in öffentlichen Grünstreifen möglich.

Für die Bemessung der lichten Räume von **Fußgängerbereichen** wird auf die Gestaltungshinweise bei Anwendung des Mischprinzips (vgl. 5.1.2) hingewiesen.

Radfahrer können in Fußgängerbereichen ständig oder zeitlich beschränkt zugelassen werden, wenn der Fußgängerverkehr nicht zu dicht ist, genügend Fläche für die möglicherweise notwendige Kennzeichnung von Radfahrstreifen zur Verfügung steht und eine befriedigende verkehrsrechtliche Absicherung möglich ist. Dies kann im Einzelfall auch durch Ausweisung eines verkehrsberuhigten Bereiches (Zeichen 325 StVO) statt eines Fußgängerbereiches (Zeichen 241 StVO) erfolgen.

Die Führung des öffentlichen Personennahverkehrs durch Fußgängerbereiche ist bei angemessen langsamer Geschwindigkeit möglich, wenn die Fußgängerdichte nicht zu groß ist und für die Fahrgasse ausreichende Flächen zur Verfügung stehen. Ob und in welcher Weise die Kennzeichnung einer Fahrgasse zweckmäßig ist, ergibt sich aus der örtlichen Situation.

5.2.1.4 Versätze

Durch Versätze entstehen in Längsrichtung optisch abgeschlossene Teilräume, die die Kraftfahrer veranlassen sollen, langsam zu fahren und sich auf die unmittelbar überschaubaren Bereiche des Straßenraumes zu konzentrieren. Versätze ohne Bezug zu den Baufluchten können gestalterisch willkürlich wirken. Überzeugender sind Versätze, die mit der Bebauung oder Bepflanzung übereinstimmen, z. B. durch Verbindung mit wechselseitig angeordneten, gut begrünten und gestalteten Parkständen oder durch die Gestaltung als eigenständige Bereiche. Das gilt auch für lange Versätze (Verschwenkungen). Die Wirkung von Versätzen soll durch vertikale Elemente verstärkt werden.

Um die erwünschte Wirkung zu erreichen und den geraden Durchblick im Straßenraum zu unterbrechen, sollen Fahrbahnen/Fahrgassen auf die unbedingt erforderliche Breite begrenzt und nach Möglichkeit um die Fahrbahn-/Fahrgassenbreite bzw. bei Kombination mit wechselseitiger Anordnung der Parkstände um die Parkstandtiefe gegeneinander versetzt werden. Ist die Versatztiefe größer als die Parkstandtiefe, so kann entweder der hinter den Parkständen liegende Gehweg (Gehstreifen) verbreitert oder vor den Parkständen ein zusätzlicher Sicherheitsstreifen vorgesehen werden, der auch dem Lieferverkehr und der Begegnung mit Lastkraftwagen dienen kann.

Versätze können zwischen Knotenpunkten (Bild 21) und in Knotenpunkten (vgl. 5.2.2.7 und Bild 51) angeordnet werden. Sie können kurz (fahrdynamisch) und lang (als Verschwenkungen) ausgebildet werden.

Die Lage der Versätze zwischen Knotenpunkten soll unter Beachtung der örtlichen Besonderheiten (z. B. Läden, Rücksprünge der Baufluchten) so gewählt werden, daß sie im Zuge von Hauptrichtungen der Wege von Fußgängern und Radfahrern (z. B. vor öffentlichen Gebäuden, vor größeren Geschäften und an Wegeeinmündungen) liegen, Parkstreifen bei großer Parkraumnachfrage möglichst selten durch Grundstückszufahrten unterbrochen werden müssen, durch Begrünung eine befriedigende Gestaltung der Versätze erreichbar wird und der Fahrbahn-/Fahrgassenverlauf auch bei Dunkelheit gut erkennbar ist.

Um Fußgängern das Überqueren an Versätzen zu erleichtern, sollen die Gehbereiche am Beginn und Ende von Parkstreifen in einer Mindestbreite von 1,50 m an den Fahrbahn-/Fahrgassenrand vorgezogen und die Borde abgesenkt werden.

Wenn Versätze fahrdynamisch wirksam sein sollen, müssen sie möglichst kurz sein. Andererseits müssen sie bei Fahrbahn-/Fahrgassenbreiten von weniger als 5,50 m auch als Ausweichstellen zur Begegnung mit Lastkraftfahrzeugen dienen.

Die Befahrbarkeit von Versätzen durch Personenkraftwagen und Lastkraftwagen ist gewährleistet, wenn die Versatzlänge l in Abhängigkeit von der Versatztiefe t und der Fahrbahn/Fahrgassenbreite b nach Bild 22 bemessen wird. Soll die Fahrbahn-/Fahrgasse auch von Lastzügen befahren werden, so sind die Versatzlängen nach Bild 22 um 50 % zu vergrößern.

Dient ein Versatz gleichzeitig zur Begegnung zwischen Personenkraftwagen und Lastkraftwagen (Ausweichstelle), so soll die Fahrbahn-/Fahrgassenbreite im Versatz 6,00 m nicht unterschreiten. Sollen Begegnungen von Lastkraftwagen im Versatz möglich sein, so muß die Versatzlänge zusätzlich 15 m betragen.

In Einbahnstraßen sollen die Versätze gegebenenfalls als Ausweichstellen ausgebildet werden, um ein Vorbeifahren an Müllfahrzeugen und gelegentlich auftretenden Lieferfahrzeugen zu ermöglichen.

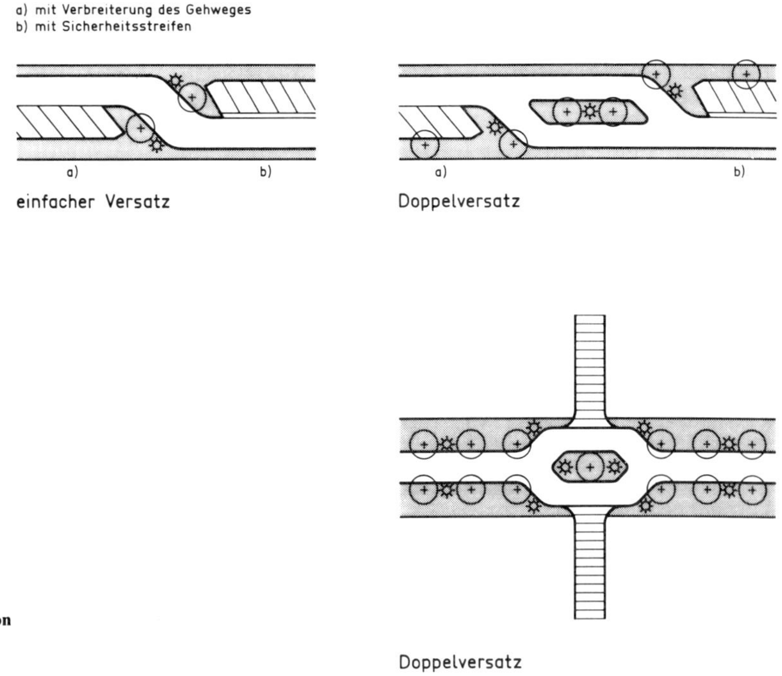

Bild 21: Beispiele für die Anordnung von kurzen und langen Versätzen zwischen Knotenpunkten

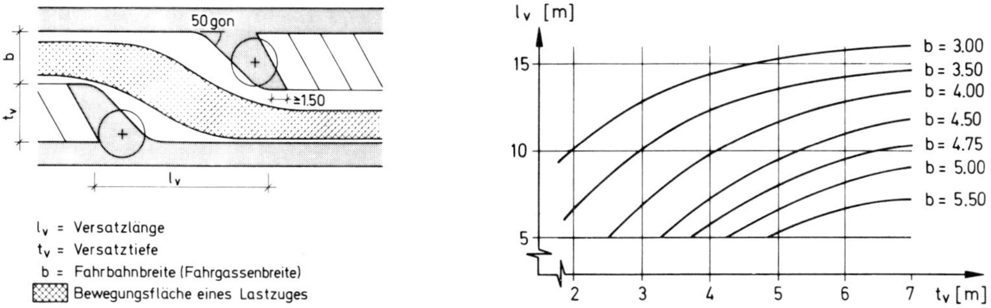

Bild 22: Abmessungen von fahrdynamisch wirksamen Versätzen

5.2.1.5 Einengungen

Durch Einengungen in Fahrbahnen/Fahrgassen entstehen in Verbindung mit vertikalen Elementen optisch abgeschlossene Teilräume, die Kraftfahrer zum Fahren mit gleichmäßig niedrigen Geschwindigkeiten und zur Konzentration auf die unmittelbar überschaubaren Bereiche des Straßenraumes veranlassen sollen. Durch Einengungen in Fahrbahn-/Fahrgassenmitte ergeben sich im allgemeinen keine gestalterischen Widersprüche zu den Baufluchten bestehender Straßenräume. Einengungen mit und ohne Fahrbahnteiler (Mittelinseln) verbessern die Überquerbarkeit von Fahrbahnen/Fahrgassen und sollen daher im Zuge von Hauptrichtungen der Wege von Fußgängern und Radfahrern angeordnet werden. Sie müssen durch ausreichende Beleuchtung auch bei Dunkelheit eindeutig erkennbar sein. An einspurigen Einengungen ist nicht auszuschließen, daß die Lärm- und Abgasentwicklung durch Halte- und Anfahrvorgänge zunimmt. Einengungen sollen mindestens 1,00 m schmaler sein als die anschließenden Fahrbahnen/Fahrgassen.

Kurze Einengungen sind 5,00 bis 10,00 m lang (vgl. Bild 23).

Einspurige Einengungen, die an baulich bedingten Engstellen, bei Defiziten an Aufenthaltsflächen und auf zentralen Plätzen erforderlich werden können, dürfen bis zu etwa 50 m lang sein, wenn vor diesen Bereichen Ausweichstellen von etwa 25 m angeordnet werden und die Verkehrsstärke etwa 250 Kfz/h nicht übersteigt (vgl. Anhang 5).

Kurze einspurige Einengungen sind bei Verkehrsstärken bis zu etwa 500 Kfz/h anwendbar, wenn (z. B. an baulichen Engstellen) nur dadurch zumindest einseitig ein Gehbereich geschaffen werden kann (vgl. Anhang 5).

5.2.1.6 Teilaufpflasterungen

Teilaufpflasterungen sollen Kraftfahrer optisch und fahrdynamisch zu langsamer Fahrweise veranlassen und die Überquerbarkeit von Fahrbahnen/Fahrgassen für Fußgänger und Radfahrer erleichtern. Sie sollen daher im Zuge von Hauptrichtungen der Wege von Fußgängern und Radfahrern, z. B. vor öffentlichen Gebäuden, größeren Geschäften und an Wegeeinmündungen, angeordnet werden. Teilaufpflasterungen können – insbesondere in Steigungsstrecken oder bei großer Rampenneigung – zu einer unstetigen Fahrweise mit erhöhten Lärm- und Abgasbelästigungen führen, wenn der Gesamteindruck nicht zu verhaltener Fahrweise veranlaßt.

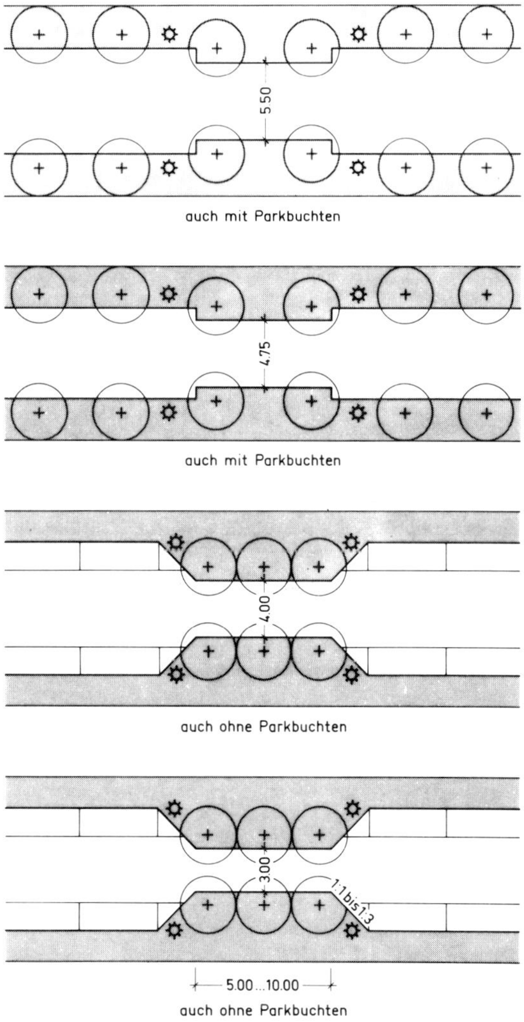

Bild 23: Abmessungen von kurzen Einengungen

Teilaufpflasterungen sind in Knotenpunkten, Versätzen, an den Übergangsbereichen zu höherrangigen Straßen und zwischen Knotenpunkten anwendbar. An Übergangsbereichen zu höherrangigen Straßen sollte eine Teilaufpflasterung bis zur Grundstücksgrenze, mindestens jedoch 5 bis 10 m vom Fahrbahnrand der höherrangigen Straße abgerückt werden. Hat die höherrangige Straße besondere Bedeutung für den Fußgängerverkehr oder sind Mischflächen anzuschließen, so kann statt der Teilaufpflasterung eine Gehwegüberfahrt (mit Bevorrechtigung der Fußgänger) zweckmäßig sein.

Eine Teilaufpflasterung besteht aus einer ganz oder annähernd auf die Höhe der Gehbereiche angehobenen Fläche und zwei Rampen, deren Länge sich nach der Höhe des Bordes und der Rampenneigung richtet. Teilaufpflasterungen, deren Länge nicht durch die Ausdehnung eines Knotenpunktes oder eines Versatzes bestimmt ist, sollen einschließlich der Rampen etwa 10 m lang sein.

Nur **optisch wirksame Teilaufpflasterungen** sollen Rampenneigungen von 1:25 bis 1:15 erhalten. Sie sind auch von Linienbussen befahrbar und wirken bei sehr geringer Rampenneigung nur als Belagwechsel.

Auch **fahrdynamisch wirksame Teilaufpflasterungen** sollen Rampenneigungen von 1:10 bis 1:5 aufweisen.

Teilaufpflasterungen müssen durch Beleuchtung auch bei Dunkelheit eindeutig erkennbar sein und sich in Farbe, Material und Oberflächenstruktur deutlich von Fahrbahnen, Mischflächen und Gehwegen unterscheiden, damit für Fußgänger nicht der Eindruck der Bevorrechtigung entsteht. Die Erkennbarkeit kann durch vertikale Entwurfselemente und helles Material für die Rampen, gegebenenfalls auch für die gesamte Teilaufpflasterung verbessert werden.

5.2.1.7 Schwellen

Schwellen sind kurze, fahrdynamisch wirksame Einbauten, die nicht als Überquerungsstellen, sondern nur zur Geschwindigkeitsdämpfung dienen. Sie sind anwendbar, wenn die Verkehrsstärke (weniger als etwa 70 Kfz/Spitzenstunde) und der Schwerverkehrsanteil sehr gering sind und kein Linienbusverkehr zu beachten ist. Bei größeren Verkehrsstärken sind sie vertretbar, wenn punktuelle Geschwindigkeitsdämpfungen erforderlich sind (z. B. an Kindergärten, Spielplätzen, Schulen) und flächenhafte Maßnahmen zur Verkehrsberuhigung ausscheiden.

Schwellen wirken punktuell und können zu ungleichförmigen Geschwindigkeiten mit Verzögerungen vor und Beschleunigungen hinter der Schwelle führen. Zur Vermeidung von Schäden an den Fahrzeugen sollen Schwellen über die gesamte Querschnittsbreite durchlaufen. Dies ist jedoch für den Radverkehr und für Krankentransporte nachteilig.

Schwellen sollen mit vertikalen Elementen kombiniert, in kontrastierendem Material ausgeführt und auch bei Dunkelheit gut erkennbar sein.

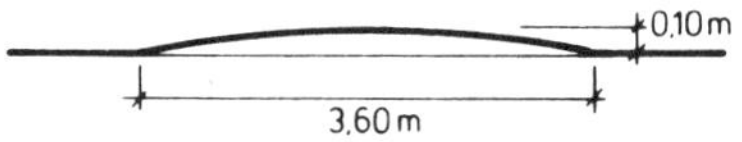

Bild 24: Abmessungen von Kreissegmentschwellen

5.2.1.8 Sperren

Stichstraßen- und Diagonalsperren werden erforderlich, wenn ehemals durchlaufende Straßen bei Netzmodifikationen unterbrochen werden, um gebietsfremden Kraftfahrzeugverkehr fernzuhalten (vgl. Bilder 2 und 3). Sperren können mit Teilaufpflasterungen und mit vertikalen Elementen (z. B. Bäumen) kombiniert werden. Sie müssen durch Bepflanzung und bei Dunkelheit durch Beleuchtung eindeutig erkennbar sein. Sperren sollen von Radfahrern und bei entsprechender baulicher Ausführung der Überfahrt (z. B. Steckpfosten, Lkw-Schleuse, Bäume auf der Sperre) gegebenenfalls auch von Versorgungs-, Straßenunterhaltungs- und Notdienstfahrzeugen (Müllabfuhr, Straßenreinigung, Feuerwehr) überfahren werden können. Wird die Sperre nicht mit einer Teilaufpflasterung kombiniert, so soll die Überfahrt durch entsprechende Materialwahl optisch betont werden und für Zweiradfahrer durch große Rampenneigungen nur langsam befahrbar sein.

Diagonalsperren (Bild 25) sollen bei Anwendung von Borden gerade noch ausreichende Fahrbahnen für das Bemessungsfahrzeug belassen, gegebenenfalls unter Mitbenutzung der Gegenfahrspur (Überprüfung mit Schleppkurvenschablonen). Auch an Diagonalsperren mit Borden empfiehlt es sich, die Aufpflasterung als günstige Überquerungsstelle und zur Unterbringung von Bepflanzung breiter als 1,50 m auszuführen.

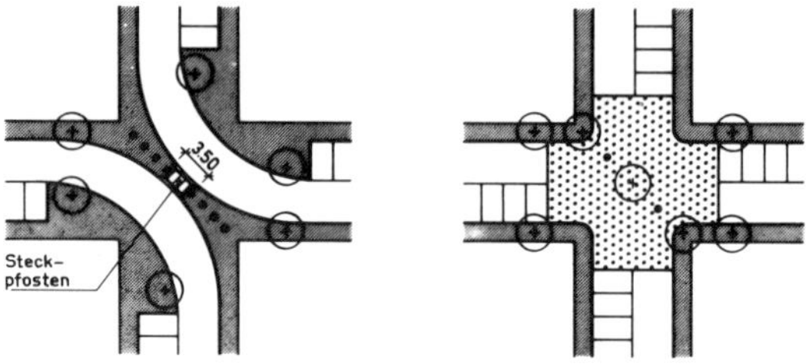

Bild 25: Beispiele für Diagonalsperren mit Überfahrt für Radfahrer, Notdienst- und Versorgungsfahrzeuge

Stichstraßensperren (Bild 26) können in Kombination mit Teilaufpflasterungen als platzartige, weitgehend kraftfahrzeugfreie Aufenthaltsflächen gestaltet werden. Für die beidseitig erforderlichen Wendeflächen können auch Grundstückszufahrten und Gehwegüberfahrten mitbenutzt werden.

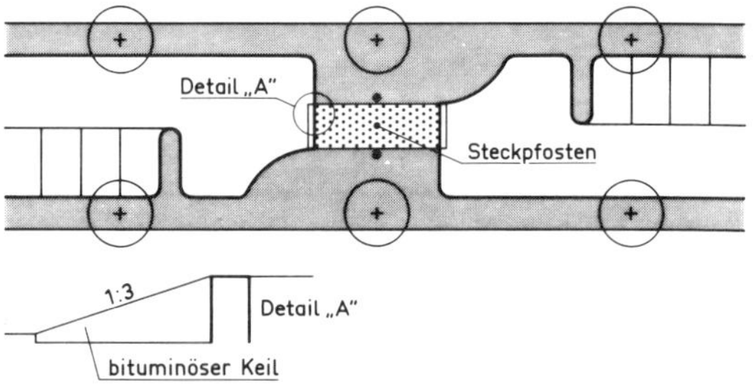

Bild 26: Beispiel einer Stichstraßensperre mit Radfahrerüberfahrt und Durchfahrtmöglichkeit für Notdienst- und Versorgungsfahrzeuge

Wenn sich die Wendeflächen nicht für Lastkraftwagen bemessen lassen, müssen Stichstraßensperren für Lastkraftwagen überfahrbar bleiben. Dies ermöglichen Steckpfosten. Weniger erprobt sind aus Pollern gebildete Sperren für Personenkraftwagen, die für Lastkraftwagen aufgrund der größeren Bodenfreiheit überfahrbar sind. Die Bodenfreiheit ist bei Feuerwehr- und Kommunalfahrzeugen größer als 0,25 m, bei Personenkraftwagen meist geringer als 0,15 m, so daß die erwünschte Durchfahrtbeschränkung mit 0,20 m Pollerhöhe gewährleistet werden kann. Linienbusse haben eine noch geringere Bodenfreiheit und können solche Sperren daher nicht überfahren.

Stichstraßensperren sind ausreichend zu beleuchten und eindeutig zu beschildern.

Auf die Überfahrbarkeit kann verzichtet werden, wenn die Stichstraße nur die für Wohnwege übliche Länge hat und Wohnungen auch von der nächsten höherrangigen Straße aus versorgt werden können.

Für den gewerblichen Schwerlastverkehr sollen auf den Grundstücken von Gewerbebetrieben Wendemöglichkeiten vorhanden sein.

5.2.1.9 Wendeanlagen

Wendeanlagen sind am Ende von Stichstraßen und Stichwegen bzw. an Stichstraßensperren erforderlich, wenn Gehwegüberfahrten oder Garagenflächen für Wendevorgänge nicht mitbenutzt werden können. Wegen der Gefährdung der übrigen, insbesondere der nichtmotorisierten Straßenraumnutzer dürfen Kraftfahrer durch den Verzicht auf Wendemöglichkeiten nicht gezwungen werden, eine Stichstraße oder einen Stichweg regelmäßig und ohne Einweisung rückwärts zu befahren. Können für bestimmte regelmäßig verkehrende Fahrzeuge keine Wendeanlagen geschaffen werden, so sollen daher Durchfahrten (z. B. mit Steckpfosten oder mit Schleusen nach Bild 27) ermöglicht werden.

Wendeanlagen können in Plätze einbezogen werden oder zu Platzbildungen führen, die neben der verkehrstechnischen Aufgabe auch wichtige städtebauliche und straßenraumgestalterische Funktionen, wie Aufenthalt und Kinderspiel erfüllen. Wendeanlagen müssen daher neben den fahrgeometrischen Erfordernissen (Bild 30 bis 35) in der Regel auch städtebaulich begründeten Anforderungen genügen. Kleinere Grünflächen und Bäume können die Fahrbahn-/Fahrgassenführung und die Platzfunktion verdeutlichen.

Wendeanlagen können als Wendehammer, Wendekreis oder Wendeschleife ausgebildet werden.

Wendehämmer erfordern Rangiermanöver und sind daher – zumindest bei regelmäßigem Lastkraftwagenverkehr – aus Gründen der Verkehrssicherheit und der Emissionsbelastung ungünstiger als Wendekreise und Wendeschleifen, die vom gewählten Bemessungsfahrzeug in einem Zuge befahren werden können.

Bei allen Wendeanlagen müssen die zum Wenden benötigten Flächen freigehalten werden. Dies kann durch die Anordnung von Parkständen für Personenkraftwagen am Rande der Wendeanlage oder durch den Anschluß von Garagenzufahrten leichter erreicht werden (Bild 28) als durch die alleinige Anordnung von Halteverboten.

An langen Anliegerstraßen und -wegen können aus gestalterischen Gründen und zur Verringerung der Fahrgeschwindigkeiten platzartige Erweiterungen mit Zwischenwendeanlagen erwünscht sein (Bild 29).

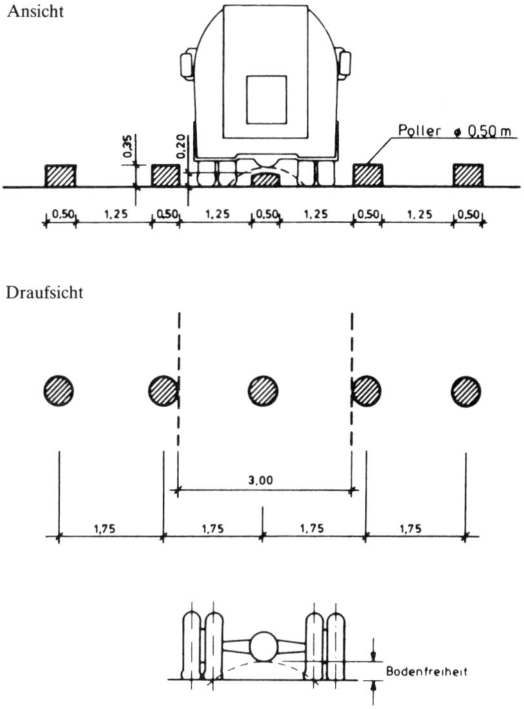

Bild 27: Beispiel einer Durchfahrtschleuse für Lastkraftwagen
(Bodenfreiheit nach DIN 70020)

Wendeanlagen sollen aus lenktechnischen Gründen asymmetrisch linksseitig angeordnet werden.

Wendeanlagen, die das Wenden ohne Zurücksetzen erlauben, sind aus Sicherheitsgründen bevorzugt anzuwenden. Sie beanspruchen allerdings größere Flächen.

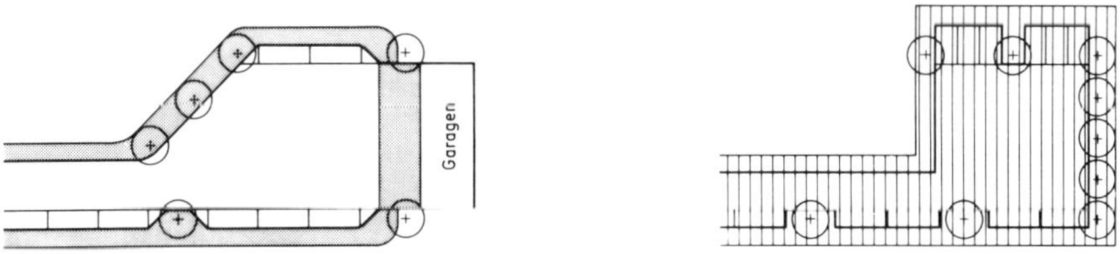

Bild 28: Beispiel einer Wendeanlage am Ende einer Stichstraße (links) und integriert in eine Mischfläche (rechts)

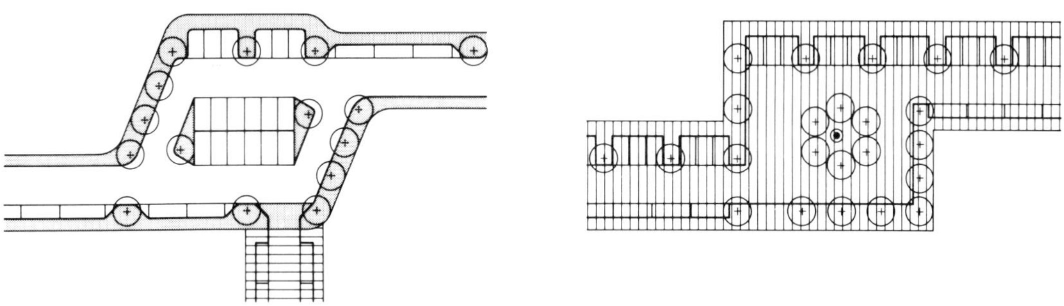

Bild 29: Beispiel einer Zwischenwendeanlage im Verlauf einer Anliegerstraße (links) und integriert in eine Mischfläche (rechts)

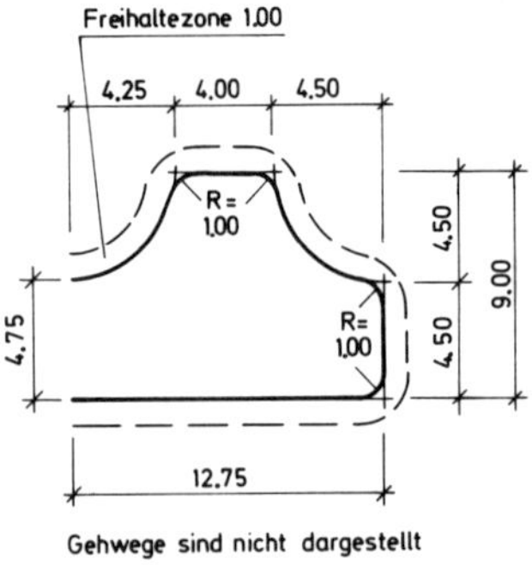

Bild 30: Wendehammer für Personenkraftwagen (Wendeanlagentyp 1)

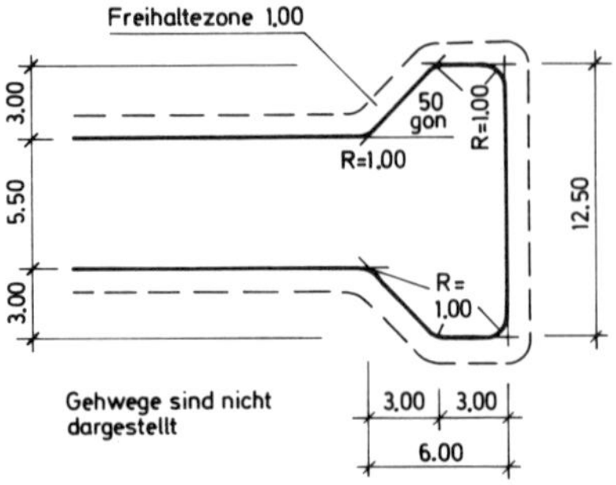

Bild 31: Wendehammer für Personenkraftwagen und Lastkraftwagen bis 8,00 m Länge (2-achsiges Müllfahrzeug, Feuerwehr, Lkw 16,0 t) (Wendeanlagentyp 2)

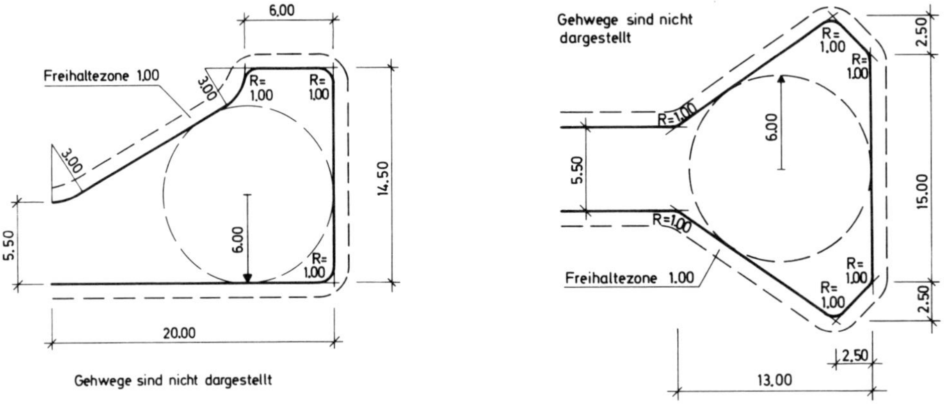

Bild 32: Wendehammer für Lastkraftwagen bis 10,00 m Länge (3-achsiges Müllfahrzeug, Lkw 22,0 t) mit Wendekreis für Personenkraftwagen (Wendeanlagentyp 3)

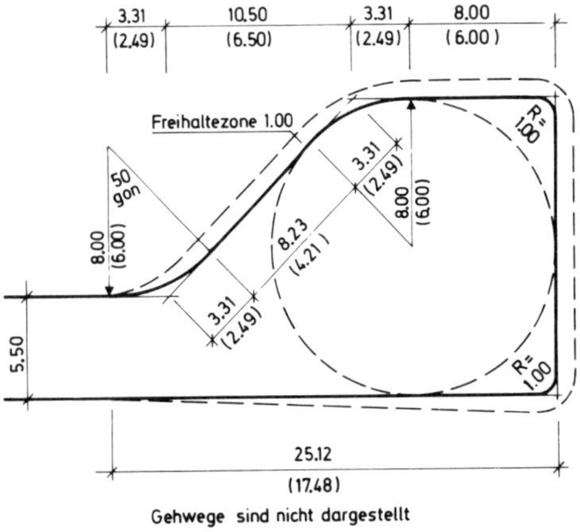

Bild 33: Wendekreis mit einem äußeren Wendekreisradius von 8,00 m (2-achsiges Müllfahrzeug) (Wendeanlagentyp 5) bzw. von 6,00 m (Lieferwagen) (Wendeanlagentyp 4)

Art, Größe und Gestaltung einer Wendeanlage richten sich entsprechend der jeweiligen Nutzung des Gebietes nach dem Bemessungsfahrzeug und der städtebaulichen Funktion. Es ist jedoch schwierig, allgemeingültige Empfehlungen zur Wahl der im Einzelfall notwendigen Wendeanlagen zu geben[23]). Wenn die in Tabelle 11 enthaltenen Richtwerte für den äußeren Wendekreisradius nicht eingehalten werden können, ist zu prüfen, ob

- Lastkraftfahrzeuge auf den Grundstücken von Betrieben wenden können,
- das Zurücksetzen mit Hilfe einweisender Personen sicher möglich ist oder
- notwendige Lieferfahrten mit kleineren Fahrzeugen durchführbar sind.

23) Die Belange der Feuerwehr und der Müllabfuhr sind bei der Festlegung der Wendeanlagen entsprechend den örtlichen Verhältnissen zu berücksichtigen. Manche Fuhrämter weigern sich, Stichstraßen und Stichwege zu entsorgen, in denen Müllfahrzeuge nur durch Zurücksetzen wenden können oder über längere Strecken rückwärts fahren müssen (vgl. Unfallverhütungsvorschrift Müllbeseitigung).

Wendehämmer nach Bild 30 sind nur für Personenkraftwagen geeignet. Sie sind bei Fahrbahn-/Fahrgassenbreiten von mehr als 6,00 m nicht erforderlich, wenn für das Wenden von Personenkraftwagen auch Gehwegüberfahrten oder Garagenvorplätze mitbenutzt werden können und wenn für Lastkraftfahrzeuge Durchfahrtmöglichkeiten bestehen.

Wendeanlagen für Lastkraftfahrzeuge sind in den Bildern 31 bis 35 dargestellt. An den Außenseiten von Wendeanlagen sollen ausreichende Freihaltezonen für Fahrzeugüberhänge von festen Einbauten freigehalten werden. Bei Wendeschleifen kann die zu umfahrende Fläche bepflanzt und/oder zur Unterbringung von Parkständen genutzt werden.

Wendeanlagen an Mischflächen und in Verbindung mit Teilaufpflasterungen werden nicht durch Borde begrenzt. Es ist lediglich sicherzustellen, daß eine entsprechende Fläche (einschließlich der Freihaltezonen) zum Wenden zur Verfügung steht.

5.2.1.10 Überquerungsstellen für Fußgänger und Radfahrer

Fußgänger und Radfahrer bevorzugen kurze Wege und warten bis zum Betreten der Fahrbahn ungern länger als 30 Sekunden (vgl. Anhang 3). Das Überqueren an beliebiger Stelle kann jedoch nur an Anliegerstraßen und schwach belasteten Sammelstraßen als ausreichend sicher angesehen werden. An allen stark belasteten Straßen sind an übersichtlichen Stellen je nach Verkehrsaufkommen (Fußgänger, Radfahrer und Kraftfahrzeuge) und Geschwindigkeiten besondere Überquerungshilfen für Fußgänger und Radfahrer erforderlich.

Folgende Maßnahmen erleichtern einzeln oder in Kombination miteinander die Überquerbarkeit:

- wechselseitige Anordnung von Parkständen,
- Sicherheitsstreifen vor Parkstreifen (vgl. Bild 20),
- Unterbrechung von Parkbuchten mit bis zum Fahrbahnrand vorgezogenen Seitenräumen (vgl. Bild 20),
- Bordabsenkungen zur Kennzeichnung übersichtlicher und bequemer Überquerungsstellen (vgl. 5.2.1.11),
- Ausbildung von Versätzen, Einengungen, Teilaufpflasterungen und Sperren als Überquerungsstellen (vgl. 5.2.1.4 bis 5.2.1.8),
- Anordnung von Fahrbahnteilern (Mittelinseln) mit oder ohne Bäume an breiten oder stark belasteten Straßen

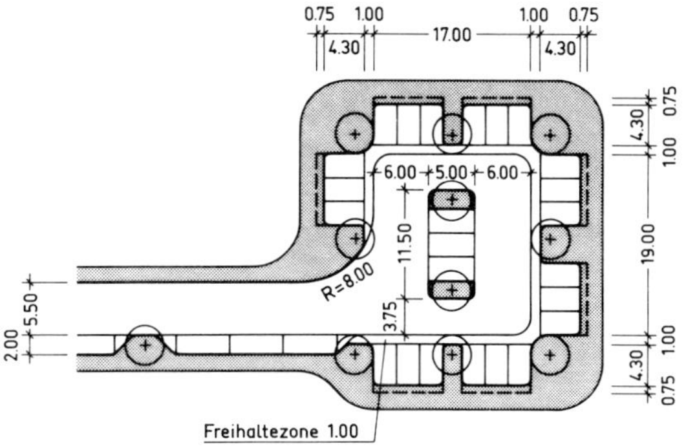

Bild 34: Wendeschleife für Lastkraftwagen bis 10,00 m Länge (3-achsiges Müllfahrzeug, Lkw 22,0 t) (Wendeanlagentyp 6)

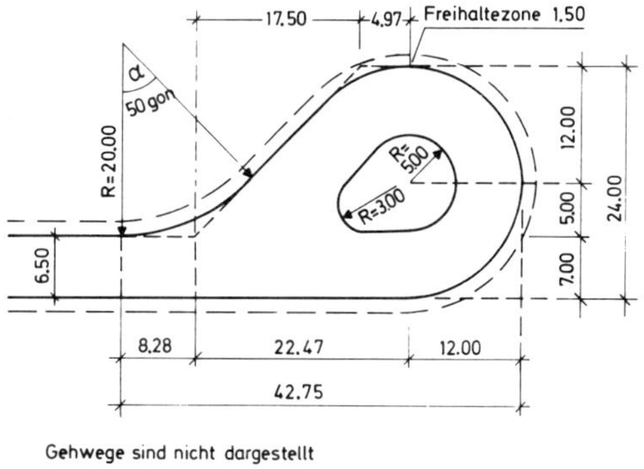

Bild 35: Wendeschleife für Lastzüge und Gelenkbusse (Wendeanlagentyp 7)

Tabelle 11: Empfehlungen für die Festlegung des Wendekreisradius

Straßenart	Nutzung des Gebietes	Bemessungsfahrzeug	äußerer Wendekreisradius [m]	Anmerkungen
befahrbarer Anliegerweg schwach belastete Anliegerstraße	Wohnen	Personenkraftwagen	6	○ Wendekreis für Personenkraftwagen ○ für Müllfahrzeuge Sonderregelung (z. B. Verbindung von Stichstraßen durch beschränkt befahrbare Wege)
Anliegerstraße	überwiegend Wohnen	Personenkraftwagen Müllfahrzeug 2-achsig	8	○ Wendekreis für kleine Busse sowie die meisten Müllfahrzeuge ○ Wendemöglichkeiten durch Rangieren für alle nach der StVZO zugelassenen Fahrzeuge
Anliegerstraße	Wohnen, stark mit Gewerbe durchsetzt	Personenkraftwagen Müllfahrzeug 3-achsig Lastkraftwagen	10	○ Ausreichender Wendekreis für die überwiegende Anzahl der zugelassenen Lastkraftwagen und ältere Linienbusse
		Standardlinienbus	11	○ Wendekreis für neuere Linienbusse
		Gelenkbus	12	○ Wendekreis für Gelenkbusse
	überwiegend gewerblich genutzt	Lastzug Gelenkbus	12	○ Wendekreis für die größten nach der StVZO zugelassenen Fahrzeuge
An den Außenseiten von Wendeanlagen sollen Freihaltezonen von 1,00 m Breite für Fahrzeugüberhanglängen vorgesehen werden.				

(Mindestbreite 2,50 m, ausnahmsweise 1,60 m; Fahrbahnbreite neben dem Fahrbahnteiler vgl. 5.2.2.2),

- Anlage von Fußgängerüberwegen (bei gebündelten Fußgängerströmen und mehr als 300 Kfz/24 h),
- Anlage von Furten mit Lichtsignalanlage [24]) [25])
- Anlage von Unter- oder Überführungen.

Überquerungsstellen für Fußgänger und Radfahrer sollen so angelegt und entworfen werden, daß

- sie im Zuge von Hauptrichtungen der Wege von Fußgängern und Radfahrern liegen,
- sie (einschließlich der Warteflächen) für alle Verkehrsteilnehmer übersichtlich sind,
- keine größeren Umwege [26]) entstehen,
- die Haltesicht nach Tabelle 13 vorhanden ist,
- die nach Bild 49 erforderlichen Sichtflächen von parkenden Fahrzeugen und sonstigen Sichthindernissen freigehalten werden können,
- sie bei Ausbildung als signalgesteuerte Furten mindestens 20 m von Knotenpunkten ohne Lichtsignalanlage und von stark befahrenen Grundstückszufahrten entfernt sind,
- Fußgänger durch die Straßenraumgestaltung zu den Überquerungsstellen geführt werden und
- keine Straßenabläufe im Bereich der Überquerungsstellen liegen.

Unter- und Überführungen können unabhängig von verkehrstechnisch üblichen Einsatzgrenzen (z. B. 1000 Kfz/h/Spur bzw. zul. V > 70 km/h) dann in Erwägung gezogen werden, wenn bedeutende Fußgänger- und Radverkehrsverbindungen Hauptsammelstraßen kreuzen und wenn für Fußgänger- und Radfahrer attraktive Hauptachsen geschaffen werden sollen. Wegen der hohen Kosten von Unter- und Überführungen ist die günstigste Lage im Hinblick auf die Akzeptanz sorgfältig auszuwählen.

Im Interesse der Attraktivität und Sicherheit sollen Unterführungen stets voll einsehbar und gut beleuchtet sowie mit sauber wirkendem und gut sauberzuhaltendem Material verkleidet sein. Unterführungen für Fußgänger und Radfahrer haben in der Regel 2,50 m lichte Höhe und eine von Funktion und Länge abhängige Breite. Kurze Unterführungen sollen mindestens 3,50 m, bis etwa 15 m lange Unterführungen mindestens 4,50 m und längere Unterführungen mindestens 6,00 m breit sein. Das Verhältnis zwischen Breite und Länge soll unabhängig von diesen Maßen nach Möglichkeit nicht kleiner als 1 : 4 sein.

Unterführungen erfordern wegen ihrer geringen lichten Höhe geringere Rampenlängen als Überführungen. Sie werden jedoch von Fußgängern und Radfahrern – insbesondere bei Dunkelheit – nur ungern angenommen. Überführungen mit flach geneigten Rampen können daher vorteilhafter sein. Netze des Fußgänger- und Radverkehrs sind lage- und höhenmäßig auf derartige Über- bzw. Unterführungen auszurichten. Starke Neigungen, Treppen und unübersichtliche Bereiche (Knicke, Nischen) sollen vermieden werden. Überführungen sollen eine lichte Weite von mindestens 2,50 m erhalten. Es ist zu prüfen, ob eine Überdachung von Rampen, Treppen und Überführungen notwendig sowie wirtschaftlich und gestalterisch vertretbar ist.

Rampen sollen Umwege vermeiden und in der Regel auch im Hinblick auf Rollstuhlfahrer eine Längsneigung von 8 % nicht überschreiten. Gekrümmte (gewendelte) Rampen sind anwendbar. Zwischen den Handläufen muß eine lichte Weite von mindestens 1,50 m vorhanden sein. Zumindest einseitig soll zusätzlich ein 0,40 bis 0,50 m hoher Handlauf für kleine Kinder angebracht werden. Bei Längsneigungen von mehr als 8 % soll auch für Rollstuhlfahrer in etwa 0,75 m Höhe ein zweiter Handlauf angebracht werden.

Rampen und Treppen sollen im allgemeinen mit einer griffigen Oberfläche versehen werden. Eine Beheizung kann sich empfehlen, wenn häufig mit Vereisung zu rechnen ist.

24) Bundesminister für Verkehr
Richtlinien für die Anlage und Ausstattung von Fußgängerüberwegen (R-FGÜ 84), Ausgabe 1984; in: Verkehrsblatt 38 (1984), Heft 22, S. 508–518.

25) Forschungsgesellschaft für Straßen- und Verkehrswesen
Empfehlungen für Planung, Entwurf und Betrieb von Radverkehrsanlagen; Ausgabe 1982.

26) Auch bei verkehrsreichen Straßen werden Umwege von mehr als 50 m kaum angenommen.

Treppen ohne ergänzende Rampenwege sind im öffentlichen Verkehrsraum Notlösungen. An Stelle von Rampen können auch Fahrstühle (Aufzüge) vorgesehen werden, wenn eine ausreichende Beaufsichtigung gewährleistet ist.

Sofern bei beengten Verhältnissen nur Treppen angelegt werden und diese nicht auf Furten oder anderen ungefährlichen Wegen umgangen werden können, sind in die Treppen Fahrschienen für Kinderwagen und Fahrräder einzubauen. Für derartige **Treppenrampen** sind Treppenneigungen ≤ 14,5 cm/34 anzustreben. Sind Treppenneigungen von 15 cm/33 cm oder 16 cm/31 cm (beim Einbau von Fahrtreppen) nicht zu vermeiden, so soll der Höhenunterschied etwa 4,00 m nicht überschreiten. Nach höchstens 15 bis 18 Stufen (2,50 bis 3,00 m Höhenunterschied) soll ein mindestens 1,35 m tiefes Zwischenpodest eingeschaltet werden.

Treppen sollen nicht gekrümmt oder gewendelt sein, können jedoch in der Ebene von Zwischenpodesten verschwenkt werden. Zwischen den auf ganzer Länge beidseitig erforderlichen Handläufen muß eine lichte Weite von mindestens 1,50 m (besser 2,50 m) vorhanden sein. Treppen mit einer Breite von mehr als 2,50 m sollen auch ein Mittelgeländer erhalten. Zumindest einseitig soll zusätzlich ein 40 bis 50 cm hoher Handlauf für kleine Kinder angebracht werden.

Durch **Fahrtreppen und Fahrsteige** kann die Attraktivität von Unter- und Überführungen wesentlich gesteigert werden. Die Zu- und Abgangsbereiche der Fahrtreppen und die Unter- und Überführungen selbst müssen in der Regel wesentlich breiter sein als die Fahrtreppe. Sind Rollstuhlfahrer ausschließlich auf einen Fahrsteig angewiesen, so darf dessen Neigung 13 % nicht überschreiten.

5.2.1.11 Muldenrinnen, Bordrinnen, Borde und Bordabsenkungen

5.2.1.11.1 Muldenrinnen, Bordrinnen und Borde

Muldenrinnen, Bordrinnen und Borde haben die **Aufgabe**,

- den Beginn der Fahrbahn für querende Fußgänger bzw. Radfahrer zu verdeutlichen,
- den Kraftfahrzeugverkehr optisch zu führen,
- die für Fußgänger bzw. Radfahrer vorgesehenen Flächen von der Fahrbahn und von sonstigen Flächen im Straßenraum zumindest optisch deutlich abzutrennen

  und
- Sehbehinderten eine Orientierungshilfe zu geben.

Hohe Borde haben zusätzlich die Aufgabe,

- das unerwünschte Parken in den Seitenräumen zu erschweren und
- die maschinelle Straßenreinigung zu erleichtern.

Darüber hinaus sind sie als Abgrenzungen wesentliche Elemente der Straßenraumgestaltung und deshalb nicht nur unter technischen Gesichtspunkten zu beurteilen.

Die Trennung der Fahrbahn bzw. Fahrgasse von den Seitenräumen kann optisch durch alle Bauformen ausreichend verdeutlicht werden. Die in vielen Fällen gewünschte psychologische Schwellenwirkung wird mit Borden vermutlich besser erreichbar sein als mit Muldenrinnen. Je niedriger ein Bord ist, desto weniger wird die Trennung betont. Muldenrinnen sollen deshalb nur an schwach belasteten Straßen angewendet werden, an denen das Trennungsprinzip zwar verdeutlicht, aber nicht zu stark betont werden soll.

Die erforderliche optische Führung des Kraftfahrzeugverkehrs ist mit allen Bauformen gleichermaßen erreichbar.

Gestalterisch kann die optische Dominanz asphaltierter Fahrbahnen/Fahrgassen durch Pflasterreihen in Muldenrinnen und Bordrinnen wesentlich gemildert werden. Halbhohe Borde haben gegenüber hohen Borden gestalterische und bautechnische Vorteile, weil sie an Gehwegüberfahrten nicht oder nur geringfügig abgesenkt zu werden brauchen. Dadurch entsteht bei einer dichten Folge von Gehwegüberfahrten ein ruhigeres Straßenbild und die Lage der Grundstückszufahrten bleibt auch nach dem Straßenausbau veränderbar. Außerdem lassen sich mit halbhohen Borden die bei Bordabsenkungen in den Gehbereichen entstehenden Schrägneigungen verringern. Andererseits läßt sich mit hohen scharfkantigen Borden das Gehwegparken in Verbindung mit Pollern und Pfosten neben den Grundstückszufahrten am ehesten vermeiden.

Muldenrinnen bestehen in der Regel aus 0,50 bis 1,00 m breiten Pflasterreihen. Sie trennen die Fahrbahn von den höhen-

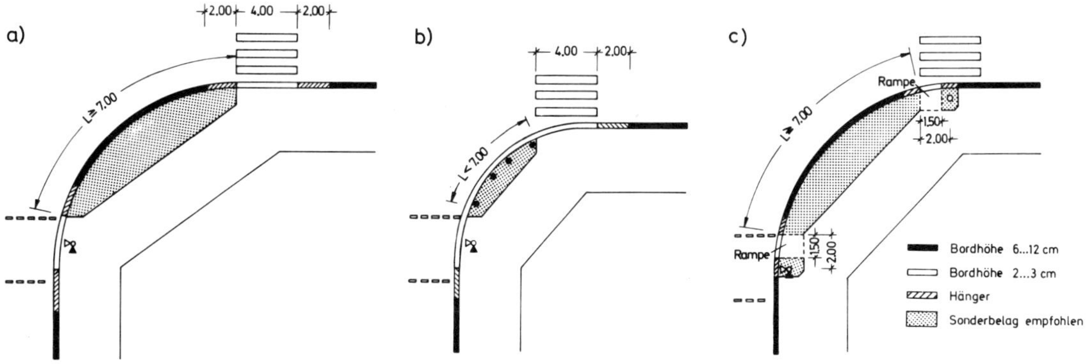

Bild 36: Beispiele für Bordabsenkungen an Knotenpunkten

gleichen Seitenräumen nur optisch ab. Die Muldentiefe soll wegen der Überfahrbarkeit 1/15 der Breite nicht überschreiten. Die Mindestlängsneigung beträgt 0,5 %. In Mischflächen können Muldenrinnen auch innerhalb der Fahrgasse liegen, wenn die Lage der Fahrgasse optisch trotzdem deutlich bleibt.

Bei **Bordrinnen** mit halbhohen Borden und Pflasterreihen muß die Mindestlängsneigung von 0,5 % eingehalten werden, da Pendelrinnen mit wechselnden Längsneigungen hohe Borde erfordern.

Bordrinnen bestehen aus fahrbahngleich oder anders gestalteten Rinnen und Borden. Sie trennen die Fahrbahn von den höherliegenden Seitenräumen je nach Bordhöhe nicht nur optisch ab.

Halbhohe Borde sind etwa 6 cm, hohe Borde etwa 12 cm (maximal 20 cm) hoch.

Für Erschließungsstraßen werden folgende **Bordhöhen** empfohlen:

- Bordhöhe 12 bis 14 cm:
  Trennung Fahrbahn/Gehweg bzw. Grünstreifen an anbaufreien Hauptsammelstraßen und an angebauten Hauptsammelstraßen mit großem Stellplatzbedarf.
- Bordhöhe 8 bis 10 cm:
  Trennung Fahrbahn/Gehweg bzw. Radweg bzw. Grünstreifen, Trennung Parkstreifen/Gehweg bzw. Radweg bzw. Grünstreifen an angebauten Sammelstraßen und an angebauten Hauptsammelstraßen mit geringem Stellplatzbedarf.
- Bordhöhe 6 bis 8 cm:
  Trennung Fahrbahn/Gehweg bzw. Radweg bzw. Grünstreifen, Trennung Parkstreifen/Gehweg bzw. Radweg bzw. Grünstreifen an Anliegerstraßen und an angebauten Sammelstraßen mit geringem Stellplatzbedarf.
- Bordhöhe 2 bis 3 cm:
  Gehwegüberfahrt/Fahrbahn, Trennung Fahrbahn/Parkstreifen, Bordabsenkung an Überquerungsstellen für Fußgänger.
- Bordhöhe 0 cm:
  Bordabsenkung an Überquerungsstellen für Radfahrer.
- Rasenkantenstein (Höhe 0 bis 2 cm):
  Gehweg/Grundstück, Schrammbord/Grundstück, Grünfläche/Gehweg bzw. Radweg, Gehweg/Radweg.

5.2.1.11.2 Bordabsenkungen

Bordabsenkungen sollen gewährleisten, daß Behinderte, Personen mit Kinderwagen, Radfahrer und alte Menschen Fahrbahnen im Bereich von Furten, Überwegen und sonstigen Überquerungsstellen sicher und bequem überqueren können.

An **Eckausrundungen** können Bordabsenkungen (bautechnisch einfach) im Scheitel (Bild 36b) oder (bei möglichst weitgehender Beibehaltung der Führung abbiegender Kraftfahrzeuge durch Borde) nur im Bereich der Überquerungsstellen (Bild 36a) angeordnet werden.

Bei einem Abstand zwischen zwei Überquerungsstellen von weniger als 7,00 m soll der Bord abgesenkt bleiben, weil sonst die Neigungsverhältnisse zu stark wechseln. Dann ist es jedoch ratsam, den Bereich der Eckausrundung durch bauliche Hindernisse (Poller, Winkelsteine) gegen Überfahren durch Kraftfahrzeuge zu sichern (Bild 36b). Bild 36c zeigt eine Lösung, bei der nur ein Teil der Furt als Rampe abgesenkt wird.

An Gehwegüberfahrten werden die Bordabsenkungen in ähnlicher Weise konstruiert. Die dabei notwendig werdende Abschrägung der straßenbegleitenden Wege kann nach Bild 37 verschiedenartig vorgenommen werden:

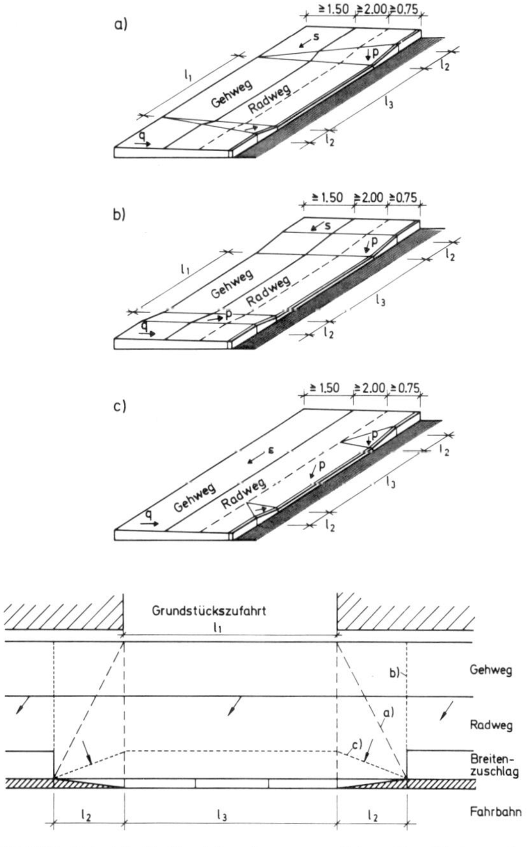

Bild 37: Beispiele für Bordabsenkungen an Gehwegüberfahrten und Überquerungsstellen

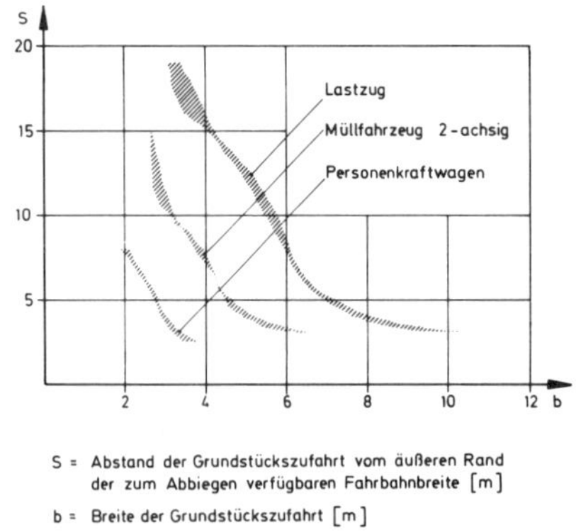

Bild 38: Bemessung von Grundstückszufahrten

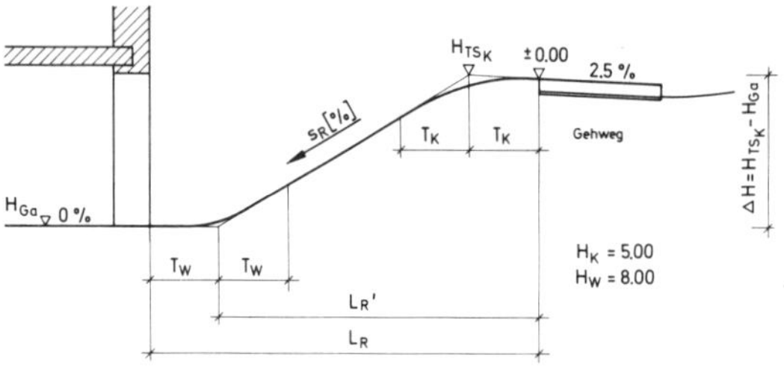

Höhe Garagenboden [m unter 0.00]		-2.00		-1.50		-1.00	
s_R %	Höhe T_{SK} m über 0.00	L_R' m	L_R m	L_R' m	L_R m	L_R' m	L_R m
10	+ 0.01	20.41	20.81	15.41	15.81	10.41	10.81
15	0.01	13.84	14.44	10.51	11.11	7.17	7.77
20	0.02	10.66	11.46	8.16	8.96	5.66	6.46
25	0.02	8.77	9.77	6.77	7.77	4.77	5.77
30	0.02	7.54	8.74	5.88	7.08	4.21	5.41

Bild 39: Ausbildung von Rampen bei tiefliegenden Kleingaragen für Personenkraftwagen

- Abschrägung des Seitenraumes nach Bild 37a mit einer Höchstschrägneigung p = 6 % (sonst Gefahrenpunkte für Fußgänger, Radfahrer und Rollstuhlfahrer bei Glatteis).
- Absenkung des Seitenraumes insgesamt nach Bild 37b. Diese Ausbildung kann zweckmäßig sein, wenn die Wegbreite nicht ausreicht, um eine Höchstschrägneigung p = 6 % einzuhalten.
- Abschrägung nur im Bereich eines Breitenzuschlages zum Geh- bzw. Radweg nach Bild 37c. Bei dieser Ausbildung wird die zulässige Höchstschrägneigung p = 6 % zwar überschritten, doch bleibt der Geh- bzw. Radweg von Schrägneigungen frei.

Eine Ausbildung der Bordabsenkung nach Bild 37c ist besonders bei stärker längsgeneigten Geh- und Radwegen zweckmäßig. Ist in diesen Fällen kein Breitenzuschlag oder Grünstreifen vorhanden, so kann der Gehbereich auf etwa 3,00 m verbreitert werden, damit ein von zu großen Schrägneigungen freier Gehstreifen von mindestens 1,50 m Breite verbleibt. An Überquerungsstellen soll eine Ausbildung nach Bild 37c vermieden werden.

Die Länge von l_2 = 1,00 m reicht bei geringen Bordhöhendifferenzen und Geh- bzw. Radwegen mit geringen Längsneigungen in der Regel aus, um bei einer Gehwegüberfahrt nach Bild 37a die Höchstschrägneigung p = 6 % einzuhalten. Die Breite l_3 des Bereiches mit abgesenktem Bord richtet sich nach dem Bemessungsfahrzeug und der Breite der straßenbegleitenden Wege. Bei schwach belasteten Grundstückszufahrten ist $l_3 \geq l_1 \geq 3{,}00$ m. Bei stärker belasteten Grundstückszufahrten und beim Anschluß von Straßen und Wegen mit Mischungsprinzip ergibt sich die Breite l_3 aus der Konstruktion der Schleppkurve für das Bemessungsfahrzeug bzw. aus dem Kontrollradius nach Tabelle 12 und Bild 46.

5.2.1.12 Grundstückszufahrten

Maßgebend für die Bemessung von Grundstückszufahrten sind die Fahrgeometrie des Bemessungsfahrzeuges bei Kurvenfahrt sowie die Höhenverhältnisse zwischen Fahrbahn (Gehweg) und Grundstück.

Die Befahrbarkeit kann mit Schleppkurvenschablonen oder nach Bild 38 ermittelt werden. Die Mindestbreite der Grundstückszufahrt beträgt dabei 2,50 m für Personenkraftwagen und 3,50 m für Lastkraftfahrzeuge.

An stärker belasteten Grundstückszufahrten (z. B. Stellplatzanlagen mit mehr als 30 Stellplätzen für Wohnnutzung) sollen Eckausrundungen aus Sichtgründen wie an Einmündungen befahrbarer Anliegerwege ausgebildet werden (vgl. 5.2.2.4 und Tab. 12).

Die Gestaltung von Rampen bei tiefliegenden Kleingaragen für Personenkraftwagen ist in Bild 39 dargestellt.

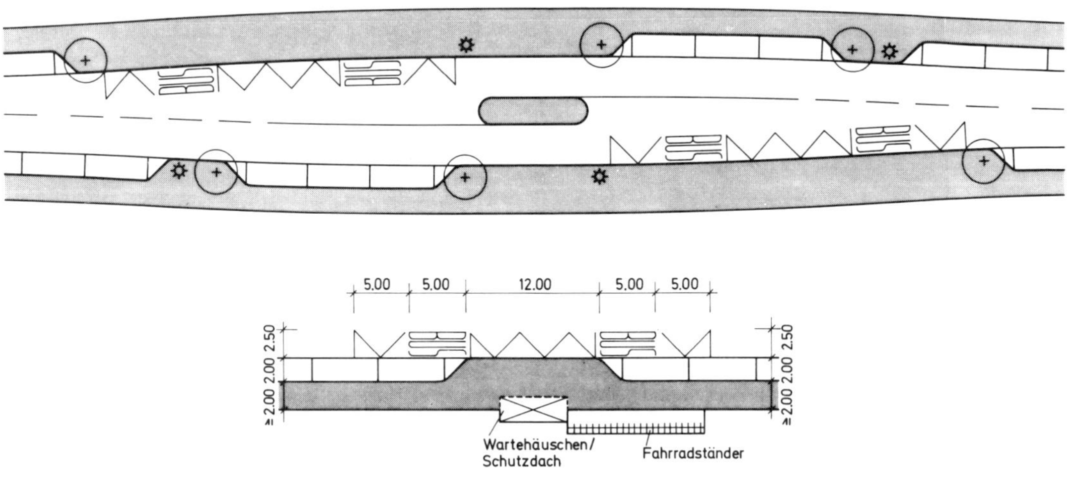

Bild 40: Beispiele für Haltestellen ohne Bushaltebuchten

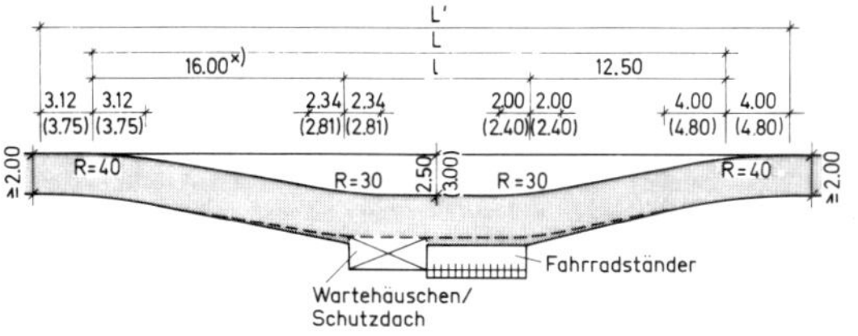

	l	L	L'
Einzelwagen	12.00	40.50	47.62 (49.05)
2 Einzelwagen	25.00	53.50	60.62 (62.05)
Gelenkbus	18.00	46.50	53.62 (55.05)
Klammerwerte gelten bei 3.00 m breiter Bushaltebucht			

x) 25.00 m bei Bushaltebuchten für Gelenkbusse

Bild 41: Haltestelle mit Bushaltebuchten

5.2.1.13 Haltestellen des öffentlichen Personennahverkehrs

Bushaltestellen (Bild 40) sind an Sammelstraßen und an Anliegerstraßen ausreichend und zweckmäßiger als Bushaltebuchten. Einzelhaltestellen sind 32 m (38 m bei Verwendung von Gelenkbussen) und Doppelhaltestellen 45 m lang.

Bushaltebuchten (Bild 41) sollen nur an Hauptsammelstraßen sowie bei starker Verkehrsbelastung, dichter Busfolge und bei längeren Aufenthaltszeiten an den Haltestellen angeordnet werden. Sie sind an Erschließungsstraßen in der Regel 2,50 m breit, erfordern Längen zwischen 48 und 61 m und können gestalterisch auch in die Seitenräume einbezogen werden.

Haltestellen sollen versetzt angeordnet werden – und zwar so, daß haltende Busse einander bereits passiert haben.

In Knotenpunktbereichen sind Haltestellen in der Regel hinter dem Knotenpunkt anzuordnen (Einzelheiten vgl. RAS-Ö und RiLSA).

Haltestellen sollen attraktiv gestaltet werden, insbesondere wenn sie auch bevorzugte Kommunikationsorte sind. Warteflächen sind nach dem zu erwartenden Fahrgastaufkommen (2 Personen/m^2) festzulegen (Breitenzuschlag nach 4.2.2). Die Wartefläche soll mindestens 1,50 m breit sein. An allen Haltestellen des öffentlichen Personennahverkehrs sind nach Möglichkeit mindestens 2,00 m tiefe Schutzdächer anzulegen. Radwege sollen im Haltestellenbereich mindestens in einem Abstand von 2,00 m vom Fahrbahnrand geführt werden.

Haltestellen für Schulbusse sind an Hauptsammelstraßen in Haltebuchten anzuordnen, weil dadurch die Sicherheitszone zwischen Wartefläche und Fahrbahn vergrößert wird. Ein- und Ausstieg sollen der Schule zugewandt sein. Wartehäuschen sind möglichst weit von der Fahrbahn abzurücken, um zu verhindern, daß Schüler, die das Wartehäuschen im Spiel verlassen, unversehens auf die Fahrbahn geraten.

An Bushaltestellen können Fahrradständer zweckmäßig sein.

5.2.1.14 Beleuchtung

Anordnung und Art der Leuchten (Beleuchtungsstärke, Lichtfarbe) richten sich nach der verkehrlichen Bedeutung der Straße und nach gestalterischen Gesichtspunkten.

Für die **technische Güte der Straßenbeleuchtung** (vgl. DIN 5044, Teile 1 und 2) sind Leuchtdichte bzw. Beleuchtungsstärke auf den Verkehrsflächen, Gleichmäßigkeit der Ausleuchtung und Blendungsbegrenzung von wesentlicher Bedeutung. Die Leuchtdichte ist abhängig von Straßenbelag, Witterung, Lichtstärkeverteilung und Anordnung der Leuchten. Welche Anforderungen an die Straßenbeleuchtung zu stellen sind, richtet sich aus verkehrstechnischer Sicht danach, wie häufig bei Dunkelheit querende Fußgänger, Radfahrer oder Fahrzeuge sowie Ein- und Ausparker mit großen Verkehrsstärken auf der Fahrbahn zusammentreffen.

Hauptsammelstraßen sollen hell und gleichmäßig ausgeleuchtet werden. Gebietsspezifische Unterschiede können aus gestalterischen Gründen sinnvoll sein.

An Sammelstraßen, Anliegerstraßen und Anliegerwegen kommt gestalterischen Gesichtspunkten eine vorrangige Bedeutung zu. Dabei ist darauf zu achten, daß Standort, Höhe, Form und Größe der Leuchten sowie Beleuchtungsstärke bzw. Leuchtdichte und Lichtfarbe auf die Bebauung abgestimmt und dem Charakter der Straßen, Wege, Aufenthalts- und Freiflächen unter Beachtung einer ausreichenden Verkehrssicherheit angepaßt werden.

Knotenpunkte, Einengungen, Teilaufpflasterungen, Schwellen, Sperren, Versätze, Überquerungsstellen können durch größere Leuchtdichten bzw. Beleuchtungsstärken und durch Abweichungen in der Anordnug, in der Form der Leuchten und in der Lichtfarbe verdeutlicht werden.

Zur Einschränkung der Blendung sollen an Hauptsammelstraßen in der Regel teilabgeschirmte Leuchten verwendet werden. An Sammelstraßen, Anliegerstraßen und Wegen ist die Abschirmung aus verkehrstechnischen Gründen nicht erforderlich.

Die **Anordnung der Leuchten** soll so erfolgen, daß

- andere Verkehrsteilnehmer auch bei feuchter und nasser Fahrbahn rechtzeitig erkennbar sind,
- durch die Lichtmasten nach Möglichkeit keine zusätzlichen Gefahren geschaffen werden,
- die hinreichende Ausleuchtung des Straßenraumes trotz Baumbestandes erreicht wird und
- Knotenpunkte, Einengungen, Teilaufpflasterungen, Schwellen, Sperren, Versätze und Überquerungsstellen ausreichend erkennbar sind.

Beispiele für die Anordnung von Leuchten an Hauptsammelstraßen und an stark belasteten Knotenpunkten enthält DIN 5044, Teil 1. Im Zuge von Sammel- und Anliegerstraßen sollen keine durchlaufenden Lichtbänder entstehen.

An Einmündungen von Anliegerwegen sollen Leuchten angeordnet werden. Werden Sammelgaragen bzw. Sammelparkplätze durch die Straßenbeleuchtung nicht ausreichend erfaßt, so sollen diese Anlagen mit zusätzlichen Leuchten versehen werden.

Zur **Art der Leuchten** werden folgende Hinweise gegeben:

An Hauptsammelstraßen wird eine wirtschaftliche Beleuchtung mit Entladungslampen in Leuchten mit Lichtstromlenkung bei einer Lichtpunkthöhe erreicht, die etwa der Fahrbahnbreite entspricht.

An angebauten Sammelstraßen genügen etwa 4,00 m hohe Aufsatzleuchten.

Für Anliegerstraßen, Anliegerwege und Fußgängerbereiche reichen Aufsatzleuchten mit 2,50 bis 3,50 m Lichtpunkthöhe aus.

Große Lichtpunkthöhen und Leuchten mit rotationssymetrischer Lichtausstrahlung wirken in Wohngebieten wegen der Beleuchtung von Wohnräumen, Fenstern, Freisitzen und Vorgärten häufig störend.

Auch in Anliegerwegen und Wohnhöfen muß auf ein gutes maßstäbliches Verhältnis zwischen Lichtpunkthöhen und Traufhöhen der umgebenden Häuser geachtet werden. Bodenbeleuchtungskörper können zu einer guten Gestaltung dieser Bereiche beitragen.

5.2.1.15 Grünpflanzungen

Grünpflanzungen im Straßenraum umfassen

- Bäume,
- Hecken und Sträucher,
- Bodendecker und Rasen sowie
- Fassadenbegrünungen.

Die häufigste und wichtigste Maßnahme ist die **Anordnung von Bäumen,** die je nach Größe und Wuchsform (Bild 42) in unterschiedlicher Weise zur Gestaltung eines Straßenraumes beitragen können. Bei der Festlegung der Baumstandorte ist die Verschattung zu beachten, die sich aus der Baumgröße und der Dichte der Bebauung ergibt[27]).

Bei der Anlage von Baumreihen, z. B. zur optischen Gliederung des Straßenraumes oder zur Ausbildung einer Allee, sollen nach Möglichkeit geringe Abstände gewählt werden. Bei Baumreihen in durchlaufenden Pflanzstreifen kann später jeder zweite Baum verpflanzt werden (Bild 43). Bei kleinen Baumgruppen wachsen die Kronen allmählich ineinander; Mindestabstände müssen daher nicht eingehalten werden.

27) Generell sollte bei der Wahl der Pflanzstandorte und der Pflanzenart die von der Richtung und Breite des Straßenraumes sowie von den Gebäudehöhen abhängige Verschattung durch Bauwerke beachtet werden.

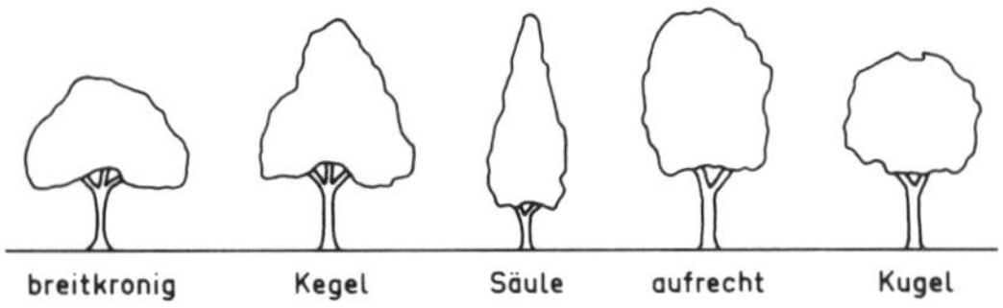

Bild 42: Wuchsformen von Bäumen

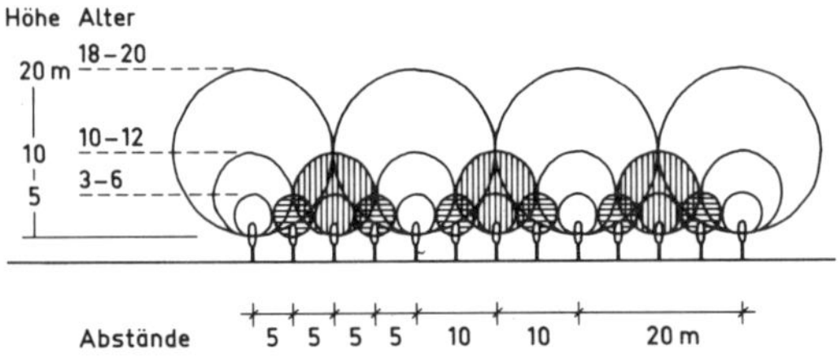

Bild 43: Abstände von Alleebäumen in unterschiedlichem Alter

Mögliche Anordnungen von Baumstandorten in Parkstreifen und Gehwegen zeigen die Bilder 20 und 44. Durch die Ausbildung der Oberflächenentwässerung ist sicherzustellen, daß Schadstoffe aus dem Straßenraum (z. B. Salze, Öle, Detergentien) nicht in Baumscheiben gelangen.

Bei Unterschreitung der Mindestbreite von 2,50 m für Grün- und Pflanzstreifen ist es besonders wichtig, Baumscheiben durch bauliche Maßnahmen (Hochbeete, Pfähle, Poller, Schutzgitter) von parkenden Fahrzeugen freizuhalten und Bäume vor Bodenverdichtungen und Rindenverletzungen zu schützen.

Unter Beachtung der Baumart[28]) sind abweichend von den erforderlichen Mindestwerten (vgl. 4.2.6) für Baumabstände und wasserdurchlässige Flächen bei beengten Verhältnissen auch kleinere Abstände zu Kabeln, Leitungen und Gebäuden sowie kleinere Pflanzflächen anwendbar. Diese Empfehlung geht von der Annahme aus, daß die Beeinträchtigung einzelner Bäume durch einen kleineren Lebensraum und bei Leitungsreparaturen eher hinzunehmen ist als der Verzicht auf Bäume.

Ist der von unterirdischen Leitungen freizuhaltende Mindestdurchmesser des Wurzelraumes von 3.00 m bei großkronigen Bäumen nicht einzuhalten, sollen die Leitungen in Mantelrohren (Kunststoff, Stahl, Formstein) verlegt oder in humusfreien Mineralboden gebettet werden (Bild 45). Fernheizrohre sollen zusätzlich isoliert werden. Über Kanälen und unterirdischen Bauten (Tiefgarage, Tunnel) reicht i. a. eine Überdeckung von 1,50 bis 2,50 m aus, damit flachwurzelnde Bäume genügend Standfestigkeit erreichen. Eingeschränkte Lebensräume können Bewässerungs- und Düngevorrichtungen erfordern.

Hecken und Sträucher („Pflanzwand") sind zur Abtrennung der Seitenräume von der Fahrbahn sowie als Blend-, Sicht- und Immissionsschutz geeignet. In den Sichtfeldern von Knotenpunkten ist die Wuchshöhe dauerhaft auf 0,80 m zu begrenzen (vgl. 5.1.4).

Pflanzflächen sollen mindestens 10 m^2 groß und **Pflanzstreifen** mindestens 2,50 m breit sein, damit sich Bodendecker, Sträucher, Gräser und Bäume zu standortgemäßen Pflanzengemeinschaften entwickeln können.

Hochbeete können

- den Abstand zwischen Wurzelräumen und unterirdischen Leitungen vergrößern,
- die Bodenverdichtung und die Beschädigung der Pflanzen durch Begehen oder Befahren verhindern,
- die Beeinträchtigung der Pflanzen durch Tausalze verringern und
- die Trennwirkung eines Pflanzstreifens verstärken.

Fassadenbegrünungen sind in der Regel immer möglich, weil rankende Kletterpflanzen bereits auf Pflanzflächen von weniger als 1 m^2 Größe (1 bis 2 Gehwegplatten) gedeihen.

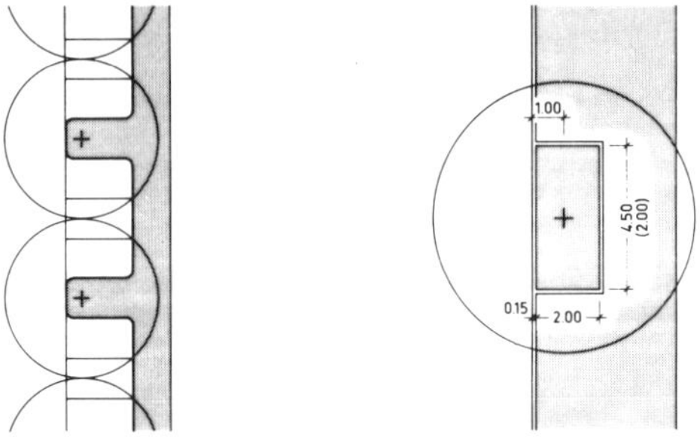

Bild 44: Beispiele für Baumscheiben in Parkbuchten und Gehwegen

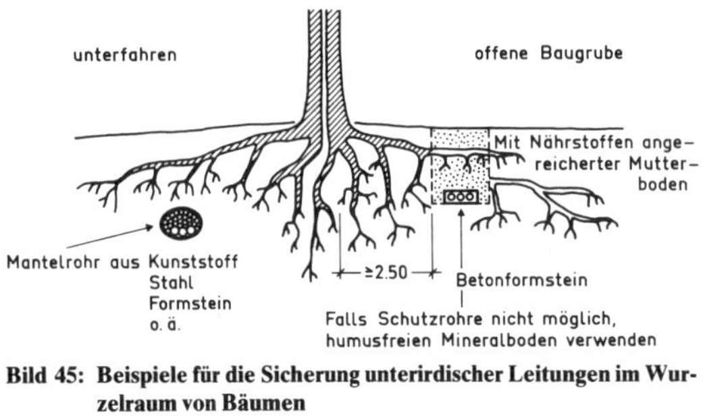

Bild 45: Beispiele für die Sicherung unterirdischer Leitungen im Wurzelraum von Bäumen

28) Geeignete Baumarten für Straßenräume und wesentliche Abmessungen enthält die Baumliste der Ständigen Konferenz der Gartenbauamtsleiter im Deutschen Städtetag.

5.2.2 Knotenpunkte

5.2.2.1 Grundsätzliche Überlegungen

An Straßen mit maßgebender Erschließungsfunktion sind in der Regel einfache Knotenpunkte ausreichend, die ausschließlich fahrgeometrisch bemessen werden. Wenn sie gleichzeitig bedeutsame Plätze sind, müssen sie besonderen gestalterischen Anforderungen genügen (vgl. 5.1.4).

Mögliche Konflikte zwischen den Zielen (Verkehrsabwicklung, Platzgestaltung) und zwischen den Nutzungsansprüchen (Verkehr, Aufenthalt, Begrünung) in Knotenpunktbereichen lassen sich lösen, wenn die Flächen für den fließenden Kraftfahrzeugverkehr in Abstimmung mit der Verkehrsbedeutung und dem Umfeld des Knotenpunktes unter Berücksichtigung eventueller Mehrfachnutzungen so klein wie möglich ausgebildet werden. Nach diesem Grundsatz sind auch die in diesen Empfehlungen dargestellten Knotenpunktformen ausgebildet (vgl. 2.2.7).

Nur in verkehrlichen und stadtgestalterischen Sonderfällen wird man die Fahrbahnflächen in Knotenpunkten bewußt größer ausbilden, als es verkehrlich erforderlich ist. Nur in solchen Fällen werden daher auch Sonderlösungen für Knotenpunkte (z. B. mehrarmige Kreuzungen, Kreisplätze) oder für Knotenpunktelemente (z. B. gestalterisch gepflasterte, überfahrbare Sperrflächen, gepflasterte Fahrbahnteiler, in Seitenräume integrierte Abbiegespuren) sinnvoll anwendbar sein.

5.2.2.2 Fahrspuren

Durchgehende Fahrspuren entsprechen in ihrer Breite den Regelabmessungen des jeweiligen Straßen- und Wegetyps. An Knotenpunkten von Straßen mit geringer Verkehrsbedeutung, die mit geringer Geschwindigkeit befahren werden, kann aus durchgehenden Fahrspuren direkt abgebogen werden.

Einspurige Fahrbahnen zwischen Hochborden sollen in Bereichen gestreckter Linienführung je nach Länge und Bordhöhe 3,00 m bis 4,50 m breit ausgebildet werden. Der größere Wert reicht aus, um einen Radfahrer mit einem Lastkraftwagen zu überholen. Neben kurzen Fußgängerschutzinseln genügt eine Breite von 3,00 m (ausnahmsweise 2,75 m). In Krümmungen sind die erforderlichen Kurvenverbreiterungen und im Bereich von Eckausrundungen (z. B. neben Dreiecksinseln) die nach Tabelle 12 erforderlichen Flächen zum Ein- und Abbiegen zu beachten.

Linksabbiegespuren sind in der Regel nur an wichtigen Knotenpunkten von Hauptsammelstraßen und stark belasteten Sammelstraßen erforderlich. Ihre Länge richtet sich nur nach der zu erwartenden Staulänge. Je nach Stärke des Linksabbiegeverkehrs sind Linksabbiegespuren oder Aufstellbereiche anwendbar.

- Typ 1: Linksabbiegespur mit einer Fahrbahnaufweitung und einer Aufstellstrecke (Stauraum). Die Breite soll in geplanten Baugebieten nicht schmaler als 3,00 m und in bestehenden Baugebieten nicht schmaler als 2,75 m sein (vgl. Bild 53).
- Typ 2: Aufstellbereich mit einer Fahrbahnaufweitung oder einer Leitlinienverschwenkung und einem dadurch entstehenden Stauraum für 1 bis 2 Fahrzeuge. Das Verbreiterungsmaß ist in der Regel so gering, daß für abbiegende und durchfahrende Fahrzeuge nur eine Gesamtbreite von weniger als 5,50 m zur Verfügung steht (vgl. Bild 53).

Muß der Fahrbahnquerschnitt in Knotenpunktbereichen für die Anlage von Fahrbahnteilern und Linksabbiegespuren aufgeweitet werden, so sollen die Fahrbahnränder durch selbständige Trassierung oder Anwendung zweier quadratischer Parabeln auf die erforderliche Breite verzogen werden. Ist die optische Wirkung von untergeordneter Bedeutung oder soll die Fahrbahnaufweitung geschwindigkeitsdämpfend wirken, so können auch kurze Verziehungslängen (mindestens etwa 20 m) angewendet werden. In Knotenpunktausfahrten von Einmündungen kann die der Linksabbiegespur gegenüberliegende Sperrfläche auf eine kürzere Länge verzogen werden als der Fahrbahnrand, sofern sie nicht ganz entbehrlich ist.

5.2.2.3 Inseln

Inseln führen in der Regel zu großen Fahrbahnflächen und Knotenpunktbereichen. Sie sollen daher nur angeordnet werden, wenn sie für die Sicherheit – insbesondere von Fußgängern und Radfahrern – erforderlich sind.

Fahrbahnteiler dienen innerhalb bebauter Gebiete vorwiegend dem Schutz querender Fußgänger und Radfahrer und erst in zweiter Linie der Führung des Kraftfahrzeugverkehrs. Sie brauchen daher nur kurz zu sein (Breite der Überquerungsstellen zuzüglich 2 × 1,50 m für die Ausrundungen), wenn Sie nicht bepflanzt werden sollen. Bei geringer Verkehrsbelastung können sie gegebenenfalls als höhengleiche Flächen (Materialwechsel) ausgebildet werden, sofern sie ausreichend erkennbar sind.

An Überwegen und Furten sollen Inseln angeordnet werden, wenn in einem Knotenpunktarm einer zweispurigen Straße mehr als zwei Fahrspuren vorhanden sind. Fahrbahnteiler sollen so breit sein, daß im Bereich von Überquerungsstellen eine Wartefläche von 2,50 m (mindestens 1,60 m) Tiefe zur Verfügung steht.

5.2.2.4 Eckausrundungen

Die Art der Eckausrundungen an Knotenpunkten richtet sich nach dem Bemessungsfahrzeug und nach der zugrundegelegten Fahrweise. Dabei ist zu beachten, daß das situationsab-

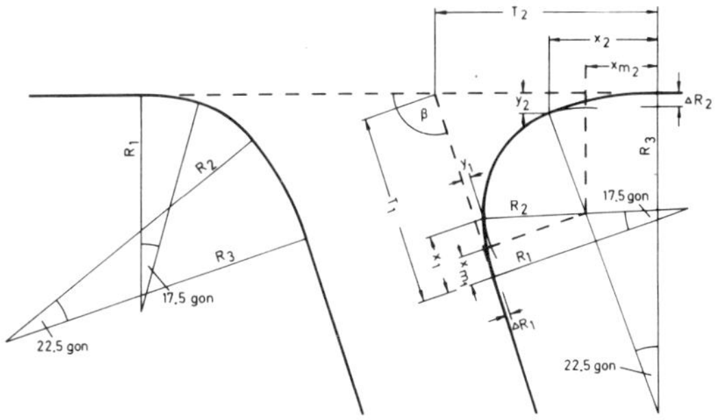

$\Delta R_1 = R_2 \cdot 0.0375$ $\quad y_1 = R_2 \cdot 0.0750$

$\Delta R_2 = R_2 \cdot 0.1236$ $\quad y_2 = R_2 \cdot 0.1854$

$x_{m_1} = R_2 \cdot 0.2714$ $\quad x_1 = R_2 \cdot 0.5428$

$x_{m_2} = R_2 \cdot 0.6922$ $\quad x_2 = R_2 \cdot 1.0383$

$$T_1 = R_2 \cdot \left(0.2714 + 1.0375 \cdot \tan\frac{\beta}{2} + \frac{0.0861}{\sin\beta}\right)$$

$$T_2 = R_2 \cdot \left(0.6922 + 1.1236 \cdot \tan\frac{\beta}{2} - \frac{0.0861}{\sin\beta}\right)$$

Hinweis: Bei nicht aufgeweiteter Knotenpunktzufahrt (ohne Fahrbahnteiler) ist der Winkel β identisch mit dem Einmündungswinkel α

Bild 46: Konstruktionsbeispiel für eine Eckausrundung mit einem dreiteiligen Korbborgen

hängig ausgewählte Bemessungsfahrzeug die Eckausrundung stetig, daß größte nach der StVZO zulässige Fahrzeug (Lz) – sofern dies nicht das Bemessungsfahrzeug ist oder das Auftreten dieses Fahrzeuges nicht ausgeschlossen werden kann – den Knotenpunkt zumindest bei sehr langsamer Fahrweise und gegebenenfalls unter Mitbenutzung von Gegenfahrspuren befahren kann.

Zur Konstruktion einer Eckausrundung kommt ein einfacher Kreisbogen oder eine dreiteilige Kreisbogenfolge (Bild 46) in Betracht. Die dreiteilige Kreisbogenfolge ist der Schleppkurve großer Kraftfahrzeuge besser angepaßt als der Kreisbogen und erfordert bei vergleichbarer Qualität der Befahrbarkeit geringere Flächen. Ein Vorteil des einfachen Kreisbogens ist dagegen die kürzere Tangentenlänge der Eckausrundung.

Die Ausrundung mit einem einfachen Kreisbogen ist in Anliegerwegen, an Anliegerstraßen und für Knotenpunkte von Anliegerstraßen mit weniger bedeutenden Sammelstraßen geeignet, da Lastkraftfahrzeuge beim Rechtsabbiegen und Rechtseinbiegen die Gegenfahrspuren und in Mischflächen auch die Seitenräume mitbenutzen können.

Werden Knotenpunkte häufiger von Lastkraftfahrzeugen oder Bussen befahren, z. B. an Knotenpunkten von Sammelstraßen mit Hauptsammelstraßen bzw. in Industrie- und Gewerbegebieten, so sind dreiteilige Kreisbogenfolgen unabhängig von der Mitbenutzbarkeit der Gegenfahrspuren zweckmäßiger als einfache Kreisbogen.

In Mischflächen brauchen die Eckausrundungen in der Regel nicht erkennbar zu sein (Verzicht auf Borde), da sie nicht der Verkehrsführung, sondern der Abgrenzung der von Einbauten freizuhaltenden Fahrflächen dienen (Kontrollradien).

Inwieweit das Mitbenutzen von Gegenfahrspuren beim Ein- und Abbiegen entsprechend Bild 47 beim Entwurf in Kauf genommen werden kann, richtet sich nach der Häufigkeit und

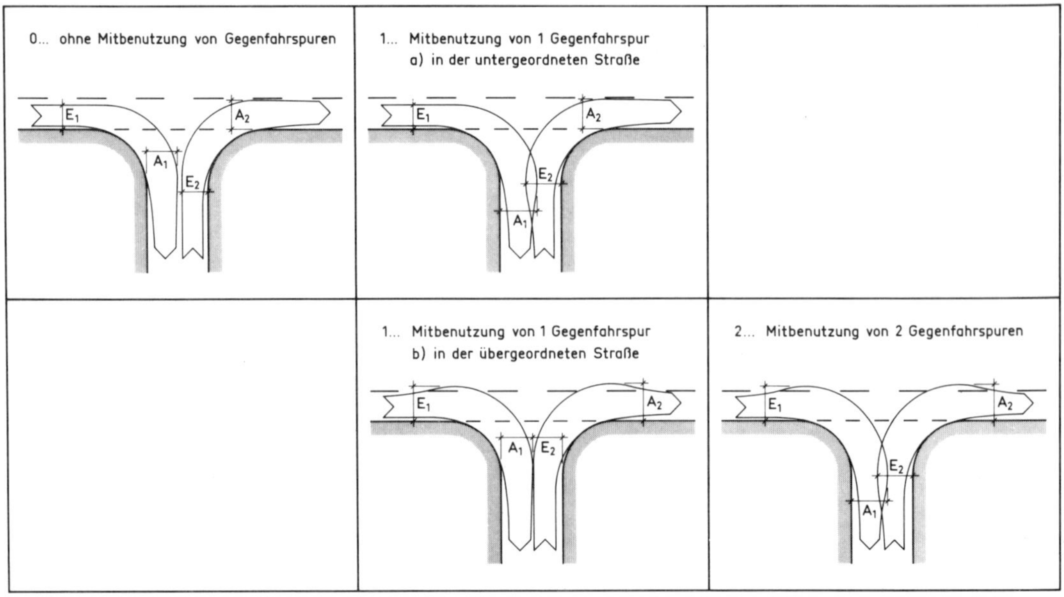

Bild 47: Arten der Mitbenutzung von Gegenfahrspuren beim Ein- und Abbiegen

dem Maß der zu erwartenden Mitbenutzung sowie nach den dadurch verursachten Behinderungen auf der durchgehenden Fahrbahn.

Behinderungen des öffentlichen Personennahverkehrs sollen nach Möglichkeit nicht auftreten. Warte- und Haltelinien sind bei der Mitbenutzung von Gegenfahrspuren entsprechend zurückzusetzen. Im Einzelfall kann es notwendig sein, den Verkehrsteilnehmern die beengte Verkehrsführung durch zusätzliche Hinweisschilder zu verdeutlichen.

Empfehlungen für die hinnehmbare Mitbenutzung von Gegenfahrspuren enthalten die gebietsspezifischen Übersichten (vgl. 5.3).

Die Überprüfung der Befahrbarkeit von Eckausrundungen erfolgt mit Hilfe von Schleppkurven (Anhang 4). Für Einmündungswinkel von 80 gon $\leq \alpha \leq$ 120 gon kann die Befahrbarkeit auch vereinfacht mit Hilfe der in Tabelle 12 angegebenen Werte für die erforderlichen Fahrbahnbreiten bei unterschiedlichen Bemessungsfahrzeugen und Eckausrundungen überprüft werden. Aus dieser Tabelle ergeben sich mit Hilfe von Kontrollradien auch die Abmessungen der Gehwegüberfahrten und der Knotenpunkte innerhalb von Mischflächen.

5.2.2.5 Sichtfelder

Die an Knotenpunkten und Überquerungsstellen aus Gründen der Verkehrssicherheit von ständigen Sichthindernissen freizuhaltenden Mindestsichtfelder ergeben sich aus fahrdynamischen Modellen und sind daher von der Geschwindigkeit des Kraftfahrzeugverkehrs abhängig.

Wie alle Straßenverkehrsanlagen muß auch der Knotenpunkt aus einer Entfernung erkennbar sein, die es den Kraftfahrern gestattet, erforderlichenfalls vor ein- und abbiegenden Verkehrsteilnehmern anzuhalten. Dies ist gewährleistet, wenn die in Tabelle 13 angegebenen **Haltesichtweiten** s zur Verfügung stehen.

Neben der Haltesicht muß grundsätzlich auch eine ausreichende **Anfahrsicht** (Bild 48) gewährleistet sein. Diese Sicht muß ein Kraftfahrer haben, der mit einem Augabstand von 3,00 m vom Fahrbahnrand der übergeordneten Straße bzw. vom Rand eines Parkstreifens wartet, um mit einer zumutbaren Behinderung bevorrechtigter Kraftfahrer aus dem Stand in die übergeordnete Straße einfahren zu können. Dies ist gewährleistet, wenn Sichtdreiecke freigehalten werden, deren Schenkellänge in der übergeordneten Straße der Tabelle 14 zu entnehmen sind.

Wenn die in Tabelle 14 unterstellte Hierarchie der Straßen und Wege nicht eingehalten werden kann oder soll, – z. B. bei Knotenpunkten von Anliegerstraßen mit Hauptsammelstraßen – muß der Bemessung der Sichtfelder die für die übergeordnete Straße maßgebende Geschwindigkeit zugrundegelegt werden.

Der Abstand von Parkbuchten zum Knotenpunkt und die Länge der Halteverbotszonen können mit den Schenkellängen der Sichtdreiecke ermittelt werden. An Einmündungen von Anliegerwegen führt die Schenkellänge L nach Tabelle 14 zu Halteverbotszonen von etwa 9 m nach rechts und etwa 12 m nach links.

Bei abgerückten Radfahrerfurten reichen die nach Bild 48 und Tabelle 14 bemessenen Sichtfelder auch für einbiegende Radfahrer aus. Bei nicht abgerückten Radfahrerfurten sollte der Abstand vom Fahrbahnrand der übergeordneten Straße von 3,00 m auf 4,50 m bis 5,00 m vergrößert werden, damit die Furt von wartepflichtigen Kraftfahrzeugen freigehalten werden kann. Die Schenkellänge der Sichtdreiecke auf bevorrechtigte Radfahrer soll 30 m, bei beengten Verhältnissen 20 m betragen.

Lassen sich die erforderlichen Sichtfelder für die Anfahrsicht nicht erreichen, so sind flankierende Maßnahmen (z. B. Halteverbote, Geschwindigkeitsbeschränkung, Spiegel, Lichtsignalanlage, Ausschluß von Fahrbeziehungen) erforderlich.

Tabelle 13: Haltesichtweite s in Abhängigkeit von der gefahrenen Geschwindigkeit

V [km/n]	20	30	40	50	60
s_h [m]	10	15	25	40	60

Tabelle 14: Schenkellängen L [m] des Sichtfeldes in der übergeordneten Straße in Abhängigkeit von der zu erwartenden Geschwindigkeit

V [km/h] Knotenpunktform	30	40	50	60
Anliegerstraße/Anliegerweg	30	–	–	–
Anliegerstraße/Anliegerstraße	30	40	60	–
Sammelstraße/Anliegerstraße	–	40	60	85
Hauptsammelstraße/Sammelstraße, Hauptverkehrsstraße/Hauptsammelstraße	–	50	70	100

Auf die Freihaltung einer **Annäherungssicht,** die wartepflichtigen Kraftfahrern bereits aus größerer Entfernung vor dem Rand der übergeordneten Straße ausreichende Übersichtlichkeit bieten würde, kann innerhalb bebauter Gebiete in der Regel verzichtet werden.

In Wohngebieten kann es jedoch im Hinblick auf die Emissionen (Schall und Abgase) anfahrender Fahrzeuge und an stärker belasteten Knotenpunkten aus Gründen der Leistungsfähigkeit wünschenswert sein, in der untergeordneten Straße nicht alle wartepflichtigen Fahrzeuge zum Halten zu zwingen. In solchen Fällen soll die Anfahrsicht nach Bild 48 und Tabelle 14 bereits 10 m vom Fahrbahnrand der übergeordneten Straße gewährleistet sein.

An Knotenpunkten mit dem Vorfahrtgebot **„rechts vor links"** lassen sich aus wirtschaftlichen und städtebaulichen Gründen die für größere Geschwindigkeiten erforderlichen Sichtfelder selten schaffen. Insbesondere bei Anwendung geschwindigkeitsdämpfender Maßnahmen kann aber davon ausgegangen werden, daß die Kraftfahrer ihre Geschwindigkeit zumindest vor dem Knotenpunkt generell herabsetzen. Die Schaffung der Anfahrsicht für eine Geschwindigkeit von 30 km/h mit Sichtfeld von 30 m und 3,00 m Schenkel ist daher ausreichend. Eine Sichtfeldbemessung, die über Schenkellängen von 30 m und 10 m hinausgeht, ist wegen der geringen Bedeutung der Knotenpunkte in der Regel nicht zu rechtfertigen.

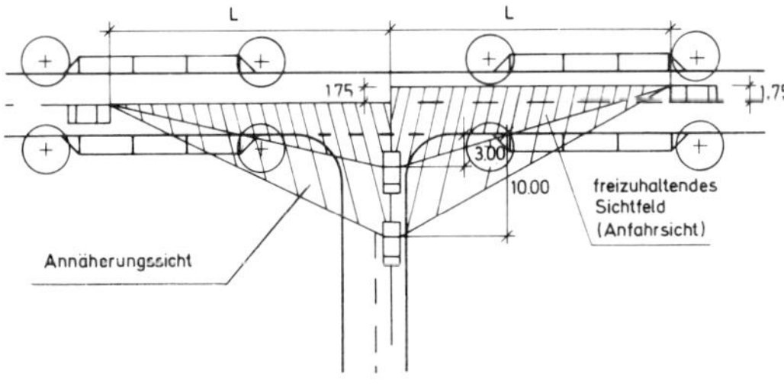

Bild 48: Anfahrsicht und Annäherungssicht

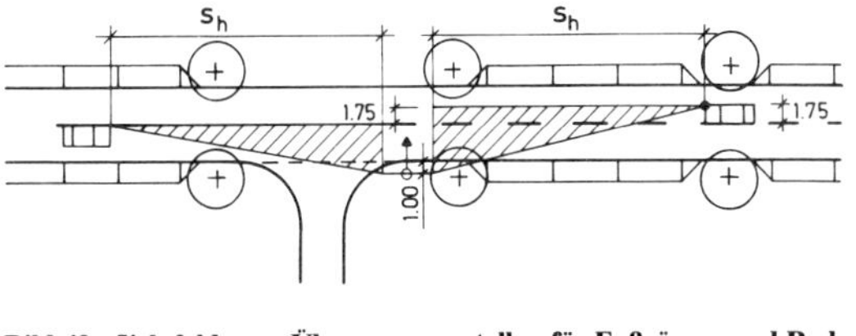

Bild 49: Sichtfelder an Überquerungsstellen für Fußgänger und Radfahrer

Um wartepflichtigen Verkehrsteilnehmern den Halteort zu verdeutlichen, soll an Straßen mit maßgebender Verbindungsfunktion der Fahrbahnrand im Knotenpunktbereich durch eine Markierung (unterbrochene Fahrbahnbegrenzung) oder einen Pflasterstreifen optisch gekennzeichnet werden.

An **Überquerungsstellen** sind nach Bild 49 Sichtfelder mit 1,00 m Schenkellänge senkrecht zur Fahrtrichtung und mit der Haltesichtweite s_h nach Tabelle 13 in Fahrtrichtung des Kraftfahrzeugverkehrs freizuhalten, um die erforderlichen Sichtbeziehungen zwischen Kraftfahrern und Fußgängern bzw. Radfahrern auf Überwegen und Warteflächen sicherzustellen.

5.2.2.6 Geh- und Radwege

Fußgänger und Radfahrer sollen über Hauptsammelstraßen und Sammelstraßen, zumindest aber über Knotenpunktarme mit Abbiegespuren (Bild 53) auf Überwegen (ohne Lichtsignalanlagen), auf Furten (mit Lichtsignalanlagen) oder über Fahrbahnteiler gesichert geführt werden. Dazu müssen Überwege/Furten und Warteflächen der Fußgänger und Radfahrer für alle Verkehrsteilnehmer gut überschaubar sein. Überwege/Furten sollen nach Möglichkeit in der Richtung der Fußgängerströme und in verkehrlich bedeutenden Einbahnstraßen vor der zu kreuzenden Straße liegen. Sie sind rechtwinklig zur Fahrtrichtung des Kraftfahrzeugverkehrs anzulegen. Wenn sowohl für Fußgänger als auch für Radfahrer Überwege/Furten erforderlich werden, sollen sie nebeneinander liegen.

In untergeordneten Knotenpunktarmen von Erschließungsstraßen sind Furten für Radfahrer in der Regel nicht vom Rand der übergeordneten Straße abzurücken. Eine Abrückung von 3,00 m bis 5,00 m kann jedoch an stark belasteten Knotenpunkten ohne Rechtsabbiegespuren (z.B. an Hauptsammelstraßen) und bei nebeneinanderliegenden Überwegen /Furten für Radfahrer und Fußgänger zweckmäßig sein, um abbiegenden bzw. einbiegenden Kraftfahrzeugen außerhalb der Überwege/Furten Warteflächen zu belassen, um die Sicht für Einbieger zu verbessern und um große Überweglängen im Bereich der Eckausrundungen zu vermeiden. Weiter als 5,00 m abgesetzte Überwege/Furten sollen wegen der Umwege für Fußgänger und Radfahrer vermieden werden.

Im Bereich von Fußgängerfurten sind am Fahrbahnrand und auf Inseln so große Warteflächen vorzusehen, daß die während der Sperrzeit des Signalgebers eintreffenden Fußgänger aufgenommen werden können (Aufstelldichte etwa 2 Personen je m^2).

Hochborde sind im Bereich von Überquerungsstellen für Fußgänger auf 2 bis 3 cm Höhe abzusenken, um das Befahren mit Kinderwagen, Rollstühlen und Gehwegkehrfahrzeugen zu erleichtern (vgl. 5.2.1.11.1). An Überquerungsstellen für Radfahrer ist eine Absenkung auf 0 cm erwünscht.

An Gehwegüberfahrten wird die Rad- und Gehwegbefestigung im Bereich der Bordabsenkung optisch durchgeführt.

Fußgängerüberwege und -furten sollen in der Regel 4,00 m (mindestens 3,00 m) breit sein.

Radfahrerfurten sollen in der Regel 2,00 m breit sein. Dieses Maß kann bei im Einrichtungsverkehr befahrenen Radwegen auf 1,60 m verringert, bei im Gegenverkehr befahrenen Radwegen auf 2,60 m vergrößert werden.

5.2.2.7 Knotenpunktformen

Da die vorliegenden Empfehlungen zumindest für geplante Baugebiete von einer wünschenswerten Hierarchie der Netzelemente ausgehen, sind auch die Knotenpunktformen in hierarchischer Form dargestellt. Dies schließt jedoch nicht

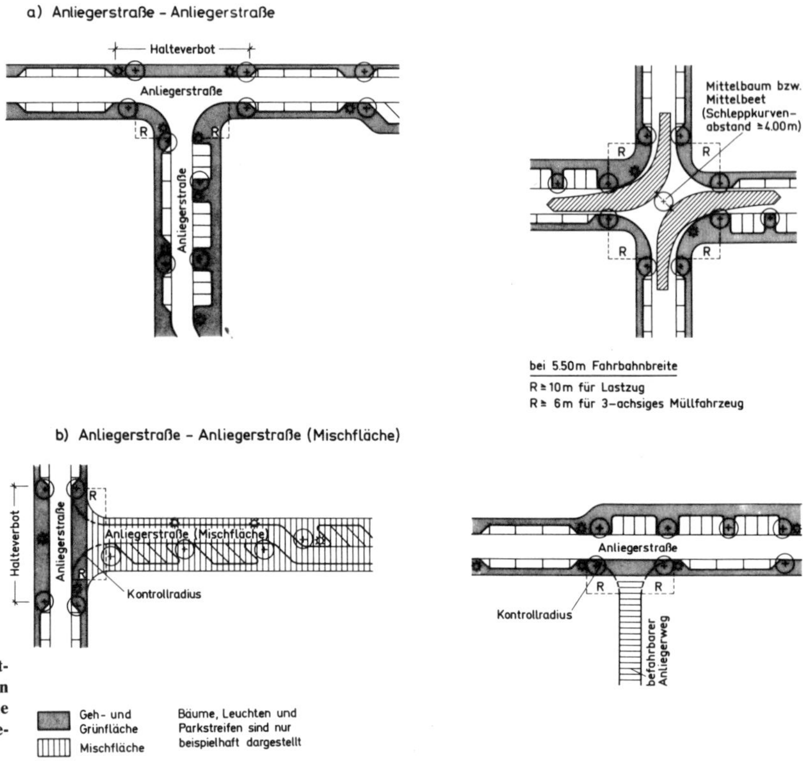

Bild 50: Beispiele für Knotenpunktformen an Anliegerstraßen und Anliegerwegen ohne Versätze und Teilaufpflasterungen

aus, daß z. B. Anliegerwege und Anliegerstraßen in Hauptverkehrsstraßen einmünden, wie das in Ortsdurchfahrten kleiner Orte und Dörfer die Regel ist.

An **Anliegerstraßen und Anliegerwegen** (Bild 50 und 51) können und müssen ein- und abbiegende Lastkraftfahrzeuge die Gegenfahrspuren in einem oder allen Knotenpunktarmen mehr oder weniger stark mitbenutzen. Der Einbau von Fahrbahnteilern ist daher bei derartigen Knotenpunkten unzweckmäßig. Außerdem muß durch geeignete Maßnahmen (z. B. Parkbuchten oder Halteverbot) sichergestellt sein, daß die Knotenpunktzufahrten im Knotenpunktbereich von abgestellten Fahrzeugen freibleiben. Auf vorfahrtregelnde Verkehrszeichen und Markierungen soll an derartigen Knotenpunkten verzichtet werden, da an Anliegerstraßen der Grundsatz „rechts vor links" zur Verringerung der Fahrgeschwindigkeiten beiträgt und die Bevorrechtigung der Anliegerstraßen an den Einmündungen von Straßen und Wegen mit Mischungsprinzip durch die bauliche Gestaltung der Einmündungen als Gehwegüberfahrten zweifelsfrei erkennbar ist.

An Knotenpunkten, die verkehrsrechtlich nach dem Grundsatz „rechts vor links" befahren werden, sind nach Möglichkeit Linksversätze anzuordnen, da hierdurch die Erkennbarkeit der bevorrechtigten Knotenpunktzufahrt verbessert wird.

An **Sammel- und Hauptsammelstraßen** (Bild 52 und 53) ist in der Regel der Lastzug mit den Maximalabmessungen der StVZO das Bemessungsfahrzeug. Da der Flächenbedarf dieses Fahrzeuges zum Ein- und Abbiegen bei gleichzeitiger Anwendung von Fahrbahnteilern zu starken Fahrbahnaufweitungen und insgesamt großen Fahrbahnflächen führt, kann es notwendig und zweckmäßig sein, auch an Hauptsammelstra-

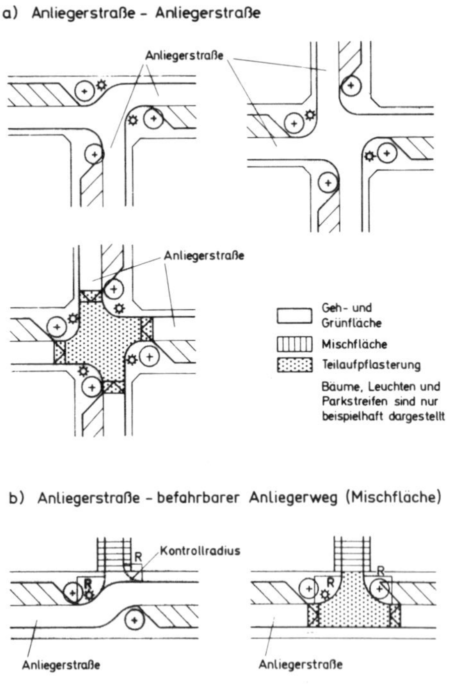

Bild 51: Beispiele für Knotenpunktformen an Anliegerstraßen und Anliegerwegen mit Versätzen und Teilaufpflasterungen

ßen auf Fußgängerschutzinseln zu verzichten. Dabei ist jedoch zwischen dem Schutzbedürfnis der Fußgänger und dem zusätzlichen Flächenbedarf im Einzelfall sorgfältig abzuwägen.

Der Vorrang der übergeordneten Straße wird durch die Beschilderung und durch die Markierung verdeutlicht.

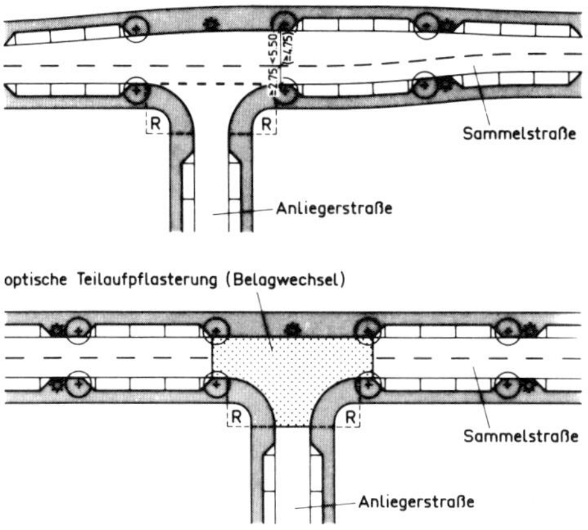

Bild 52: Beispiele für Knotenpunktformen an Sammelstraßen

5.2.3 Flächen für den ruhenden Kraftfahrzeugverkehr außerhalb des Straßenraumes

Unabhängig von der baulichen Ausbildung und der Lage auf öffentlichen oder privaten Flächen außerhalb des Straßenraumes ist eine planerische Gesamtbetrachtung des ruhenden Verkehrs auf öffentlichen und privaten Flächen erforderlich, unter Berücksichtigung der verschiedenen Parkzwecke und Organisationsformen des Parkens.

Der Parkraumbedarf[29]) richtet sich in erster Linie nach Art und Maß der baulichen und sonstigen Nutzungen der Grundstücke und nach dem darauf bezogenen Verkehrsaufkommen. Er ist im Einzelfall aus dem zu erwartenden Bedarf der Anwohner, der Beschäftigten, der Besucher und der Kunden zu ermitteln und durch eine angemessene Verteilung auf Stellplätze im privaten Bereich und auf Parkmöglichkeiten im öffentlichen Bereich zu berücksichtigen.

Richtzahlen für die erforderliche Anzahl der privaten Stellplätze ergeben sich aus den bauordnungsrechtlichen Vorschriften der Länder.

Bild 53: Beispiele für Knotenpunktformen an Hauptsammelstraßen

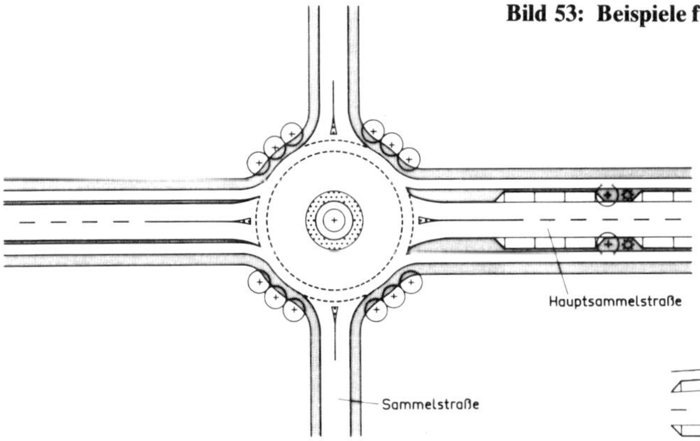

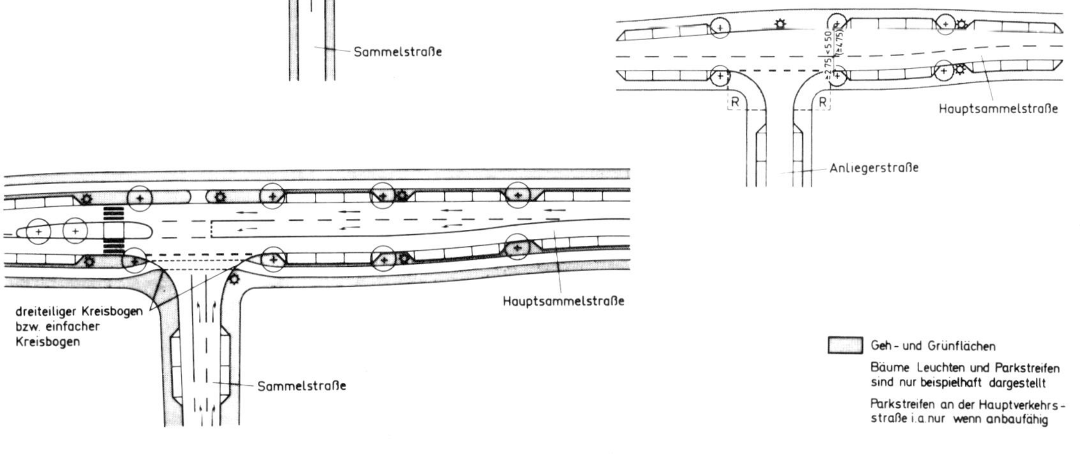

Entwurfselemente in Wohngebieten der Orts- oder Stadtrandlage

				Einsatzgrenzen		Querschnittsskizze	Straßenführung							
Straßen-/Wegetyp	maßgebende Funktion	Entwurfsprinzip	Begegnungsfall	Verkehrsstärke (Spitzenstunde)	angestrebte Höchstgeschwindigkeit	(Klammerwerte: Mindestmaße bei beengten Verhältnissen)	erwünschte Abschnittlänge	Versatztyp	Einengungstyp	Teilaufpflasterungstyp	Schwellen	weitere Überquerungshilfen	Wendeanlagentyp	Haltestellenbuchten
1	2	3	4	5	6	7	8	9	10	11	12	13	14	15
–	–	–	–	Kfz/h	km/h		m							
HSS 1	V	3	Bus/Bus	≤ 1500	50 60	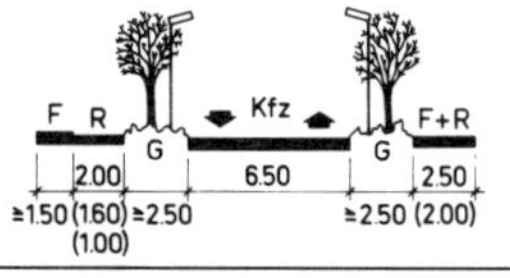	–	–	–	–	–	FBT FU	–	+
HSS 3	V	2	Bus/Bus	≤ 800	40 50	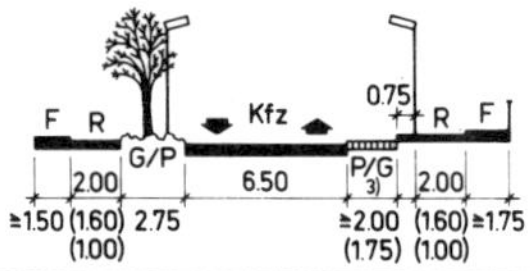	≤ 100	–	5,50 kurz	–	–	FBT FU FGÜ	–	+ (–)
SS 2	E	2	Pkw/Pkw (Lkw/Lkw)	≤ 500	30 40	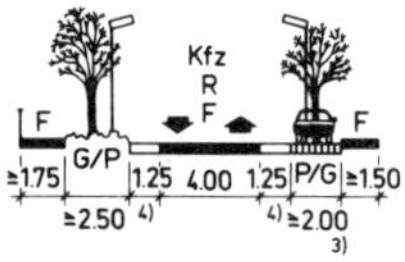	50 100	–	4,00 kurz	≤ 1:25	–	–	7	–
			Lkw/Lkw	≤ 500	30 40	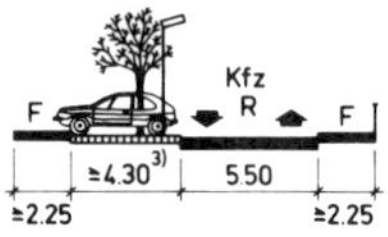	50 100		4,00 kurz	≤ 1:25	–	–	7	–
AS 2	E	2	Lkw/Pkw Lfw/Lfw	≤ 250	30 40	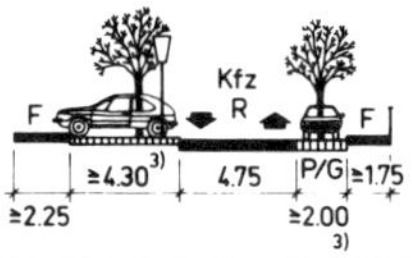	50 100	Lkw/ Lkw	3,00 kurz	≥ 1:10	+	–	6 5 (4)	–
AS 3	E	1	Pkw/Pkw (Lkw/Lkw)	≤ 120	≤ 30	Neubau 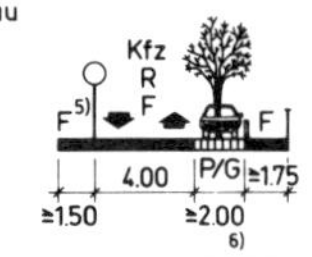	50	Pkw/ Pkw	3,00 kurz vert.	–	–	–	4 3 (2) (1)	–
			Pkw/Pkw Lkw/R	≤ 150	≤ 30	Teilumbau 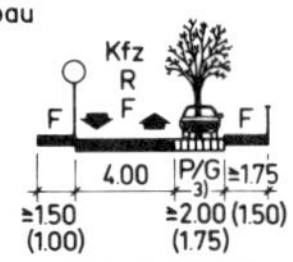	50	Lkw/ Pkw	3,00 kurz	≥ 1:10	+	–	4 3 (2) (1)	–
AS 4	A	1	Pkw/R (Lkw/Pkw) (Lfw/Lfw)	≤ 60	≤ 30	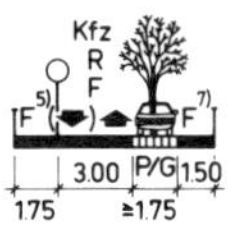	≤ 50	–	–	–	–	–	4 3 (2) (1)	–

AW 1	A	1	Lkw/Pkw Lfw/Lfw	[1])	≤ 30	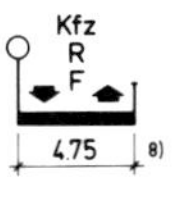	≤ 50	–	–	–	–	–	3 2 (1)	–
			Lkw Pkw/R	[2])	≤ 30	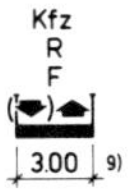	≤ 50	–	–	–	–	–	3 2 (1)	–

Anmerkungen:
[1]) bis 30 Wohnungen
[2]) bis 10 Wohnungen
[3]) Tiefe des Parkstreifens: 4,30 m bei 100 gon, 4,75 m bei 70 gon, 4,50 m bei 50 gon, 2,00 (1,75) m bei 0 gon. Diese Maße erfordern bei Schräg- und Senkrechtaufstellung 0,75 m Breitenzuschlag im Gehweg
[4]) Typische Querschnittsaufteilung für die Umgestaltung 6,50 m breiter Sammelstraßen in bestehenden Baugebieten. Die Mehrzweckstreifen sind für den Begegnungsfall Lkw/Pkw, zum Ein- und Ausparken sowie für den Radverkehr befahrbar.
[5]) Der Gehstreifen ist zum Ausweichen befahrbar
[6]) Tiefe des Parkstreifens: 5,00 m bei 100 gon, 5,25 m bei 70 gon, 4,90 m bei 50 gon, 2,00 (1,75) m bei 0 gon. Bei Schräg- und Senkrechtaufstellung sind Rangiervorgänge beim Ein- und Ausparken erforderlich
[7]) Gehstreifen nur bei dicht angrenzenden Gebäuden mit Hauseingängen erforderlich
[8]) Parkstreifen nur in Ausnahmefällen
[9]) Ausweichstelle am Wegende erforderlich

EAE 85, 5.3 Empfohlene Verkehrsanlagen für Gebietstypen, Tabelle 17

Abkürzungen:
HSS = Hauptsammelstraße
SS = Sammelstraße
AS = Anliegerstraße
AW = Anliegerweg
V = maßgebende Verbindungsfunktion
E = maßgebende Erschließungsfunktion
A = maßgebende Aufenthaltsfunktion
F = Fußgänger
Kfz = Kraftfahrzeug
R = Radfahrer
G = Grünstreifen
P = Parkstreifen/Parkbucht
FBT = Fahrbahnteiler
FU = Furt mit LSA
FGÜ = Fußgängerüberweg
Lz 0 = Lastzug benutzt keine Gegenfahrspuren
3 Mü 2 = 3achsiges Müllfahrzeug benutzt 2 Gegenfahrspuren
\+ = ja
– = nein
1 = Mischungsprinzip
2 = Trennungsprinzip mit Geschwindigkeitsdämpfung
3 = Trennungsprinzip ohne Geschwindigkeitsdämpfung

3.6 KÖRPER — RAUM — GRÜN

Die Grundstruktur allen städtebaulichen Gestaltens wird von zwei Elementen bestimmt: Körper und Raum.

Körper und Raum nimmt der Mensch mit seinen Sinnesorganen wahr. Ihre Proportionen, ihre Gestaltung und ihre Beziehungen zueinander werden unterschiedlich empfunden, rufen verschiedenartige Verhaltensweisen hervor. Trotz aller individueller Erfahrungen gibt es doch Gemeinsamkeiten in der Wahrnehmung von Körper und Raum. Mehr als in den vergangenen Jahren erheben wir heute einen Anspruch auf Gestaltqualität. Dabei darf diese nicht nur als Schönheit eines Körpers oder Raumes definiert werden. Wir erwarten auch ein hohes Maß an Brauchbarkeit, Identifikationsfähigkeit und Orientierung.

Kevin Lynch „The image of the City“

Mit seinem Buch „The image of the City“ hat Kevin Lynch 1960 die Frage nach dem Raum und der Stadtgestalt neu gestellt und eine neue Dimension in die städtebauliche Diskussion und Planung eingebracht. Neben die wirtschaftlich begründete technische Betrachtensweise tritt gleichrangig die ästhetische.

Idealstadt, Filarete
Kapitolinischer Platz, Michelangelo
Sixtus V.

Die griechischen und die römischen Kolonialstädte wie die Städte des hohen Mittelalters zeichnen sich durch bewußt gestaltete Stadträume aus. Filarete (1400 -1469, Sforzinda) und die anderen italienischen Stadtbautheoretiker, Michelangelo und sein Kapitolinischer Platz in Rom (Auftrag von Papst Paul III., 1534 -1549) haben u. a. dem Stadtraum zu einer Renaissance verholfen. Papst Sixtus V. (1585 -1590) erhob die optische und räumliche Verbindung geistlicher und weltlicher Mittelpunkte zu einem neuen Element der städtebaulichen Struktur und Gestalt. Mit der Einbeziehung des Grüns in den städtischen Raum wurden die gebauten Platzwände teilweise durch Hecken oder Baumreihen ersetzt. Die Schloßanlage des 18. Jh., ein unverzichtbares Bauelement der Residenzstadt, wurde sowohl zum Ausgangspunkt von gebauten Platzräumen wie Freiräumen, in denen das Grün in Gestalt französischer Gartenanlagen zum raumbestimmenden Element wurde. Die Stadt Bath gibt in der 2. Hälfte des 18. Jh. ein Beispiel dafür, wie der landschaftsgeprägte Freiraum zu einem die Stadtgestalt bestimmenden Element wird.

Schloßanlage
Residenzstadt

Bath

Zeilenbau
Auflösung des Stadtraumes

Mit dem Zeilenbau und der damit verbundenen Auflösung der geschlossenen Raumwände begann schon Ende der 20er Jahre unseres Jahrhunderts die Zerstörung des städtischen Raums. In den 60er Jahren degenerierte der Stadtraum zu einem Abfallprodukt eines technisch und wirtschaftlich bestimmten Planes und Handelns.

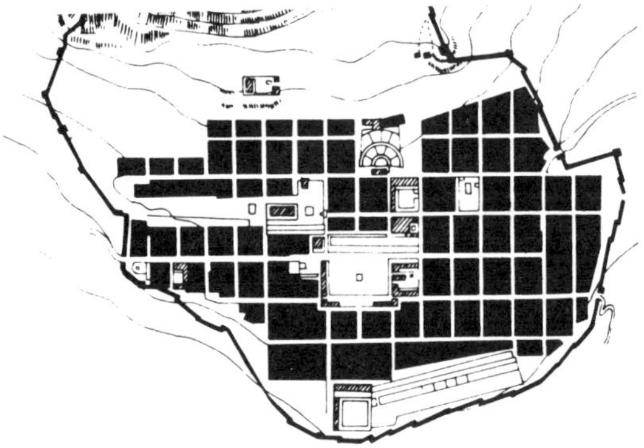

Priene, um 350 v. Chr. gegründet
Benevolo; Die Geschichte der Stadt

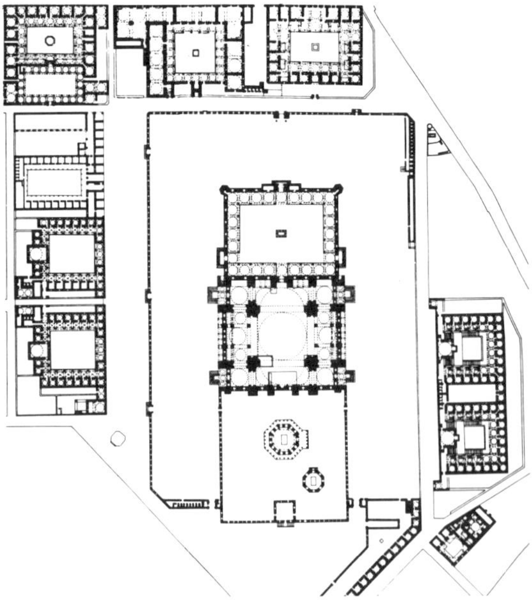

Konstantinopel, Suleimaniye-Moschee
16. Jahrhundert
Benevolo; Die Geschichte der Stadt

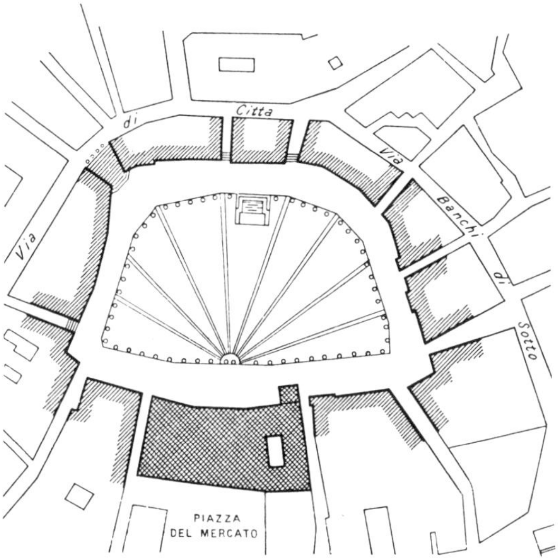

Siena, Piazza del Campo
Benevolo; Die Geschichte der Stadt

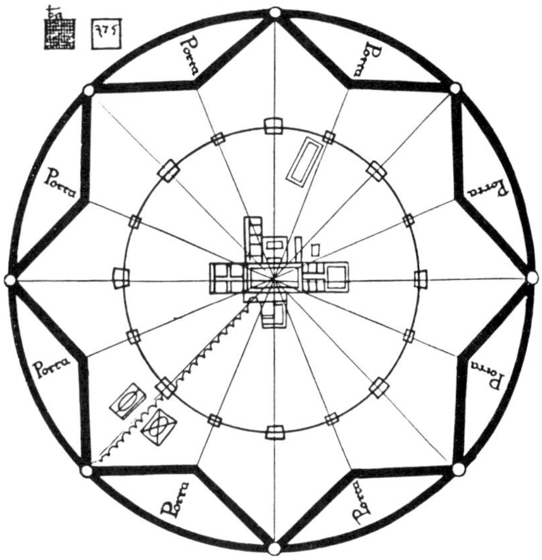

Filarete, um 1465, Sforzinda
Benevolo; Die Geschichte der Stadt

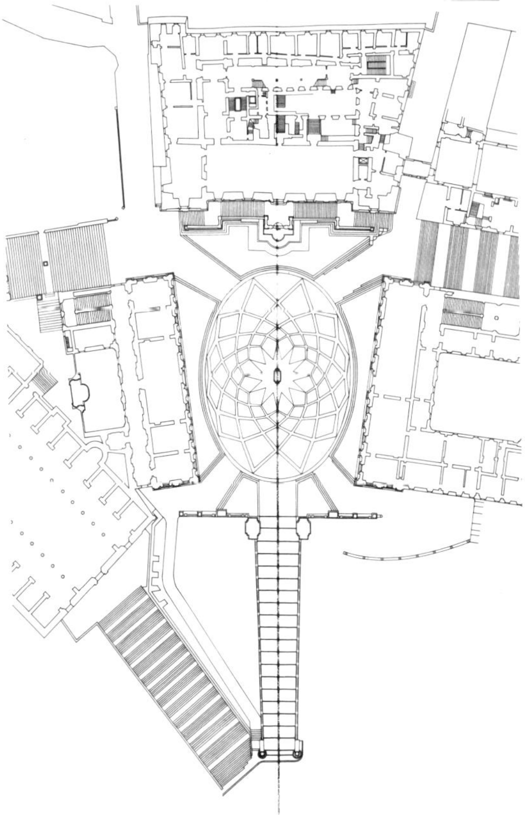

Rom, Campidoglio, 16. Jahrhundert
Bacon; Stadtpläne von Athen bis Brasilia

Bath, 1810

Anthropologie, Psychologie und Kunst tragen als Wissenschaften dazu bei, das Kriterium „der Einprägsamkeit, der Lesbarkeit und der Vorstellbarkeit als Werte für den Aufbau der Städte“ darzustellen.

Menschliches Handeln benötigt den privaten wie den öffentlichen Raum. Während der private Raum weitgehend dem Wohnen, der Selbstbesinnung und der Ruhe vorbehalten ist, dient der öffentliche Raum dem Durchgang, dem Aufenthalt, der Kommunikation, dem wirtschaftlichen Handel und der Muße.

Raumarten

Bei den Stadträumen unterscheiden wir zwischen

dem Straßen-, Platz- und Freiraum.

Diese Räume haben die verschiedenartigsten Funktionen zu erfüllen, z.B. als Verkehrsraum, Aufenthalts- und Kommunikationsraum, Architekturraum, Erholungsraum. Diese Funktionen resultieren aus den unterschiedlichen materiellen Ansprüchen, die wir an diese Räume stellen. Um ihre Funktionen erfüllen zu können, bedürfen die Räume einer darauf abgestimmten Gesamt- und Detailgestaltung.

Grundformen

Quadrat, Kreis und Dreieck sind die geometrischen Grundformen des Raumes. Alle drei sind, wie Rob Krier es darstellt, modifizierbar. Durch Winkel- und Längenänderungen entstehen neue geometrische Formen, das Rechteck, das Trapez, der Rhombus. Vielgestaltige Kombinationen sind möglich.

Raumwände

Damit Räume erkenn- und erlebbar werden, bedürfen sie einer eindeutigen „Ablesbarkeit“. Dazu tragen neben der Grundform in besonderem Maße die den Raum bildenden Raumwände und der Raumboden bei.

Raumwände können geschlossen oder unterbrochen, niedrig oder hoch sein. Je nach dem Verhältnis von Breite zu Höhe und Tiefe wird ein Raum erst als Raum wahrgenommen, als angenehm oder bedrückend empfunden. Raumwände können, der Bedeutung eines Bauelementes entsprechend, besonders ausgeformt werden. So kann ein Bauelement mit seiner Fassade aus der Raumwand hervortreten. Man spricht von einem dominierenden Gebäude. Gleiches gilt für die Höhenentwicklung.

Platzraum

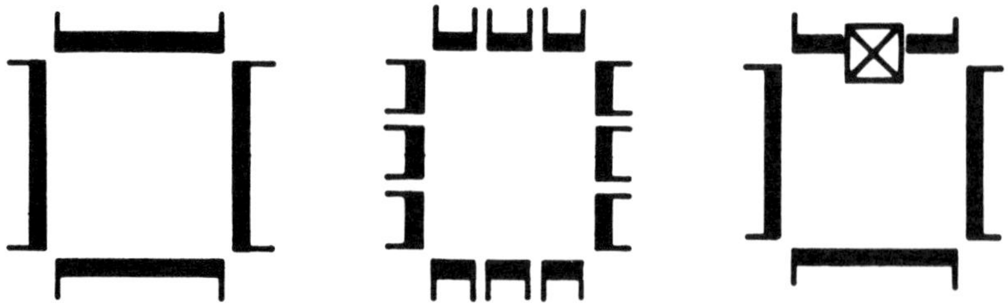

geschlossen — unterbrochen — dominierendes Gebäude

Raumbegrenzungen müssen nicht immer gebaute Raumwände sein. Tritt an ihre Stelle auf einer oder mehreren Seiten eine natürliche Begrenzung in Gestalt von Alleebäumen oder eines Waldrandes, so spricht man von einem Freiraum. Der Natürlichkeit der Raumwände paßt sich oft auch der Raumboden an, z.B. eine Wiese mit ihrer bewegten Topographie. Der Raum verliert dabei die strenge Geometrie der Grundformen. Freiräume dienen vorwiegend dem Aufenthalt, dem Erholen, der Ruhe.

Räume müssen zugänglich sein. Für die Gestaltung des Raumes spielt dabei die Zahl und die Lage der Ein- und Ausmündungen sowie die Qualität der anschließenden Verkehrsflächen eine ganz entscheidende Rolle.

Straßen-/Wege-
einmündungen

In einem Platzraum können z.B. theoretisch beliebig viele Straßen und Wege einmünden. In der Regel sind es 4, oft nur 2. In der 2. Hälfte des 19. Jahrhunderts waren es bei den sogenannten Sternplätzen 8 und mehr Straßen, die ein- und ausmündeten. Verkehrsräume mit Verteilerfunktionen nach allen Himmelsrichtungen sind daraus entstanden.

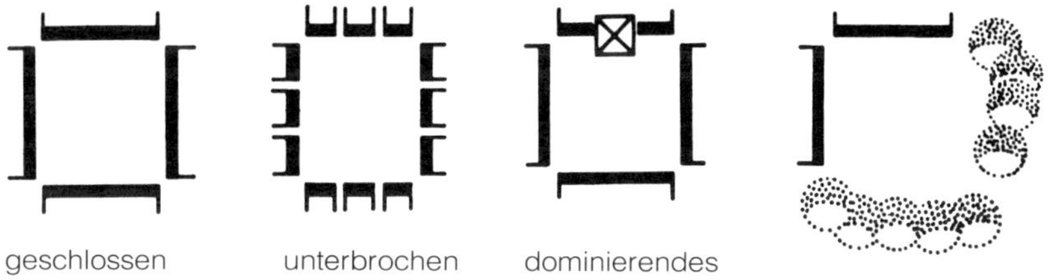

geschlossen — unterbrochen — dominierendes Gebäude

Platzraum

Freiraum

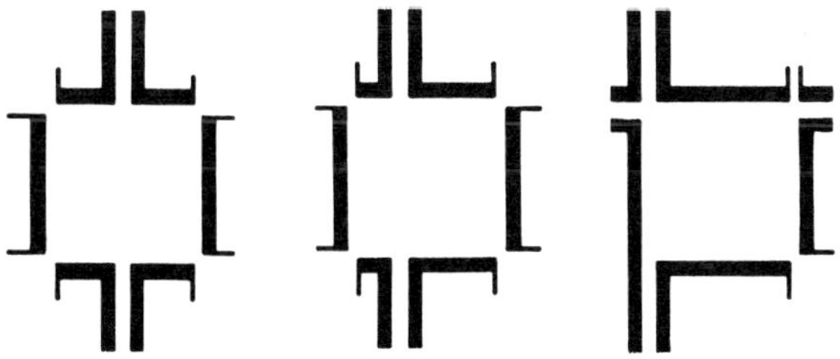

axial — außenseitig — tangential

Straßen-/Wege-
einmündungen

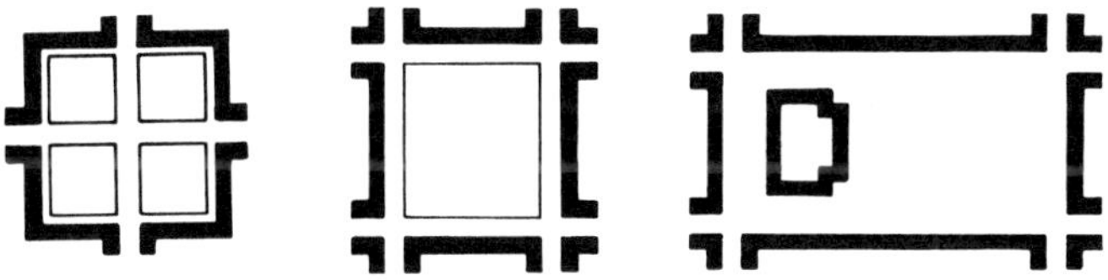

Raumboden

solitärer
Baukörper

Raumboden Die Gliederung und Gestaltung des Raumbodens wird von der Lage der Einmündungen und der Qualität der Verkehrsflächen nicht unwesentlich beeinflußt. Axial angelegte Ein- und Ausmündungen implizieren das direkte Durchfahren und Durchschreiten eines Raumes (Verkehrsraum). Tangential angelegte Ein- und Ausmündungen führen am Raum entlang. Der Raum wird in seiner Ganzheit erfaß- und erlebbar. Neben den Flächen zum Fahren, entstehen solche zum Verweilen (Aufenthalts- und Kommunikationsraum). Sind die Ein- und Ausmündungen noch versetzt angeordnet, wird der Verweileffekt unterstützt.

Raumgliederung Größere Platzräume können solitäre Baukörper aufnehmen. Durch ihre Lage im Raum werden sie hervorgehoben. Ihr Standort trägt aber auch zur Differenzierung eines großen, vielfach ungegliederten Raumes bei. Die Teilräume können verschiedenartige Funktionen erfüllen. Sie sind maßstabsgerechter.

Detailgestaltung Die Gestalt eines Stadtraumes wird aber auch nachhaltig bestimmt und beeinflußt vom Detail.

Terrassierung des Raumbodens,
Brüstungen und Einfassungen,
ornamental gestaltete Bodenbeläge,
Brunnen und Denkmäler,
partielle Überdachungen,
der Baum als Solitär, Baumgruppe,
Baumreihe und die Hecke

sind nur wenige Elemente für eine gezielte Gestaltung. Dabei darf der Stadtraum als Ganzes und als Einzelelement eines räumlichen Gefüges nicht vergessen werden. Die Detailgestaltung hat sich an der Ganzheit des Raumes zu orientieren und unterzuordnen. Sie darf nicht zum dekorativen Selbstzweck entarten.

Straßenraum Der natürlichste Stadtraum ist der Straßenraum. Er hat, wie unter Abschnitt 3.5 dargestellt, zwei grundsätzliche Funktionen zu erfüllen:

Verkehrsraum und/oder Erlebnisraum

zu sein. Je nach der Häufigkeit der unterschiedlichen Nutzungsansprüche überwiegt die eine oder andere Funktion. Dementsprechend ist der Raum zu gestalten.

Räume sind in einem Siedlungsorganismus in der Regel keine solitären Erscheinungsformen. Räume unterschiedlicher Funktion und Gestalt prägen mit den sie verbindenden Straßenräumen das Bild einer Stadt oder eines Dorfes. Zusammen bilden sie eine für die Stadt oder das Dorf typische Sequenz.

Eine besondere Aufgabe übernimmt bei der Gestaltung der Stadträume der Baum. Er kann als Einzelbaum, Baumreihe, Baumgruppe oder als Baumallee raum- und gestaltbildend eingeplant werden. Hinzu kommt seine Wuchsform und seine Größe. Er verkörpert im Stadtraum die Natur. Seine kleinklimatische Wirksamkeit darf nicht unterschätzt werden. Die folgenden Planungsbeispiele zeigen seine vielseitige Anwendung.

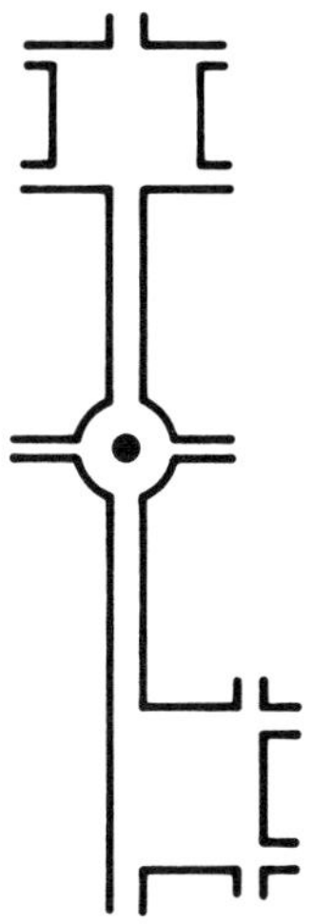

Bewegungsprinzip
Raumsequenzen

Frankfurt-Projekt

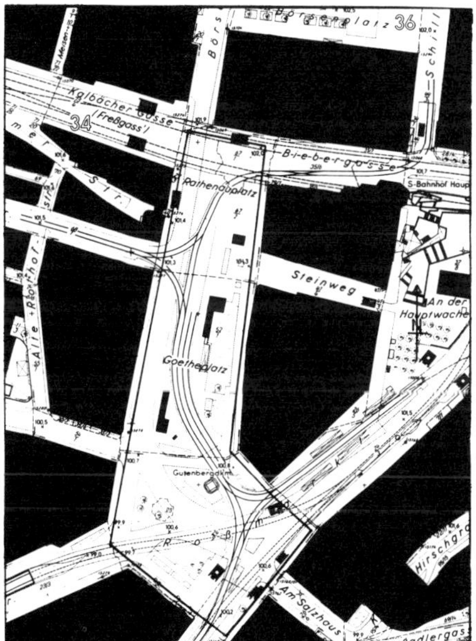

„Die historischen Strukturen als Grundlagen für stadtplanerische Einrichtungen". 3.20)

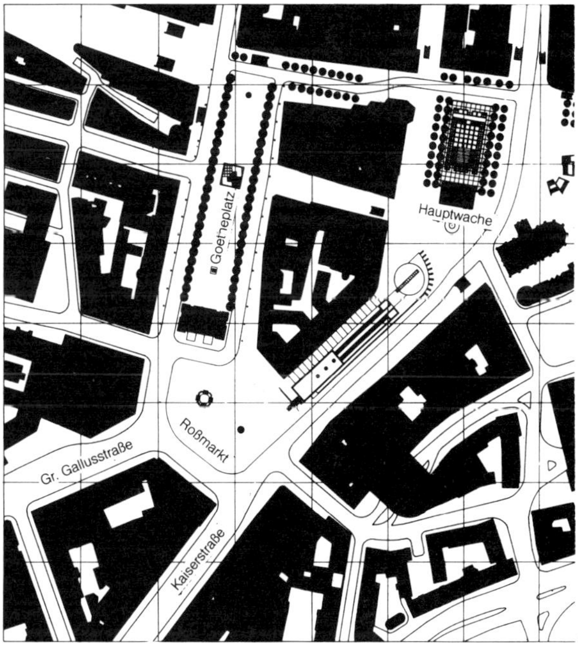

Goetheplatz, Roßmarkt und Hauptwache waren in der historischen Stadt drei selbständige Plätze. Durch die Kriegszerstörungen und durch Begradigungen während der Wiederaufbauzeit zugunsten des fließenden Verkehrs wurden die historischen Platzräume zerstört. Durch Einbauten und durch eine „architektonische Bepflanzung" sollen sie wiederhergestellt werden.

3.20) Schwarz; Bauwelt 3, 87.

Straßen-, Platz- und Freiraum, Raumfolgen der Stadt Achern

Am 7. Januar 1945 fiel nahezu die gesamte Innenstadt einem Luftangriff zum Opfer. Nach 1945 wurde sie wieder aufgebaut. 1974 wurde die städtebauliche Ordnung neu formuliert. Seit 1984 bildet der Rathausplatz die räumliche Ergänzung zum Adlerplatz.

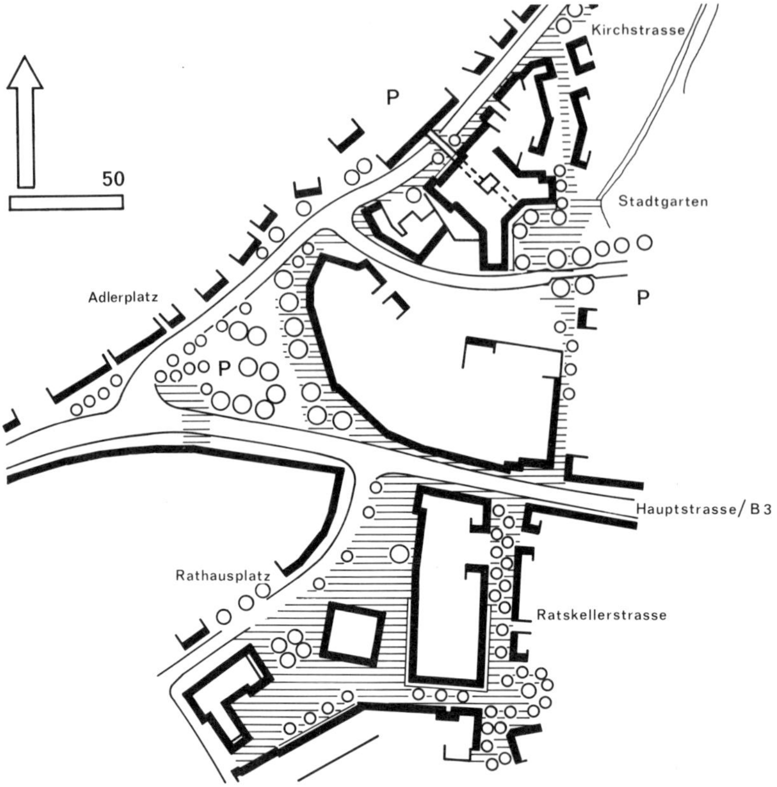

Rathausplatz

Aufenthalt, Kommunikation, Platzraum, geschlossene Raumwände.

Ratskellerstraße

Anliegerverkehr, Kommunikation. Mischungsprinzip mit Bäumen überstellt.

Adlerplatz

Verkehrsknotenpunkt, Aufenthalt, Kommunikation, Platzraum, geschlossene Raumwände mit Bäumen überstellt.

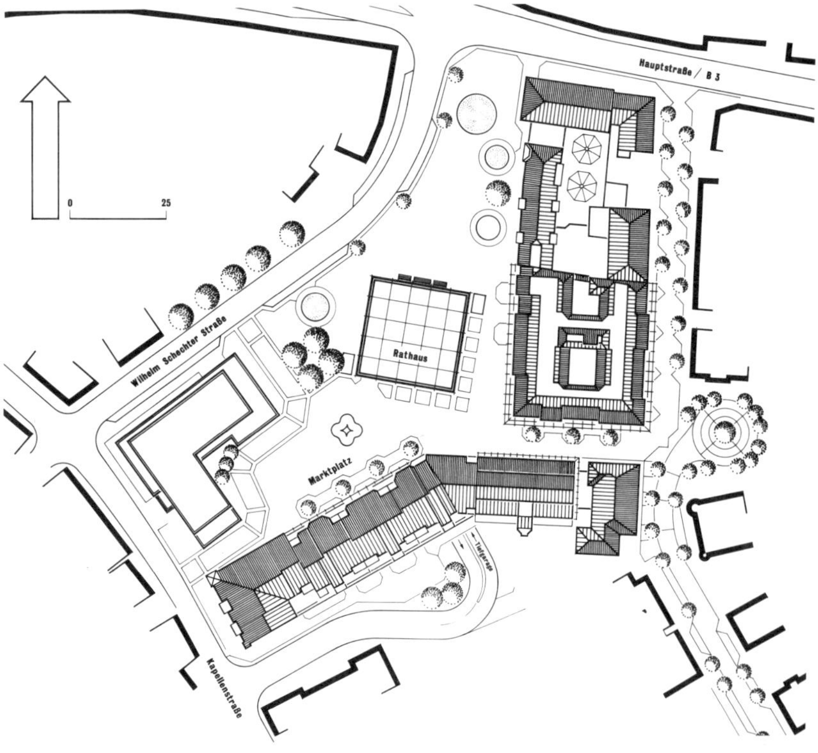

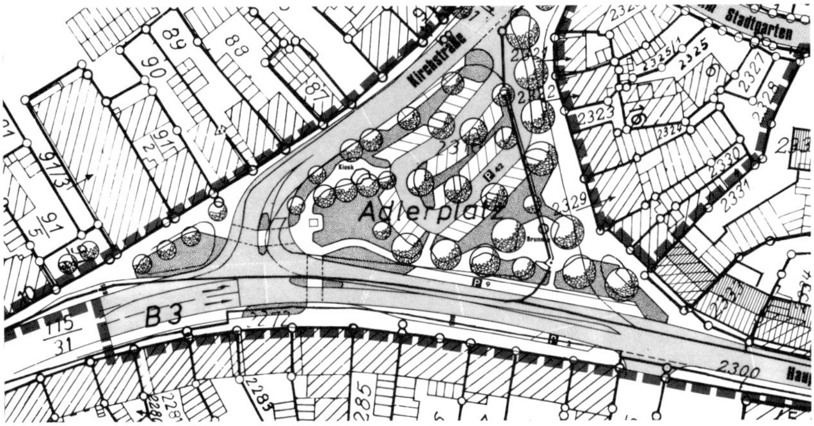

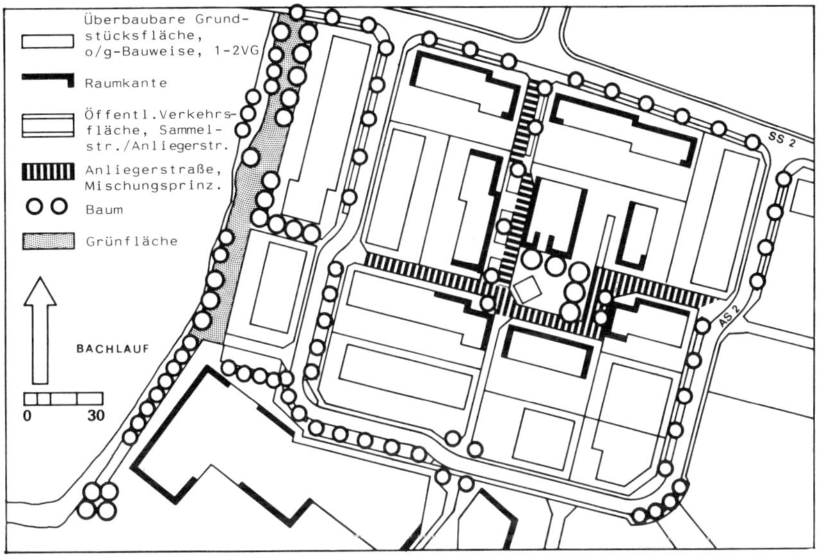

Platzraum als Mittelpunkt für die Kommunikation in einem Wohngebiet. Funktionale und räumliche Verknüpfung mit dem Umfeld.

Der Baum als

- gliederndes und gestaltendes Element im Platzraum,
- Begleitgrün in den Straßen- und Wegeräumen,
- Allee
- unverzichtbarer Bestandteil einer natürlichen Struktur mit Bachlauf

Willstätt
1983/84
Hangarter + Partner

3.7 WOHNUMFELD — VERSORGUNGSEINRICHTUNGEN

Nach 1945 wurde bei der Planung und Ausführung von Wohnsiedlungen das Hauptaugenmerk auf

— die Qualität der Wohnformen und ihre Zuordnung zu den Grundstücksflächen
— eine geordnete verkehrliche Erschließung
und
— eine technisch perfekte Ver- und Entsorgung

gerichtet.

Für Aktivitäten, die über diese Befriedigung eines reinen Wohnbedürfnisses hinausgingen, standen vielfach weder Flächen noch Einrichtungen zur Verfügung. Die starre Reihung einzelner Bebauungsweisen führte zu einer monotonen Umgebung, die als feindlich empfunden wurde. Eine Umgebung, die weder Gestaltungs- noch Betätigungsmöglichkeiten in der Nähe der Wohnungen bietet, schränkt die Entwicklungs- und Entfaltungschancen der Bewohner ein, stellt Spengelin in seinem Bericht „Wohnung und Wohnumfeld", 1983, zu Recht fest.

Wandel im Wohnverhalten

In den vergangenen Jahren hat sich unser Wohnverhalten gewandelt. Das Bedürfnis nach Wohnruhe, nach Flächen und Räumen, die Erlebniswerte darstellen und die für verschiedenartigste Aktivitäten genutzt werden können, hat zugenommen.

Forderungen an das Wohnumfeld

Aus dieser Entwicklung ergibt sich für das Wohnumfeld, seine Nutzungen und seine räumliche wie bauliche Gestaltung eine Reihe von Forderungen:

— Schutz der privaten Sphäre vor Einblick und Lärm,
— Angebote an Flächen und Räumen für Geselligkeit, Erholung und schöpferische Tätigkeiten,
— Schutz vor Gefährdungen und Belästigungen durch den Verkehr,
— Freiräume, die abwechslungsreich sind und zum Verweilen einladen,
— Begrünung der Freiflächen zur Verbesserung der Raumqualität und des Kleinklimas.

Schutz vor Einblick und Lärm

° Ein Schutz der privaten Sphäre vor Einblick und Lärm ist insbesondere im Wohngarten notwendig. Durch die Grundrißgestaltung der Baukörper (Winkelform) oder durch die Wahl der Einfriedungen kann dazu ein Beitrag geleistet werden.
Nach § 52 (1) Ziffer 28 LBO BW 84 sind Einfriedigungen im

Innenbereich an öffentlichen Verkehrsflächen und in den daran anschließenden unbebaubaren Flächen, insbesondere Vorgärten, bis zu 1,0 m Höhe über Gelände, sonst bis zu 2,0 m Höhe über Gelände ohne Genehmigung zulässig. In den Abstandsflächen sind nach § 6 (9) LBO BW 84 bauliche Anlagen (max. 5,0 m lang und 2,50 m hoch), wie Pergolen, und Überdachungen von Freisitzen zulässig. Die Gestaltung dieser baulichen Anlagen kann in Form örtlicher Bauvorschriften oder durch Bebauungsvorschriften in Verbindung mit einem Bebauungsplan geregelt werden.

Flächen für Erholung

° Flächen, die der Erholung dienen, sind neben den privaten Gartenflächen die öffentlichen und privaten Grünflächen (§ 9 Abs. 1 Ziffer 15 BauGB) und Flächen für Gemeinschaftsanlagen für bestimmte räumliche Bereiche (§ 9 Abs. 1 Ziffer 22 BauGB). Dazu zählen Parkanlagen, Dauerkleingärten oder Grabeland sowie sonstige Freizeiteinrichtungen und Kinderspielplätze. Unabhängig davon besteht für den privaten Bauherrn die Verpflichtung, einen Kinderspielplatz auf dem Baugrundstück einzurichten, wenn ein Gebäude mit mehr als 3 Wohnungen errichtet werden soll (§ 10 LBO BW 84). Dies gilt nicht, wenn in der Nähe eine Gemeinschaftsanlage vorhanden ist oder geschaffen wird.

Kinderspielplätze

Lage, Größe und Ausstattung der Kinderspielplätze richten sich nach der Zahl und Größe der Wohnungen. Grundsätzlich sind Kinderspielplätze

— in sonniger Lage,
— abgeschirmt von Anlagen, von denen Gefahren oder erhebliche Störungen ausgehen können.

anzulegen und müssen

— gefahrlos zugänglich sein.

Die nutzbare Fläche muß mindestens 30 m² betragen. Die weiteren Größen bestimmt die AVO. Kinderspielplätze sind nach den Spielbedürfnissen der Altersgruppen zu gliedern (Kinder bis 6 Jahre, Kinder von 6 - 12 Jahren und ältere).

Als öffentliche Kinderspielplätze kommen solche für Kinder von 6 - 12 Jahren und die älteren Kinder in Frage. Die Flächengröße beträgt 2% der Bruttofläche, mindestens jedoch 300 m². Bei den Spielplätzen für die älteren Kinder handelt es sich oft um sogenannte Bolzplätze, deren Standorte besonders sorgfältig auszuwählen sind.

° Der Schutz vor Gefährdungen und Belästigungen durch den Verkehr im Wohnbereich kann nur durch ein hierarchisch abgestuftes Netz der Verkehrsflächen erreicht werden, in dem Fußgänger und Radfahrer einen besonderen Schutz genießen. Alle Maßnahmen in diesem Sinne werden auch unter dem Begriff der „Verkehrsberuhigung" zusammengefaßt.

Verkehrsberuhigung kann nach Pfundt, Meewes und Maier auch mit den Worten: „weniger Kfz-Verkehr und langsamere Fahrweise" 3.21) beschrieben werden. In den zusammenhängenden Wohngebieten wird „Wohnschutz" betrieben.

Maßnahmen zur Verkehrsberuhigung siehe Abschnitt 3.5.

Räume und Grün

° Planung und Gestaltung von Freiräumen und ihre Begrünung siehe Abschnitt 3.6.

Tragen die bisher genannten Flächen und Einrichtungen unmittelbar zur Verbesserung des Wohnens bei, so sollen ergänzend dazu Versorgungseinrichtungen behandelt werden, die konsumtiven und produktiven Charakter haben.

Infrastruktur

Zu den Einrichtungen mit konsumtivem Charakter zählen die des Handels und der privaten Dienstleistungen. Sie dienen der individuellen Bedürfnisdeckung und können in weitestem Sinne der Infrastruktur zugerechnet werden.

Handel und private Dienstleistungen

Nachfragehäufigkeit und Reichweite

Da es sich um private Einrichtungen handelt, sind sie den Regeln der freien Marktwirtschaft von Angebot und Nachfrage unterworfen. Zu ihrer Existenz bedürfen sie einer wirtschaftlich tragfähigen Basis. Ihre Standorte sowie ihre Nutz- und Grundstücksflächen werden u. a. von der Nachfragehäufigkeit der Güter und Dienstleistungen sowie der Reichweite bestimmt. Die Reichweite wird nach Christaller 3.22) u. a. beeinflußt durch die räumliche Bevölkerungsverteilung und die Bevölkerungsstruktur. Darunter versteht man die soziale, berufliche und kulturelle Struktur, die Einkommensverhältnisse und die Lebensgewohnheiten. Gerade diese Strukturdaten sind aufschlußreich für die Abschätzung der verfügbaren Einzelhandelskaufkraft. Ihr Fluß kann durch wirtschaftliche und städtebauliche Faktoren nachhaltig beeinflußt werden. Zu den wirtschaftlichen Faktoren zählen die Preise und Preisvergleichsmöglichkeiten am Ort des Angebotes. Eine städtebaulich determinierte Größe ist die Erreichbarkeit, wie Zufahrt und Zugang und ein ausreichendes Stellplatzangebot. Nicht zu unterschätzen ist in diesem Zusammmenhang der Einfluß der städtebaulich-räumlichen Gesamtkonzeption sowie die bauliche Gestaltung.

3.21) Pfundt, Meewes, Maier; Theorie und Praxis der Verkehrsberuhigung
3.22) Christaller; Die zentralen Orte in Süddeutschland

Die räumliche Zusammenfassung (Agglomeration) von Versorgungseinrichtungen dieser Art wird als Zentrum (Einkaufszentrum) bezeichnet. Zentren unterscheiden sich von- und untereinander durch ihr differenziertes Angebot an Gütern und Dienstleistungen. Man spricht von Zentren unterschiedlicher Zentralität. Das Ziel einer Planung im größeren Raum muß es sein, alle Bevölkerungsteile gleichermaßen gut mit Gütern und Dienstleistungen versorgen zu können. Eine unterschiedlich dichte Folge von zentralen Orten mit unterschiedlicher Zentralität wird zu einem Ordnungsmodell im größeren Raum (Entwicklungsachsen).

Zentrum

Die kleinste Einheit eines solchen Ordnungsmodells ist die Ladengruppe. Mit ihrem Angebot an Gütern und Dienstleistungen des täglichen Bedarfs versorgt sie eine Bezugsbevölkerung von etwa 3000 Personen. Sie sollte zu Fuß in 5 - 8 Gehminuten erreicht werden können. Das schließt eine angemessene Zugänglichkeit für den Kfz-Verkehr und entsprechende Parkmöglichkeiten nicht aus; nicht zu vergessen der Andienungsverkehr.

Ladengruppe

Kann ein solcher Versorgungsschwerpunkt für Handel und private Dienstleistungen mit öffentlichen Dienstleistungen räumlich in Verbindung gebracht werden, so stärkt dies die Zentralität. Einzelhandels- und private Dienstleistungsbetriebe, soweit sie zur Versorgung des Gebietes dienen, sind im allgemeinen Wohngebiet durchaus zulässig.

Die Stufen der zentralen Orte reichen von der Ladengruppe als der kleinsten Einheit im bebauten Bereich über das Stadtteilzentrum, dem Stadtzentrum und den zentralörtlichen Vorgaben der Landes- und Regionalplanung vom Kleinzentrum über Unter- und Mittelzentrum bis zum Oberzentrum.

Hierarchie der zentralen Orte

Versorgungseinrichtungen mit produktivem Charakter sind typische Einrichtungen der Infrastruktur. Dazu zählen Flächen und Einrichtungen für:

Dienstleistungen

- Bildung und Forschung,
- öffentliche Verwaltung und Sicherheit,
- Gesundheit,
- Kinder- und Jugendhilfe,
- Altenhilfe,
- Freizeit und Erholung,
- technische Ver- und Entsorgung.

In der Regel handelt es sich um öffentliche Dienstleistungen und Versorgungseinrichtungen oder Einrichtungen der kirchlichen Gemeinschaften und der verschiedenen Wohlfahrtsverbände. In ihrer Eigenschaft sind sie nicht ausschließlich den Gesetzen der Marktwirtschaft unterworfen. Ihre Standorte und Größen werden teilweise von raumordnerischen und städtebaulichen Gesichtspunkten bestimmt.

4.0 PLANUNGS- UND BAUORDNUNGS-RECHTLICHE FESTSETZUNGEN

4.1 GRUNDSÄTZE

Der Inhalt des Bebauungsplanes richtet sich nach den Erfordernissen, die an ihn gestellt werden.

Grenze des räumlichen Geltungsbereichs

— Grundsätzlich muß jeder Bebauungsplan eine parzellenscharfe Abgrenzung seines Geltungsbereiches enthalten (§ 9 Abs. 7 BauGB). Diese Abgrenzung ist Voraussetzung für den Beschluß zur Aufstellung eines Bebauungsplanes (Aufstellungsbeschluß). Die Abgrenzung kann in jeder amtlichen Flurkarte, die mindestens die Grundstücksgrenzen, Flurstücknummern, bestehende Gebäudegrundflächen, Nordpfeil und Maßstab enthält, mit einer dicken, schwarzgestrichelten Linie, Planzeichen Nr. 15.12, eingetragen werden. Dieser Karteninhalt ist für die Ausarbeitung des Bebauungsplanes jedoch nicht ausreichend (s. Kapitel 2.2).

— Nach dem Baugesetzbuch unterscheidet man zwei Arten von Bebauungsplänen:

Qualifizierter Bebauungsplan

° Bebauungsplan, der ein Mindestmaß an Festsetzungen enthält (Mindestfestsetzungen), um den Normen des Baugesetzbuches zu entsprechen. Hier handelt es sich um einen sogenannten „qualifizierten" Bebauungsplan (§ 30 Abs. 1 BauGB). Die Mindestfestsetzungen können, soweit erforderlich, durch weitergehende Festsetzungen ergänzt werden. Diese Feststellung wird untermauert durch die Neufassung des Einleitungssatzes in § 9 (1):

„Im Bebauungsplan können festgesetzt werden:". Eine solche Formulierung ist als eine Ermächtigungsnorm für die Gemeinden zu verstehen, welche „die gesetzliche Aufzählung möglicher Festsetzungen in den Bebauungsplänen enthält und daß sich die Frage, ob und inwieweit von diesen Festsetzungen Gebrauch zu machen ist, nach den Grundsätzen des § 1 richtet." 4.1)

In der Planungspraxis der vergangenen Jahre hat sich gezeigt, daß bei einer Vielfalt von Planungen immer wieder die gleiche Auswahl aus den weitergehenden Festsetzungen getroffen werden muß. Sie soll hier als „weitergehende Regelfestsetzungen" bezeichnet werden.

Einfacher Bebauungsplan

- Bebauungsplan, der die Voraussetzungen nach § 30 (1) BauGB nicht erfüllt, wird nach § 30 (2) BauGB als „einfacher Bebauungsplan" bezeichnet. Er ist ein gleichermaßen qualifizierter Bebauungsplan, der jedoch nur einzelne, von Fall zu Fall festzulegende Rechtsaussagen enthält (z. B. überbaubare Grundstücksflächen). Die Zulässigkeit von Vorhaben richtet sich im übrigen nach § 34 oder § 35 BauGB. Das Aufstellungsverfahren ist gleich wie für einen Bebauungsplan nach § 30 (1) BauGB. Der Gesetzgeber hat mit dieser Planart den Gemeinden ein gesetzlich verankertes, vielseitig einsetzbares Instrument in die Hand gegeben.

§ 9 (1) Baugesetzbuch beschränkt sich also auf eine Aufzählung planungsrechtlicher Festsetzungen. Daraus kann geschlossen werden, daß diese Festsetzungen sich in einem gewissen Umfang kombinieren lassen. Andererseits ist aber auch aus dem Rechtsgehalt der einzelnen Begriffe zu entnehmen, daß einzelne Festsetzungen die Verbindung mit anderen ausschließen.

Bihr, Veil, Marzahn unterscheiden daher in ihrem Buch „Die Bauleitpläne" folgende Gruppen von Festsetzungen:

Selbständige Festsetzungen

- „Die Haupt- oder selbständigen Festsetzungen"

  Sie werden für die Bestimmung der Nutzungseigenschaft einer Fläche verwendet. Eine Verbindung untereinander ist nicht möglich. Für das Bauland ist in jedem Falle eine Ergänzung der Festsetzung notwendig.

  Bauland,
  Verkehrsflächen,
  Versorgungsflächen,
  Flächen für die Verwertung oder Beseitigung von Abwasser und festen Abfallstoffen sowie für Ablagerungen,
  öffentliche und private Grünflächen,
  Flächen für die Landwirtschaft und den Wald.

Unselbständige Festsetzungen

- „Die unselbständigen Festsetzungen"

  Sie können nicht selbständig verwendet werden, sondern dienen der Ergänzung selbständiger Festsetzungen. Dazu zählen u. a.:

4.1) Bundesratsdrucksache 575/85 S. 71

Art der baulichen Nutzung,
Maß der baulichen Nutzung,
Bauweise,
überbaubare Grundstücksfläche,
Stellung der baulichen Anlagen,
Flächen für Stellplätze und Garagen,
die mit Geh-, Fahr- und Leitungsrecht zu belastende Fläche,
das Anpflanzen von Bäumen und Sträuchern,
die Bindungen für Bepflanzungen und für den Erhalt von Bäumen und Sträuchern.

MINDESTFESTSETZUNGEN NACH § 30 (1) BauGB

Art der baulichen Nutzung	Baugebiete §§ 2 -11 BauNVO
Maß der baulichen Nutzung	Grundflächenzahl Geschoßflächenzahl Zahl der Vollgeschosse Höhe baulicher Anlagen §§ 16 + 17 BauNVO
Überbaubare Grundstücksflächen	Baulinie Baugrenze Bebauungstiefe § 23 BauNVO
Örtliche Verkehrsflächen	Verkehrsfläche, Verkehrsfläche besonderer Zweckbestimmung § 9 (1) Ziffer 11 BauGB

Maß der baulichen Nutzung

Bei der Festsetzung des Maßes der baulichen Nutzung ist nach § 16 Abs. 3 BauNVO stets:

- die Grundflächenzahl (GRZ)
- die Zahl der Vollgeschosse (VG)
  oder die Höhe baulicher Anlagen (Gebäudehöhe GH) festzusetzen, wenn ohne sie öffentliche Belange, insbesondere das Orts- und Landschaftsbild beeinträchtigt werden können.

WEITERGEHENDE REGELFESTSETZUNGEN NACH § 9 (1) BauGB

Bauweise	offene, geschlossene, abweichende Bauweise § 22 BauNVO
Flächen für Nebenanlagen	z.B. Stellplätze und Garagen mit ihren Einfahrten § 9 (1) Ziffer 4 BauGB
Flächen für den Gemeinbedarf	z. B. öffentliche Verwaltung, Schule, Kirche, Gemeindezentrum § 9 (1) Ziffer 5 BauGB
Versorgungsfläche	z. B. Umspannstation, Hebewerk, Pumpstation § 9 (1) Ziffer 12 BauGB
Öffentliche und private Grünflächen	z. B. Parkanlagen, Sport- und Spielplätze, Dauerkleingärten, Friedhöfe § 9 (1) Ziffer 15 BauGB
Mit Geh-, Fahr- und Leitungsrechten zu belastende Flächen	zugunsten eines begrenzten Personenkreises, der Allgemeinheit, eines Erschließungsträgers § 9 (1) Ziffer 21 BauGB
Flächen für Gemeinschaftsanlagen für bestimmte räumliche Bereiche	z. B. Kinderspielplätze, Freizeiteinrichtungen, Stellplätze und Garagen § 9 (1) Ziffer 22 BauGB
Anpflanzen und Erhalten von Bäumen und Sträuchern	Das Anpflanzen von Bäumen, Sträuchern und sonstigen Bepflanzungen, Bindungen für Bepflanzungen und für die Erhaltung von Bäumen, Sträuchern und sonstigen Bepflanzungen sowie von Gewässern § 9 (1) Ziffer 25 BauGB

4.2 MINDESTFESTSETZUNGEN

- Art der baulichen Nutzung
  Die Baunutzungsverordnung bestimmt in § 1 (3), daß die Festsetzung der Art der baulichen Nutzung nach „Baugebieten" erfolgen kann. Sie entwickelt dabei den Begriff „Bauflächen", wie er für den Flächennutzungsplan vorgesehen ist, folgerichtig weiter. Es wird zwischen 10 Baugebietsarten unterschieden, die in den §§ 2 - 10 BauNVO nach der Art der besonderen Nutzung, der daraus abgeleiteten Zulässigkeit der Nutzungen und der ausnahmsweise zulässigen Nutzungen definiert sind. Ferner wird den Gemeinden nach § 11 „Sonstige Sondergebiete" BauNVO die Möglichkeit gegeben Nutzungen, die sich von denen der anderen Baugebiete wesentlich unterscheiden, darzustellen und festzusetzen.
  Damit eine bessere Anpassung an ortsspezifische Nutzungsvorgaben oder -eigenarten erfolgen kann, sehen die Absätze 4 - 9 des § 1 BauNVO Möglichkeiten von Nutzungsbeschränkungen oder Nutzungsgliederungen innerhalb der Baugebiete vor.

- Maß der baulichen Nutzung
  Nach § 16 (2) BauNVO kann das Maß der baulichen Nutzung durch folgende Bestimmungsfaktoren festgesetzt werden:

Bestimmungsfaktoren

Grundflächenzahl (GRZ) oder die Größe der Grundflächen der baulichen Anlagen

Geschoßflächenzahl (GFZ) oder die Größe der Geschoßfläche, die Baumassenzahl oder die Baumasse

Zahl der Vollgeschosse (VG),

Höhe baulicher Anlagen
(Gebäudehöhe GH, Firsthöhe FH)

Mit dieser Regelung wird den Gemeinden und sonstigen Planungsträgern eine Wahlmöglichkeit unter den Bestimmungsfaktoren eingeräumt. Dies ist eine wesentliche Änderung gegenüber den Bestimmungen des § 16 der BauNVO aus dem Jahre 1977.

Grund- und Geschoßflächenzahl sind Verhältniswerte.

Grundflächenzahl

Mit der Grundflächenzahl wird das Maß der direkten baulichen Inanspruchnahme des Baulandes festgesetzt. In § 17 (1) BauNVO werden dafür die Höchstwerte genannt. Sie reichen von 20% in Kleinsiedlungsgebieten bis 100% in Kerngebieten. Der durchschnittliche Grad der Inanspruchnahme liegt zwischen 40 und 60%. In der Baupraxis ist der Grad der Inanspruchnahme und damit die

„Versiegelung" des Baulandes wesentlich höher. Nebenanlagen, wie Stellplätze, Garagen und Nebengebäude mit ihren Zufahrten, tragen dazu bei.

Versiegelung des Baulandes

Im Baugenehmigungsverfahren bezieht sich die Grundflächenzahl auf das einzelne Baugrundstück. Mit der Anrechnung der oben genannten Flächen auf die Grundflächenzahl setzt der § 19 mit Absatz 4 dieser Entwicklung eine Grenze. Danach sind alle diese Flächen einschließlich der Flächen für bauliche Anlagen unterhalb der Geländeoberfläche bei der Ermittlung der Grundflächenzahl mitzurechnen. Die zulässige Grundfläche darf durch diese Flächen bis zu 50% überschritten werden, höchstens jedoch bis zu einer Grundflächenzahl von 0,8. Das bedeutet z. B., daß die GRZ für eine Baumaßnahme in einem „Allgemeinen Wohngebiet" (GRZ 0,4 + 0,2 = GRZ 0,6) einen Wert von 0,6 nicht überschreiten darf. Für Baumaßnahmen in Gewerbe- (GE), Industrie- (GI) und Kerngebiet (MK) findet diese Regelung keine Anwendung.

Soweit der Bebauungsplan keine anderen Rechtsaussagen enthält, kann im Einzelfall von diesen Höchstwerten abgesehen werden:

— bei Überschreitung mit geringfügigen Auswirkungen auf die natürlichen Funktionen des Bodens (z.B. wassergebundene Decke, Rasengittersteine, Rasenpflaster)

oder

— wenn die Einhaltung der Grenzen zu einer wesentlichen Erschwerung der zweckentsprechenden Grundstücksnutzung führen würde.

Das Ziel dieser Vorschriften — die Versiegelung des Bodens zu beschränken — ist zwingend geboten. Die Handhabung der Vorschriften ist jedoch äußerst umständlich.

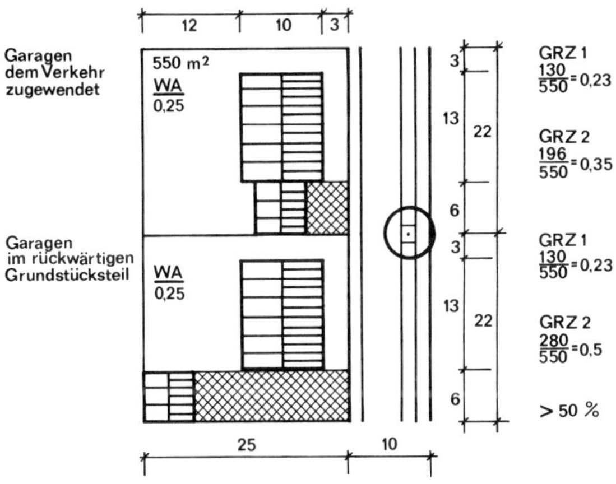

Mit dieser Festsetzung (WA/0,25) wird der Bauherr gezwungen, entweder die Doppelgarage den öffentlichen Verkehrsflächen zuzuordnen oder die lange Zufahrt mit Rasenpflaster, Rasengittersteinen oder einer wassergebundenen Decke auszustatten. Voraussetzung ist jedoch die Festsetzung einer GRZ von max. 0,25 im Bebauungsplan.

Bestimmungsfaktoren für die Höhenentwicklung von Gebäuden

§ 16 Abs. 2 BauNVO muß in Verbindung mit Absatz 3 gesehen werden. Bei der Auswahl der Bestimmungsfaktoren wird unter bestimmten Voraussetzungen eine Einschränkung vorgenommen. So muß in den Fällen, in denen öffentliche Belange, wie die des Orts- und Landschaftsbildes, berührt werden, stets

— die Grundflächenzahl (GRZ)
— die Zahl der Vollgeschosse oder die Höhe baulicher Anlagen festgesetzt werden

Dies ist eine wesentliche Änderung gegenüber den Bestimmungen des § 16 der BauNVO aus dem Jahre 1977. Grund- und Geschoßflächenzahl sind Verhältniswerte. Mit der Geschoßflächenzahl ist es nicht möglich, die Höhe baulicher Anlagen zu bestimmen. Die Zielrichtung der Geschoßflächenzahl ist eine ganz andere. Eine bestimmte Baumasse kann bei einer festgesetzten Geschoßflächenzahl ganz unterschiedlich entwickelt und geordnet werden.

In einem Bebauungsplan kommt es heute mehr denn je darauf an, Maßstabsveränderungen durch fehlgeleitete Höhenentwicklung zu verhindern. Die Festsetzung der Höhe der Gebäude kann dazu beitragen.

Insoweit ist es folgerichtig, wenn der Gesetzgeber in diesen Fällen verlangt, daß konkrete Aussagen über die zulässige Zahl der Vollgeschosse oder/und die Höhe der Gebäude im Bebauungsplan gemacht werden. Da z. B. nach der Landesbauordnung von Baden-Württemberg die Vollgeschoßhöhe nach oben keine direkte Begrenzung erfährt, kann es sogar notwendig werden, die Zahl der Vollgeschosse und die Gebäudehöhe festzusetzen.

Nach § 16 Abs. 4 BauNVO ist es möglich für alle Bestimmungsfaktoren, Höchst- oder Mindesmaße oder diese zwingend festzusetzen.

Mit der Landesbauordnung Baden-Württemberg (LBO BW 84) wurde der Begriff „Vollgeschosse" neu bestimmt. Danach sind Vollgeschosse solche Geschosse, — Vollgeschoß

„die mehr als 1,40 m über die festgelegte, im Mittel gemessene Geländeoberfläche hinausragen und mindestens 2,30 m hoch sind" (§ 2 Abs. 5 LBO BW 84).

Die Geschosse werden
von der Oberkante Fußboden bis Oberkante Fußboden der darüberliegenden Decke
und
beim obersten Geschoß bis Oberkante Dachhaut gemessen.
Die Mindesthöhe von 2,30 m muß über mindestens $^3/_4$ der Grundfläche des darunterliegenden Geschosses vorhanden sein.

In diesem Zusammenhang kommt der im Mittel gemessenen Geländeoberfläche und der Wandhöhe eine besondere Bedeutung zu. Beide Begriffe werden in § 6 (4) LBO BW 84 definiert. — Im Mittel gemessene Geländeoberfläche

Wandhöhe ist das Maß von der festgelegten Geländeoberfläche bis zum Schnittpunkt der Wand mit der Dachhaut oder bis zum oberen Abschluß der Wand. — Wandhöhe
Zur Festlegung der Geländeoberfläche sind das vorhandene und das künftige Gelände entlang den Giebelseiten durch Schnitte und Ansichten nachzuweisen. Ergeben sich dabei unterschiedliche Höhen, so ist die im Mittel gemessene Wandhöhe maßgebend.

§ 18 BauNVO verpflichtet die Planungsträger, im Falle der Festsetzung der Höhe baulicher Anlagen die Bezugspunkte als Bemessungsgrundlage dafür zu bestimmen. — Bezugspunkte

In der städtebaulichen Planungspraxis werden neben der Geschoß- und der Wandhöhe drei weitere Bestimmungsfaktoren für die Höhe eines Gebäudes verwendet.

Gebäudehöhe:	Abstandsmaß von Oberkante Erdgeschoß-Rohboden bis Schnittpunkt Außenwand mit Oberkante Dachhaut oder Abstandsmaß von Oberkante festgelegte Geländeoberfläche bis Schnittpunkt Außenwand mit Oberkante Dachhaut	Gebäudehöhe
Traufhöhe:	Abstandsmaß von Oberkante festgelegte Geländeoberfläche bis Oberkante Dachhaut am Traufgesims	Traufhöhe

Firsthöhe	Abstandsmaß von Oberkante Erdgeschoß-Rohboden bis Oberkante Dachhaut des Firstes (Variante wie bei Gebäudehöhe möglich)

Nachvollziehbarkeit

Der Gesetzgeber muß bei der Formulierung von § 18 Abs. 1 BauNVO davon ausgegangen sein, daß die festzulegenden „Bezugspunkte“ jederzeit nachvollziehbar sind. Dieses Nachvollziehen sollte m. E. auch im Falle eines Rechtsstreites während der Bauausführung gewährleistet sein. Somit kommen nur Punkte in Frage, die z. B. am Rohbau feststellbar sind. Die festgelegte Geländeoberfläche ist dafür ungeeignet.

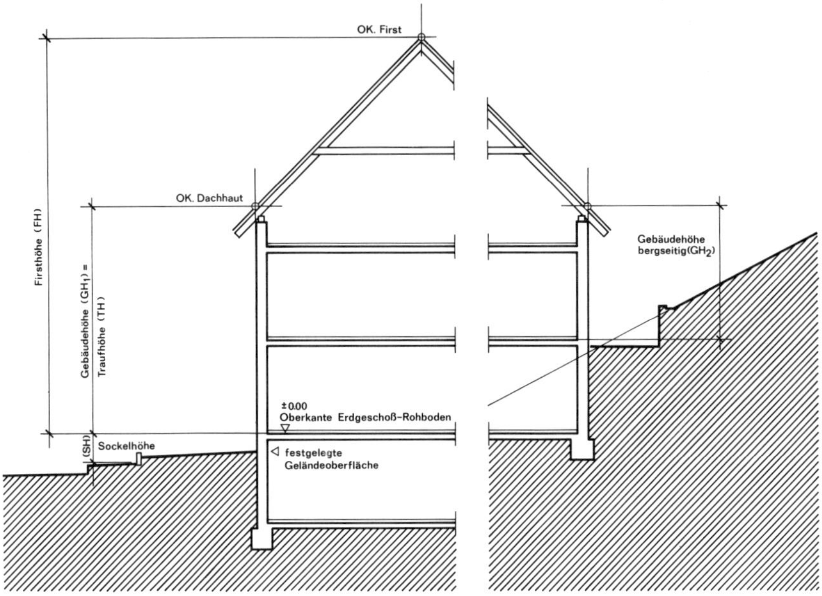

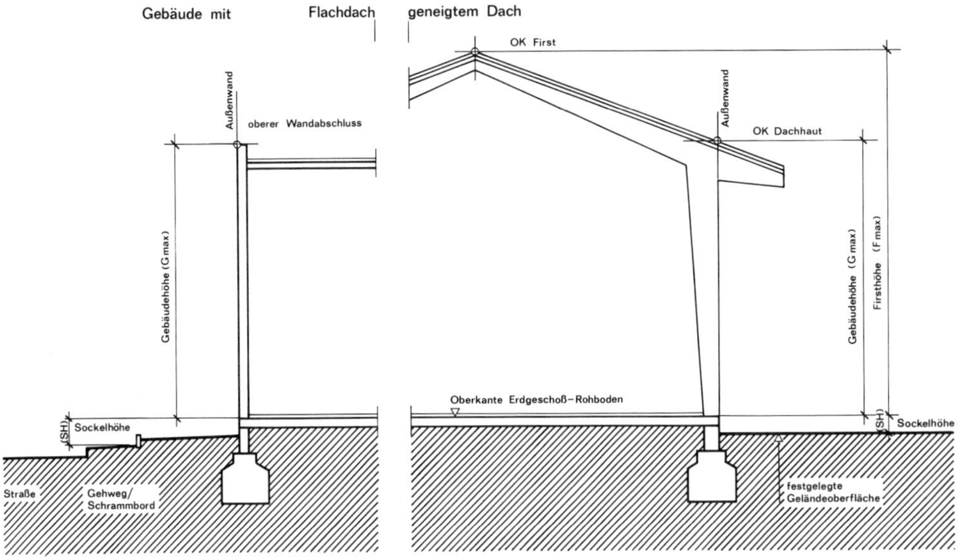

Planungsrechtliche Festsetzungen werden durch Zeichnung, Schrift und Text vorgenommen. Die Darstellung sollte dabei einem Höchstmaß an Lesbarkeit, Übersichtlichkeit und Genauigkeit genügen. Gerade im zeichnerischen Teil des Bebauungsplanes ist mit seinen vielen Einzelaussagen darauf zu achten. Die „Nutzungsschablone" ist hierfür sehr gut geeignet.

Nutzungsschablone

Art der baul. Nutzung	Gebäudehöhe/ Vollgeschosse
Grundflächenzahl	Geschoß-+) flächenzahl
Bauweise	Dachform Dachneigungen

WA	GH/VG
GRZ	GFZ +)
0	SD/35-45°

+) im Ausnahmefall

Die Nutzungsschablone enthält von oben nach unten in den Spalten 1 und 2 Rechtsaussagen über die Art und das Maß der baulichen Nutzung. Sie zählen zu den Mindestfestsetzungen nach § 30 (1) BauGB. Die Rechtsaussagen in der Spalte 3 sind den weitergehenden Regelfestsetzungen zuzuordnen, wie sie auf Seite 165 zusammenfassend dargestellt sind. Sie haben planungsrechtlichen und bauordnungsrechtlich gestalterischen Charakter. Um Fehlerquellen auszuschalten, sollte die Nutzungsschablone innerhalb der dazugehörenden überbaubaren Grundstücksfläche angeordnet werden.

Sockelhöhe

Mit der Festsetzung der Gebäudehöhe wird dem Planungsrecht nach den §§ 16 und 18 BauNVO Genüge getan. Für die Bauausführung fehlt aber noch ein Bezugsmaß zur Höhenlage der öffentlichen Verkehrsfläche. Diese Bezugshöhe wird als „Sockelhöhe" bezeichnet. Sie ist abhängig von der Topographie des Geländes, einem eventuell höher anstehenden Grundwasserspiegel und sollte auf die Mitte der Gebäudelänge parallel zur öffentlichen Erschließungsfläche bezogen sein. Das Maß der Sockelhöhe wird in der Regel im Textteil (Bebauungsvorschriften) festgesetzt.

Dabei ist zu beachten, daß der Genauigkeitsgrad der Sockelhöhe im Planungsstadium abhängig ist vom Genauigkeitsgrad der Höhenlage der Planstraße.

Über die Festsetzung der Gebäudehöhe ist es auch möglich, die Gebäudestellung und die Querschnittsform eines Gebäudes in hängigem Gelände nachhaltig zu beeinflussen. Dazu ist es notwendig, unterschiedlich große Gebäudehöhen berg- und talseitig festzusetzen.

Höchstwerte der baulichen Nutzung

Die höchstzulässigen Werte der baulichen Nutzung (Höchstwerte) sind in § 17 (1) BauNVO geregelt. Die Art der baulichen Nutzung (Baugebiet) bestimmt die Höchstwerte von Grundflächen- (GRZ), Geschoßflächen- (GFZ) und Baumassenzahl (BMZ). Eine weitere Unterteilung nach der Zahl der Vollgeschosse, wie dies früher der Fall war, unterbleibt. Die Städte und Gemeinden setzen innerhalb dieser Grenzen die rechtsverbindlichen Ausnutzungszahlen im Bebauungsplan fest. Von den Höchstwerten darf nur in wenigen, besonders begründeten Fällen nach § 17 (2) BauNVO abgewichen werden.

Planungsrechtliche Möglichkeiten zur Festsetzung einer unterschiedlichen Zahl an Vollgeschossen:

- Zahl der Vollgeschosse als Höchstgrenze und mit Höhenbeschränkung (mHB) sowie reduzierter GFZ. Die Flächen, für die die reduzierten Höhen gelten sollen, können durch eine weiterentwickelte Linie für die Abgrenzung unterschiedlicher Nutzungen voneinander getrennt dargestellt werden.
- Geschoßweise unterschiedlich festgesetzte überbaubare Grundstücksflächen im Sinne von § 16 (5) BauNVO.

- Überbaubare Grundstücksfläche

Zu den Mindestfestsetzungen nach § 30 BauGB zählt auch die überbaubare Grundstücksfläche. Sie ist eine Teilfläche des Baulandes/der Grundstücksflächen, die in der vorgeschriebenen Art und bis zu dem festgesetzten Maß der baulichen Nutzung bebaut werden darf. Bei einer Grundflächenzahl von 1,0 ist die überbaubare Grundstücksfläche gleich der Baugrundstücksfläche. Die überbaubare Grundstücksfläche kann nach § 23 BauNVO durch

Baulinien, (Absatz 2), Baugrenzen (Absatz 3) oder Bebauungstiefen (Absatz 4)

abgegrenzt werden. Die unterschiedliche Rechtswirksamkeit der Linien regeln die Absätze 2, 3 von § 23 BauNVO. Mit diesen Linien werden Flächen abgegrenzt. Diese können mehrere oder auch nur eine Baugrundstücksfläche überdecken. Je kleiner die überbaubare Grundstücksfläche ist, um so enger ist der Handlungs- und Gestaltungsspielraum für Bauherr und Architekt.

Bei der Festsetzung einer Bebauungstiefe wird das Tiefenmaß der Überbaubarkeit, ausgehend von der Straßenbegrenzungslinie, festgesetzt.

Die überbaubare Grundstücksfläche zählt zu den drei Flächenfestsetzungen, die im Bebauungsplan unverzichtbar sind. Es sind dies:

die öffentlichen Verkehrsflächen
die überbaubaren Grundstücksflächen
die nicht überbaubaren Grundstücksflächen

Die öffentlichen Verkehrsflächen bilden in der Regel ein in sich geschlossenes Netz. Mit dieser Festlegung wird u. a. das Bauland ausgeschieden, das sich in überbaubare und nicht überbaubare Grundstücksflächen (privat/öffentlich) gliedert (§ 9 Abs. 1 Ziffer 2 BauGB). Aus Gründen eines sparsamen und schonenden Umgangs mit Grund und Boden können für Wohnbaugrundstücke Höchstmaße festgesetzt werden (§ 9 Abs. 1 Ziffer 3 BauGB). Ebenso ist es möglich, für die Größe, Breite und Tiefe der Baugrundstücke Mindestmaße zu bestimmen. Enthalten Bebauungspläne weitergehende Aussagen über den Zuschnitt der Grundstücksfläche, so handelt es sich nur um Hinweise für eine nachfolgende Bodenordnung.

Netz der öffentlichen Verkehrsflächen

Höchst- und Mindestmaße für Wohnbaugrundstücke

Mit den überbaubaren Grundstücksflächen ist die Lage der Gebäude im Bauland grundsätzlich bestimmt. Mit ihrem Zuschnitt und der Abgrenzung durch Baulinien kann eine noch genauere Lagebestimmung erreicht werden. Die Stellung der Gebäude innerhalb der überbaubaren Grundstücksfläche kann darüber hinaus zusätzlich durch weiterentwickelte Planzeichen (z. B. Firstrichtung) detailliert werden. Außerhalb der überbaubaren Grundstücksflächen sind, wenn der Bebauungsplan nichts anderes festsetzt, kleinere Nebengebäude und Garagen zulässig (§ 14 Abs. 1 und § 23 Abs. 5 BauNVO).

Lage und Stellung der Gebäude

- Öffentliche Verkehrsfläche
  Die öffentliche Verkehrsfläche wird durch die Straßenbegrenzungslinie (Planz. 6.2) abgegrenzt.

  Gebäude dürfen nach § 4 LBO BW 84 nur dann auf einem Grundstück errichtet werden, wenn
  - das Grundstück in angemessener Breite an einer befahrbaren öffentlichen Verkehrsfläche liegt
    oder
  - das Grundstück eine befahrbare, öffentlich-rechtlich gesicherte Zufahrt zu einer befahrbaren öffentlichen Verkehrsfläche hat. Bei Wohnwegen kann dann auf die Befahrbarkeit verzichtet werden, wenn keine Bedenken wegen des Brandschutzes bestehen.

Mindestens 3,0 bis 4,0 m Breite sind als angemessen für den Zugang zu einem Grundstück anzusehen. Der Verzicht auf die Befahrbarkeit ist bei kleineren Reihenhauszeilen oder bei Zeilenbauten denkbar.

Die Gestaltung der öffentlichen Verkehrsflächen richtet sich nach den Nutzungsansprüchen. Ein Teil der Nutzungsansprüche besteht nur zeitweise. In vielen Fällen ist es auch nicht möglich, für jeden Nutzungsanspruch im Entwurf eine besondere Fläche vorzusehen. Nach der EAE 85 ist „aufgrund der Nutzungsintensitäten und der Nutzungszeiten ... vielmehr zu prüfen, ob für den Entwurf des Straßenraums von

Planung und Gestaltung der öffentlichen Verkehrsflächen nach Nutzungsansprüchen

Mischungsprinzip
Trennungsprinzip

- einer Mischnutzung
- oder einer getrennten Nutzung

auszugehen ist." Die EAE 85 unterscheidet drei Entwurfsprinzipien für die bauliche Gestaltung:

- Trennungsprinzip ohne Geschwindigkeitsdämpfung
- Trennungsprinzip mit Geschwindigkeitsdämpfung
- Mischungsprinzip

Beim Trennungsprinzip wird für den Fahrverkehr die Fahrbahn durch Borde oder Rinnen baulich von den anderweitig genutzten Verkehrsflächen getrennt. Beim Mischungsprinzip wird versucht, durch die nicht „nur punktuellen Entwurfs- und Gestaltungsmaßnahmen auch in den Fahrbahnen/Fahrgassen mehrere Nutzungen möglichst weitgehend miteinander verträglich zu machen."

Funktionale Differenzierung der Verkehrsflächen

Die funktionale Differenzierung der Verkehrsflächen reicht von der

HSS	Hauptsammelstraße
SS	Sammelstraße
AS	Anliegerstraße
	bis zum
AW	Anliegerweg

Auch planungsrechtlich sollte eine Differenzierung im Sinne dieser Funktionsunterscheidungen erfolgen. So können Verkehrsflächen, die nach dem Mischungsprinzip konzipiert und gestaltet sind, als Verkehrsflächen besonderer Zweckbestimmung festgesetzt werden (Planzeichen 6.3). Dabei kann die besondere Zweckbestimmung noch näher bezeichnet werden, z. B. Fußgängerbereich, öffentliche Parkfläche.

4.3 WEITERGEHENDE REGELFESTSETZUNGEN

- Bauweise
  Nach § 22 (1) BauNVO setzt der Bebauungsplan die Bauweise als

  offene oder geschlossene Bauweise

  fest. Diese beiden Festsetzungsarten können, soweit erforderlich, durch eine abweichende Bauweise (besondere) ersetzt werden (§ 22 Abs. 4 BauNVO).

Bestimmung der Art der Bauweise

Die Bestimmung der Art der Bauweise richtet sich nach der Längenentwicklung parallel zur öffentlichen Verkehrsfläche. So zählt ein Gebäude auch dann noch zur offenen Bauweise, wenn es bis zu 50 m Länge erreicht und an den Giebelseiten die notwendigen seitlichen Abstandsflächen eingehalten werden. Der offenen Bauweise sind Einzelhäuser, aber auch Doppelhäuser und Hausgruppen zuzuordnen. Im Bebauungsplan können diese durch besondere Planzeichen festgesetzt werden. (△E △D △H).

Bei der geschlossenen Bauweise beträgt die Gebäudelänge mehr als 50 m. Überschreitet die überbaubare Grundstücksfläche diese Längenentwicklung parallel zur öffentlichen Verkehrsfläche und erfolgt im Zuge der Bodenordnung eine Unterteilung der privaten Grundstücksfläche mit seitlichen Grundstücksgrenzen, so muß an diese angebaut werden.

Neben diesen beiden Regelfestsetzungen kann, soweit erforderlich, nach § 22 (4) BauNVO eine abweichende Bauweise festgesetzt werden. In den Bebauungsplänen wird sie auch als „besondere Bauweise" bezeichnet und mit b gekennzeichnet. Als eine besondere Bauweise werden u. a. bezeichnet:

Halboffene Bebauung
Kettenbebauung
Zeilenbebauung
Teppichbebauung

Charakteristika für diese Bebauungen sind:

Besondere Bauweise

Halboffene Bebauung	Das Gebäude muß an eine der seitlichen Grundstücksgrenzen gebaut werden und hält von der anderen die gesetzlich vorgeschriebene Abstandsfläche ein.
Kettenbebauung	Die Gebäude einer ganzen Reihe bestehen aus tiefen Hauskörpern und dazwischenliegenden schmalen Nebenkörpern.
Zeilenbebauung	Der Baukörper steht mit der Giebelseite zur öffentlichen Verkehrsfläche und entwickelt sich mit der Traufseite in die Tiefe des Baulandes.
Teppichbebauung	Flächenhafte Überbauung mit Gartenhofhäusern.

Da neben den vier genannten Bauweisen auch noch andere denkbar sind, d. h. die Besonderheiten sehr vielfältig sein können, ist die „besondere Bauweise" grundsätzlich im Textteil des Bebauungsplanes (Bebauungsvorschriften) zu erläutern.

Mit der Festlegung der überbaubaren Grundstücksfläche und der Bauweise stellt sich indirekt oder direkt auch die Frage nach der Einhaltung von Abstandsflächen.

Nach § 6 LBO BW 84 müssen vor den Außenwänden von Gebäuden Abstandsflächen liegen, die von oberirdischen baulichen Anlagen freizuhalten sind. Mit der Einhaltung von Abstandsflächen zwischen den Gebäuden und den Grundstücksgrenzen soll eine ausreichende Belüftung und Belichtung der Gebäude und der nicht bebauten Grundstücksteile erreicht werden. Gleichzeitig sollen diese Freihalteflächen auch dem nachbarlichen Wohnfrieden dienen. Abstandsflächen sind dann nicht einzuhalten, wenn das Gebäude an die seitliche Grundstücksgrenze gebaut werden muß oder wenn das Gebäude an die Grenze gebaut werden darf und öffentlich-rechtlich gesichert ist, daß vom Nachbargrundstück aus angebaut wird.

§ 6 der LBO BW 84 schreibt vor:

Abstandsflächen

- Abstandsflächen müssen auf dem Grundstück liegen. Sie dürfen auch auf öffentliche Verkehrsflächen, Grünflächen oder öffentliche Wasserflächen übertragen werden (bei beidseitig anbaubaren Flächen bis zur Mitte).

- Abstandsflächen dürfen sich nicht überdecken. (Bei einem Winkel von mehr als 75° der Außenflächen gilt dies nicht.)

- Die Tiefe der Abstandsfläche bemißt sich nach der Wandhöhe. Die Anrechnung der Höhe eines Giebelbereiches ist von der Dachneigung abhängig (> 45° = 0,25; > 70° = 1,0).

- Die Tiefe der Abstandsfläche richtet sich nach der besonderen Art der baulichen Nutzung. Sie beträgt in der Regel 0,8 der Wandhöhe, in Kerngebieten und in besonderen Wohngebieten 0,5, in Gewerbe- und Industriegebieten 0,25.

  Von diesen Regelabstandsflächen gibt es Ausnahmen nach dem Schmalseitenprivileg und bei Stellplätzen, Terrassen, Treppen, Rampen, Pergolen.

- Flächen für Nebenanlagen, Stellplätze und Garagen
  Nach § 39 (1) LBO BW 84 sind

Notwendige Stellplätze

„bei der Errichtung baulicher und anderer Anlagen, bei denen ein Zu- und Abfahrtsverkehr zu erwarten ist, geeignete Stellplätze in ausreichender Zahl und Größe herzustellen. Zahl und Größe dieser Stellplätze richten sich nach der Art und Zahl der vorhandenen und zu erwartenden Kraftfahrzeuge der ständigen Benutzer und der Besucher der Anlagen."

Planungsrechtlich sind Stellplätze und Garagen nach § 9 (1) Ziffer 4 oder 22 BauGB zu behandeln.
Die Stellplatz- und Garagenbauverpflichtung kann auf verschiedene Art erfüllt werden:

Alternative Lösungen zur Erfüllung der Stellplatzverpflichtung

- Die notwendigen Stellplätze und Garagen sind auf dem Baugrundstück herzustellen (Regelfall). Planungsrechtlich erfolgt die Festsetzung als St und Ga. Mit dem Zeichen 15.3 werden die entsprechenden Flächen abgegrenzt. Je nach der Art der Garagen kann es sich auch um eine überdeckte Garage (ÜGa) oder um eine Tiefgarage (TGa) handeln.

- Die notwendigen Stellplätze und Garagen sind in zumutbarer Entfernung davon auf einem geeigneten Grundstück herzustellen. Die zumutbare Entfernung ist je nach der Art der Benutzer im Einzelfall zu bestimmen.

- Die notwendigen Stellplätze und Garagen sind mit Zustimmung der Gemeinde auf einem geeigneten Grundstück in der Gemeinde herzustellen.

- Ist die Herstellung nicht oder nur unter großen Schwierigkeiten möglich, so kann der Bauherr seine Verpflichtung auch dadurch erfüllen, daß er an die Gemeinde einen Geldbetrag bezahlt (Ablösung).

Der Gesetzgeber schreibt demnach eine bestimmte Reihenfolge der alternativen Lösungen vor. Nach Sauter (Kommentar zur LBO BW 84) hat die Beteiligung an einer Gemeinschaftsanlage (§ 9 Abs. 1 Ziffer 22 BauGB, GSt oder GGa) dabei Vorrang.

Neben diesen privaten Stellplätzen gibt es die Stellplätze innerhalb der öffentlichen Verkehrsflächen (P). Sie können z.B. auch als Verkehrsfläche besonderer Zweckbestimmung festgesetzt werden.

Anrechenbarkeit

Was die planungsrechtliche Anrechenbarkeit der Grundfläche überdeckter Stellplätze und Garagen anbetrifft, so sind die Grundflächen bis 0,1 (10%) der Grundstücksfläche nicht anzurechnen, soweit § 19 (4) BauNVO nicht entgegensteht. In allen übrigen Fällen sind Vorschriften nach den Absätzen 3, 4 und 5 § 21a BauNVO zu beachten. Besondere Aufmerksamkeit bedarf hierbei die Festsetzung von Tiefgaragen im Bebauungsplan.

- Flächen für Gemeinbedarf

Unter dem Gemeinbedarf versteht man bauliche Anlagen und Einrichtungen, die der Allgemeinheit dienen. Sie werden in § 5 (2) Ziffer 2 BauBG näher beschrieben. Es sind Anlagen und Einrichtungen, die den Dienstleistungen zuzuordnen sind (§ 9 Abs. 1 Ziffer 5 BauGB), wie

öffentliche Verwaltungen
Schulen und Kindergärten
Kirchen und kirchlichen Zwecken dienende Gebäude und Einrichtungen
Gesundheitlichen, sozialen und kulturellen Zwecken dienende Gebäude und Einrichtungen
Sporthallen und sonstigen sportlichen Zwecken dienende Gebäude und Einrichtungen
Schutzbauwerke
Gebäude und Einrichtungen der Feuerwehr

Flächen für den Gemeinbedarf Besonderheit der Nutzung

Mit der Ausweisung „Fläche für den Gemeinbedarf" nach § 9 (1) Ziffer 5 BauGB ist gleichzeitig die Art der baulichen Nutzung zu bestimmen. Dabei sind die Zeichen nach Ziffer 4 der Planzeichenverordnung zu verwenden.

Flächen für den Gemeinbedarf sind Baugrundstücksflächen, für die auch das Gebot zur Festsetzung des Maßes der baulichen Nutzung, einer überbaubaren Grundstücksfläche sowie der Bauweise Gültigkeit hat. Da solche bauliche Anlagen jedoch keiner festen Gebäudetypologie zugeordnet werden können, wie dies z. B. im Wohnen möglich ist, werden in der Regel die Festsetzungen großzügig getroffen und auf ein Mindestmaß beschränkt.

- Versorgungsflächen
  Versorgungsflächen dienen der Aufnahme aller Anlagen und Einrichtungen, die für die technische Ver- und Entsorgung eines Baugebietes bestimmt sind. Dazu zählen Anlagen und Einrichtungen für Elektrizität, Gas, Fernwärme, Wasser, Abwasser, Abfall.

- Öffentliche und private Grünflächen
  Grundsätzlich handelt es sich hier um Flächen, die nicht durch Bauland überlagert werden können. Die Zuweisung der Grünflächen in das Eigentum der öffentlichen Hand oder als Privateigentum ist unwesentlich. Nach § 9 (1) Ziffer 15 BauGB sind öffentliche oder private Grünflächen:

Arten von Grünflächen

Parkanlagen
Dauerkleingärten
Sport-, Spiel-, Zelt- und Badeplätze
Friedhöfe

Die allgemeine Regel der „nicht bebaubaren Fläche" schließt jedoch nicht aus, daß in einem näher bestimmten Umfang auf diesen Flächen auch bauliche Anlagen zulässig sein können, die für das Ausüben der vollen Nutzungsart unerläßlich sind. Dazu können z. B. zählen: Kiosk, Pavillon, Vereinsheim, Aussegnungshalle, Friedhofkapelle. Die Standorte solcher baulichen Nutzungen sind durch eine überbaubare Grundstücksfläche innerhalb der Grünflächen zu bestimmen.

Bebaubarkeit in einem näher bestimmten Umfang

Eine Sonderstellung begrünter Flächen nehmen die Grünflächen ein, die den öffentlichen Verkehrsflächen zuzuordnen sind. Sie können auch nicht als Grünflächen im Sinne von § 9 (1) Ziffer 15 festgesetzt werden, sondern sind rechtlicher Bestandteil der öffentlichen Verkehrsflächen und werden im Bebauungsplan mit dem weiterentwickelten Planzeichen „V" kenntlich gemacht.

Verkehrsgrün

- Mit Geh-, Fahr- und Leitungsrechten zu belastende Flächen.
  Geh-, Fahr- und Leitungsrechte sind Lasten auf privaten/öffentlichen Grundstücksflächen, die zugunsten eines begrenzten Personenkreises, der Allgemeinheit oder eines Erschließungsträgers ausgesprochen werden. Sie dienen vorwiegend der Erschließung von Baugrundstücksflächen, die nicht an eine öffentlich-rechtlich gesicherte Verkehrsfläche angeschlossen sind und somit nicht bebaut werden könnten (vgl. § 4 Abs. 1 LBO BW 84).

Mit Geh-, Fahr- und Leitungsrechten zu belastende Flächen

Die Geh-, Fahr- und Leitungsrechte stellen einen Eingriff in die Nutzung des Privateigentums dar. Sie sind in der Begründung zum Bebauungsplan zu behandeln.

Absprache mit den Betroffenen
Erläuterung in der Begründung

Geh- und Fahrrechte werden notwendig, wenn es darum geht, zurückliegende Grundstücke ordnungsgemäß verkehrlich zu erschließen oder private Vorplatzflächen vor Geschäften und Dienstleistungen der Öffentlichkeit allgemein zugänglich zu machen. Leitungsrechte werden für die Führung von Ver- und Entsorgungsleitungen notwendig. Dies trifft in besonderem Maße bei Bebauungen in hängigem Gelände zu. Oft können tiefer liegende Baugrundstücke nicht mehr in die höher liegenden Anliegerstraßen entwässert werden. Die Abwasserleitung ist dann über das noch weiter tiefer liegende Baugrundstück bis zur nächsten Anliegerstraße zu führen. Für die Darstellung im Bebauungsplan ist das Planzeichen 15.5 auf der zu belastenden Fläche zu verwenden.

- Die Flächen für Gemeinschaftsanlagen für bestimmte räumliche Bereiche
  Bei den Gemeinschaftsanlagen nach § 9 (1) Ziffer 22 BauGB handelt es sich ausschließlich um private Anlagen. (Siehe Sauter „Landesbauordnung BW, Kommentar" zu § 12 LBO.)

Private Anlagen

Sie sind für einen genau begrenzten räumlichen Bereich bestimmt und dienen in der Regel zur Ergänzung der Wohnnutzung. Deshalb werden sie auch den Anlagen und Einrichtungen des Wohnumfeldes zugeordnet. Neben den Stellplätzen und Garagen gehören dazu auch Kinderspielplätze und Freizeiteinrichtungen. Gerade diese Flächen und Einrichtungen wurden notwendig, da sich das Wohnverhalten in den letzten Jahren gewandelt hat. Die Ausstattung eines Wohngebietes mit Flächen und Räumen für Geselligkeit, Erholung und schöpferische Tätigkeiten ist heute ein fester Bestandteil der Bebauungsplanung.

- Anpflanzen und Erhalten von Bäumen und Sträuchern

Geordnete städtebauliche Entwicklung in einer menschenwürdigen Umwelt

Die Bebauungspläne haben nicht nur die Voraussetzungen für eine geordnete städtebauliche Entwicklung zu schaffen, sondern auch eine menschenwürdige Umwelt zu sichern und die natürlichen Lebensgrundlagen zu schützen. Dazu ist die konsequente Einbeziehung von Bewuchs und Wasser in die Planung unerläßlich. Solitärbäume, Baumgruppen, Streuobstbepflanzungen, Alleen, Sträucher an Böschungen sind u. a. bestimmende Grünelemente. Sie können neben dem Wald die Eigenart eines Landschaftsbildes prägen. Im bebauten Bereich tragen sie zu einer Verbesserung des Wohnumfeldes, der Freiraumqualitäten und des Ortsbildes bei. Gleiches gilt für das Wasser als Bachlauf, Biotop oder See.

Festsetzungen in einem Bebauungsplan für

- das Anpflanzen von Bäumen, Sträuchern und sonstigen Bepflanzungen
- Bindungen für Bepflanzungen und für die Erhaltung von Bäumen, Sträuchern und sonstigen Bepflanzungen sowie von Gewässern

sind heute unerläßlich.

Pflanz- und Erhaltungsgebote für öffentliche Flächen

Ein Pflanz- und Erhaltungsgebot nach § 9 (1) Ziffer 25 BauGB kann sowohl für öffentliche wie private Grundstücksflächen ausgesprochen werden. Bei den öffentlichen Grundstücksflächen konzentrieren sich die Festsetzungen auf die Verkehrs-, die Gemeinbedarfs- und die Grünflächen. Sie verfolgen dabei einen gestalterischen und/oder schützenden Zweck. Dazu zählen die alleeartige Bepflanzung mit standortgerechten Bäumen von Sammel- und Anliegerstraßen, die Begrünung von Anliegerwegen mit Mischnutzung, die Überstellung von öffentlichen Parkflächen mit Bäumen, die systematische Hochbegrünung von Lärmschutzwällen und Lärmschutzwänden.

Pflanz- und Erhaltungsgebote auf den privaten Grundstücksflächen sind grundsätzlich möglich, bedürfen aber einer besonderen Sorgfalt in der Abwägung. Pflanz- und Erhaltungsgebote für standortgerechte Bäume können zu einer besseren Eingliederung von Neubaugebieten in das Landschaftsbild beitragen. Dazu zählt auch ein Gebot für Heckenbepflanzungen an der Nahtstelle von bebautem Bereich und Außenbereich.

Pflanz- und Erhaltungsgebote für private Flächen

In Ergänzung zu den planungsrechtlichen Festsetzungsmöglichkeiten nach dem Baugesetzbuch ist der Inhalt von § 10 (1) und (2) der LBO BW zu sehen. Danach sind die nicht überbauten Flächen der bebauten Grundstücke grundsätzlich

als Grünflächen anzulegen oder gärtnerisch zu unterhalten.

Diese Verpflichtung gilt für Kleinsiedlungs- und Wohngebiete, für Misch-, Kern-, Gewerbe- und Industriegebiete. Von dieser Begrünungspflicht sind bei den zwei zuerst genannten Baugebieten die Stellplatzflächen, bei den übrigen die Arbeits- oder Lagerflächen ausgenommen.

4.4 ZEICHNERISCHER TEIL

Städtebaulicher Gestaltungsplan

Der städtebauliche Gestaltungsplan ist ein Teil der endgültigen Planfassung des Bebauungsplanes. Er enthält die Summe aller gestalterischen Aussagen und bildet die Grundlage für den zeichnerischen Teil des Bebauungsplanes. Er wird beigefügt.

Baden-Baden 1986
Hangarter + Partner

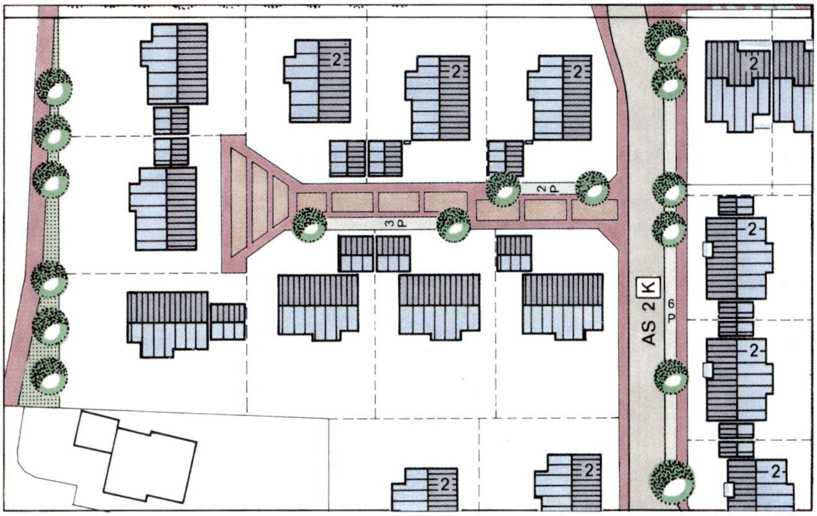

Wohnen

Städtebaulicher Gestaltungsplan (Ausschnitt 1)

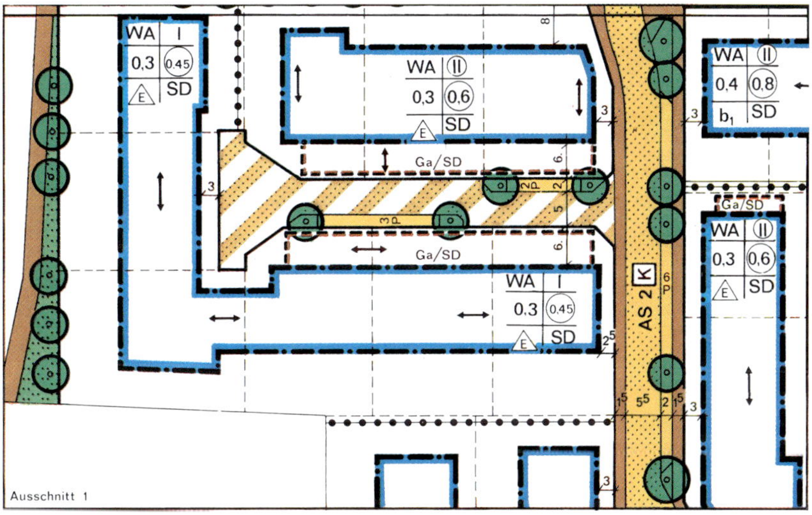

Zeichnerischer Teil des Bebauungsplanes

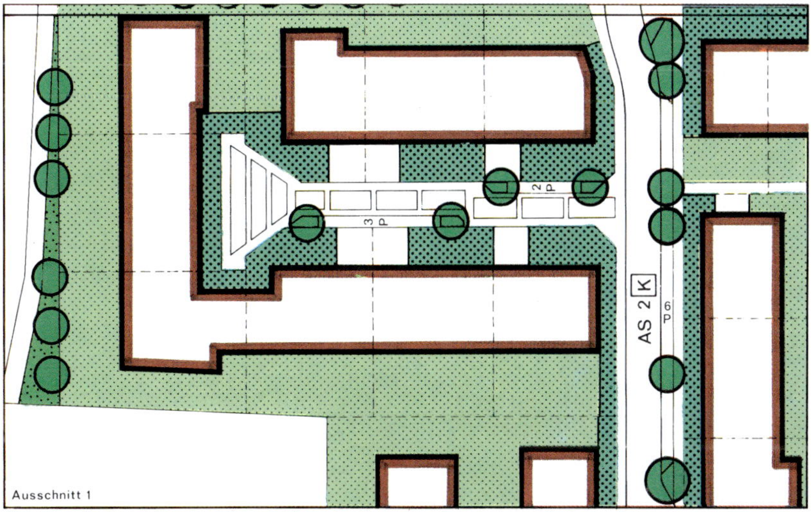

Grünordnungsplan

Planzeichen

-PlanzV 81-

1. Art der baulichen Nutzung

WA — Allgemeines Wohngebiet (§ 4 BauNVO)

2. Mass der baulichen Nutzung
(§ 9 Abs. 1 Nr. 1 BauGB)

Zahl der Vollgeschosse (Z)

II — Als Höchstgrenze
I-II — Als Mindest- und Höchstgrenze
(II) — Zwingend

3. Bauweise (§ 9 Abs. 1 Nr. 2 BauGB)

E — Nur Einzelhäuser zulässig

D — Nur Doppelhäuser zulässig

H — Nur Hausgruppen zulässig

ED — Nur Einzel- und Doppelhäuser zulässig

b — Besondere (abweichende) Bauweise

Baulinie (§ 23 Abs. 2 BauNVO)

Baugrenze (§ 23 Abs. 3 BauNVO)

Geplante Grundstücksgrenze

4. Flächen für den Gemeinbedarf (§ 9 Abs. 1 Nr. 5 BauGB)

Baugrundstück für den Gemeinbedarf

5. Verkehrsflächen
(§ 9 Abs. 1 Nr. 11 BauGB)

Strassenverkehrsfläche

P — Öffentliche Stellplätze

Verbot der Ein- und Ausfahrt

Befahrbarer Wohnweg

Radweg, Fussweg

6. Flächen für Versorgungsanlagen (§ 9 Abs. 1 Nr. 12 u. 14 BauGB)

Baugrundstück für Versorgungsanlagen

Elektrizität /Umformerstation

7. Grünflächen
(§ 9 Abs. 1 Nr. 15 BauGB)

Öffentliche Grünfläche

Spielplatz

Private Grünfläche / Nutzgarten

Pflanzgebot für Bäume

8. Flächen für Nebenanlagen
(§ 9 Abs. 1 Nr. 4 und 22 BauGB)

Baugrenze

St — Stellplätze
GSt — Gemeinschaftsstellplätze
Ga — Garagen
GGa — Gemeinschaftsgaragen

9. Sonstige Darstellungen und Festsetzungen

Abgrenzung unterschiedlicher Nutzung

Baugestaltung (§ 73 LBO)

Firstrichtung
SD — Satteldach
WD — Walmdach
PD — Pultdach
D — Geneigtes Dach

Mauer $H_{max.}$ = 1.50m zulässig

Nutzungsschablone

Baugebiet	Zahl der Vollgeschosse
Grundflächenzahl	Geschossflächenzahl
Bauweise	Dachform/ Dachneigung

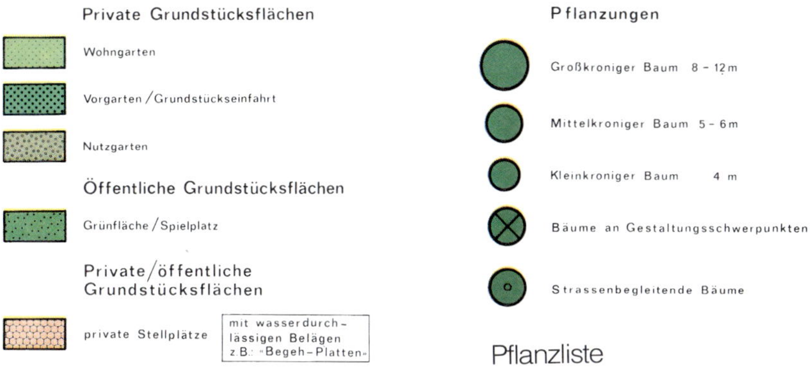

Pflanzliste

Planzeichen für den Grünordnungsplan (weiterentwickelte Planzeichen)

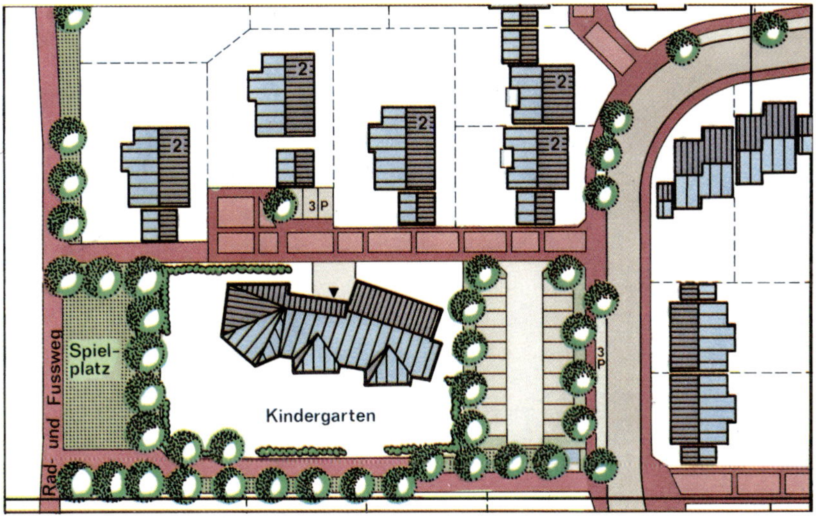

Wohnen
Gemeinbedarf
Grün

Städtebaulicher Gestaltungsplan (Ausschnitt 2)

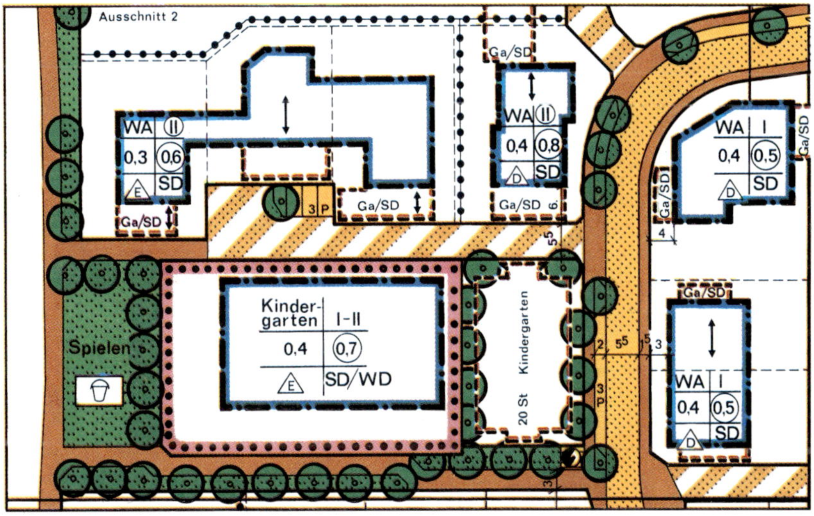

Zeichnerischer Teil des Bebauungsplanes

Baugrundstück für den Gemeinbedarf (Kindergarten)
Öffentliche Grünfläche (Spielplatz)
Pflanzgebot für hochstämmige Bäume

Städtebaulicher Gestaltungsplan (Ausschnitt 3)

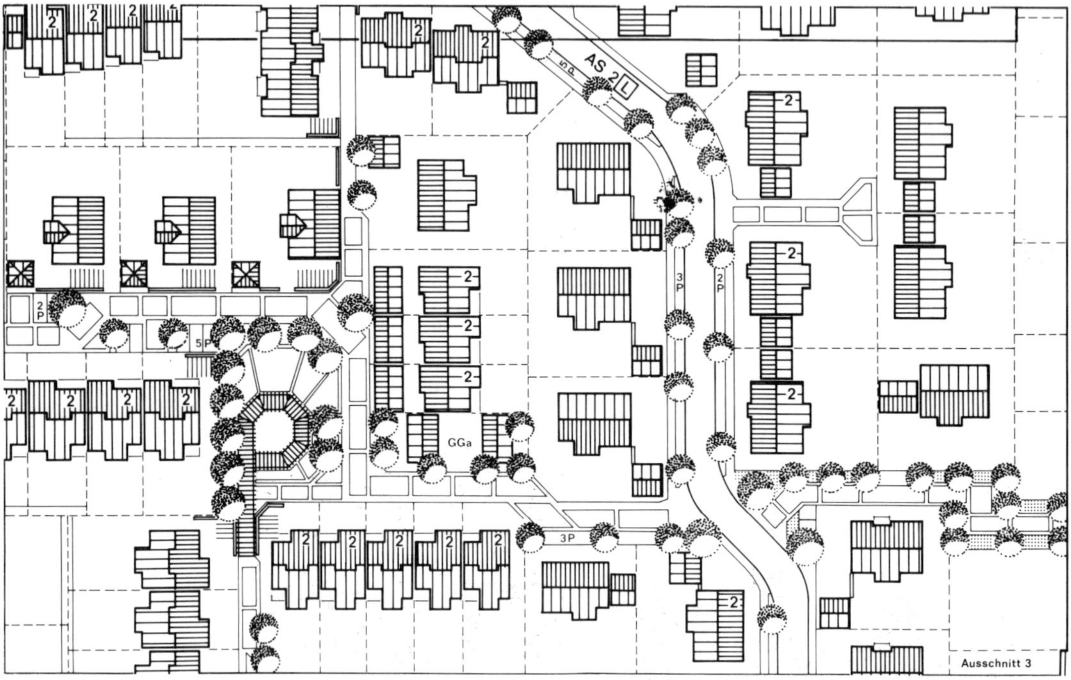

Grünordnungsplan

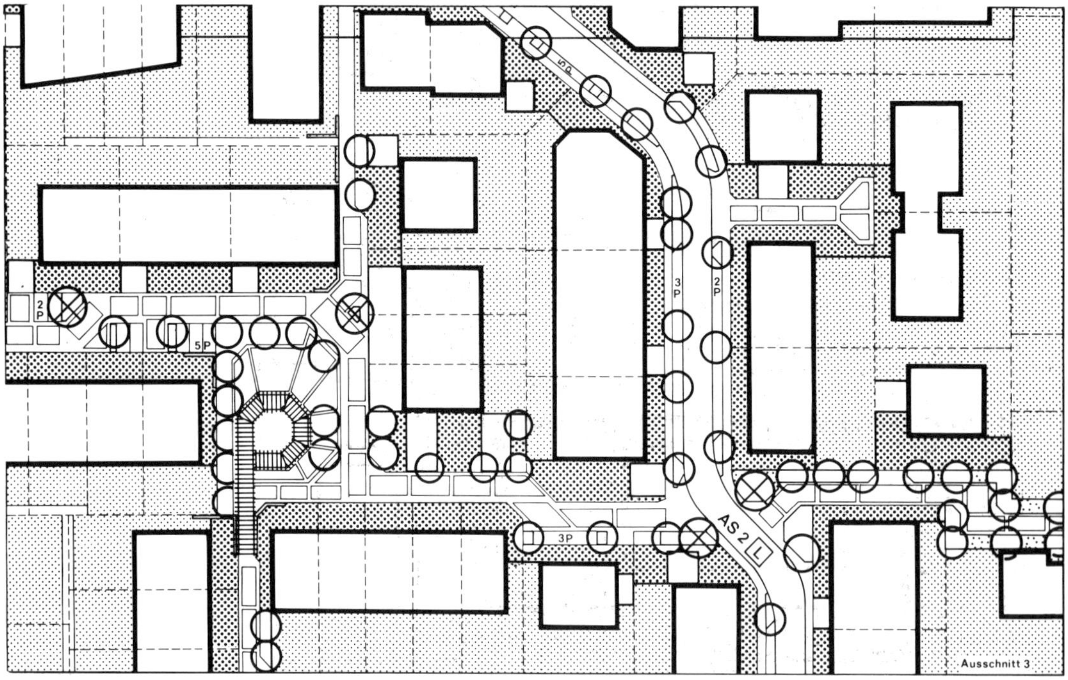

Zeichnerischer Teil des Bebauungsplanes

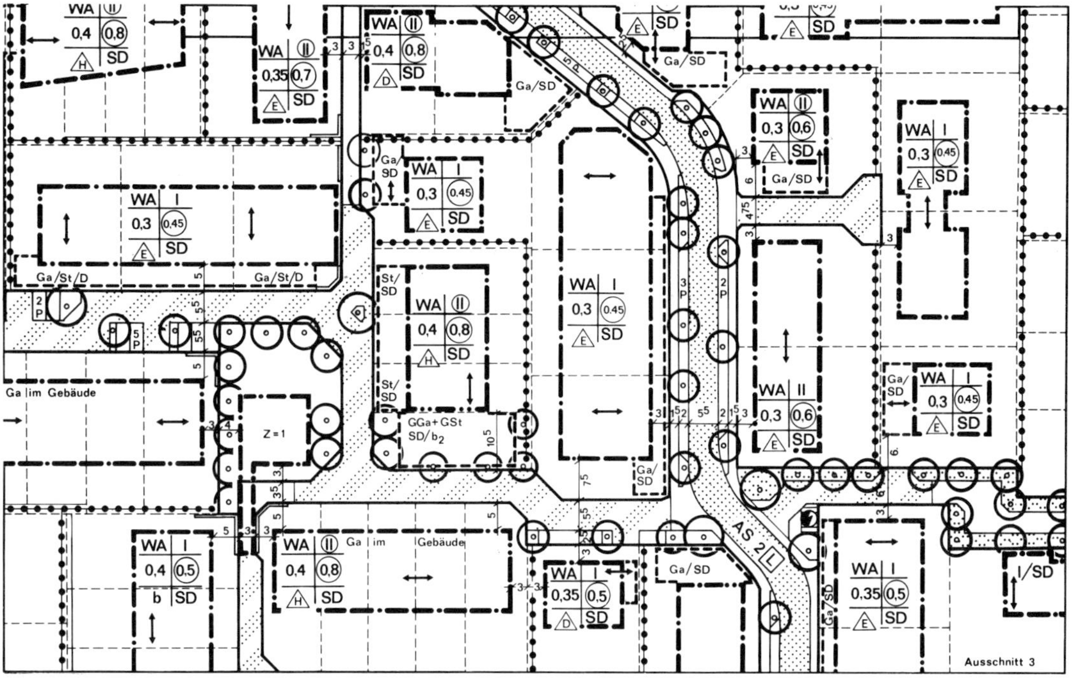

Wohnen — Parken — Gemeinschaftsanlagen

St	Stellplätze
Ga	Garagen
	Ga im Gebäude
GSt	Gemeinschaftsstellplätze
GGa	Gemeinschaftsgaragen
	Gemeinschaftsanlage innerhalb der öffentlichen Verkehrsfläche
	Fußgängerbereich
P	Öffentliche Stellplätze

Städtebaulicher Gestaltungsplan (Ausschnitt 4)

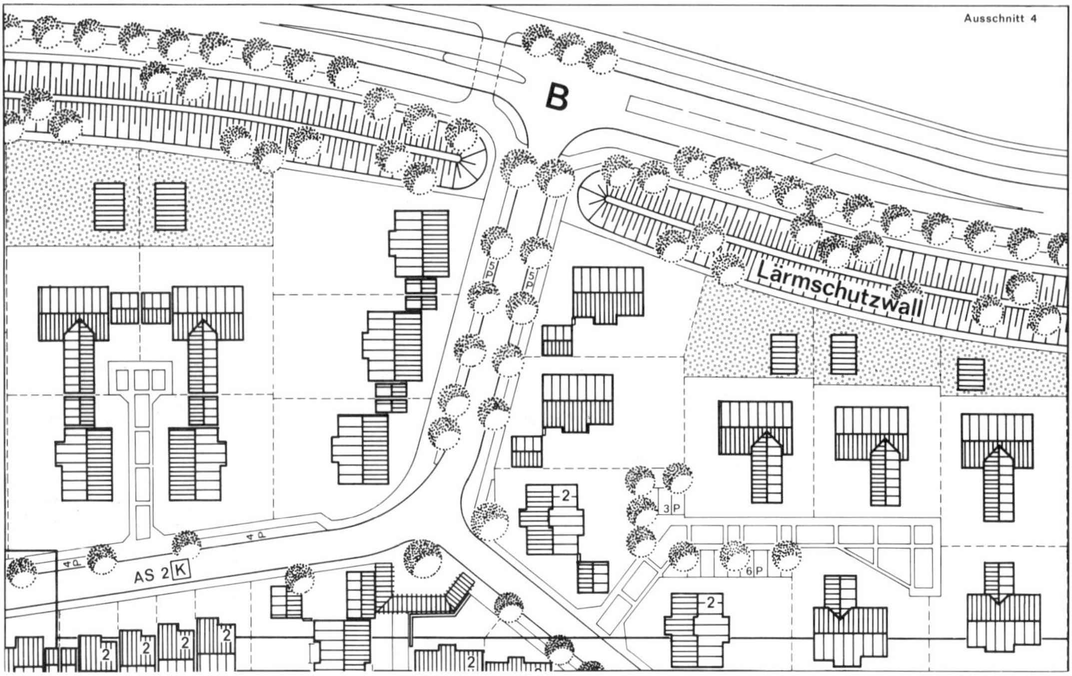

Grünordnungsplan

Zeichnerischer Teil des Bebauungsplanes

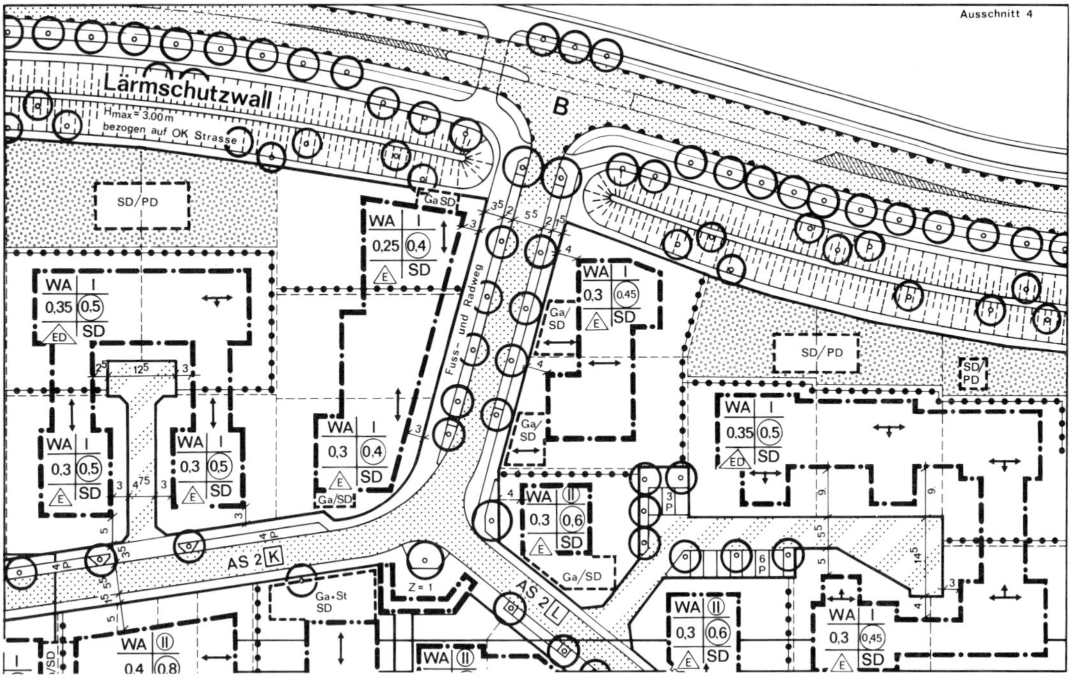

Wohnen — Verkehrsflächen — Schutzmaßnahmen

Straßenverkehrsfläche
AS 2 Anliegerstraße nach dem Trennungsprinzip mit Geschwindigkeitsdämpfung (einfacher Versatz)
Verkehrsfläche besonderer Zweckbestimmung
AS 3/AS 4 Anliegerweg nach dem Mischungsprinzip
Lärmschutzwall mit Pflanzgebot für hochstämmige Bäume

Städtebaulicher Gestaltungsplan

Wohnen in der Verdichtung — Handel, Dienstleistungen — sonstige Gewerbebetriebe
Bruchsal 1985, Hangarter + Partner

Gliederung des Mischgebietes nach der Art der zulässigen Nutzung und Abgrenzung unterschiedlicher Nutzungen innerhalb der überbaubaren Grundstücksflächen.

Überbaubare Grundstücksfläche nach Geschossen unterschiedlich festgesetzt, Arkaden.

Verkehrsfläche besonderer Zweckbestimmung, Fußgängerbereich mit teilweiser Überbauung.

Baugrundstücke für Versorgungsanlagen (Elektrizität und Gas).

Pflanz- und Erhaltungsgebote für hochstämmige Bäume, flächenhaftes Pflanzgebot für Flachdächer.

Gemeinschaftsstellplätze, die bestimmten überbaubaren Grundstücksflächen zugeteilt sind.

Anrechenbarkeit von Gemeinschaftsstellplatzflächen auf die Grundstücksflächen.

Nichtanrechenbarkeit von notwendigen überdachten Stellplätzen/Garagen im allgemeinen Wohngebiet.

Kleingärten

Lärmschutzwand

Planzeichen

-PlanzV 81-

1. Art der baulichen Nutzung

WA — Allgemeines Wohngebiet (§ 4 BauNVO)

MI — Mischgebiet (§ 6 BauNVO)

2. Mass der baulichen Nutzung

(§ 9 Abs. 1 Nr. 1 BauGB)

Zahl der Vollgeschosse (Z)

III — Als Höchstgrenze
II - III — Als Mindest- und Höchstgrenze
(II) — Zwingend

3. Bauweise (§ 9 Abs. 1 Nr. 2 BauGB)

o — Offene Bauweise

H — Nur Hausgruppen zulässig

g — Geschlossene Bauweise

b — Besondere (abweichende) Bauweise

Baulinie (§ 23 Abs. 2 BauNVO)

Baugrenze (§ 23 Abs. 3 BauNVO)

Geplante Grundstücksgrenze

5. Verkehrsflächen

(§ 9 Abs. 1 Nr. 11 BauGB)

Strassenverkehrsfläche

P — Öffentliche Stellplätze

Verbot der Ein- und Ausfahrt

Befahrbarer Wohnweg

Fussgängerbereich

Radweg, Fussweg

▼ Einfahrt

6. Flächen für Versorgungsanlagen (§ 9 Abs. 1 Nr. 12 u. 14 BauGB)

Baugrundstück für Versorgungsanlagen

Elektrizität / Umformerstation

Gas

7. Grünflächen

(§ 9 Abs. 1 Nr. 15 BauGB)

Private Grünfläche

Pflanzgebot für:

Bäume

Zu erhaltende Bäume

8. Flächen für Nebenanlagen

(§ 9 Abs. 1 Nr. 4 und 22 BauGB)

Baugrenze

St — Stellplätze
GSt — Gemeinschaftsstellplätze
Ga — Garagen
TGa — Tiefgarage
ÜGa — Überdeckte Garage

9. Sonstige Darstellungen und Festsetzungen

Abgrenzung unterschiedlicher Nutzung

Baugestaltung (§ 73 LBO)

Firstrichtung
SD — Satteldach
FD — Flachdach
D — Geneigtes Dach

Mauer $H_{max.}$ = 1.50 m zulässig

Unterbrochene Dachfläche

Flächen für Gärtnereien/Kleingärten/ Landwirtschaftliche Nutzfläche

Hinweis für Arkaden/ Laubengang

A B C D — Bestimmten Bereichen zugeordnete Stellplatzflächen

Lärmschutzwand H min. 3,50 m

Nutzungsschablone

Baugebiet	Zahl der Vollgeschosse
Grundflächenzahl	Geschossflächenzahl
Bauweise	Dachform/ Dachneigung

V — Verkehrsgrün

Zeichnerischer
Teil des Be-
bauungsplanes

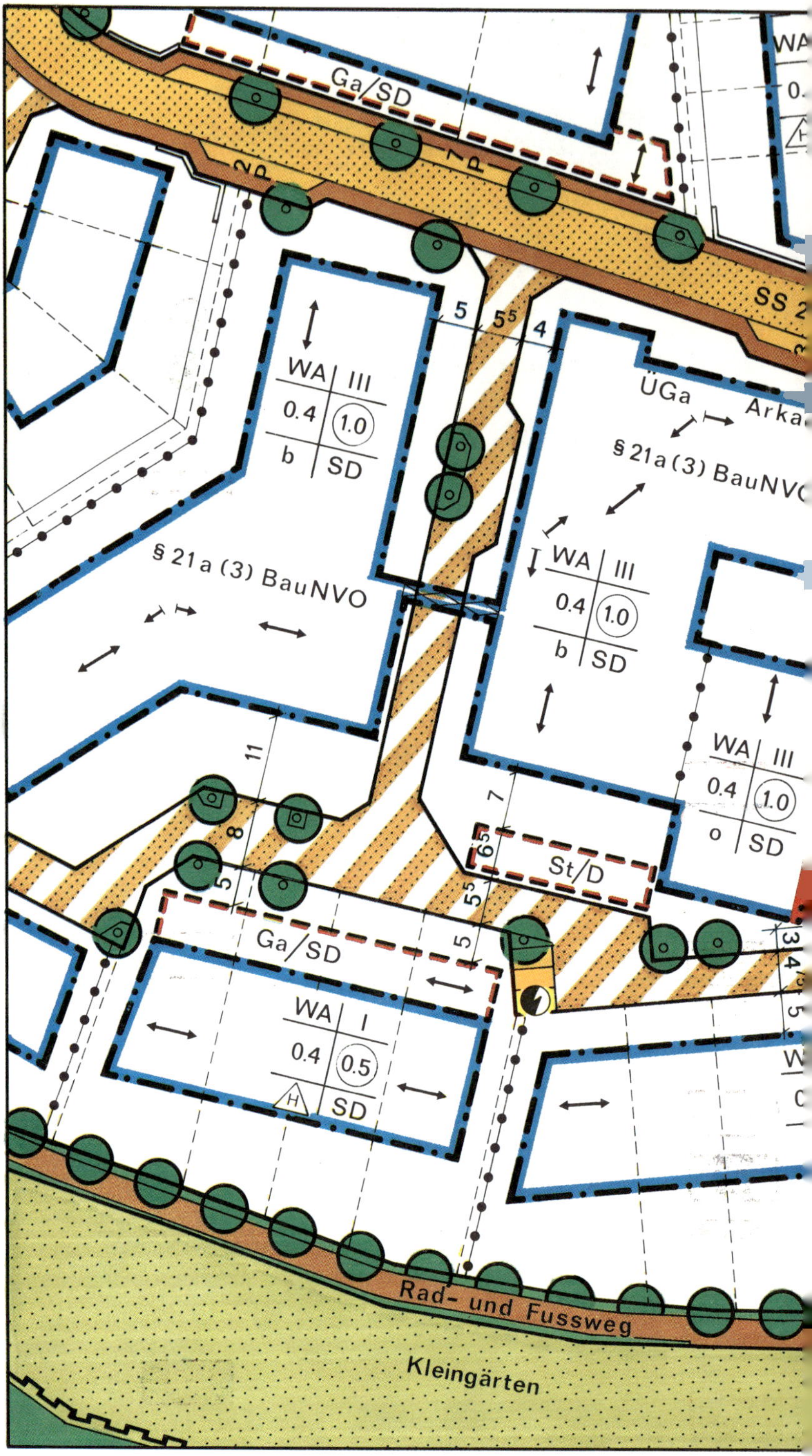

Bruchsal 1985
Hangarter + Partner

WA II
0.4 0.8
b SD
ÜGa begrünt
3 P
2 2 6
12 P
5
4
I-III EG
I-II
WA III
III S 0.4 0.9
g SD
A
I/FD begrünt
TGa
B
I/FD begrünt
III/SD
C
WA III
0.4 0.9
b2 SD/FD
D
I Überdachung im EG mind. 3.5m lichte Höhe
platz
AS 1 O
10 P
9 1⁵ 2 5⁵ 1⁵ 3
~18 GSt
§ 21a (2) BauNVO
17
A
7
Nur Betriebsgebäude für sonstige Handwerks-/ Gewerbebetriebe zulässig! § 1(4) BauNVO
MI II
0.4 0.8
o SD
MI II
0.4 0.8
g SD
HSS 3 H
B C
§ 21a (2) BauNVO
D
17⁵
§ 21a (2) BauNVO
B C D
Feldkreuz
Kleingärten

Grünordnungsplan

Planzeichen für den Grünordnungsplan (weiterentwickelte Planzeichen)

Private Grundstücksflächen

- Wohngarten
- Mietergarten / Grünflächen
- Vorgarten / Grundstückseinfahrt
- Verkehrs- und Randbegrünungsfläche
- Dachgarten
- Kleingarten / Freiland für Gärtnereien landwirtschaftlich genutzte Fläche

Öffentliche Grundstücksflächen

- Verkehrsgrünfläche

Private/öffentliche Grundstücksflächen

- private Stellplätze — mit wasserdurchlässigen Belägen z.B.: «Begeh-Platten»

Pflanzungen

- Großkroniger Baum 8 - 12 m
- Mittelkroniger Baum 5 - 6 m
- Kleinkroniger Baum 4 m
- Vorhandener Baum
- Bäume an Gestaltungsschwerpunkten
- Strassenbegleitende Bäume
- Hecke / Strauchbeet

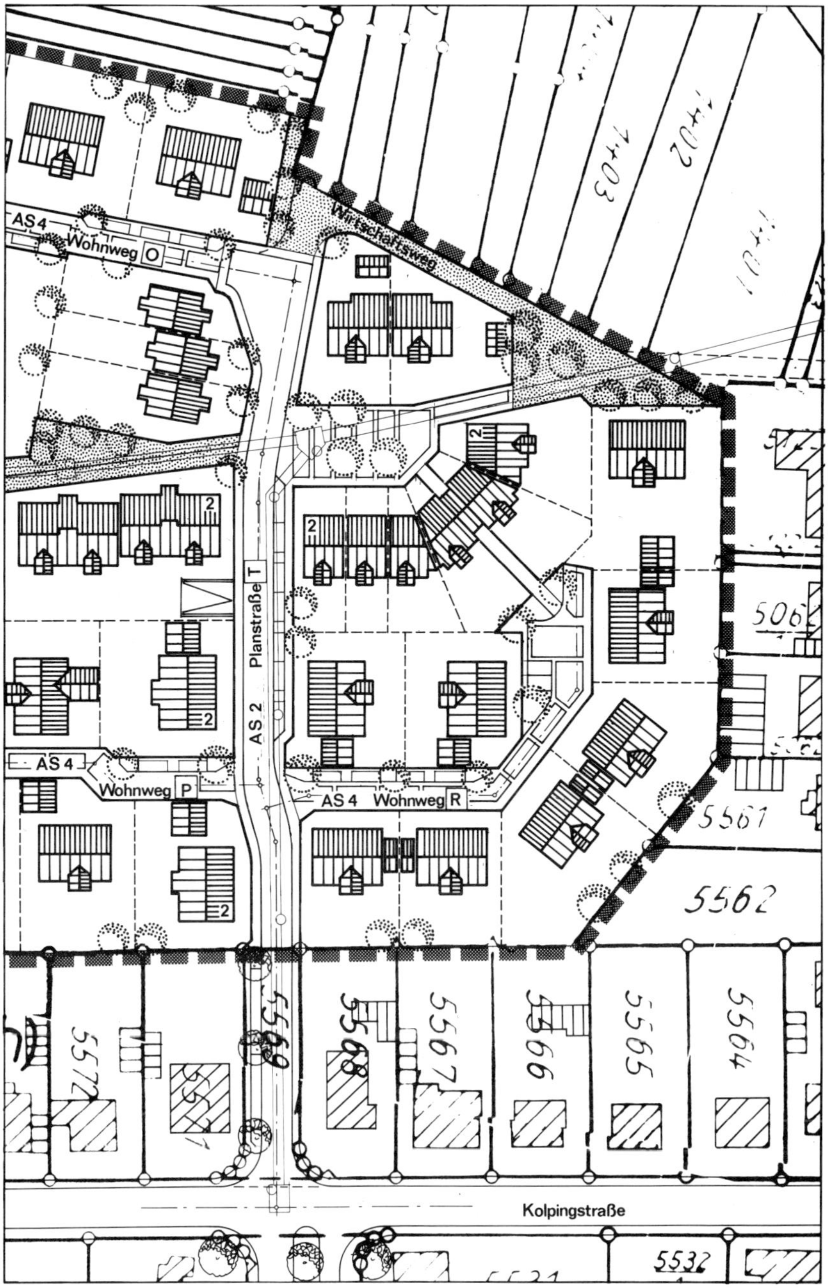

Wohnbebauung
mit Festsetzungen
nach BauNVO 90

Städtebaulicher
Gestaltungsplan

Kronau 1992
Hangarter + Partner

Zeichnerischer Teil des Bebauungsplanes

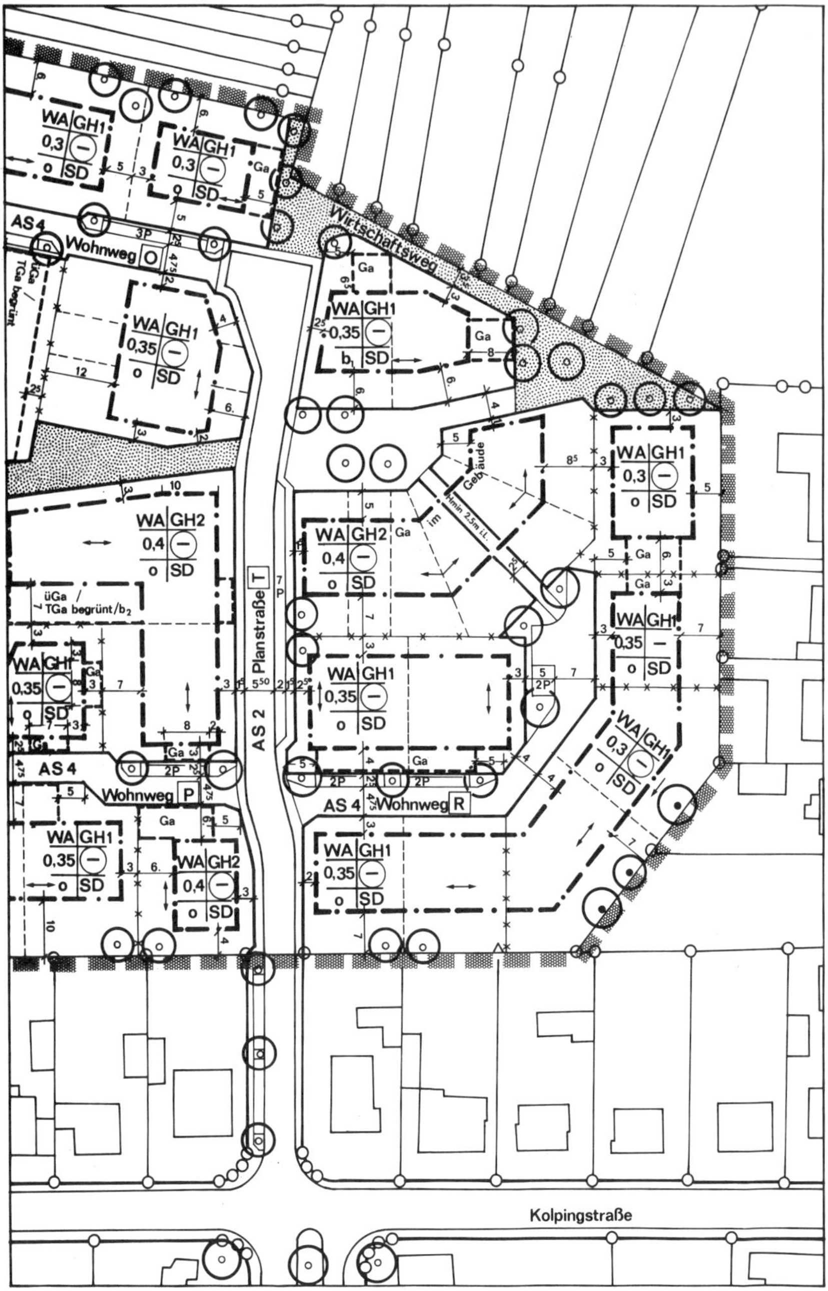

Kronau 1992
Hangarter + Partner

BEBAUUNGSPLAN - AUSSCHNITT

ZEICHNERISCHER TEIL

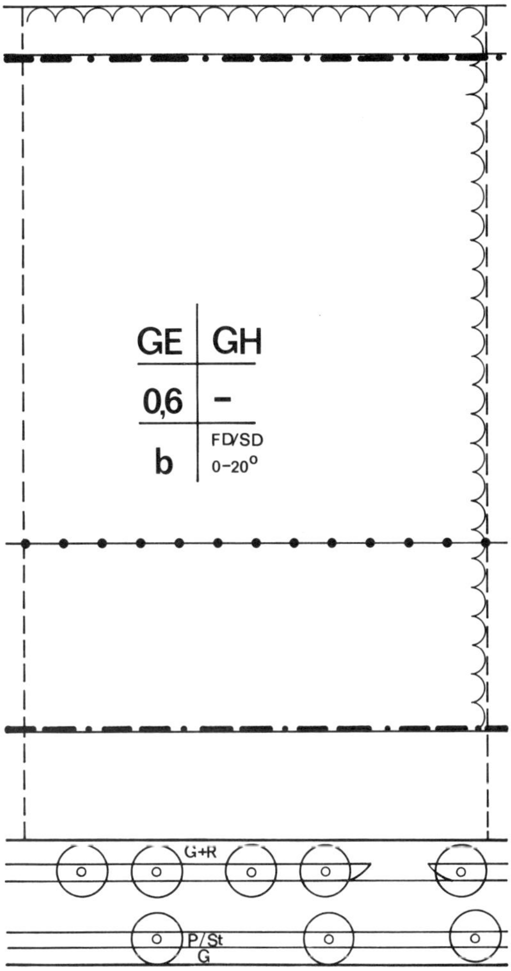

TEXTTEIL
(BEBAUUNGSVORSCHRIFTEN)

PLANUNGSR. FESTSETZUNGEN	BAUORDNUNGSR. GESTALTUNGSV.
	EINFRIEDIGUNG PFLANZGEBOT
BAUGRENZE	
ART DER BAUL. NUTZUNG GEBÄUDEHÖHE GRZ BAUWEISE	DACHFORM DACHBEGRÜNUNG GRUNDSTÜCKS-GESTALTUNG ANPFLANZEN VON BÄUMEN UND STRÄUCHERN (PFLANZGEBOTE) STELLPLÄTZE VERKEHRSFL. (OBERFLÄCHEN-GESTALTUNG)
ABGRENZUNG UNTERSCHIEDLICHER NUTZUNG GEBÄUDE FÜR -ENTWICKELN -VERWALTEN -AUSSTELLEN -VERKAUFEN	
	EINFRIEDIGUNG GRÜNFLÄCHE MIT PFLANZGEBOT PARKEN
ÖFFENTLICHE VERKEHRSFLÄCHE	PFLANZGEBOT FÜR STANDORTGERECHTE HOCHSTÄMMIGE BÄUME

Gewerbe

Städtebaulicher
Gestaltungsplan

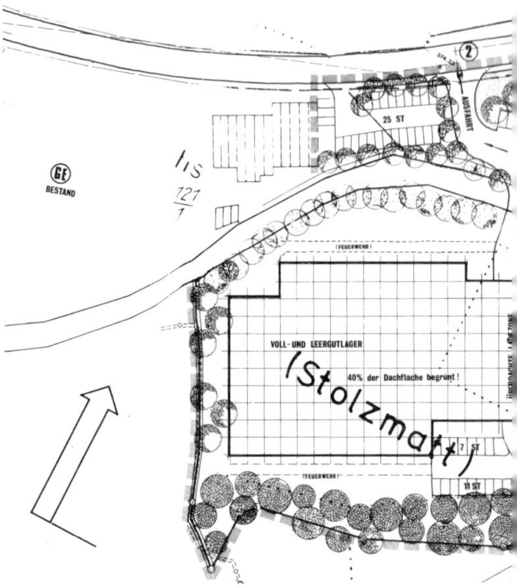

Zeichnerischer
Teil des
Bebauungsplanes

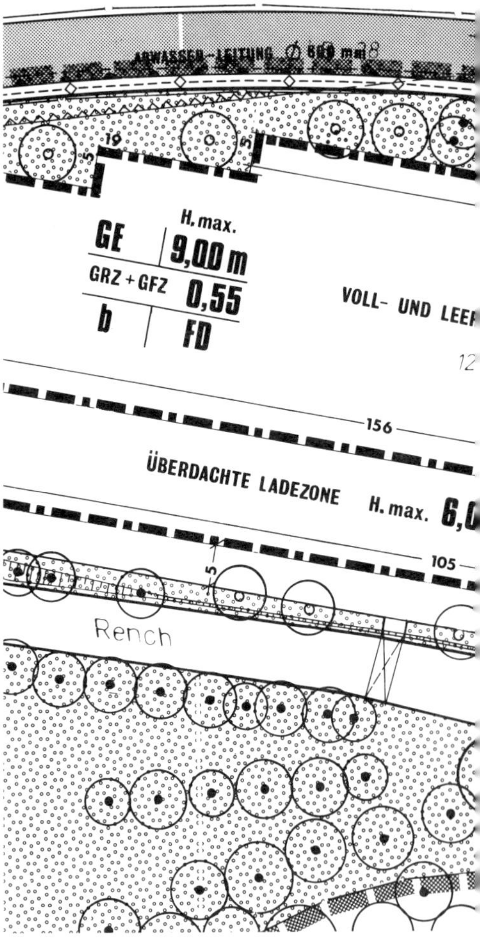

Bad Peterstal-
Griesbach 1984
Hangarter + Partner

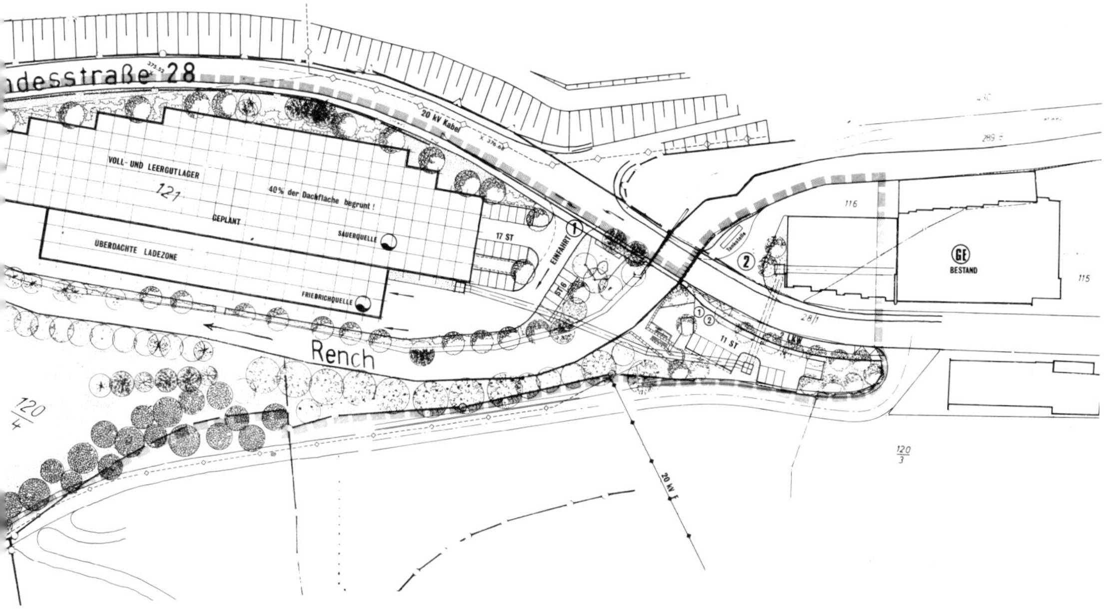
desstraße 28
20 kV Kabel
VOLL- UND LEERGUTLAGER
121
40% der Dachfläche begrünt !
GEPLANT
SAUERQUELLE
ÜBERDACHTE LADEZONE
FRIEDRICHQUELLE
17 ST
EINFAHRT
Rench
116
GE
BESTAND
115
11 ST
LKW
120/4
120/3

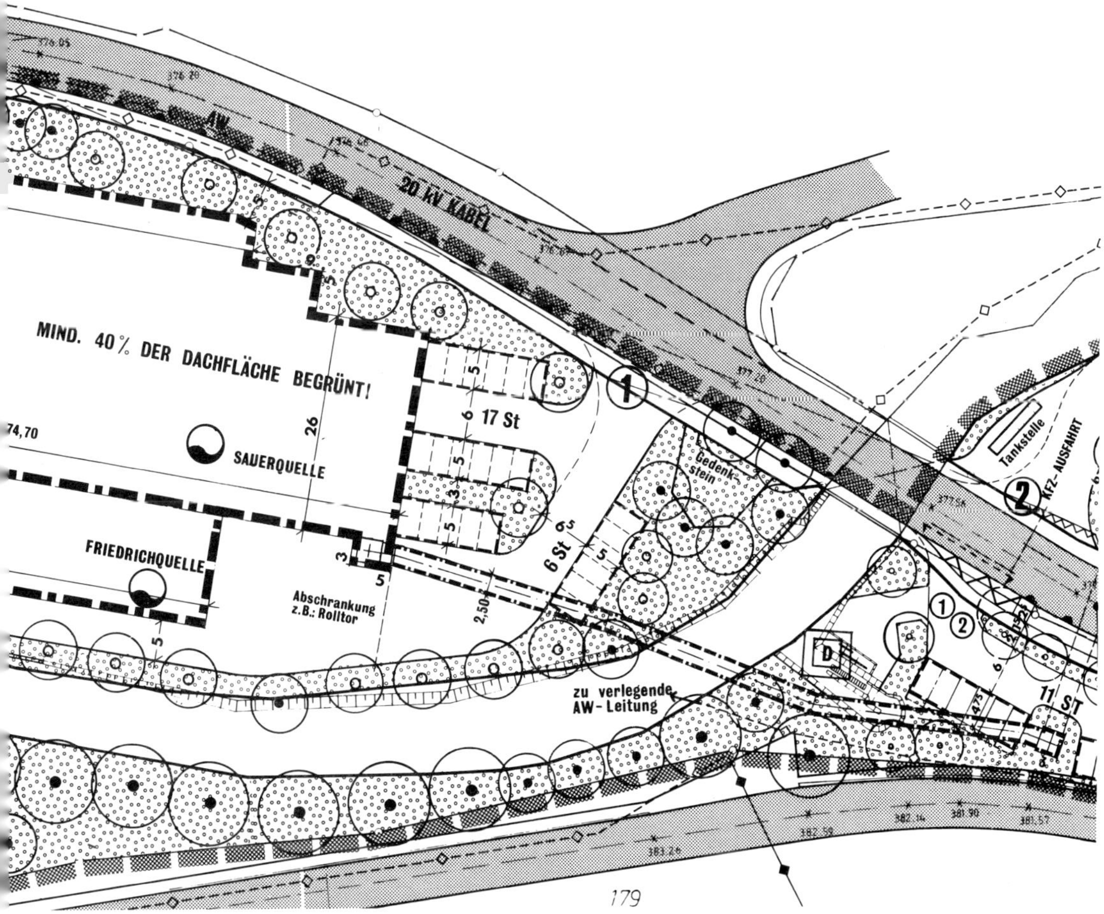
AW
20 kV KABEL
MIND. 40% DER DACHFLÄCHE BEGRÜNT!
17 St
SAUERQUELLE
FRIEDRICHQUELLE
Abschrankung
z.B.: Rolltor
6 St
Gedenkstein
Tankstelle
KFZ-AUSFAHRT
zu verlegende
AW-Leitung
11 ST
179

Planzeichen mit Pflanzliste

BAUMARTEN

BACHBEGLEITENDE BÄUME AUCH BEI ENGEN VERHÄLTNISSEN AUF NORD- UND SÜDUFER

KRONENBREITE	
20 m	FRAXINUS EXCELSIOR ESCHE

STRASSENBEGLEITENDE BÄUME, SÄULENARTIGE SORTEN AUSWÄHLEN

20 m	ACER PLATANOIDES SPITZAHORN
20 m	ACER PSEUDOPLATANUS BERGAHORN

BÄUME IN GESTALTUNGSSCHWERPUNKTEN

10-15m	CASTANEA SATIVA KASTANIE
20-25m	QUERCUS ROBUR DEUTSCHE EICHE
20-25m	QUERCUS PETRAEA TRAUBENEICHE
20-25m	TILIA LINDE
ca 6m	SORBUS AUCUPARIA WILDE VOGELBEERE

STRÄUCHER

BACHBEGLEITENDE STRÄUCHER

DURCHMESSER	
5 m	RHAMNUS FRANGULU[S] FAULBAUM
3 m	SAMBUCUS NIGRA SCHWARZER HOLUND[ER]
4 m	SALIX WEIDE
2 m	LIGUSTRUM VULGAR[E] LIGUSTER „LODENSE"

STRÄUCHER IN NICHT AM BACH LIEGENDEN BEREICHEN

8 m	ACER CAMPESTRE FELDAHORN
5 m	CORYLUS AVELLANA HASELNUSS
4-5 m	CRATAEGUS WEISSDORN
5m	ILEX AQUIFOLIUM STECHPALME
4 m	LONICERA GEISSBLATT

Grünordnungsplan

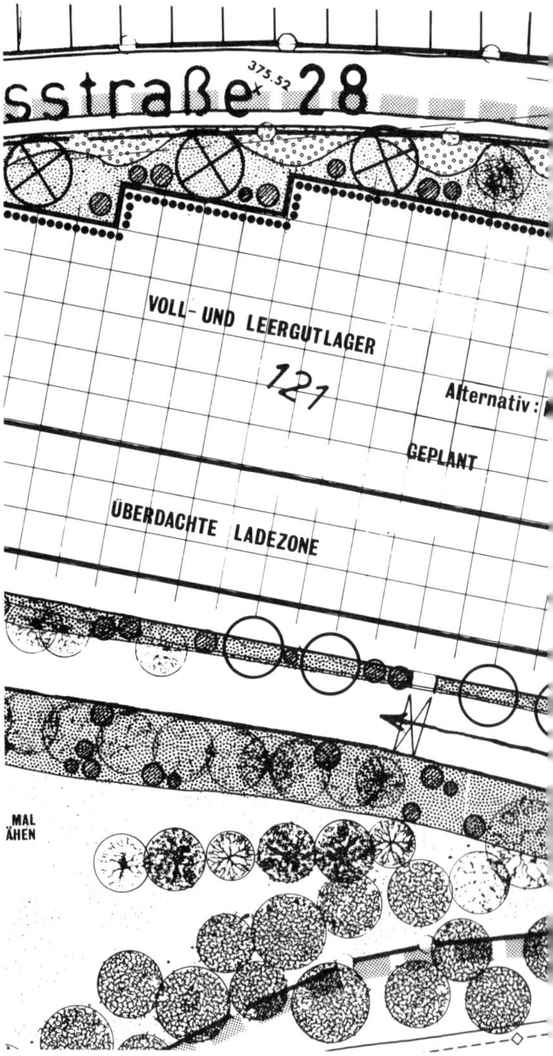

Bad Peterstal-Griesbach 1984
Hangarter + Partner

10 m TAXUS BACCATA
EIBE

BODENDECKENDE ROSEN MIT STRÄUCHERN

PARKROSEN

KLETTERROSEN

BODENDECKENDE ROSEN OHNE STRÄUCHER

KLETTERPFLANZEN

POLYGONUM AUBERTII
KNÖTERICH

PARTHENOCISSUS ENGELMANII
WILDER WEIN

FASSADENGESTALTUNG

••••••••••••• FASSADENBEREICHE MIT ZUSÄTZLICHEM HÖLZERNEN RANKGERÜST

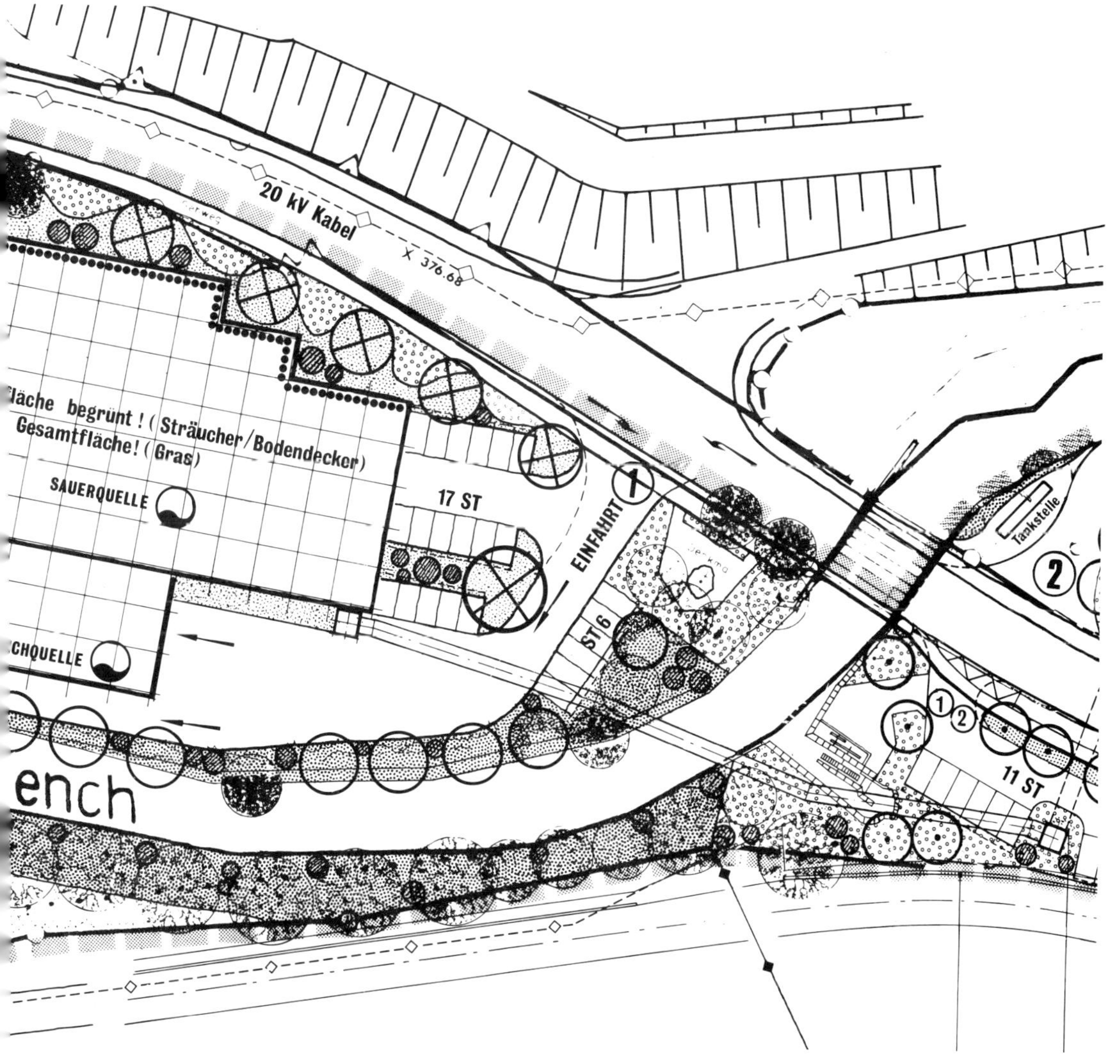

4.5 TEXTTEIL

Im zeichnerischen Teil des Bebauungsplanes können die planungsrechtlichen Festsetzungen nur unvollständig getroffen werden. Sie haben vorwiegend ordnenden und damit strukturellen Charakter. Städtebaulich-gestalterische Rechtsaussagen werden mit der Festsetzung von

Bauweisen,
der Lage und der Dimensionierung der überbaubaren Grundstücksflächen,
der Stellung der baulichen Anlagen,
der Gestaltung der Verkehrs- und Grünflächen,
von Pflanz- und Erhaltungsgeboten

gemacht. Rechtsaussagen über die Gestaltung der baulichen Anlagen fehlen.

Örtliche Bauvorschriften

Die Städte und Gemeinden haben jedoch aufgrund der Ermächtigung, „örtliche Bauvorschriften" erlassen zu können, die Möglichkeit, im Sinne einer Gestaltungspflege tätig zu werden. Die Rechtsgrundlage für ein solches Handeln gibt in Baden-Württemberg § 73 der LBO BW 84. Danach können u. a. örtliche Bauvorschriften erlassen werden über:

— die äußere Gestaltung baulicher Anlagen sowie von Werbeanlagen und Automaten
— besondere Anforderungen an bauliche Anlagen, Werbeanlagen und Automaten sowie die Erhaltung schützenswerter Bauteile einzelner Gebäude
— die Unzulässigkeit von mehr als einer Rundfunk- und Fernsehantenne auf Gebäuden
— die Unzulässigkeit von Niederspannungs-Freileitungen
— die Gestaltung von Gemeinschaftsanlagen, der Abstell- und Lagerplätze, der Stellplätze, der unbebauten Flächen der bebauten Grundstücke sowie über Art, Gestaltung und Höhe von Einfriedigungen und die Gestaltung der Vorgärten
— größere und geringere Abstandsflächen
— die Festsetzung der Höchst- und Mindestgrenze von Gebäudehöhen
und
— die Festsetzung der Gebäudetiefe als Höchstgrenze

Örtliche Bauvorschriften als selbständige Satzung

Nach den Absätzen 5 und 6 § 73 LBO BW 84 können diese örtlichen Bauvorschriften als selbständige Satzungen oder „. . . in den Bebauungsplan als Festsetzungen aufgenommen werden". Anforderungen im Sinne der zuvor genannten Rechtsaussagen können in Textform sowie „. . . in Form zeichnerischer Darstellungen gestellt werden" (§ 73, Abs. 3 LBO BW 84).

In einem Bebauungsplan werden planungsrechtliche Gestaltungsvorschriften in den Textteil aufgenommen. Zur Unterscheidung von den örtlichen Bauvorschriften wird dieser Textteil auch als „Bebauungsvorschriften“ bezeichnet.

Bebauungsvorschriften

BEBAUUNGSVORSCHRIFTEN (Textteil)

1. Rechtsgrundlagen

2. Planungsrechtliche Festsetzungen
   Art der baulichen Nutzung
   Ausnahmen und besondere Bestimmungen
   Nebenanlagen
   Zulässiges Maß der baulichen Nutzung
   Höhenlage der Gebäude
   Gebäudehöhe, Firsthöhe
   Überbaubare Grundstücksfläche
   Stellplätze und Garagen
   Bauweise
   Flächen mit Geh-, Fahr- und Leitungsrecht
   Anpflanzen und Erhalt von Bäumen und Sträuchern

3. Bauordnungsrechtliche Gestaltungsvorschriften
   Dächer
   Garagen
   Baugestaltung
   Einfriedigungen und Grundstücksgestaltung
   Antennenanlagen
   Elektrische Anlagen
   Hinweise:
   Grundwasserschutz
   Immissionsschutz
   Gründung
   Altlasten

Nach einem Gutachten des Bundesverfassungsgerichtes gehört das Recht, die Gestaltung baulicher Anlagen zu regeln, zum Bauordnungsrecht. Es fällt somit ausschließlich in die Gesetzgebungskompetenz der Länder. In der Landesbauordnung von Baden-Württemberg werden Rechtsaussagen zur Baugestaltung in den §§ 3 und 13 sowie 73 behandelt. Werden in § 3 die Anforderungen als Generalklausel formuliert, so konkretisiert § 13 diese.

Gestaltung baulicher Anlagen

§ 13 (1) LBO BW 84 legt fest, daß bauliche Anlagen so zu gestalten sind, daß sie nach

> Form, Maßstab, Werkstoff, Farbe, Verhältnis der Baumaßnahmen und Bauteile zueinander

nicht verunstaltet wirken. Absatz 1 stellt die Anforderungen an die bauliche Anlage selbst. Es handelt sich hier um objektbezogene

Gestaltungsanforderungen an die bauliche Anlage

Gestaltungsanforderungen. Form und Maßstab eines Gebäudes werden im wesentlichen bestimmt durch
— das Verhältnis von Länge/Breite/Höhe des Gebäudes und der Bauelemente,
— das Dach,
— die Bauelemente, wie Fenster- und Türöffnungen, das Verhältnis zwischen geschlossenen und durchbrochenen Wandflächen.

Die bauordnungsrechtlichen Gestaltungsvorschriften enthalten folgerichtig Rechtsaussagen über
— Dächer (Form, Neigung, Aufbauten, Eindeckungsmaterial, Gesimsausbildung),
— Bauelemente.

Es darf nicht übersehen werden, daß nach der Änderung der Bestimmungsfaktoren für das Maß der baulichen Nutzung (§ 16 Abs. 2 und 3 BauNVO) mit der Festlegung von Gebäudehöhen auch planungsrechtlich Einfluß auf die Gebäudegestaltung genommen werden kann. Bei steileren Hanglagen kann es notwendig werden, tal- und bergseitig unterschiedlich große Gebäudehöhen festzusetzen. Damit ist es möglich, ein architektonisch-gestalterisch sinnvolles Einfügen von Gebäuden in ein Hanggelände zu bewirken. In besonderen Fällen können zum Schutz des Orts- und Landschaftsbildes auch Rechtsaussagen über Werkstoffe und Farben gemacht werden.

Gestaltungsanforderung an die bauliche Anlage, diese mit der Umgebung in Einklang zu bringen

Mit Absatz 2 § 13 LBO BW 84 wird die Forderung an die baulichen Anlagen gestellt, sie mit ihrer Umgebung so in Einklang zu bringen, daß sie das Straßen-, Orts- und Landschaftsbild nicht verunstalten oder deren beabsichtigte Gestaltung nicht beeinträchtigen. Dabei ist auf Kultur- und Naturdenkmäler Rücksicht zu nehmen. Hier handelt es sich um die umgebungsbezogenen Gestaltungsanforderungen.

4.2) bis 4.4) Sauter; Landesbauordnung für BW. Kommentar

Zum besseren Verständnis dieser Rechtsaussagen ist eine Reihe von Begriffen zu klären. Sauter schreibt in seinem Kommentar zur Landesbauordnung Baden-Württemberg, § 13, Abschnitt 4.1, Ziffer 27:

Straßenbild

— „Das Straßenbild wird durch die Führung der Straße selbst wie auch durch die angrenzenden Grundstücke mit ihren baulichen Anlagen und ihrer Bepflanzung bestimmt.“ 4.2)

Ortsbild

— „Ortsbild ist die Ansicht des Ortes oder Ortsteils von außen, von innen oder ggf. auch von einem höher oder tiefer gelegenen Standort.“ 4.3)

Landschaftsbild

— „Das Landschaftsbild stellt die Zusammenfassung der Eindrücke einer Gesamtlandschaft dar ...“ 4.4)

Sauter weist in seinem Kommentar darauf hin, daß die Grenzen dieser drei Begriffe fließend sind. Eine scharfe Abgrenzung sei nicht immer möglich, im allgemeinen auch nicht nötig.

Kulturdenkmäler

In Absatz 2 wird im zweiten Satz vermerkt, daß auf Kultur- und Naturdenkmäler und auf erhaltenswerte Eigenarten der Umgebung Rücksicht zu nehmen ist. Kulturdenkmäler sind Sachen, Sachgesamtheiten oder Teile von Sachen, an deren Erhaltung aus wissenschaftlichen, künstlerischen oder heimatgeschichtlichen Gründen ein öffentliches Interesse besteht (§ 2 Abs. 1 DSchG). Naturdenkmäler sind Einzelschöpfungen der Natur, deren Erhaltung wegen ihrer wissenschaftlichen, geschichtlichen, heimat- und volkskundlichen Bedeutung oder wegen ihrer sonstigen Eigenart im öffentlichen Interesse liegt (§ 3 RNatSchG). Erhaltenswerte Eigenarten der Umgebung können u. a. Waldungen, Aussichtspunkte, gärtnerische Anlagen, Ortsränder sein.

Die LBO BW 84 verwendet bei allen diesen Rechtsaussagen den Begriff der Verunstaltung. Dieser Begriff ist schwer zu bestimmen. Nach Sauter wirkt eine bauliche Anlage verunstaltet,

4.5)
Verunstaltende Wirkung der baulichen Anlage
Sauter, LBO BW 84 Kommentar

„. . ., wenn ein ästhetischen Eindrücken gegenüber offener Betrachter, der sog. gebildete Durchschnittsbetrachter, sich bei ihrem Anblick in seinem ästhetischen Empfinden nicht bloß beeinträchtigt, sondern verletzt fühlt. Es genügt also nicht bereits jede Störung der architektonischen Harmonie, also jede Unschönheit, sondern für die Verunstaltung notwendig ist ein Zustand, der grob unangemessen ist, bei dem aufgeschlossenen Betrachter das Gefühl des Mißfallens erweckt und Kritik und Abhilfe herausfordert (vgl. zum Begriff der Verunstaltung im einzelnen die Erlasse zu § 3 Rdnr. 20 ff.).“ 4.5)

4.6)
Das umgebungsbezogene Verunstaltungsverbot
Sauter, LBO BW 84 Kommentar

„Der Umfang der Gestaltungsanforderungen des Abs. 2 ist von der jeweiligen Umgebung der baulichen Anlage abhängig. Je reizvoller, schöner oder empfindlicher Ortsteile, Straßenzüge oder Landschaften sind, desto höhere Anforderungen müssen an die Gestaltung der baulichen Anlage gestellt werden. Eine bauliche Anlage kann aber auch in einem bereits zerstörten Straßen-, Orts- oder Landschaftsbild verunstaltend wirken, und zwar dann, wenn das Bauwerk den Eindruck der Häßlichkeit der Umgebung noch besonders betont oder gar verstärkt (vgl. BayVGH, Urt. vom 11.6.1969, BayVBl. 1970, 259).“ 4.6)

Abwägungsgebot

Die Tatsache, daß von einer solchen Vielzahl von Rechtsaussagen in den Bebauungsvorschriften Gebrauch gemacht werden kann, verpflichtet zu einer sorgfältigen Abwägung von Fall zu Fall. Es ist grundsätzlich zu unterscheiden, ob diese Rechtsaussagen zur Baugestaltung für ein Neubaugebiet oder ein Altbaugebiet gemacht werden. Im ersteren Falle kommt es darauf an, eine städtebauliche Absicht zu verdeutlichen. Dabei ergänzen die bauordnungsrechtlichen Gestaltungsvorschriften die planungsrechtlichen Vorschriften. Im letzteren Falle geht es darum, im bebauten Bereich bau- und kulturgeschichtlich wertvolle Bausubstanz in Verbindung und in Einklang mit dem Neuen zu bringen.
Rechtsaussagen zur Baugestaltung können, wie zuvor schon dargestellt, als bauordnungsrechtliche Gestaltungsvorschriften einen Teil der Bebauungsvorschriften bilden. Sie können aber auch nach § 73 (1) LBO BW 84 als selbständige Gestaltungssatzung wirksam werden.

Gestaltungssatzung

Von den Freien Architekten werden sie oft als Eingriffe in den persönlichen Gestaltungswillen abqualifiziert. Es ist hinlänglich bekannt und durch zahlreiche gebaute Beispiele bewiesen, daß sich die Architektur der Gegenwart nicht nur zum Vorteil für die Gestaltung der unbegrenzten bautechnischen Möglichkeiten bedient. Sie leidet auch darunter. Der Hang zur individuellen Schaustellung ist für den Bauherrn und seinen Architekten verführerisch. Individualität und gestalterische Freiheit finden aber ihre Grenzen in dem Respekt gegenüber dem Nachbarn und dem Stadtganzen. Erst aus dieser Einstellung heraus können sich Individualität und gestalterische Freiheit entfalten.

Es ist die Aufgabe einer Stadt/Gemeinde, den Handlungsrahmen für die bauliche Gestaltung gerade im bebauten, historisch geprägten Bereich abzustecken. Bei all diesem Bemühen darf die für jedermann wahrnehmbare Ablesbarkeit der geschichtlichen Entwicklung im Stadtbild nicht verhindert werden.

4.6 BEGRÜNDUNG

Dem Bebauungsplan ist nach § 9 (8) BauGB eine Begründung beizufügen. In ihr sind die Ziele, Zwecke und wesentlichen Auswirkungen des Bebauungsplanes darzulegen. Mit der Neufassung des Satzes 2 und der Streichung der Sätze 2 - 5 in Abs. 8 soll die gesetzliche Verpflichtung zur Begründung des Bebauungsplanes auf die wesentlichen Anforderungen zurückgeführt werden. 4.7) Auf Detailregelungen, wie sie bisher notwendig waren, kann künftig verzichtet werden. Es besteht danach die Pflicht zur Darlegung der „wesentlichen Auswirkungen", da sie zu den die Begründung mitumfassenden wesentlichen Punkten der Abwägung gehören können.

Nach der BR-Drucksache 575/85 gehören zu den Auswirkungen nicht nur

— die Auswirkungen auf die Wirtschaft, auf soziale Verhältnisse von Planbetroffenen,
— die voraussichtlich entstehenden und überschlägig zu ermittelnden Kosten und deren vorgesehene Finanzierung,
  die erforderlichen bodenordnenden Maßnahmen,

sondern auch

— die Auswirkungen auf die Umwelt.

In diesem Zusammenhang ist auch auf § 1 (5) 3. Satz BauGB hinzuweisen. Danach „soll" die Gemeinde mit dem Grund und Boden „sparsam und schonend" umgehen. Der Bodenschutz ist in der Abwägung besonders zu beachten und in der Begründung darzustellen.
Die Erfahrungen aus den vergangenen Jahren zeigen, daß in der Begründung für einen Bebauungsplan auch die Darstellung der städtebaulichen Konzeption und der Kenndaten der Planung unerläßlich ist.

4.7) Bundesrat, Drucksache 575/85

Kenndaten der Planung

Flächennutzung

Nr.	Flächenbezeichnung	ha	%	ha	%
1	Nettowohnbauland				
2 3	Öffentliche Verkehrsfläche Öffentliche Grünfläche			z. B. unter 30%	
4	Baugrundstück für den Gemeinbedarf				
5	Bruttobauland		100		100

Wohnungen und Personen nach Wohnformen gegliedert

Nr.	Wohnform	Zahl der Vollgeschosse (VG)	Wohneinheit (WE)	Belegungsziffer (P/WE)	Personen (P)

Bauplatzangebot

Dichte

Netto-Wohndichte (NW)	(P/ha Nettowohnbauland)
Brutto-Wohndichte (BW)	(P/ha Bruttobauland)
Netto-Wohnungsdichte	(WE/ha Nettowohnbauland)
Belegungsziffer	(P/WE)

Ruhender Verkehr

5.0 BAUGESETZBUCH - VERORDNUNGEN

5.1 Baugesetzbuch (BauGB)

Auf Grund des Artikels 3 des Gesetzes über das Baugesetzbuch vom 8. Dezember 1986 (BGBl. I S. 2253) wird nachstehend der Wortlaut des ab 1. Juli 1987 geltenden Baugesetzbuchs bekanntgemacht.

Erstes Kapitel
Allgemeines Städtebaurecht

Erster Teil
Bauleitplanung

Erster Abschnitt
Allgemeine Vorschriften

§ 1

Aufgabe, Begriff und Grundsätze der Bauleitplanung

(1) Aufgabe der Bauleitplanung ist es, die bauliche und sonstige Nutzung der Grundstücke in der Gemeinde nach Maßgabe dieses Gesetzbuchs vorzubereiten und zu leiten.

(2) Bauleitpläne sind der Flächennutzungsplan (vorbereitender Bauleitplan) und der Bebauungsplan (verbindlicher Bauleitplan).

(3) Die Gemeinden haben die Bauleitpläne aufzustellen, sobald und soweit es für die städtebauliche Entwicklung und Ordnung erforderlich ist.

(4) Die Bauleitpläne sind den Zielen der Raumordnung und Landesplanung anzupassen.

(5) Die Bauleitpläne sollen eine geordnete städtebauliche Entwicklung und eine dem Wohl der Allgemeinheit entsprechende sozialgerechte Bodennutzung gewährleisten und dazu beitragen, eine menschenwürdige Umwelt zu sichern und die natürlichen Lebensgrundlagen zu schützen und zu entwickeln. Bei der Aufstellung der Bauleitpläne sind insbesondere zu berücksichtigen

1. die allgemeinen Anforderungen an gesunde Wohn- und Arbeitsverhältnisse und die Sicherheit der Wohn- und Arbeitsbevölkerung,
2. die Wohnbedürfnisse der Bevölkerung bei Vermeidung einseitiger Bevölkerungsstrukturen, die Eigentumsbildung weiter Kreise der Bevölkerung und die Bevölkerungsentwicklung,
3. die sozialen und kulturellen Bedürfnisse der Bevölkerung, insbesondere die Bedürfnisse der Familien, der jungen und alten Menschen und der Behinderten, die Belange des Bildungswesens und von Sport, Freizeit und Erholung,
4. die Erhaltung, Erneuerung und Fortentwicklung vorhandener Ortsteile sowie die Gestaltung des Orts- und Landschaftsbilds,
5. die Belange des Denkmalschutzes und der Denkmalpflege sowie die erhaltenswerten Ortsteile, Straßen und Plätze von geschichtlicher, künstlerischer oder städtebaulicher Bedeutung,
6. die von den Kirchen und Religionsgesellschaften des öffentlichen Rechts festgestellten Erfordernisse für Gottesdienst und Seelsorge,
7. die Belange des Umweltschutzes, des Naturschutzes und der Landschaftspflege, insbesondere des Naturhaushalts, des Wassers, der Luft und des Bodens einschließlich seiner Rohstoffvorkommen, sowie das Klima,
8. die Belange der Wirtschaft, auch ihrer mittelständischen Struktur im Interesse einer verbrauchernahen Versorgung der Bevölkerung, der Land- und Forstwirtschaft, des Verkehrs einschließlich des öffentlichen Personennahverkehrs, des Post- und Fernmeldewesens, der Versorgung, insbesondere mit Energie und Wasser, der Abfallentsorgung und der Abwasserbeseitigung sowie die Sicherung von Rohstoffvorkommen und die Erhaltung, Sicherung und Schaffung von Arbeitsplätzen,
9. die Belange der Verteidigung und des Zivilschutzes.

Mit Grund und Boden soll sparsam und schonend umgegangen werden. Landwirtschaftlich, als Wald oder für Wohnzwecke genutzte Flächen sollen nur im notwendigen Umfang für andere Nutzungsarten vorgesehen und in Anspruch genommen werden.

(6) Bei der Aufstellung der Bauleitpläne sind die öffentlichen und privaten Belange gegeneinander und untereinander gerecht abzuwägen.

§ 2

Aufstellung der Bauleitpläne, Verordnungsermächtigung

(1) Die Bauleitpläne sind von der Gemeinde in eigener Verantwortung aufzustellen. Der Beschluß, einen Bauleitplan aufzustellen, ist ortsüblich bekanntzumachen.

(2) Die Bauleitpläne benachbarter Gemeinden sind aufeinander abzustimmen.

(3) Auf die Aufstellung von Bauleitplänen besteht kein Anspruch.

(4) Die Vorschriften dieses Gesetzbuchs über die Aufstellung von Bauleitplänen gelten auch für ihre Änderung, Ergänzung und Aufhebung.

(5) Der Bundesminister für Raumordnung, Bauwesen und Städtebau wird ermächtigt, mit Zustimmung des Bundesrates durch Rechtsverordnung Vorschriften zu erlassen über

1. Darstellungen und Festsetzungen in den Bauleitplänen über
   a) die Art der baulichen Nutzung,
   b) das Maß der baulichen Nutzung und seine Berechnung,
   c) die Bauweise sowie die überbaubaren und die nicht überbaubaren Grundstücksflächen;

2. die in den Baugebieten zulässigen baulichen und sonstigen Anlagen;

3. die Zulässigkeit der Festsetzung nach Maßgabe des § 9 Abs. 3 über verschiedenartige Baugebiete oder verschiedenartige in den Baugebieten zulässige bauliche und sonstige Anlagen;

4. die Ausarbeitung der Bauleitpläne einschließlich der dazugehörigen Unterlagen sowie über die Darstellung des Planinhalts, insbesondere über die dabei zu verwendenden Planzeichen und ihre Bedeutung.

§ 3

Beteiligung der Bürger

(1) Die Bürger sind möglichst frühzeitig über die allgemeinen Ziele und Zwecke der Planung, sich wesentlich unterscheidende Lösungen, die für die Neugestaltung oder Entwicklung eines Gebiets in Betracht kommen, und die voraussichtlichen Auswirkungen der Planung öffentlich zu unterrichten; ihnen ist Gelegenheit zur Äußerung und Erörterung zu geben. Von der Unterrichtung und Erörterung kann abgesehen werden, wenn

1. der Flächennutzungsplan geändert oder ergänzt wird und dadurch die Grundzüge nicht berührt werden,

2. ein Bebauungsplan aufgestellt, geändert, ergänzt oder aufgehoben wird und sich dies auf das Plangebiet und die Nachbargebiete nur unwesentlich auswirkt oder

3. die Unterrichtung und Erörterung bereits zuvor auf anderer planerischer Grundlage erfolgt sind.

An die Unterrichtung und Erörterung schließt sich das Verfahren nach Absatz 2 auch an, wenn die Erörterung zu einer Änderung der Planung führt.

(2) Die Entwürfe der Bauleitpläne sind mit dem Erläuterungsbericht oder der Begründung auf die Dauer eines Monats öffentlich auszulegen. Ort und Dauer der Auslegung sind mindestens eine Woche vorher ortsüblich bekanntzumachen mit dem Hinweis darauf, daß Bedenken und Anregungen während der Auslegungsfrist vorgebracht werden können. Die nach § 4 Abs. 1 Beteiligten sollen von der Auslegung benachrichtigt werden. Die fristgemäß vorgebrachten Bedenken und Anregungen sind zu prüfen; das Ergebnis ist mitzuteilen. Haben mehr als hundert Personen Bedenken und Anregungen mit im wesentlichen gleichem Inhalt vorgebracht, kann die Mitteilung des Ergebnisses der Prüfung dadurch ersetzt werden, daß diesen Personen die Einsicht in das Ergebnis ermöglicht wird; die Stelle, bei der das Ergebnis der Prüfung während der Dienststunden eingesehen werden kann, ist ortsüblich bekanntzumachen. Bei der Vorlage der Bauleitpläne nach § 6 oder § 11 sind die nicht berücksichtigten Bedenken und Anregungen mit einer Stellungnahme der Gemeinde beizufügen.

(3) Wird der Entwurf des Bauleitplans nach der Auslegung geändert oder ergänzt, ist er erneut nach Absatz 2 auszulegen; bei der erneuten Auslegung kann bestimmt werden, daß Bedenken und Anregungen nur zu den geänderten oder ergänzten Teilen vorgebracht werden können. Werden durch die Änderung oder Ergänzung des Entwurfs eines Bebauungsplans die Grundzüge der Planung nicht berührt oder sind Änderungen oder Ergänzungen von Flächen oder sonstigen Darstellungen im Entwurf des Flächennutzungsplans im Umfang geringfügig oder von geringer Bedeutung, kann von einer erneuten öffentlichen Auslegung abgesehen werden; § 13 Abs. 1 Satz 2 ist entsprechend anzuwenden.

§ 4

Beteiligung der Träger öffentlicher Belange

(1) Bei der Aufstellung von Bauleitplänen sollen die Behörden und Stellen, die Träger öffentlicher Belange sind und von der Planung berührt werden können, möglichst frühzeitig beteiligt werden. In ihrer Stellungnahme haben sie der Gemeinde auch Aufschluß über von ihnen beabsichtigte oder bereits eingeleitete Planungen und sonstige Maßnahmen sowie deren zeitliche Abwicklung zu geben, die für die städtebauliche Entwicklung und Ordnung des Gebiets bedeutsam sein können. Diesen Beteiligten soll für die Abgabe ihrer Stellungnahmen eine angemessene Frist gesetzt werden; äußern sie sich nicht fristgemäß, kann die Gemeinde davon ausgehen, daß die von diesen Beteiligten wahrzunehmenden öffentlichen Belange durch den Bauleitplan nicht berührt werden.

(2) Die Beteiligung nach Absatz 1 kann gleichzeitig mit dem Verfahren nach § 3 Abs. 2 durchgeführt werden.

Zweiter Abschnitt

Vorbereitender Bauleitplan (Flächennutzungsplan)

§ 5

Inhalt des Flächennutzungsplans

(1) Im Flächennutzungsplan ist für das ganze Gemeindegebiet die sich aus der beabsichtigten städtebaulichen Entwicklung ergebende Art der Bodennutzung nach den voraussehbaren Bedürfnissen der Gemeinde in den Grundzügen darzustellen. Aus dem Flächennutzungsplan können Flächen und sonstige Darstellungen ausgenommen werden, wenn dadurch die nach Satz 1 darzustellenden Grundzüge nicht berührt werden und die Gemeinde beabsichtigt, die Darstellung zu einem späteren Zeitpunkt vorzunehmen; im Erläuterungsbericht sind die Gründe hierfür darzulegen.

(2) Im Flächennutzungsplan können insbesondere dargestellt werden:

1. die für die Bebauung vorgesehenen Flächen nach der allgemeinen Art ihrer baulichen Nutzung (Bauflächen), nach der besonderen Art ihrer baulichen Nutzung (Baugebiete) sowie nach dem allgemeinen Maß der baulichen Nutzung; Bauflächen, für die eine zentrale Abwasserbeseitigung nicht vorgesehen ist, sind zu kennzeichnen;

2. die Ausstattung des Gemeindegebiets mit Einrichtungen und Anlagen zur Versorgung mit Gütern und Dienstleistungen des öffentlichen und privaten Bereichs, insbesondere mit den der Allgemeinheit dienenden baulichen Anlagen und Einrichtungen des Gemeinbedarfs, wie mit Schulen und Kirchen sowie mit sonstigen kirchlichen und mit sozialen, gesundheitlichen und kulturellen Zwecken dienenden Gebäuden und Einrichtungen, sowie die Flächen für Sport- und Spielanlagen;

3. die Flächen für den überörtlichen Verkehr und für die örtlichen Hauptverkehrszüge;

4. die Flächen für Versorgungsanlagen, für die Abfallentsorgung und Abwasserbeseitigung, für Ablagerungen sowie für Hauptversorgungs- und Hauptabwasserleitungen;

5. die Grünflächen, wie Parkanlagen, Dauerkleingärten, Sport-, Spiel-, Zelt- und Badeplätze, Friedhöfe;

6. die Flächen für Nutzungsbeschränkungen oder für Vorkehrungen zum Schutz gegen schädliche Umwelteinwirkungen im Sinne des Bundes-Immissionsschutzgesetzes;

7. die Wasserflächen, Häfen und die für die Wasserwirtschaft vorgesehenen Flächen sowie die Flächen, die im Interesse des Hochwasserschutzes und der Regelung des Wasserabflusses freizuhalten sind;

8. die Flächen für Aufschüttungen, Abgrabungen oder für die Gewinnung von Steinen, Erden und anderen Bodenschätzen;

9. a) die Flächen für die Landwirtschaft und

   b) Wald;

10. die Flächen für Maßnahmen zum Schutz, zur Pflege und zur Entwicklung von Natur und Landschaft.

(3) Im Flächennutzungsplan sollen gekennzeichnet werden:

1. Flächen, bei deren Bebauung besondere bauliche Vorkehrungen gegen äußere Einwirkungen oder bei denen besondere bauliche Sicherungsmaßnahmen gegen Naturgewalten erforderlich sind;

2. Flächen, unter denen der Bergbau umgeht oder die für den Abbau von Mineralien bestimmt sind;

3. für bauliche Nutzungen vorgesehene Flächen, deren Böden erheblich mit umweltgefährdenden Stoffen belastet sind.

(4) Planungen und sonstige Nutzungsregelungen, die nach anderen gesetzlichen Vorschriften festgesetzt sind, sowie nach Landesrecht denkmalgeschützte Mehrheiten von baulichen Anlagen sollen nachrichtlich übernommen werden. Sind derartige Festsetzungen in Aussicht genommen, sollen sie im Flächennutzungsplan vermerkt werden.

(5) Dem Flächennutzungsplan ist ein Erläuterungsbericht beizufügen.

§ 6

Genehmigung des Flächennutzungsplans

(1) Der Flächennutzungsplan bedarf der Genehmigung der höheren Verwaltungsbehörde.

(2) Die Genehmigung darf nur versagt werden, wenn der Flächennutzungsplan nicht ordnungsgemäß zustande gekommen ist oder diesem Gesetzbuch, den aufgrund dieses Gesetzbuchs erlassenen oder sonstigen Rechtsvorschriften widerspricht.

(3) Können Versagungsgründe nicht ausgeräumt werden, kann die höhere Verwaltungsbehörde räumliche oder sachliche Teile des Flächennutzungsplans von der Genehmigung ausnehmen.

(4) Über die Genehmigung ist binnen drei Monaten zu entscheiden; die höhere Verwaltungsbehörde kann räumliche und sachliche Teile des Flächennutzungsplans vorweg genehmigen. Aus wichtigen Gründen kann die Frist auf Antrag der Genehmigungsbehörde von der zuständigen übergeordneten Behörde verlängert werden, in der Regel jedoch nur bis zu drei Monaten. Die Gemeinde ist von der Fristverlängerung in Kenntnis zu setzen. Die Genehmigung gilt als erteilt, wenn sie nicht innerhalb der Frist unter Angabe von Gründen abgelehnt wird.

(5) Die Erteilung der Genehmigung ist ortsüblich bekanntzumachen. Mit der Bekanntmachung wird der Flächennutzungsplan wirksam. Jedermann kann den Flächennutzungsplan und den Erläuterungsbericht einsehen und über deren Inhalt Auskunft verlangen.

(6) Mit dem Beschluß über eine Änderung oder Ergänzung des Flächennutzungsplans kann die Gemeinde auch bestimmen, daß der Flächennutzungsplan in der Fassung, die er durch die Änderung oder Ergänzung erfahren hat, neu bekanntzumachen ist.

§ 7

Anpassung an den Flächennutzungsplan

Öffentliche Planungsträger, die nach § 4 Abs. 1 und § 13 Abs. 2 beteiligt sind, haben ihre Planungen dem Flächennutzungsplan insoweit anzupassen, als sie diesem Plan nicht widersprochen haben. Macht eine Veränderung der Sachlage eine abweichende Planung erforderlich, haben sie sich unverzüglich mit der Gemeinde ins Benehmen zu setzen. Kann ein Einvernehmen zwischen der Gemeinde und dem öffentlichen Planungsträger nicht erreicht werden, kann der öffentliche Planungsträger nachträglich widersprechen. Der Widerspruch ist nur zulässig, wenn die für die abweichende Planung geltend gemachten Belange die sich aus dem Flächennutzungsplan ergebenden städtebaulichen Belange nicht nur unwesentlich überwiegen. Im Fall einer abweichenden Planung ist § 37 Abs. 3 auf die durch die Änderung oder Ergänzung des Flächennutzungsplans oder eines Bebauungsplans, der aus dem Flächennutzungsplan entwickelt worden ist und geändert, ergänzt oder aufgehoben werden mußte, entstehenden Aufwendungen und Kosten entsprechend anzuwenden; § 38 Satz 3 bleibt unberührt.

Dritter Abschnitt

Verbindlicher Bauleitplan (Bebauungsplan)

§ 8

Zweck des Bebauungsplans

(1) Der Bebauungsplan enthält die rechtsverbindlichen Festsetzungen für die städtebauliche Ordnung. Er bildet die Grundlage für weitere zum Vollzug dieses Gesetzbuchs erforderliche Maßnahmen.

(2) Bebauungspläne sind aus dem Flächennutzungsplan zu entwickeln. Ein Flächennutzungsplan ist nicht erforderlich, wenn der Bebauungsplan ausreicht, um die städtebauliche Entwicklung zu ordnen.

(3) Mit der Aufstellung, Änderung, Ergänzung oder Aufhebung eines Bebauungsplans kann gleichzeitig auch der

Flächennutzungsplan aufgestellt, geändert oder ergänzt werden (Parallelverfahren). Der Bebauungsplan kann vor dem Flächennutzungsplan angezeigt und bekanntgemacht werden, wenn nach dem Stand der Planungsarbeiten anzunehmen ist, daß der Bebauungsplan aus den künftigen Darstellungen des Flächennutzungsplans entwickelt sein wird.

(4) Ein Bebauungsplan kann aufgestellt, geändert, ergänzt oder aufgehoben werden, bevor der Flächennutzungsplan aufgestellt ist, wenn dringende Gründe es erfordern und wenn der Bebauungsplan der beabsichtigten städtebaulichen Entwicklung des Gemeindegebiets nicht entgegenstehen wird (vorzeitiger Bebauungsplan). Gilt bei Gebiets- oder Bestandsänderungen von Gemeinden oder anderen Veränderungen der Zuständigkeit für die Aufstellung von Flächennutzungsplänen ein Flächennutzungsplan fort, kann ein vorzeitiger Bebauungsplan auch aufgestellt werden, bevor der Flächennutzungsplan ergänzt oder geändert ist.

§ 9

Inhalt des Bebauungsplans

(1) Im Bebauungsplan können festgesetzt werden:

1. die Art und das Maß der baulichen Nutzung;
2. die Bauweise, die überbaubaren und die nicht überbaubaren Grundstücksflächen sowie die Stellung der baulichen Anlagen;
3. für die Größe, Breite und Tiefe der Baugrundstücke Mindestmaße und aus Gründen des sparsamen und schonenden Umgangs mit Grund und Boden für Wohnbaugrundstücke auch Höchstmaße;
4. die Flächen für Nebenanlagen, die aufgrund anderer Vorschriften für die Nutzung von Grundstücken erforderlich sind, wie Spiel-, Freizeit- und Erholungsflächen sowie die Flächen für Stellplätze und Garagen mit ihren Einfahrten;
5. die Flächen für den Gemeinbedarf sowie für Sport- und Spielanlagen;
6. aus besonderen städtebaulichen Gründen die höchstzulässige Zahl der Wohnungen in Wohngebäuden;
7. die Flächen, auf denen ganz oder teilweise nur Wohngebäude, die mit Mitteln des sozialen Wohnungsbaus gefördert werden könnten, errichtet werden dürfen;
8. einzelne Flächen, auf denen ganz oder teilweise nur Wohngebäude errichtet werden dürfen, die für Personengruppen mit besonderem Wohnbedarf bestimmt sind;
9. der besondere Nutzungszweck von Flächen, der durch besondere städtebauliche Gründe erfordert wird;
10. die Flächen, die von der Bebauung freizuhalten sind, und ihre Nutzung;
11. die Verkehrsflächen sowie Verkehrsflächen besonderer Zweckbestimmung, wie Fußgängerbereiche, Flächen für das Parken von Fahrzeugen sowie den Anschluß anderer Flächen an die Verkehrsflächen;
12. die Versorgungsflächen;
13. die Führung von Versorgungsanlagen und -leitungen;
14. die Flächen für die Abfallentsorgung und Abwasserbeseitigung sowie für Ablagerungen;
15. die öffentlichen und privaten Grünflächen, wie Parkanlagen, Dauerkleingärten, Sport-, Spiel-, Zelt- und Badeplätze, Friedhöfe;
16. die Wasserflächen sowie die Flächen für die Wasserwirtschaft, für Hochwasserschutzanlagen und für die Regelung des Wasserabflusses, soweit diese Festsetzungen nicht nach anderen Vorschriften getroffen werden können;
17. die Flächen für Aufschüttungen, Abgrabungen oder für die Gewinnung von Steinen, Erden und anderen Bodenschätzen;
18. a) die Flächen für die Landwirtschaft und
    b) Wald;
19. die Flächen für die Errichtung von Anlagen für die Kleintierhaltung wie Ausstellungs- und Zuchtanlagen, Zwinger, Koppeln und dergleichen;
20. Maßnahmen zum Schutz, zur Pflege und zur Entwicklung von Natur und Landschaft, soweit solche Festsetzungen nicht nach anderen Vorschriften getroffen werden können, sowie die Flächen für Maßnahmen zum Schutz, zur Pflege und zur Entwicklung von Natur und Landschaft;
21. die mit Geh-, Fahr- und Leitungsrechten zugunsten der Allgemeinheit, eines Erschließungsträgers oder eines beschränkten Personenkreises zu belastenden Flächen;
22. die Flächen für Gemeinschaftsanlagen für bestimmte räumliche Bereiche wie Kinderspielplätze, Freizeiteinrichtungen, Stellplätze und Garagen;
23. Gebiete, in denen aus besonderen städtebaulichen Gründen oder zum Schutz vor schädlichen Umwelteinwirkungen im Sinne des Bundes-Immissionsschutzgesetzes bestimmte luftverunreinigende Stoffe nicht oder nur beschränkt verwendet werden dürfen;
24. die von der Bebauung freizuhaltenden Schutzflächen und ihre Nutzung, die Flächen für besondere Anlagen und Vorkehrungen zum Schutz vor schädlichen Umwelteinwirkungen im Sinne des Bundes-Immissionsschutzgesetzes sowie die zum Schutz vor solchen Einwirkungen oder zur Vermeidung oder Minderung solcher Einwirkungen zu treffenden baulichen und sonstigen technischen Vorkehrungen;
25. für einzelne Flächen oder für ein Bebauungsplangebiet oder Teile davon sowie für Teile baulicher Anlagen mit Ausnahme der für landwirtschaftliche Nutzungen oder Wald festgesetzten Flächen
    a) das Anpflanzen von Bäumen, Sträuchern und sonstigen Bepflanzungen,
    b) Bindungen für Bepflanzungen und für die Erhaltung von Bäumen, Sträuchern und sonstigen Bepflanzungen sowie von Gewässern;
26. die Flächen für Aufschüttungen, Abgrabungen und Stützmauern, soweit sie zur Herstellung des Straßenkörpers erforderlich sind.

(2) Bei Festsetzungen nach Absatz 1 kann auch die Höhenlage festgesetzt werden.

(3) Wenn besondere städtebauliche Gründe dies rechtfertigen, können Festsetzungen nach Absatz 1 für übereinanderliegende Geschosse und Ebenen und sonstige Teile baulicher Anlagen gesondert getroffen werden; dies gilt

auch, soweit Geschosse, Ebenen und sonstige Teile baulicher Anlagen unterhalb der Geländeoberfläche vorgesehen sind.

(4) Die Länder können durch Rechtsvorschriften bestimmen, daß auf Landesrecht beruhende Regelungen in den Bebauungsplan als Festsetzungen aufgenommen werden können und inwieweit auf diese Festsetzungen die Vorschriften dieses Gesetzbuchs Anwendung finden.

(5) Im Bebauungsplan sollen gekennzeichnet werden:

1. Flächen, bei deren Bebauung besondere bauliche Vorkehrungen gegen äußere Einwirkungen oder bei denen besondere bauliche Sicherungsmaßnahmen gegen Naturgewalten erforderlich sind;
2. Flächen, unter denen der Bergbau umgeht oder die für den Abbau von Mineralien bestimmt sind;
3. Flächen, deren Böden erheblich mit umweltgefährdenden Stoffen belastet sind.

(6) Nach anderen gesetzlichen Vorschriften getroffene Festsetzungen sowie Denkmäler nach Landesrecht sollen in den Bebauungsplan nachrichtlich übernommen werden, soweit sie zu seinem Verständnis oder für die städtebauliche Beurteilung von Baugesuchen notwendig oder zweckmäßig sind.

(7) Der Bebauungsplan setzt die Grenzen seines räumlichen Geltungsbereichs fest.

(8) Dem Bebauungsplan ist eine Begründung beizufügen. In ihr sind die Ziele, Zwecke und wesentlichen Auswirkungen des Bebauungsplans darzulegen.

§ 10

Beschluß über den Bebauungsplan

Die Gemeinde beschließt den Bebauungsplan als Satzung.

§ 11

Genehmigung und Anzeige des Bebauungsplans

(1) Bebauungspläne nach § 8 Abs. 2 Satz 2 und Abs. 4 bedürfen der Genehmigung der höheren Verwaltungsbehörde; andere Bebauungspläne sind der höheren Verwaltungsbehörde anzuzeigen.

(2) Für die Genehmigung von Bebauungsplänen ist § 6 Abs. 2 und 4 entsprechend anzuwenden.

(3) Ist ein Bebauungsplan anzuzeigen, hat die höhere Verwaltungsbehörde die Verletzung von Rechtsvorschriften, die eine Versagung der Genehmigung nach § 6 Abs. 2 rechtfertigen würde, innerhalb von drei Monaten nach Eingang der Anzeige geltend zu machen. Der Bebauungsplan darf nur in Kraft gesetzt werden, wenn die höhere Verwaltungsbehörde die Verletzung von Rechtsvorschriften nicht innerhalb der in Satz 1 bezeichneten Frist geltend gemacht oder wenn sie vor Ablauf der Frist erklärt hat, daß sie keine Verletzung von Rechtsvorschriften geltend macht.

§ 12

Inkrafttreten des Bebauungsplans

Die Erteilung der Genehmigung (§ 11 Abs. 2) oder die Durchführung des Anzeigeverfahrens (§ 11 Abs. 3) ist ortsüblich bekanntzumachen. Der Bebauungsplan ist mit der Begründung zu jedermanns Einsicht bereitzuhalten; über den Inhalt ist auf Verlangen Auskunft zu geben. In der Bekanntmachung ist darauf hinzuweisen, wo der Bebauungsplan eingesehen werden kann. Mit der Bekanntmachung tritt der Bebauungsplan in Kraft. Die Bekanntmachung tritt an die Stelle der sonst für Satzungen vorgeschriebenen Veröffentlichung.

§ 13

Vereinfachte Änderung oder Ergänzung des Bauleitplans

(1) Werden durch Änderungen oder Ergänzungen eines Bebauungsplans die Grundzüge der Planung nicht berührt, bedarf es des Verfahrens nach den §§ 3 und 4 sowie der Genehmigung oder der Anzeige nach § 11 nicht; § 2 Abs. 1 Satz 2 findet keine Anwendung. Den Eigentümern der von den Änderungen oder Ergänzungen betroffenen Grundstücke und den von den Änderungen oder Ergänzungen berührten Trägern öffentlicher Belange ist Gelegenheit zur Stellungnahme innerhalb angemessener Frist zu geben. Widersprechen die Beteiligten innerhalb der Frist den Änderungen oder Ergänzungen, bedarf der Bebauungsplan der Genehmigung oder der Anzeige nach § 11. Die Stellungnahmen der Beteiligten sind als Bedenken und Anregungen nach § 3 Abs. 2 Satz 4 und 6 zu behandeln.

(2) Bei Änderungen oder Ergänzungen von Flächen oder sonstigen Darstellungen des Flächennutzungsplans, die im Umfang geringfügig oder von geringer Bedeutung sind, bedarf es des Verfahrens nach den §§ 3 und 4 nicht; § 2 Abs. 1 Satz 2 findet keine Anwendung. Auf die Beteiligung der Eigentümer und Träger öffentlicher Belange und auf die Behandlung ihrer Stellungnahmen ist Absatz 1 Satz 2 und 4 entsprechend anzuwenden.

Zweiter Teil
Sicherung der Bauleitplanung

Erster Abschnitt
Veränderungssperre und Zurückstellung von Baugesuchen

§ 14

Veränderungssperre

(1) Ist ein Beschluß über die Aufstellung eines Bebauungsplans gefaßt, kann die Gemeinde zur Sicherung der Planung für den künftigen Planbereich eine Veränderungssperre mit dem Inhalt beschließen, daß

1. Vorhaben im Sinne des § 29 nicht durchgeführt oder bauliche Anlagen nicht beseitigt werden dürfen;
2. erhebliche oder wesentlich wertsteigernde Veränderungen von Grundstücken und baulichen Anlagen, deren Veränderungen nicht genehmigungs-, zustimmungs- oder anzeigepflichtig sind, nicht vorgenommen werden dürfen.

(2) Wenn überwiegende öffentliche Belange nicht entgegenstehen, kann von der Veränderungssperre eine Aus-

nahme zugelassen werden. Die Entscheidung über Ausnahmen trifft die Baugenehmigungsbehörde im Einvernehmen mit der Gemeinde.

(3) Vorhaben, die vor dem Inkrafttreten der Veränderungssperre baurechtlich genehmigt worden sind, Unterhaltungsarbeiten und die Fortführung einer bisher ausgeübten Nutzung werden von der Veränderungssperre nicht berührt.

(4) Soweit für Vorhaben im förmlich festgelegten Sanierungsgebiet eine Genehmigungspflicht nach § 144 Abs. 1 besteht, sind die Vorschriften über die Veränderungssperre nicht anzuwenden.

§ 15

Zurückstellung von Baugesuchen

(1) Wird eine Veränderungssperre nach § 14 nicht beschlossen, obwohl die Voraussetzungen gegeben sind, oder ist eine beschlossene Veränderungssperre noch nicht in Kraft getreten, hat die Baugenehmigungsbehörde auf Antrag der Gemeinde die Entscheidung über die Zulässigkeit von Vorhaben im Einzelfall für einen Zeitraum bis zu zwölf Monaten auszusetzen, wenn zu befürchten ist, daß die Durchführung der Planung durch das Vorhaben unmöglich gemacht oder wesentlich erschwert werden würde.

(2) Bei Anträgen auf Erteilung einer Teilungsgenehmigung nach § 19 gilt Absatz 1 entsprechend.

(3) Soweit für Vorhaben im förmlich festgelegten Sanierungsgebiet eine Genehmigungspflicht nach § 144 Abs. 1 besteht, sind die Vorschriften über die Zurückstellung von Baugesuchen nicht anzuwenden; mit der förmlichen Festlegung des Sanierungsgebiets wird ein Bescheid über die Zurückstellung des Baugesuchs nach Absatz 1 unwirksam.

§ 16

Beschluß über die Veränderungssperre

(1) Die Veränderungssperre wird von der Gemeinde als Satzung beschlossen.

(2) Die Gemeinde hat die Veränderungssperre ortsüblich bekanntzumachen. Sie kann auch ortsüblich bekanntmachen, daß eine Veränderungssperre beschlossen worden ist; § 12 Satz 2 bis 5 ist entsprechend anzuwenden.

§ 17

Geltungsdauer der Veränderungssperre

(1) Die Veränderungssperre tritt nach Ablauf von zwei Jahren außer Kraft. Auf die Zweijahresfrist ist der seit der Zustellung der ersten Zurückstellung eines Baugesuchs nach § 15 Abs. 1 abgelaufene Zeitraum anzurechnen. Die Gemeinde kann die Frist um ein Jahr verlängern.

(2) Wenn besondere Umstände es erfordern, kann die Gemeinde mit Zustimmung der nach Landesrecht zuständigen Behörde die Frist bis zu einem weiteren Jahr nochmals verlängern.

(3) Die Gemeinde kann mit Zustimmung der höheren Verwaltungsbehörde eine außer Kraft getretene Veränderungssperre ganz oder teilweise erneut beschließen, wenn die Voraussetzungen für ihren Erlaß fortbestehen.

(4) Die Veränderungssperre ist vor Fristablauf ganz oder teilweise außer Kraft zu setzen, sobald die Voraussetzungen für ihren Erlaß weggefallen sind.

(5) Die Veränderungssperre tritt in jedem Fall außer Kraft, sobald und soweit die Bauleitplanung rechtsverbindlich abgeschlossen ist.

(6) Mit der förmlichen Festlegung des Sanierungsgebiets tritt eine bestehende Veränderungssperre nach § 14 außer Kraft. Dies gilt nicht, wenn in der Sanierungssatzung die Genehmigungspflicht nach § 144 Abs. 1 ausgeschlossen ist.

§ 18

Entschädigung bei Veränderungssperre

(1) Dauert die Veränderungssperre länger als vier Jahre über den Zeitpunkt ihres Beginns oder der ersten Zurückstellung eines Baugesuchs nach § 15 Abs. 1 hinaus, ist den Betroffenen für dadurch entstandene Vermögensnachteile eine angemessene Entschädigung in Geld zu leisten. Die Vorschriften über die Entschädigung im Zweiten Abschnitt des Fünften Teils sowie § 121 gelten entsprechend; dabei ist der Grundstückswert zugrunde zu legen, der nach den Vorschriften des Zweiten Abschnitts des Dritten Teils zu entschädigen wäre.

(2) Zur Entschädigung ist die Gemeinde verpflichtet. Der Entschädigungsberechtigte kann Entschädigung verlangen, wenn die in Absatz 1 Satz 1 bezeichneten Vermögensnachteile eingetreten sind. Er kann die Fälligkeit des Anspruchs dadurch herbeiführen, daß er die Leistung der Entschädigung schriftlich bei dem Entschädigungspflichtigen beantragt. Kommt eine Einigung über die Entschädigung nicht zustande, entscheidet die höhere Verwaltungsbehörde. Für den Bescheid über die Festsetzung der Entschädigung gilt § 122 entsprechend.

(3) Auf das Erlöschen des Entschädigungsanspruchs findet § 44 Abs. 4 mit der Maßgabe Anwendung, daß bei einer Veränderungssperre, die die Sicherung einer Festsetzung nach § 40 Abs. 1 oder § 41 Abs. 1 zum Gegenstand hat, die Erlöschensfrist frühestens ab Rechtsverbindlichkeit des Bebauungsplans beginnt. In der Bekanntmachung nach § 16 Abs. 2 ist auf die Vorschriften des Absatzes 2 Satz 2 und 3 hinzuweisen.

Zweiter Abschnitt

Teilungsgenehmigung

§ 19

Teilungsgenehmigung

(1) Die Teilung eines Grundstücks bedarf zu ihrer Wirksamkeit der Genehmigung

1. innerhalb des räumlichen Geltungsbereichs eines Bebauungsplans im Sinne des § 30 Abs. 1;
2. innerhalb der im Zusammenhang bebauten Ortsteile (§ 34);
3. außerhalb der in den Nummern 1 und 2 bezeichneten Gebiete (Außenbereich, § 35), wenn das Grundstück bebaut oder seine Bebauung genehmigt ist oder wenn die Teilung zum Zweck der Bebauung oder der kleingärtnerischen Dauernutzung vorgenommen wird oder

nach den Angaben der Beteiligten der Vorbereitung einer Bebauung oder kleingärtnerischen Dauernutzung dient;

4. innerhalb des räumlichen Geltungsbereichs einer Veränderungssperre (§ 14).

(2) Teilung ist die dem Grundbuchamt gegenüber abgegebene oder sonstwie erkennbar gemachte Erklärung des Eigentümers, daß ein Grundstücksteil grundbuchmäßig abgeschrieben und als selbständiges Grundstück oder als ein Grundstück zusammen mit anderen Grundstücken oder mit Teilen anderer Grundstücke eingetragen werden soll.

(3) Die Genehmigung wird durch die Gemeinde erteilt, wenn sie für die Erteilung der Baugenehmigung zuständig ist, im übrigen durch die Baugenehmigungsbehörde im Einvernehmen mit der Gemeinde (Genehmigungsbehörde). Im Falle des Absatzes 1 Nr. 3 darf die Genehmigung nur mit Zustimmung der höheren Verwaltungsbehörde erteilt werden, soweit die Teilung der Vorbereitung eines in § 36 bezeichneten Vorhabens dient. Über die Genehmigung ist binnen drei Monaten nach Eingang des Antrags bei der Genehmigungsbehörde zu entscheiden. Kann die Prüfung des Antrags in dieser Zeit nicht abgeschlossen werden, ist die Frist vor ihrem Ablauf in einem dem Antragsteller mitzuteilenden Zwischenbescheid um den Zeitraum zu verlängern, der notwendig ist, um die Prüfung abschließen zu können. Die Verlängerung der in Satz 3 bezeichneten Frist darf höchstens drei Monate betragen. Die Genehmigung gilt als erteilt, wenn sie nicht innerhalb der Frist versagt wird. Das Einvernehmen der Gemeinde und die Zustimmung der höheren Verwaltungsbehörde gelten als erteilt, wenn sie nicht binnen zwei Monaten nach Eingang des Ersuchens der Genehmigungsbehörde verweigert werden.

(4) Die Teilung bedarf der Genehmigung nicht, wenn

1. sie in einem Verfahren zur Enteignung oder während eines Verfahrens zur Bodenordnung nach diesem Gesetzbuch oder anderen bundes- oder landesrechtlichen Vorschriften oder für ein Unternehmen, für das die Enteignung für zulässig erklärt wurde, oder in einem bergbaulichen Grundabtretungsverfahren vorgenommen wird,
2. sie in einem förmlich festgelegten Sanierungsgebiet vorgenommen wird und in der Sanierungssatzung die Genehmigungspflicht nach § 144 Abs. 1 nicht ausgeschlossen ist,
3. der Bund, ein Land, eine Gemeinde oder ein Gemeindeverband als Erwerber, Eigentümer oder Verwalter beteiligt ist,
4. eine ausschließlich kirchlichen, wissenschaftlichen, gemeinnützigen oder mildtätigen Zwecken dienende öffentlich-rechtliche Körperschaft, Anstalt oder Stiftung, eine mit den Rechten einer Körperschaft des öffentlichen Rechts ausgestattete Religionsgesellschaft oder eine den Aufgaben einer solchen Religionsgesellschaft dienende rechtsfähige Anstalt, Stiftung oder Personenvereinigung als Erwerber oder Eigentümer beteiligt ist oder
5. sie der Errichtung von Anlagen der öffentlichen Versorgung mit Elektrizität, Gas, Wärme und Wasser sowie von Anlagen der Abwasserwirtschaft dient.

§ 191 bleibt unberührt.

(5) Die Landesregierungen können für Gebiete, in denen es wegen der geringen Wohnsiedlungstätigkeit nicht erforderlich ist, den Bodenverkehr zu überwachen, durch Rechtsverordnung vorschreiben, daß es einer Genehmigung nicht bedarf.

§ 20

Versagungsgründe

(1) Die Genehmigung ist zu versagen, wenn

1. in den Fällen des § 19 Abs. 1 Nr. 1 die Teilung oder die mit ihr bezweckte Nutzung mit den Festsetzungen des Bebauungsplans nicht vereinbar wäre;
2. in den Fällen des § 19 Abs. 1 Nr. 2 infolge der Teilung ein Grundstück entstehen würde, auf dem die mit der Teilung bezweckte Nutzung den Festsetzungen eines Bebauungsplans widersprechen oder sich im Sinne des § 34 Abs. 1 und 2 nicht in die Umgebung einfügen würde; wird keine Nutzung bezweckt, darf infolge der Teilung kein Grundstück entstehen, auf dem Vorhaben aus den genannten Gründen unzulässig wären;
3. in den Fällen des § 19 Abs. 1 Nr. 3 die Teilung oder die mit ihr bezweckte Nutzung mit einer geordneten städtebaulichen Entwicklung nicht vereinbar wäre oder wenn die Teilung dazu dient, eine unzulässige Bebauung oder kleingärtnerische Dauernutzung vorzubereiten;
4. in den Fällen des § 19 Abs. 1 Nr. 4 die Voraussetzungen für die Zulassung einer Ausnahme nach § 14 Abs. 2 Satz 1 nicht vorliegen.

(2) Die Genehmigung kann auch versagt werden, wenn mit der Teilung

1. offensichtlich eine andere als die angegebene Nutzung bezweckt wird oder
2. keine Nutzung angegeben wird, aber offensichtlich eine nach Absatz 1 rechtserhebliche Nutzung bezweckt wird.

In den Fällen, in denen die Beteiligten nicht angegeben haben, daß die Teilung der Vorbereitung einer Bebauung oder kleingärtnerischen Dauernutzung dient, kann die Genehmigung auch versagt werden, wenn offensichtlich die Vorbereitung einer solchen unzulässigen Nutzung beabsichtigt ist. Den Beteiligten ist vor Versagung der Genehmigung Gelegenheit zu geben, sich zu den für die Entscheidung erheblichen Tatsachen zu äußern.

§ 21

Inhalt der Genehmigung

(1) Ist die Genehmigung nach § 19 erteilt, darf auf einen Antrag, der innerhalb von drei Jahren seit der Erteilung der Genehmigung gestellt wurde, eine Baugenehmigung nicht aus den Gründen versagt werden, die nach § 20 Abs. 1 rechtserheblich waren.

(2) Absatz 1 gilt nicht, wenn sich die für die Erteilung der Genehmigung maßgebenden rechtlichen oder tatsächlichen Voraussetzungen geändert haben. Jedoch ist alsdann bei Versagung der Baugenehmigung aus den in § 20 Abs. 1 Nr. 1 bis 3 genannten Gründen dem Eigentümer oder dem Erbbauberechtigten eine angemessene Entschädigung in Geld insoweit zu leisten, als durch die Versagung

1. der Wert des Grundstücks gemindert wird,

2. Aufwendungen an Wert verlieren, die der Eigentümer oder Erbbauberechtigte für Vorbereitungen zur Nutzung des Grundstücks im Vertrauen auf die Genehmigung nach § 19 bereits gemacht hat.

(3) Zur Entschädigung ist die Gemeinde verpflichtet; ist ein Begünstigter vorhanden, ist § 44 Abs. 1 Satz 1 und 3 sowie Abs. 2 entsprechend anzuwenden. Auf die Entschädigung und das Verfahren ist § 43 Abs. 2 mit der Maßgabe entsprechend anzuwenden, daß im Falle des Absatzes 2 Satz 2 Nr. 1 die Höhe der Entschädigung den Unterschied zwischen dem aufgewandten Entgelt und dem Verkehrswert, der sich nach Versagung der Baugenehmigung ergibt, nicht übersteigen darf. Der Entschädigungsberechtigte kann Entschädigung verlangen, wenn die in Absatz 2 Satz 2 Nr. 1 und 2 bezeichneten Vermögensnachteile eingetreten sind; für die Fälligkeit und die Verzinsung sowie das Erlöschen des Entschädigungsanspruchs gilt § 44 Abs. 3 Satz 2 und 3 sowie Abs. 4 entsprechend.

§ 22

Sicherung von Gebieten mit Fremdenverkehrsfunktionen

(1) Die Landesregierungen können durch Rechtsverordnung Gemeinden oder Teile von Gemeinden, die überwiegend durch den Fremdenverkehr geprägt sind, bezeichnen, für die die Gemeinden bestimmen können, daß zur Sicherung der Zweckbestimmung von Gebieten mit Fremdenverkehrsfunktionen die Begründung oder Teilung von Wohnungseigentum oder Teileigentum (§ 1 des Wohnungseigentumsgesetzes) der Genehmigung unterliegt. Dies gilt entsprechend für die in den §§ 30 und 31 des Wohnungseigentumsgesetzes bezeichneten Rechte.

(2) Soweit die Gemeinde oder Teile der Gemeinde in der Verordnung bezeichnet sind, kann die Gemeinde in einem Bebauungsplan oder durch eine sonstige Satzung bestimmen, daß für in dem Gebiet des Bebauungsplans oder der sonstigen Satzung gelegene Grundstücke der Genehmigungsvorbehalt nach Absatz 1 besteht. Voraussetzung für die Bestimmung ist, daß durch die Begründung oder Teilung der Rechte die vorhandene oder vorgesehene Zweckbestimmung des Gebiets für den Fremdenverkehr und dadurch die geordnete städtebauliche Entwicklung beeinträchtigt werden kann. Die Zweckbestimmung eines Gebiets für den Fremdenverkehr ist anzunehmen bei Kurgebieten, Gebieten für die Fremdenbeherbergung, Wochenend- und Ferienhausgebieten, die im Bebauungsplan festgesetzt sind, und bei im Zusammenhang bebauten Ortsteilen, deren Eigenart solchen Gebieten entspricht, sowie bei sonstigen Gebieten mit Fremdenverkehrsfunktionen, die durch Beherbergungsbetriebe und Wohngebäude mit Fremdenbeherbergung geprägt sind.

(3) Die sonstige Satzung nach Absatz 2 ist der höheren Verwaltungsbehörde anzuzeigen. § 11 Abs. 3 ist entsprechend anzuwenden. Die Gemeinde hat die Satzung und die Durchführung des Anzeigeverfahrens ortsüblich bekanntzumachen. Sie kann die Bekanntmachung auch in entsprechender Anwendung des § 12 vornehmen.

(4) Die Genehmigung ist nicht erforderlich, wenn

1. vor dem Wirksamwerden des Genehmigungsvorbehalts und, wenn ein Genehmigungsvorbehalt vor Ablauf einer Zurückstellung nach Absatz 7 Satz 3 wirksam geworden ist, vor Bekanntmachung des Beschlusses nach Absatz 7 Satz 3 der Eintragungsantrag beim Grundbuchamt eingegangen ist oder
2. vor dem Wirksamwerden des Genehmigungsvorbehalts ein Zeugnis, daß eine Genehmigung nicht erforderlich ist, erteilt worden ist.

(5) Die Genehmigung darf nur versagt werden, wenn durch die Begründung oder Teilung der Rechte die Zweckbestimmung des Gebiets für den Fremdenverkehr und dadurch die städtebauliche Entwicklung und Ordnung beeinträchtigt wird. Die Genehmigung ist zu erteilen, wenn sie erforderlich ist, damit Ansprüche Dritter erfüllt werden können, zu deren Sicherung vor dem Zeitpunkt, der im Falle des Absatzes 4 Nr. 1 maßgebend wäre, eine Vormerkung im Grundbuch eingetragen oder der Antrag auf Eintragung einer Vormerkung beim Grundbuchamt eingegangen ist; die Genehmigung kann auch von dem Dritten beantragt werden. Die Genehmigung kann erteilt werden, um wirtschaftliche Nachteile zu vermeiden, die für den Eigentümer eine besondere Härte bedeuten.

(6) Über die Genehmigung entscheidet die Baugenehmigungsbehörde im Einvernehmen mit der Gemeinde. § 19 Abs. 3 Satz 3 bis 7 ist entsprechend anzuwenden.

(7) Bei einem Grundstück, das in einer in der Verordnung bezeichneten Gemeinde oder in einem in der Verordnung bezeichneten Gemeindeteil liegt, darf das Grundbuchamt die von Absatz 1 erfaßten Eintragungen in das Grundbuch nur vornehmen, wenn der Genehmigungsbescheid oder ein Zeugnis, daß eine Genehmigung als erteilt gilt oder nicht erforderlich ist, vorgelegt wird. § 23 Abs. 2 bis 4 ist entsprechend anzuwenden. Ist ein Beschluß über die Aufstellung eines Bebauungsplans oder einer sonstigen Satzung nach Absatz 2 gefaßt und ortsüblich bekanntgemacht, hat die Baugenehmigungsbehörde auf Antrag der Gemeinde die Erteilung eines Zeugnisses, daß eine Genehmigung nicht erforderlich ist, für einen Zeitraum bis zu 12 Monaten auszusetzen, wenn zu befürchten ist, daß der Sicherungszweck des Genehmigungsvorbehalts durch eine Eintragung unmöglich gemacht oder wesentlich erschwert würde.

(8) Wird die Genehmigung versagt, kann der Eigentümer von der Gemeinde unter den Voraussetzungen des § 40 Abs. 2 die Übernahme des Grundstücks verlangen. § 43 Abs. 1, 4 und 5 sowie § 44 Abs. 3 und 4 sind entsprechend anzuwenden.

(9) Die Gemeinde hat den Genehmigungsvorbehalt aufzuheben oder im Einzelfall einzelne Grundstücke durch Erklärung gegenüber dem Eigentümer vom Genehmigungsvorbehalt freizustellen, wenn die Voraussetzungen für den Genehmigungsvorbehalt entfallen sind.

(10) In der sonstigen Satzung nach Absatz 2 kann neben der Bestimmung des Genehmigungsvorbehalts die höchstzulässige Zahl der Wohnungen in Wohngebäuden nach Maßgabe des § 9 Abs. 1 Nr. 6 festgesetzt werden. Vor der Festsetzung nach Satz 1 ist den betroffenen Bürgern und berührten Trägern öffentlicher Belange Gelegenheit zur Stellungnahme innerhalb angemessener Frist zu geben.

(11) Der sonstigen Satzung nach Absatz 2 ist eine Begründung beizufügen.In der Begründung zum Bebau-

ungsplan (§ 9 Abs. 8) oder zur sonstigen Satzung ist darzulegen, daß die in Absatz 2 bezeichneten Voraussetzungen für die Festlegung des Gebiets vorliegen.

§ 23

Sicherung der Vorschriften über die Teilung

(1) Das Grundbuchamt darf aufgrund einer nach § 19 genehmigungsbedürftigen Teilung eine Eintragung in das Grundbuch erst vornehmen, wenn der Genehmigungsbescheid vorgelegt ist.

(2) Ist für eine Teilung eine Genehmigung nach § 19 nicht erforderlich oder gilt sie als erteilt, hat die Genehmigungsbehörde auf Antrag eines Beteiligten darüber ein Zeugnis auszustellen. Das Zeugnis steht der Genehmigung gleich.

(3) Ist aufgrund einer nicht genehmigten Teilung eine Eintragung in das Grundbuch vorgenommen worden, kann die Genehmigungsbehörde, falls die Genehmigung erforderlich war, das Grundbuchamt um die Eintragung eines Widerspruchs ersuchen; § 53 Abs. 1 der Grundbuchordnung bleibt unberührt.

(4) Ein nach Absatz 3 eingetragener Widerspruch ist zu löschen, wenn die Genehmigungsbehörde darum ersucht oder wenn die Genehmigung erteilt ist.

Dritter Abschnitt

Gesetzliche Vorkaufsrechte der Gemeinde

§ 24

Allgemeines Vorkaufsrecht

(1) Der Gemeinde steht ein Vorkaufsrecht zu beim Kauf von Grundstücken

1. im Geltungsbereich eines Bebauungsplans, soweit es sich um Flächen handelt, für die nach dem Bebauungsplan eine Nutzung für öffentliche Zwecke festgesetzt ist,
2. in einem Umlegungsgebiet,
3. in einem förmlich festgelegten Sanierungsgebiet und städtebaulichen Entwicklungsbereich sowie
4. im Geltungsbereich einer Erhaltungssatzung.

(2) Das Vorkaufsrecht steht der Gemeinde nicht zu beim Kauf von Rechten nach dem Wohnungseigentumsgesetz und von Erbbaurechten.

(3) Das Vorkaufsrecht darf nur ausgeübt werden, wenn das Wohl der Allgemeinheit dies rechtfertigt. Bei der Ausübung des Vorkaufsrechts hat die Gemeinde den Verwendungszweck des Grundstücks anzugeben.

§ 25

Besonderes Vorkaufsrecht

(1) Die Gemeinde kann

1. im Geltungsbereich eines Bebauungsplans durch Satzung ihr Vorkaufsrecht an unbebauten Grundstücken begründen;
2. in Gebieten, in denen sie städtebauliche Maßnahmen in Betracht zieht, zur Sicherung einer geordneten städtebaulichen Entwicklung durch Satzung Flächen bezeichnen, an denen ihr ein Vorkaufsrecht an den Grundstücken zusteht.

Auf die Satzung ist § 16 Abs. 2 entsprechend anzuwenden.

(2) § 24 Abs. 2 und 3 Satz 1 ist anzuwenden. Der Verwendungszweck des Grundstücks ist anzugeben, soweit das bereits zum Zeitpunkt der Ausübung des Vorkaufsrechts möglich ist.

§ 26

Ausschluß des Vorkaufsrechts

Die Ausübung des Vorkaufsrechts ist ausgeschlossen, wenn

1. der Eigentümer das Grundstück an seinen Ehegatten oder an eine Person verkauft, die mit ihm in gerader Linie verwandt oder verschwägert oder in der Seitenlinie bis zum dritten Grad verwandt ist,
2. das Grundstück
   a) von einem öffentlichen Bedarfsträger für Zwecke der Landesverteidigung, des Bundesgrenzschutzes, der Zollverwaltung, der Polizei, des Zivilschutzes oder des Post- und Fernmeldewesens oder
   b) von Kirchen und Religionsgesellschaften des öffentlichen Rechts für Zwecke des Gottesdienstes oder der Seelsorge

   gekauft wird,
3. sich auf dem Grundstück Anlagen befinden, die den in § 38 genannten Vorschriften unterliegen oder für die ein Verfahren nach diesen Vorschriften eingeleitet worden ist, oder
4. das Grundstück entsprechend den Festsetzungen des Bebauungsplans oder den Zielen und Zwecken der städtebaulichen Maßnahme bebaut ist und genutzt wird und eine auf ihm errichtete bauliche Anlage keine Mißstände oder Mängel im Sinne des § 177 Abs. 2 und 3 Satz 1 aufweist.

§ 27

Abwendung des Vorkaufsrechts

(1) Der Käufer kann die Ausübung des Vorkaufsrechts abwenden, wenn die Verwendung des Grundstücks nach den baurechtlichen Vorschriften oder den Zielen und Zwecken der städtebaulichen Maßnahme bestimmt oder mit ausreichender Sicherheit bestimmbar ist, der Käufer in der Lage ist, das Grundstück binnen angemessener Frist dementsprechend zu nutzen, und er sich vor Ablauf der Frist nach § 28 Abs. 2 Satz 1 hierzu verpflichtet. Weist eine auf dem Grundstück befindliche bauliche Anlage Mißstände oder Mängel im Sinne des § 177 Abs. 2 und 3 Satz 1 auf, kann der Käufer die Ausübung des Vorkaufsrechts abwenden, wenn er diese Mißstände oder Mängel binnen angemessener Frist beseitigen kann und er sich vor Ablauf der Frist nach § 28 Abs. 2 Satz 1 zur Beseitigung verpflichtet. Die Gemeinde hat die Frist nach § 28 Abs. 2 Satz 1 auf Antrag des Käufers um zwei Monate zu verlängern, wenn der Käufer vor Ablauf dieser Frist glaubhaft macht, daß er in der Lage ist, die in Satz 1 oder 2 genannten Voraussetzungen zu erfüllen.

(2) Ein Abwendungsrecht besteht nicht

1. in den Fällen des § 24 Abs. 1 Nr. 1 und
2. in einem Umlegungsgebiet, wenn das Grundstück für Zwecke der Umlegung (§ 45) benötigt wird.

§ 28

Verfahren und Entschädigung

(1) Der Verkäufer hat der Gemeinde den Inhalt des Kaufvertrags unverzüglich mitzuteilen; die Mitteilung des Verkäufers wird durch die Mitteilung des Käufers ersetzt. Das Grundbuchamt darf bei Kaufverträgen den Käufer als Eigentümer in das Grundbuch nur eintragen, wenn ihm die Nichtausübung oder das Nichtbestehen des Vorkaufsrechts nachgewiesen ist. Besteht ein Vorkaufsrecht nicht oder wird es nicht ausgeübt, hat die Gemeinde auf Antrag eines Beteiligten darüber unverzüglich ein Zeugnis auszustellen. Das Zeugnis gilt als Verzicht auf die Ausübung des Vorkaufsrechts.

(2) Das Vorkaufsrecht kann nur binnen zwei Monaten nach Mitteilung des Kaufvertrags durch Verwaltungsakt gegenüber dem Verkäufer ausgeübt werden. Die §§ 504, 505 Abs. 2, §§ 506 bis 509 und 512 des Bürgerlichen Gesetzbuchs sind anzuwenden. Nach Mitteilung des Kaufvertrags ist auf Ersuchen der Gemeinde zur Sicherung ihres Anspruchs auf Übereignung des Grundstücks eine Vormerkung in das Grundbuch einzutragen; die Gemeinde trägt die Kosten der Eintragung der Vormerkung und ihrer Löschung. Das Vorkaufsrecht ist nicht übertragbar. Bei einem Eigentumserwerb aufgrund der Ausübung des Vorkaufsrechts erlöschen rechtsgeschäftliche Vorkaufsrechte. Wird die Gemeinde nach Ausübung des Vorkaufsrechts im Grundbuch als Eigentümerin eingetragen, kann sie das Grundbuchamt ersuchen, eine zur Sicherung des Übereignungsanspruchs des Käufers im Grundbuch eingetragene Vormerkung zu löschen; sie darf das Ersuchen nur stellen, wenn die Ausübung des Vorkaufsrechts für den Käufer unanfechtbar ist.

(3) Abweichend von Absatz 2 bestimmt die Gemeinde in den Fällen des § 24 Abs. 1 Nr. 1 den zu zahlenden Betrag nach den Vorschriften des Zweiten Abschnitts des Fünften Teils, wenn der Erwerb des Grundstücks für die Durchführung des Bebauungsplans erforderlich ist und es nach dem festgesetzten Verwendungszweck enteignet werden könnte. Mit der Unanfechtbarkeit des Bescheids über die Ausübung des Vorkaufsrechts erlöschen die Pflichten des Verkäufers aus dem Kaufvertrag mit Ausnahme der Pflichten aus § 444 des Bürgerlichen Gesetzbuchs. Das Eigentum an dem Grundstück geht auf die Gemeinde über, wenn der Bescheid über die Ausübung des Vorkaufsrechts unanfechtbar geworden und der Übergang des Eigentums in das Grundbuch eingetragen worden ist. Die Eintragung in das Grundbuch erfolgt auf Ersuchen der Gemeinde.

(4) Die Gemeinde kann das ihr nach § 24 Abs. 1 Nr. 1 zustehende Vorkaufsrecht zugunsten eines öffentlichen Bedarfs- oder Erschließungsträgers sowie das ihr nach § 24 Abs. 1 Nr. 3 zustehende Vorkaufsrecht zugunsten eines Sanierungs- oder Entwicklungsträgers ausüben, wenn der Träger einverstanden ist. Mit der Ausübung des Vorkaufsrechts kommt der Kaufvertrag zwischen dem Begünstigten und dem Verkäufer zustande. Die Gemeinde haftet für die Verpflichtungen aus dem Kaufvertrag neben dem Begünstigten als Gesamtschuldnerin.

(5) Die Gemeinde kann für das Gemeindegebiet oder für sämtliche Grundstücke einer Gemarkung auf die Ausübung der ihr nach diesem Abschnitt zustehenden Rechte verzichten. Sie kann den Verzicht jederzeit für zukünftig abzuschließende Kaufverträge widerrufen. Der Verzicht und sein Widerruf sind ortsüblich bekanntzumachen. Die Gemeinde teilt dem Grundbuchamt den Wortlaut ihrer Erklärung mit. Hat die Gemeinde auf die Ausübung ihrer Rechte verzichtet, bedarf es eines Zeugnisses nach Absatz 1 Satz 3 nicht, soweit nicht ein Widerruf erklärt ist.

(6) Hat die Gemeinde das Vorkaufsrecht ausgeübt und sind einem Dritten dadurch Vermögensnachteile entstanden, hat sie dafür Entschädigung zu leisten, soweit dem Dritten ein vertragliches Recht zum Erwerb des Grundstücks zustand, bevor ein gesetzliches Vorkaufsrecht der Gemeinde aufgrund dieses Gesetzbuchs oder solcher landesrechtlicher Vorschriften, die durch § 186 des Bundesbaugesetzes aufgehoben worden sind, begründet worden ist. Die Vorschriften über die Entschädigung im Zweiten Abschnitt des Fünften Teils sind entsprechend anzuwenden. Kommt eine Einigung über die Entschädigung nicht zustande, entscheidet die höhere Verwaltungsbehörde.

Dritter Teil

Regelung der baulichen und sonstigen Nutzung; Entschädigung

Erster Abschnitt
Zulässigkeit von Vorhaben

§ 29

Begriff des Vorhabens

Für Vorhaben, die die Errichtung, Änderung oder Nutzungsänderung von baulichen Anlagen zum Inhalt haben und die einer bauaufsichtlichen Genehmigung oder Zustimmung bedürfen oder die der Bauaufsichtsbehörde angezeigt werden müssen, gelten die §§ 30 bis 37; die §§ 30 bis 37 gelten auch, wenn in einem anderen Verfahren über die Zulässigkeit entschieden wird. Dies gilt auch für Vorhaben, die der Landesverteidigung dienen. Für Aufschüttungen und Abgrabungen größeren Umfangs sowie für Ausschachtungen, Ablagerungen einschließlich Lagerstätten, auf die Satz 1 keine Anwendung findet, gelten die §§ 30 bis 37 entsprechend. Die Vorschriften des Bauordnungsrechts und andere öffentlich-rechtliche Vorschriften bleiben unberührt.

§ 30

Zulässigkeit von Vorhaben im Geltungsbereich eines Bebauungsplans

(1) Im Geltungsbereich eines Bebauungsplans, der allein oder gemeinsam mit sonstigen baurechtlichen Vorschriften mindestens Festsetzungen über die Art und das Maß der baulichen Nutzung, die überbaubaren Grundstücksflächen und die örtlichen Verkehrsflächen enthält, ist ein Vorhaben zulässig, wenn es diesen Festsetzungen nicht widerspricht und die Erschließung gesichert ist.

(2) Im Geltungsbereich eines Bebauungsplans, der die Voraussetzungen des Absatzes 1 nicht erfüllt (einfacher Bebauungsplan), richtet sich die Zulässigkeit von Vorhaben im übrigen nach § 34 oder § 35.

§ 31

Ausnahmen und Befreiungen

(1) Von den Festsetzungen des Bebauungsplans können solche Ausnahmen zugelassen werden, die in dem Bebauungsplan nach Art und Umfang ausdrücklich vorgesehen sind.

(2) Von den Festsetzungen des Bebauungsplans kann im Einzelfall befreit werden, wenn

1. Gründe des Wohls der Allgemeinheit die Befreiung erfordern oder
2. die Abweichung städtebaulich vertretbar ist und die Grundzüge der Planung nicht berührt werden oder
3. die Durchführung des Bebauungsplans zu einer offenbar nicht beabsichtigten Härte führen würde

und wenn die Abweichung auch unter Würdigung nachbarlicher Interessen mit den öffentlichen Belangen vereinbar ist.

§ 32

Nutzungsbeschränkungen auf künftigen Gemeinbedarfs-, Verkehrs-, Versorgungs- und Grünflächen

Sind überbaute Flächen in dem Bebauungsplan als Baugrundstücke für den Gemeinbedarf oder als Verkehrs-, Versorgungs- oder Grünflächen festgesetzt, dürfen auf ihnen Vorhaben, die eine wertsteigernde Änderung baulicher Anlagen zur Folge haben, nur zugelassen und für sie Befreiungen von den Festsetzungen des Bebauungsplans nur erteilt werden, wenn der Bedarfs- oder Erschließungsträger zustimmt oder der Eigentümer für sich und seine Rechtsnachfolger auf Ersatz der Werterhöhung für den Fall schriftlich verzichtet, daß der Bebauungsplan durchgeführt wird. Dies gilt auch für die dem Bebauungsplan nicht widersprechenden Teile einer baulichen Anlage, wenn sie für sich allein nicht wirtschaftlich verwertbar sind oder wenn bei der Enteignung die Übernahme der restlichen überbauten Flächen verlangt werden kann.

§ 33

Zulässigkeit von Vorhaben während der Planaufstellung

(1) In Gebieten, für die ein Beschluß über die Aufstellung eines Bebauungsplans gefaßt ist, ist ein Vorhaben zulässig, wenn

1. die öffentliche Auslegung (§ 3 Abs. 2 und 3) durchgeführt und die Träger öffentlicher Belange (§ 4 Abs. 1) beteiligt worden sind,
2. anzunehmen ist, daß das Vorhaben den künftigen Festsetzungen des Bebauungsplans nicht entgegensteht,
3. der Antragsteller diese Festsetzungen für sich und seine Rechtsnachfolger schriftlich anerkennt und
4. die Erschließung gesichert ist.

(2) Vor Durchführung der öffentlichen Auslegung und Beteiligung der Träger öffentlicher Belange kann ein Vorhaben zugelassen werden, wenn die in Absatz 1 Nr. 2 bis 4 bezeichneten Voraussetzungen erfüllt sind. Den betroffenen Bürgern und berührten Trägern öffentlicher Belange ist vor Erteilung der Genehmigung Gelegenheit zur Stellungnahme innerhalb angemessener Frist zu geben, soweit sie dazu nicht bereits zuvor Gelegenheit hatten.

§ 34

Zulässigkeit von Vorhaben innerhalb der im Zusammenhang bebauten Ortsteile

(1) Innerhalb der im Zusammenhang bebauten Ortsteile ist ein Vorhaben zulässig, wenn es sich nach Art und Maß der baulichen Nutzung, der Bauweise und der Grundstücksfläche, die überbaut werden soll, in die Eigenart der näheren Umgebung einfügt und die Erschließung gesichert ist. Die Anforderungen an gesunde Wohn- und Arbeitsverhältnisse müssen gewahrt bleiben; das Ortsbild darf nicht beeinträchtigt werden.

(2) Entspricht die Eigenart der näheren Umgebung einem der Baugebiete, die in der aufgrund des § 2 Abs. 5 erlassenen Verordnung bezeichnet sind, beurteilt sich die Zulässigkeit des Vorhabens nach seiner Art allein danach, ob es nach der Verordnung in dem Baugebiet allgemein zulässig wäre; auf die nach der Verordnung ausnahmsweise zulässigen Vorhaben ist § 31 Abs. 1, im übrigen ist § 31 Abs. 2 entsprechend anzuwenden.

(3) Nach den Absätzen 1 und 2 unzulässige Erweiterungen, Änderungen, Nutzungsänderungen und Erneuerungen von zulässigerweise errichteten baulichen und sonstigen Anlagen können im Einzelfall zugelassen werden, wenn

1. die Zulassung aus Gründen des Wohls der Allgemeinheit erforderlich ist oder
2. das Vorhaben einem Betrieb dient und städtebaulich vertretbar ist

und wenn die Abweichung auch unter Würdigung nachbarlicher Interessen mit den öffentlichen Belangen vereinbar und die Erschließung gesichert ist. Satz 1 findet keine Anwendung auf Einzelhandelsbetriebe, die die verbrauchernahe Versorgung der Bevölkerung beeinträchtigen können.

(4) Die Gemeinde kann durch Satzung

1. die Grenzen für im Zusammenhang bebaute Ortsteile festlegen,
2. bebaute Bereiche im Außenbereich als im Zusammenhang bebaute Ortsteile festlegen, wenn die Flächen im Flächennutzungsplan als Baufläche dargestellt sind,
3. einzelne Außenbereichsgrundstücke zur Abrundung der Gebiete nach den Nummern 1 und 2 einbeziehen.

Die Satzung nach Satz 1 Nr. 2 und 3 muß mit einer geordneten städtebaulichen Entwicklung vereinbar sein. In ihr können einzelne Festsetzungen nach § 9 Abs. 1, 2 und 4 getroffen werden. § 9 Abs. 6 ist entsprechend anzuwenden.

(5) Vor dem Erlaß der Satzung nach Absatz 4 Satz 1 Nr. 2 und 3 ist den betroffenen Bürgern und berührten Trägern öffentlicher Belange Gelegenheit zur Stellungnahme innerhalb angemessener Frist zu geben. Auf die Satzung ist § 22 Abs. 3 entsprechend anzuwenden.

§ 35

Bauen im Außenbereich

(1) Im Außenbereich ist ein Vorhaben nur zulässig, wenn öffentliche Belange nicht entgegenstehen, die ausreichende Erschließung gesichert ist und wenn es

1. einem land- oder forstwirtschaftlichen Betrieb dient und nur einen untergeordneten Teil der Betriebsfläche einnimmt,
2. einem Landwirt zu Wohnzwecken dient, dessen Betrieb nach Übergabe zum Zweck der Vorwegnahme der Erbfolge später aufgegeben worden ist, und
   a) vor der Übergabe des Betriebs die Errichtung eines Altenteilerhauses nach Nummer 1 zulässig gewesen wäre,
   b) im Übergabevertrag die Errichtung eines Altenteilerhauses vereinbart worden ist,
   c) das Vorhaben in unmittelbarer Nähe der Hofstelle errichtet wird und
   d) rechtlich gesichert ist, daß die Fläche, auf der das Altenteilerhaus errichtet werden soll, nicht ohne das Hofgrundstück veräußert wird,
3. einer Landarbeiterstelle dient,
4. dem Fernmeldewesen, der öffentlichen Versorgung mit Elektrizität, Gas, Wärme und Wasser, der Abwasserwirtschaft oder einem ortsgebundenen gewerblichen Betrieb dient,
5. wegen seiner besonderen Anforderungen an die Umgebung, wegen seiner nachteiligen Wirkung auf die Umgebung oder wegen seiner besonderen Zweckbestimmung nur im Außenbereich ausgeführt werden soll oder
6. der Erforschung, Entwicklung oder Nutzung der Kernenergie zu friedlichen Zwecken oder der Entsorgung radioaktiver Abfälle dient.

(2) Sonstige Vorhaben können im Einzelfall zugelassen werden, wenn ihre Ausführung oder Benutzung öffentliche Belange nicht beeinträchtigt.

(3) Eine Beeinträchtigung öffentlicher Belange liegt insbesondere vor, wenn das Vorhaben

- den Darstellungen des Flächennutzungsplans widerspricht,
- schädliche Umwelteinwirkungen hervorrufen kann oder ihnen ausgesetzt wird,
- unwirtschaftliche Aufwendungen für Straßen und andere Verkehrseinrichtungen, für Anlagen der Versorgung, der Abfallentsorgung und Abwasserbeseitigung, für die Sicherheit oder Gesundheit oder für sonstige Aufgaben erfordert,
- die Wasserwirtschaft gefährdet,
- Belange des Naturschutzes und der Landschaftspflege oder des Denkmalschutzes beeinträchtigt,
- das Orts- und Landschaftsbild verunstaltet,
- die natürliche Eigenart der Landschaft oder ihre Aufgabe als Erholungsgebiet beeinträchtigt oder
- die Entstehung, Verfestigung oder Erweiterung einer Splittersiedlung befürchten läßt.

Auf Maßnahmen zur Verbesserung der Agrarstruktur ist besonders Rücksicht zu nehmen. Raumbedeutsame Vorhaben nach den Absätzen 1 und 2 dürfen den Zielen der Raumordnung und Landesplanung nicht widersprechen; öffentliche Belange stehen raumbedeutsamen Vorhaben nach Absatz 1 nicht entgegen, soweit die Belange bei der Darstellung dieser Vorhaben als Ziele der Raumordnung und Landesplanung in Programmen und Plänen im Sinne des § 5 des Raumordnungsgesetzes abgewogen worden sind.

(4) Den nachfolgend bezeichneten sonstigen Vorhaben im Sinne des Absatzes 2 kann nicht entgegengehalten werden, daß sie Darstellungen des Flächennutzungsplans oder eines Landschaftsplans widersprechen, die natürliche Eigenart der Landschaft beeinträchtigen oder die Entstehung, Verfestigung oder Erweiterung einer Splittersiedlung befürchten lassen:

1. die Änderung der bisherigen Nutzung ohne wesentliche Änderung einer baulichen Anlage im Sinne des Absatzes 1 Nr. 1 bis 3,
2. die Neuerrichtung eines gleichartigen, zulässigerweise errichteten Wohngebäudes an gleicher Stelle, wenn das vorhandene Gebäude durch wirtschaftlich vertretbare Modernisierungsmaßnahmen den allgemeinen Anforderungen an gesunde Wohnverhältnisse nicht angepaßt werden kann, es seit längerer Zeit von dem Eigentümer selbst genutzt wird und Tatsachen die Annahme rechtfertigen, daß das neu errichtete Wohngebäude für den Eigenbedarf des bisherigen Eigentümers oder seiner Familie genutzt wird,
3. die alsbaldige Neuerrichtung eines zulässigerweise errichteten, durch Brand, Naturereignisse oder andere außergewöhnliche Ereignisse zerstörten, gleichartigen Gebäudes an gleicher Stelle,
4. die Änderung oder Nutzungsänderung von erhaltenswerten, das Bild der Kulturlandschaft prägenden Gebäuden, auch wenn sie aufgegeben sind, wenn das Vorhaben einer zweckmäßigen Verwendung der Gebäude und der Erhaltung des Gestaltwerts dient,
5. die Erweiterung von zulässigerweise errichteten Wohngebäuden, wenn die Erweiterung im Verhältnis zum vorhandenen Wohngebäude und unter Berücksichtigung der Wohnbedürfnisse angemessen ist,
6. die bauliche Erweiterung eines zulässigerweise errichteten gewerblichen Betriebs, wenn die Erweiterung im Verhältnis zum vorhandenen Gebäude und Betrieb angemessen ist.

In den Fällen des Satzes 1 Nr. 2 und 3 sind geringfügige Erweiterungen des neuen Gebäudes gegenüber dem beseitigten oder zerstörten Gebäude sowie geringfügige Abweichungen vom bisherigen Standort des Gebäudes zulässig. Bei Anwendung des Satzes 1 Nr. 1 und 5 sind in Wohngebäuden höchstens zwei Wohnungen zulässig; die Einrichtung einer zweiten Wohnung setzt weiter voraus, daß Tatsachen die Annahme rechtfertigen, daß das Wohngebäude vom bisherigen Eigentümer oder seiner Familie selbst genutzt wird.

(5) Die nach den Absätzen 1 bis 4 zulässigen Vorhaben sind in einer flächensparenden und den Außenbereich schonenden Weise auszuführen.

(6) Unbeschadet des Landesrechts soll die für die Erteilung der Genehmigung zuständige Behörde in den Fällen des Absatzes 1 Nr. 2 und des Absatzes 4 bei der Erteilung der Genehmigung in geeigneter Weise sicherstellen, daß die bauliche oder sonstige Anlage nach Durchführung des Vorhabens nur in der vorgesehenen Art genutzt wird. Zur rechtlichen Sicherung nach Absatz 1 Nr. 2 Buchstabe d kann sie auch anordnen, daß die Veräußerung des Grundstücks nur mit ihrer Genehmigung zulässig ist. Diese

Anordnung wird mit der Eintragung im Grundbuch wirksam; die Eintragung erfolgt auf Ersuchen der für die Erteilung der Genehmigung zuständigen Behörde.

§ 36

Beteiligung der Gemeinde und der höheren Verwaltungsbehörde

(1) Über die Zulässigkeit von Vorhaben nach den §§ 31, 33 bis 35 wird im bauaufsichtlichen Verfahren von der Baugenehmigungsbehörde im Einvernehmen mit der Gemeinde entschieden. Das Einvernehmen der Gemeinde ist auch erforderlich, wenn in einem anderen Verfahren über die Zulässigkeit nach den in Satz 1 bezeichneten Vorschriften entschieden wird; dies gilt nicht für Vorhaben der in § 29 Satz 3 bezeichneten Art, die der Bergaufsicht unterliegen, sowie für Vorhaben, für die gesetzliche Planfeststellungsverfahren vorgesehen sind. In den Fällen der §§ 33, 34 Abs. 3 und des § 35 Abs. 2 und 4 ist auch die Zustimmung der höheren Verwaltungsbehörde erforderlich.

(2) Das Einvernehmen der Gemeinde und die Zustimmung der höheren Verwaltungsbehörde dürfen nur aus den sich aus den §§ 31, 33, 34 und 35 ergebenden Gründen versagt werden. Das Einvernehmen der Gemeinde und die Zustimmung der höheren Verwaltungsbehörde gelten als erteilt, wenn sie nicht binnen zwei Monaten nach Eingang des Ersuchens der Genehmigungsbehörde verweigert werden. Die höhere Verwaltungsbehörde kann für bestimmte Fälle allgemein festlegen, daß ihre Zustimmung nicht erforderlich ist.

§ 37

Bauliche Maßnahmen des Bundes und der Länder

(1) Macht die besondere öffentliche Zweckbestimmung für bauliche Anlagen des Bundes oder eines Landes erforderlich, von den Vorschriften dieses Gesetzbuchs oder den aufgrund dieses Gesetzbuchs erlassenen Vorschriften abzuweichen oder ist das Einvernehmen mit der Gemeinde nach § 14 oder § 36 nicht erreicht worden, entscheidet die höhere Verwaltungsbehörde.

(2) Handelt es sich dabei um Vorhaben, die der Landesverteidigung, dienstlichen Zwecken des Bundesgrenzschutzes oder dem zivilen Bevölkerungsschutz dienen, ist nur die Zustimmung der höheren Verwaltungsbehörde erforderlich. Vor Erteilung der Zustimmung hat diese die Gemeinde zu hören. Versagt die höhere Verwaltungsbehörde ihre Zustimmung oder widerspricht die Gemeinde dem beabsichtigten Bauvorhaben, entscheidet der zuständige Bundesminister im Einvernehmen mit den beteiligten Bundesministern und im Benehmen mit der zuständigen Obersten Landesbehörde.

(3) Entstehen der Gemeinde infolge der Durchführung von Maßnahmen nach den Absätzen 1 und 2 Aufwendungen für Entschädigungen nach diesem Gesetzbuch, sind sie ihr vom Träger der Maßnahmen zu ersetzen. Muß infolge dieser Maßnahmen ein Bebauungsplan aufgestellt, geändert, ergänzt oder aufgehoben werden, sind ihr auch die dadurch entstandenen Kosten zu ersetzen.

(4) Sollen bauliche Anlagen auf Grundstücken errichtet werden, die nach dem Landbeschaffungsgesetz beschafft werden, sind in dem Verfahren nach § 1 Abs. 2 des Landbeschaffungsgesetzes alle von der Gemeinde oder der höheren Verwaltungsbehörde nach den Absätzen 1 und 2 zulässigen Einwendungen abschließend zu erörtern. Eines Verfahrens nach Absatz 2 bedarf es in diesem Fall nicht.

§ 38

Bauliche Maßnahmen auf Grund von anderen Gesetzen

Die Vorschriften des Bundesfernstraßengesetzes, des Bundesbahngesetzes, des Telegraphenwegegesetzes, des Luftverkehrsgesetzes, des Personenbeförderungsgesetzes und des Abfallgesetzes sowie des Gesetzes über den Bau und den Betrieb von Versuchsanlagen zur Erprobung von Techniken für den spurgeführten Verkehr bleiben von den Vorschriften des Dritten Teils unberührt. Das gleiche gilt bei Planfeststellungsverfahren für überörtliche Planungen auf den Gebieten des Verkehrs-, Wege- und Wasserrechts nach landesrechtlichen Vorschriften, wenn die Gemeinde beteiligt worden ist. § 37 Abs. 3 ist anzuwenden.

Zweites Kapitel

Besonderes Städtebaurecht

Erster Teil

Städtebauliche Sanierungsmaßnahmen

Erster Abschnitt

Allgemeine Vorschriften

§ 136

Städtebauliche Sanierungsmaßnahmen

(1) Städtebauliche Sanierungsmaßnahmen in Stadt und Land, deren einheitliche Vorbereitung und zügige Durchführung im öffentlichen Interesse liegen, werden nach den Vorschriften dieses Teils vorbereitet und durchgeführt.

(2) Städtebauliche Sanierungsmaßnahmen sind Maßnahmen, durch die ein Gebiet zur Behebung städtebaulicher Mißstände wesentlich verbessert oder umgestaltet wird. Städtebauliche Mißstände liegen vor, wenn

1. das Gebiet nach seiner vorhandenen Bebauung oder nach seiner sonstigen Beschaffenheit den allgemeinen Anforderungen an gesunde Wohn- und Arbeitsverhältnisse oder an die Sicherheit der in ihm wohnenden oder arbeitenden Menschen nicht entspricht oder

2. das Gebiet in der Erfüllung der Aufgaben erheblich beeinträchtigt ist, die ihm nach seiner Lage und Funktion obliegen.

(3) Bei der Beurteilung, ob in einem städtischen oder ländlichen Gebiet städtebauliche Mißstände vorliegen, sind insbesondere zu berücksichtigen

1. die Wohn- und Arbeitsverhältnisse oder die Sicherheit der in dem Gebiet wohnenden oder arbeitenden Menschen in bezug auf
   a) die Belichtung, Besonnung und Belüftung der Wohnungen und Arbeitsstätten,
   b) die bauliche Beschaffenheit von Gebäuden, Wohnungen und Arbeitsstätten,
   c) die Zugänglichkeit der Grundstücke,
   d) die Auswirkungen einer vorhandenen Mischung von Wohn- und Arbeitsstätten,
   e) die Nutzung von bebauten und unbebauten Flächen nach Art, Maß und Zustand,
   f) die Einwirkungen, die von Grundstücken, Betrieben, Einrichtungen oder Verkehrsanlagen ausgehen, insbesondere durch Lärm, Verunreinigungen und Erschütterungen,
   g) die vorhandene Erschließung;
2. die Funktionsfähigkeit des Gebiets in bezug auf
   a) den fließenden und ruhenden Verkehr,
   b) die wirtschaftliche Situation und Entwicklungsfähigkeit des Gebiets unter Berücksichtigung seiner Versorgungsfunktion im Verflechtungsbereich,
   c) die infrastrukturelle Erschließung des Gebiets, seine Ausstattung mit Grünflächen, Spiel- und Sportplätzen und mit Anlagen des Gemeinbedarfs, insbesondere unter Berücksichtigung der sozialen und kulturellen Aufgaben dieses Gebiets im Verflechtungsbereich.

(4) Städtebauliche Sanierungsmaßnahmen dienen dem Wohl der Allgemeinheit. Sie sollen dazu beitragen, daß

1. die bauliche Struktur in allen Teilen des Bundesgebiets nach den sozialen, hygienischen, wirtschaftlichen und kulturellen Erfordernissen entwickelt wird,
2. die Verbesserung der Wirtschafts- und Agrarstruktur unterstützt wird,
3. die Siedlungsstruktur den Erfordernissen des Umweltschutzes, den Anforderungen an gesunde Lebens- und Arbeitsbedingungen der Bevölkerung und der Bevölkerungsentwicklung entspricht oder
4. die vorhandenen Ortsteile erhalten, erneuert und fortentwickelt werden, die Gestaltung des Orts- und Landschaftsbilds verbessert und den Erfordernissen des Denkmalschutzes Rechnung getragen wird.

Die öffentlichen und privaten Belange sind gegeneinander und untereinander gerecht abzuwägen.

§ 137

Beteiligung und Mitwirkung der Betroffenen

Die Sanierung soll mit den Eigentümern, Mietern, Pächtern und sonstigen Betroffenen möglichst frühzeitig erörtert werden. Die Betroffenen sollen zur Mitwirkung bei der Sanierung und zur Durchführung der erforderlichen baulichen Maßnahmen angeregt und hierbei im Rahmen des Möglichen beraten werden.

§ 138

Auskunftspflicht

(1) Eigentümer, Mieter, Pächter und sonstige zum Besitz oder zur Nutzung eines Grundstücks, Gebäudes oder Gebäudeteils Berechtigte sowie ihre Beauftragten sind verpflichtet, der Gemeinde oder ihren Beauftragten Auskunft über die Tatsachen zu erteilen, deren Kenntnis zur Beurteilung der Sanierungsbedürftigkeit eines Gebiets oder zur Vorbereitung oder Durchführung der Sanierung erforderlich ist. An personenbezogenen Daten können insbesondere Angaben der Betroffenen über ihre persönlichen Lebensumstände im wirtschaftlichen und sozialen Bereich, namentlich über die Berufs-, Erwerbs- und Familienverhältnisse, das Lebensalter, die Wohnbedürfnisse, die sozialen Verflechtungen sowie über die örtlichen Bindungen, erhoben werden.

(2) Die nach Absatz 1 erhobenen personenbezogenen Daten dürfen nur zu Zwecken der Sanierung verwendet werden. Wurden die Daten von einem Beauftragten der Gemeinde erhoben, dürfen sie nur an die Gemeinde weitergegeben werden; die Gemeinde darf die Daten an andere Beauftragte im Sinne des § 157 sowie an die höhere Verwaltungsbehörde weitergeben, soweit dies zu Zwecken der Sanierung erforderlich ist. Nach Aufhebung der förmlichen Festlegung des Sanierungsgebiets sind die Daten zu löschen. Soweit die erhobenen Daten für die Besteuerung erforderlich sind, dürfen sie an die Finanzbehörden weitergegeben werden.

(3) Die mit der Erhebung der Daten Beauftragten sind bei Aufnahme ihrer Tätigkeit nach Maßgabe des Absatzes 2 zu verpflichten. Ihre Pflichten bestehen nach Beendigung ihrer Tätigkeit fort.

(4) Verweigert ein nach Absatz 1 Auskunftspflichtiger die Auskunft, ist § 208 Satz 2 bis 4 über die Androhung und Festsetzung eines Zwangsgelds entsprechend anzuwenden. Der Auskunftspflichtige kann die Auskunft auf solche Fragen verweigern, deren Beantwortung ihn selbst oder einen der in § 383 Abs. 1 Nr. 1 bis 3 der Zivilprozeßordnung bezeichneten Angehörigen der Gefahr strafrechtlicher Verfolgung oder eines Verfahrens nach dem Gesetz über Ordnungswidrigkeiten aussetzen würde.

§ 139

Beteiligung und Mitwirkung öffentlicher Aufgabenträger

(1) Der Bund, einschließlich seiner Sondervermögen, die Länder, die Gemeindeverbände und die sonstigen Körperschaften, Anstalten und Stiftungen des öffentlichen Rechts sollen im Rahmen der ihnen obliegenden Aufgaben die Vorbereitung und Durchführung von städtebaulichen Sanierungsmaßnahmen unterstützen.

(2) Die Vorschriften über die Beteiligung der Träger öffentlicher Belange nach § 4 sind bei der Vorbereitung und Durchführung der Sanierung singgemäß anzuwenden. Die Träger öffentlicher Belange haben die Gemeinde auch über Änderungen ihrer Absichten zu unterrichten.

(3) Ist eine Änderung von Zielen und Zwecken der Sanierung oder von Maßnahmen und Planungen der Träger öffentlicher Belange, die aufeinander abgestimmt wurden, beabsichtigt, haben sich die Beteiligten unverzüglich miteinander ins Benehmen zu setzen.

(4) Auf Grundstücken, die den in § 26 Nr. 2 bezeichneten Zwecken dienen, und auf den in § 26 Nr. 3 bezeichneten Grundstücken dürfen städtebauliche Sanierungsmaßnahmen nur mit Zustimmung des Bedarfsträgers durchgeführt werden. Der Bedarfsträger soll seine Zustimmung erteilen, wenn auch unter Berücksichtigung seiner Aufgaben ein überwiegendes öffentliches Interesse an der Durchführung der Sanierungsmaßnahmen besteht.

Zweiter Abschnitt
Vorbereitung und Durchführung

§ 140
Vorbereitung

Die Vorbereitung der Sanierung ist Aufgabe der Gemeinde; sie umfaßt

1. die vorbereitenden Untersuchungen,
2. die förmliche Festlegung des Sanierungsgebiets,
3. die Bestimmung der Ziele und Zwecke der Sanierung,
4. die städtebauliche Planung; hierzu gehört auch die Bauleitplanung oder eine Rahmenplanung, soweit sie für die Sanierung erforderlich ist,
5. die Erörterung der beabsichtigten Sanierung,
6. die Erarbeitung und Fortschreibung des Sozialplans,
7. einzelne Ordnungs- und Baumaßnahmen, die vor einer förmlichen Festlegung des Sanierungsgebiets durchgeführt werden.

§ 141
Vorbereitende Untersuchungen

(1) Die Gemeinde hat vor der förmlichen Festlegung des Sanierungsgebiets die vorbereitenden Untersuchungen durchzuführen oder zu veranlassen, die erforderlich sind, um Beurteilungsunterlagen zu gewinnen über die Notwendigkeit der Sanierung, die sozialen, strukturellen und städtebaulichen Verhältnisse und Zusammenhänge sowie die anzustrebenden allgemeinen Ziele und die Durchführbarkeit der Sanierung im allgemeinen. Die vorbereitenden Untersuchungen sollen sich auch auf nachteilige Auswirkungen erstrecken, die sich für die von der beabsichtigten Sanierung unmittelbar Betroffenen in ihren persönlichen Lebensumständen im wirtschaftlichen oder sozialen Bereich voraussichtlich ergeben werden.

(2) Von vorbereitenden Untersuchungen kann abgesehen werden, wenn hinreichende Beurteilungsunterlagen bereits vorliegen.

(3) Die Gemeinde leitet die Vorbereitung der Sanierung durch den Beschluß über den Beginn der vorbereitenden Untersuchungen ein. Der Beschluß ist ortsüblich bekanntzumachen. Dabei ist auf die Auskunftspflicht nach § 138 hinzuweisen.

§ 142
Sanierungssatzung

(1) Die Gemeinde kann ein Gebiet, in dem eine städtebauliche Sanierungsmaßnahme durchgeführt werden soll, durch Beschluß förmlich als Sanierungsgebiet festlegen (förmlich festgelegtes Sanierungsgebiet). Das Sanierungsgebiet ist so zu begrenzen, daß sich die Sanierung zweckmäßig durchführen läßt. Einzelne Grundstücke, die von der Sanierung nicht betroffen werden, können aus dem Gebiet ganz oder teilweise ausgenommen werden.

(2) Ergibt sich aus den Zielen und Zwecken der Sanierung, daß Flächen außerhalb des förmlich festgelegten Sanierungsgebiets

1. für Ersatzbauten oder Ersatzanlagen zur räumlich zusammenhängenden Unterbringung von Bewohnern oder Betrieben aus dem förmlich festgelegten Sanierungsgebiet oder
2. für die durch die Sanierung bedingten Gemeinbedarfs- oder Folgeeinrichtungen

in Anspruch genommen werden müssen (Ersatz- und Ergänzungsgebiete), kann die Gemeinde geeignete Gebiete für diesen Zweck förmlich festlegen. Für die förmliche Festlegung und die sich aus ihr ergebenden Wirkungen sind die für förmlich festgelegte Sanierungsgebiete geltenden Vorschriften anzuwenden.

(3) Die Gemeinde beschließt die förmliche Festlegung des Sanierungsgebiets als Satzung (Sanierungssatzung). In der Sanierungssatzung ist das Sanierungsgebiet zu bezeichnen.

(4) In der Sanierungssatzung ist die Anwendung der Vorschriften des Dritten Abschnitts auszuschließen, wenn sie für die Durchführung der Sanierung nicht erforderlich ist und die Durchführung hierdurch voraussichtlich nicht erschwert wird (vereinfachtes Verfahren); in diesem Fall kann in der Sanierungssatzung auch die Genehmigungspflicht nach § 144 insgesamt, nach § 144 Abs. 1 oder § 144 Abs. 2 ausgeschlossen werden.

§ 143
Anzeige und Bekanntmachung der Sanierungssatzung, Sanierungsvermerk

(1) Die Sanierungssatzung ist der höheren Verwaltungsbehörde anzuzeigen; der Anzeige ist ein Bericht über die Gründe, die die förmliche Festlegung des sanierungsbedürftigen Gebiets rechtfertigen, beizufügen. § 11 Abs. 3 ist entsprechend anzuwenden. Rechtfertigen Tatsachen die Annahme, daß keine Aussicht besteht, die städtebaulichen Sanierungsmaßnahmen innerhalb eines absehbaren Zeitraums durchzuführen, ist dies im Anzeigeverfahren geltend zu machen.

(2) Die Sanierungssatzung ist ortsüblich bekanntzumachen. Hierbei ist auf die erfolgte Durchführung des Anzeigeverfahrens sowie – außer im vereinfachten Verfahren – auf die Vorschriften des Dritten Abschnitts hinzuweisen. Mit der Bekanntmachung wird die Sanierungssatzung rechtsverbindlich.

(3) Eine Änderung der Sanierungssatzung, die nur eine geringfügige Änderung der Grenzen betrifft und der

nur unwesentliche Bedeutung zukommt, bedarf keiner Anzeige, wenn die Eigentümer der betroffenen Grundstücke zustimmen.

(4) Die Gemeinde teilt dem Grundbuchamt die rechtsverbindliche Sanierungssatzung mit und hat hierbei die von der Sanierungssatzung betroffenen Grundstücke einzeln aufzuführen. Das Grundbuchamt hat in die Grundbücher dieser Grundstücke einzutragen, daß eine Sanierung durchgeführt wird (Sanierungsvermerk). § 54 Abs. 2 und 3 ist entsprechend anzuwenden. Die Sätze 1 bis 3 sind nicht anzuwenden, wenn in der Sanierungssatzung die Genehmigungspflicht nach § 144 Abs. 2 ausgeschlossen ist.

§ 144

Genehmigungspflichtige Vorhaben, Teilungen und Rechtsvorgänge

(1) Im förmlich festgelegten Sanierungsgebiet bedürfen der schriftlichen Genehmigung der Gemeinde

1. die in § 14 Abs. 1 bezeichneten Vorhaben und sonstigen Maßnahmen;
2. die Teilung eines Grundstücks;
3. Vereinbarungen, durch die ein schuldrechtliches Vertragsverhältnis über den Gebrauch oder die Nutzung eines Grundstücks, Gebäudes oder Gebäudeteils auf bestimmte Zeit von mehr als einem Jahr eingegangen oder verlängert wird.

(2) Im förmlich festgelegten Sanierungsgebiet bedürfen der schriftlichen Genehmigung der Gemeinde

1. die rechtsgeschäftliche Veräußerung eines Grundstücks und die Bestellung und Veräußerung eines Erbbaurechts;
2. die Bestellung eines das Grundstück belastenden Rechts; dies gilt nicht für die Bestellung eines Rechts, das mit der Durchführung von Baumaßnahmen im Sinne des § 148 Abs. 2 im Zusammenhang steht;
3. ein schuldrechtlicher Vertrag, durch den eine Verpflichtung zu einem der in Nummer 1 oder 2 genannten Rechtsgeschäfte begründet wird; ist der schuldrechtliche Vertrag genehmigt worden, gilt auch das in Ausführung dieses Vertrags vorgenommene dingliche Rechtsgeschäft als genehmigt.

(3) Die Gemeinde kann für bestimmte Fälle die Genehmigung für das förmlich festgelegte Sanierungsgebiet oder Teile desselben allgemein erteilen; sie hat dies ortsüblich bekanntzumachen.

(4) Keiner Genehmigung bedürfen

1. Vorhaben und Rechtsvorgänge, wenn die Gemeinde oder der Sanierungsträger für das Treuhandvermögen als Vertragsteil oder Eigentümer beteiligt ist;
2. Rechtsvorgänge nach Absatz 2 zum Zwecke der Vorwegnahme der Erbfolge;
3. Vorhaben nach Absatz 1 Nr. 1, die vor der förmlichen Festlegung des Sanierungsgebiets baurechtlich genehmigt worden sind, sowie Unterhaltungsarbeiten und die Fortführung einer bisher ausgeübten Nutzung;
4. die Teilung eines Grundstücks nach Absatz 1 Nr. 2 sowie Rechtsvorgänge nach Absatz 1 Nr. 3 und Absatz 2, die Zwecken der Landesverteidigung dienen;
5. der rechtsgeschäftliche Erwerb eines in ein Planfeststellungsverfahren nach den in § 38 bezeichneten Rechtsvorschriften einbezogenen Grundstücks durch den Bedarfsträger.

§ 145

Genehmigung

(1) Über die Genehmigung ist binnen drei Monaten nach Eingang des Antrags bei der Gemeinde zu entscheiden. § 19 Abs. 3 Satz 4 bis 6 ist entsprechend anzuwenden.

(2) Die Genehmigung darf nur versagt werden, wenn Grund zur Annahme besteht, daß das Vorhaben, die Teilung eines Grundstücks, der Rechtsvorgang oder die damit erkennbar bezweckte Nutzung die Durchführung der Sanierung unmöglich machen oder wesentlich erschweren oder den Zielen und Zwecken der Sanierung zuwiderlaufen würde.

(3) Die Genehmigung ist zu erteilen, wenn die wesentliche Erschwerung dadurch beseitigt wird, daß die Beteiligten für den Fall der Durchführung der Sanierung für sich und ihre Rechtsnachfolger

1. in den Fällen des § 144 Abs. 1 Nr. 1 auf Entschädigung für die durch das Vorhaben herbeigeführten Werterhöhungen sowie für werterhöhende Änderungen, die aufgrund der mit dem Vorhaben bezweckten Nutzung vorgenommen werden, verzichten;
2. in den Fällen des § 144 Abs. 1 Nr. 3 oder Abs. 2 Nr. 2 oder 3 auf Entschädigung für die Aufhebung des Rechts sowie für werterhöhende Änderungen verzichten, die aufgrund dieser Rechte vorgenommen werden.

(4) Die Genehmigung kann unter Auflagen, in den Fällen des § 144 Abs. 1 Nr. 1 und 3 auch befristet oder bedingt erteilt werden. § 51 Abs. 4 Satz 2 und 3 ist entsprechend anzuwenden.

(5) Wird die Genehmigung versagt, kann der Eigentümer von der Gemeinde die Übernahme des Grundstücks verlangen, wenn und soweit es ihm mit Rücksicht auf die Durchführung der Sanierung wirtschaftlich nicht mehr zuzumuten ist, das Grundstück zu behalten oder es in der bisherigen oder einer anderen zulässigen Art zu nutzen. Liegen die Flächen eines land- oder forstwirtschaftlichen Betriebs sowohl innerhalb als auch außerhalb des förmlich festgelegten Sanierungsgebiets, kann der Eigentümer von der Gemeinde die Übernahme sämtlicher Grundstücke des Betriebs verlangen, wenn die Erfüllung des Übernahmeverlangens für die Gemeinde keine unzumutbare Belastung bedeutet; die Gemeinde kann sich auf eine unzumutbare Belastung nicht berufen, soweit die außerhalb des förmlich festgelegten Sanierungsgebiets gelegenen Grundstücke nicht mehr in angemessenem Umfang baulich oder wirtschaftlich genutzt werden können. Kommt eine Einigung über die Übernahme nicht zustande, kann der Eigentümer die Entziehung des Eigentums an dem Grundstück verlangen. Für die Entziehung des Eigentums sind die Vorschriften des Fünften Teils des Ersten Kapitels entsprechend anzuwenden.

(6) Auf die Genehmigung nach § 144 Abs. 1 Nr. 2 und Abs. 2 ist § 23 entsprechend anzuwenden.

(7) Auf Antrag eines Beteiligten ist auch ein Zeugnis darüber zu erteilen, daß die Genehmigung nach § 144 Abs. 3 allgemein erteilt ist; das Zeugnis steht der Genehmigung gleich.

§ 146

Durchführung

Die Durchführung umfaßt die Ordnungsmaßnahmen und die Baumaßnahmen innerhalb des förmlich festgelegten Sanierungsgebiets, die nach den Zielen und Zwecken der Sanierung erforderlich sind.

§ 147

Ordnungsmaßnahmen

(1) Die Durchführung der Ordnungsmaßnahmen ist Aufgabe der Gemeinde; hierzu gehören

1. die Bodenordnung einschließlich des Erwerbs von Grundstücken,
2. der Umzug von Bewohnern und Betrieben,
3. die Freilegung von Grundstücken,
4. die Herstellung und Änderung von Erschließungsanlagen sowie
5. sonstige Maßnahmen, die notwendig sind, damit die Baumaßnahmen durchgeführt werden können.

Durch die Sanierung bedingte Erschließungsanlagen einschließlich Ersatzanlagen können außerhalb des förmlich festgelegten Sanierungsgebiets liegen.

(2) Die Gemeinde kann die Durchführung der Ordnungsmaßnahmen aufgrund eines Vertrags ganz oder teilweise dem Eigentümer überlassen. Ist die zügige und zweckmäßige Durchführung der vertraglich übernommenen Ordnungsmaßnahmen durch einzelne Eigentümer nicht gewährleistet, hat die Gemeinde insoweit für die Durchführung der Maßnahmen zu sorgen oder sie selbst zu übernehmen.

§ 148

Baumaßnahmen

(1) Die Durchführung von Baumaßnahmen bleibt den Eigentümern überlassen, soweit die zügige und zweckmäßige Durchführung durch sie gewährleistet ist; der Gemeinde obliegt jedoch

1. für die Errichtung und Änderung der Gemeinbedarfs- und Folgeeinrichtungen zu sorgen und
2. die Durchführung sonstiger Baumaßnahmen, soweit sie selbst Eigentümerin ist oder nicht gewährleistet ist, daß diese vom einzelnen Eigentümer zügig und zweckmäßig durchgeführt werden.

Ersatzbauten, Ersatzanlagen und durch die Sanierung bedingte Gemeinbedarfs- und Folgeeinrichtungen können außerhalb des förmlich festgelegten Sanierungsgebiets liegen.

(2) Zu den Baumaßnahmen gehören

1. die Modernisierung und Instandsetzung,
2. die Neubebauung und die Ersatzbauten,
3. die Errichtung und Änderung von Gemeinbedarfs- und Folgeeinrichtungen sowie
4. die Verlagerung oder Änderung von Betrieben.

§ 149

Kosten- und Finanzierungsübersicht

(1) Die Gemeinde hat nach dem Stand der Planung eine Kosten- und Finanzierungsübersicht aufzustellen. Die Übersicht ist mit den Kosten- und Finanzierungsvorstellungen anderer Träger öffentlicher Belange, deren Aufgabenbereich durch die Sanierung berührt wird, abzustimmen und der höheren Verwaltungsbehörde vorzulegen.

(2) In der Kostenübersicht hat die Gemeinde die Kosten der Gesamtmaßnahme darzustellen, die ihr voraussichtlich entstehen. Die Kosten anderer Träger öffentlicher Belange für Maßnahmen im Zusammenhang mit der Sanierung sollen nachrichtlich angegeben werden.

(3) In der Finanzierungsübersicht hat die Gemeinde ihre Vorstellungen über die Deckung der Kosten der Gesamtmaßnahme darzulegen. Finanzierungs- und Förderungsmittel auf anderer gesetzlicher Grundlage sowie die Finanzierungsvorstellungen anderer Träger öffentlicher Belange sollen nachrichtlich angegeben werden.

(4) Die Kosten- und Finanzierungsübersicht kann mit Zustimmung der nach Landesrecht zuständigen Behörde auf den Zeitraum der mehrjährigen Finanzplanung der Gemeinde beschränkt werden. § 143 Abs. 1 Satz 3 bleibt unberührt.

(5) Die Gemeinde und die höhere Verwaltungsbehörde können von anderen Trägern öffentlicher Belange Auskunft über deren eigene Absichten im förmlich festgelegten Sanierungsgebiet und ihre Kosten- und Finanzierungsvorstellungen verlangen.

§ 150

Ersatz für Änderungen von Einrichtungen, die der öffentlichen Versorgung dienen

(1) Stehen in einem förmlich festgelegten Sanierungsgebiet Anlagen der öffentlichen Versorgung mit Elektrizität, Gas, Wasser, Wärme, Anlagen der Abwasserwirtschaft oder Fernmeldeanlagen der Deutschen Bundespost infolge der Durchführung der Sanierung nicht mehr zur Verfügung und sind besondere Aufwendungen erforderlich, die über das bei ordnungsgemäßer Wirtschaft erforderliche Maß hinausgehen, zum Beispiel der Ersatz oder die Verlegung dieser Anlagen, hat die Gemeinde dem Träger der Aufgabe die ihm dadurch entstehenden Kosten zu erstatten. Vorteile und Nachteile, die dem Träger der Aufgabe im Zusammenhang damit entstehen, sind auszugleichen.

(2) Kommt eine Einigung über den Erstattungsbetrag nicht zustande, entscheidet die höhere Verwaltungsbehörde.

§ 151

Abgaben- und Auslagenbefreiung

(1) Frei von Gebühren und ähnlichen nichtsteuerlichen Abgaben sowie von Auslagen sind Geschäfte und Verhandlungen

1. zur Vorbereitung oder Durchführung von städtebaulichen Sanierungsmaßnahmen,
2. zur Durchführung von Erwerbsvorgängen,

3. zur Gründung oder Auflösung eines Unternehmens, dessen Geschäftszweck ausschließlich darauf gerichtet ist, als Sanierungsträger tätig zu werden.

(2) Die Abgabenbefreiung gilt nicht für die Kosten eines Rechtsstreits. Unberührt bleiben Regelungen nach landesrechtlichen Vorschriften.

(3) Erwerbsvorgänge im Sinne von Absatz 1 Nr. 2 sind:

1. Der Erwerb eines Grundstücks durch eine Gemeinde oder durch einen Rechtsträger im Sinne der §§ 157 und 205 zur Vorbereitung oder Durchführung von städtebaulichen Sanierungsmaßnahmen. Hierzu gehört auch der Erwerb eines Grundstücks zur Verwendung als Austausch- oder Ersatzland im Rahmen von städtebaulichen Sanierungsmaßnahmen.
2. Der Erwerb eines Grundstücks durch eine Person, die zur Vorbereitung oder Durchführung von städtebaulichen Sanierungsmaßnahmen oder zur Verwendung als Austausch- oder Ersatzland ein Grundstück übereignet oder verloren hat. Die Abgabenbefreiung wird nur gewährt
   a) beim Erwerb eines Grundstücks im Sanierungsgebiet, in dem das übereignete oder verlorene Grundstück liegt, bis zum Abschluß der städtebaulichen Sanierungsmaßnahme,
   b) in anderen Fällen bis zum Ablauf von zehn Jahren, gerechnet von dem Zeitpunkt ab, in dem das Grundstück übereignet oder verloren wurde.
3. Der Erwerb eines im förmlich festgelegten Sanierungsgebiet gelegenen Grundstücks, soweit die Gegenleistung in der Hingabe eines in demselben Sanierungsgebiet gelegenen Grundstücks besteht.
4. Der Erwerb eines Grundstücks, der durch die Begründung, das Bestehen oder die Auflösung eines Treuhandverhältnisses im Sinne des § 160 oder des § 161 bedingt ist.

Dritter Teil

Erhaltungssatzung und städtebauliche Gebote

Erster Abschnitt

Erhaltungssatzung

§ 172

Erhaltung baulicher Anlagen und der Eigenart von Gebieten (Erhaltungssatzung)

(1) Die Gemeinde kann in einem Bebauungsplan oder durch eine sonstige Satzung Gebiete bezeichnen, in denen

1. zur Erhaltung der städtebaulichen Eigenart des Gebiets aufgrund seiner städtebaulichen Gestalt (Absatz 3),
2. zur Erhaltung der Zusammensetzung der Wohnbevölkerung (Absatz 4) oder
3. bei städtebaulichen Umstrukturierungen (Absatz 5)

der Abbruch, die Änderung oder die Nutzungsänderung baulicher Anlagen der Genehmigung bedürfen. In den Fällen des Satzes 1 Nr. 1 bedarf auch die Errichtung baulicher Anlagen der Genehmigung. Auf die Satzung ist § 16 Abs. 2 entsprechend anzuwenden.

(2) Ist der Beschluß über die Aufstellung einer Erhaltungssatzung gefaßt und ortsüblich bekanntgemacht, ist § 15 Abs. 1 auf einen Antrag auf Durchführung eines Vorhabens im Sinne von Absatz 1 entsprechend anzuwenden.

(3) In den Fällen des Absatzes 1 Satz 1 Nr. 1 darf die Genehmigung nur versagt werden, wenn die bauliche Anlage allein oder im Zusammenhang mit anderen baulichen Anlagen das Ortsbild, die Stadtgestalt oder das Landschaftsbild prägt oder sonst von städtebaulicher, insbesondere geschichtlicher oder künstlerischer Bedeutung ist. Die Genehmigung zur Errichtung der baulichen Anlage darf nur versagt werden, wenn die städtebauliche Gestalt des Gebiets durch die beabsichtigte bauliche Anlage beeinträchtigt wird.

(4) In den Fällen des Absatzes 1 Satz 1 Nr. 2 darf die Genehmigung nur versagt werden, wenn die Zusammensetzung der Wohnbevölkerung aus besonderen städtebaulichen Gründen erhalten werden soll. Die Genehmi-

gung ist zu erteilen, wenn auch unter Berücksichtigung des Allgemeinwohls die Erhaltung der baulichen Anlage wirtschaftlich nicht mehr zumutbar ist.

(5) In den Fällen des Absatzes 1 Satz 1 Nr. 3 darf die Genehmigung nur versagt werden, um einen den sozialen Belangen Rechnung tragenden Ablauf auf der Grundlage eines Sozialplans (§ 180) zu sichern. Ist ein Sozialplan nicht aufgestellt worden, hat ihn die Gemeinde in entsprechender Anwendung des § 180 aufzustellen. Absatz 4 Satz 2 ist anzuwenden.

§ 173

Genehmigung, Übernahmeanspruch

(1) Die Genehmigung wird durch die Gemeinde erteilt. Ist eine baurechtliche Genehmigung oder an ihrer Stelle eine baurechtliche Zustimmung erforderlich, wird die Genehmigung durch die Baugenehmigungsbehörde im Einvernehmen mit der Gemeinde erteilt; im Baugenehmigungs- oder Zustimmungsverfahren wird über die in § 172 Abs. 3 bis 5 bezeichneten Belange entschieden.

(2) Wird in den Fällen des § 172 Abs. 3 die Genehmigung versagt, kann der Eigentümer von der Gemeinde unter den Voraussetzungen des § 40 Abs. 2 die Übernahme des Grundstücks verlangen. § 43 Abs. 1, 4 und 5 sowie § 44 Abs. 3 und 4 sind entsprechend anzuwenden.

(3) Vor der Entscheidung über den Genehmigungsantrag hat die Gemeinde mit dem Eigentümer oder sonstigen zur Unterhaltung Verpflichteten die für die Entscheidung erheblichen Tatsachen zu erörtern. In den Fällen des § 172 Abs. 4 und 5 hat sie auch Mieter, Pächter und sonstige Nutzungsberechtigte zu hören.

(4) Die landesrechtlichen Vorschriften, insbesondere über den Schutz und die Erhaltung von Denkmälern, bleiben unberührt.

§ 174

Ausnahmen

(1) § 172 ist nicht auf Grundstücke anzuwenden, die den in § 26 Nr. 2 bezeichneten Zwecken dienen, und auf die in § 26 Nr. 3 bezeichneten Grundstücke.

(2) Befindet sich ein Grundstück der in Absatz 1 bezeichneten Art im Geltungsbereich einer Erhaltungssatzung, hat die Gemeinde den Bedarfsträger hiervon zu unterrichten. Beabsichtigt der Bedarfsträger ein Vorhaben im Sinne des § 172 Abs. 1, hat er dies der Gemeinde anzuzeigen. Der Bedarfsträger soll auf Verlangen der Gemeinde von dem Vorhaben absehen, wenn die Voraussetzungen vorliegen, die die Gemeinde berechtigen würden, die Genehmigung nach § 172 zu versagen, und wenn die Erhaltung oder das Absehen von der Errichtung der baulichen Anlage dem Bedarfsträger auch unter Berücksichtigung seiner Aufgaben zuzumuten ist.

Zweiter Abschnitt

Städtebauliche Gebote

§ 175

Allgemeines

(1) Beabsichtigt die Gemeinde, ein Baugebot (§ 176), ein Modernisierungs- oder Instandsetzungsgebot (§ 177), ein Pflanzgebot (§ 178) oder ein Abbruchgebot (§ 179) zu erlassen, soll sie die Maßnahme vorher mit den Betroffenen erörtern. Die Gemeinde soll die Eigentümer, Mieter, Pächter und sonstigen Nutzungsberechtigten im Rahmen ihrer Möglichkeiten beraten, wie die Maßnahme durchgeführt werden kann und welche Finanzierungsmöglichkeiten aus öffentlichen Kassen bestehen.

(2) Die Anordnung von Maßnahmen nach den §§ 176 bis 179 setzt voraus, daß die alsbaldige Durchführung der Maßnahmen aus städtebaulichen Gründen erforderlich ist.

(3) Mieter, Pächter und sonstige Nutzungsberechtigte haben die Durchführung der Maßnahmen nach den §§ 176 bis 179 zu dulden.

(4) Die §§ 176 bis 179 sind nicht auf Grundstücke anzuwenden, die den in § 26 Nr. 2 bezeichneten Zwecken dienen, und auf die in § 26 Nr. 3 bezeichneten Grundstücke. Liegen für diese Grundstücke die Voraussetzungen für die Anordnung eines Gebots nach den §§ 176 bis 179 vor, soll auf Verlangen der Gemeinde der Bedarfsträger die entsprechenden Maßnahmen durchführen oder ihre Durchführung dulden, soweit dadurch nicht die Erfüllung seiner Aufgaben beeinträchtigt wird.

(5) Die landesrechtlichen Vorschriften, insbesondere über den Schutz und die Erhaltung von Denkmälern, bleiben unberührt.

§ 176

Baugebot

(1) Im Geltungsbereich eines Bebauungsplans kann die Gemeinde den Eigentümer durch Bescheid verpflichten, innerhalb einer zu bestimmenden angemessenen Frist

1. sein Grundstück entsprechend den Festsetzungen des Bebauungsplans zu bebauen oder
2. ein vorhandenes Gebäude oder eine vorhandene sonstige bauliche Anlage den Festsetzungen des Bebauungsplans anzupassen.

(2) Das Baugebot kann außerhalb der in Absatz 1 bezeichneten Gebiete, aber innerhalb im Zusammenhang bebauter Ortsteile angeordnet werden, um unbebaute oder geringfügig bebaute Grundstücke entsprechend den baurechtlichen Vorschriften zu nutzen oder einer baulichen Nutzung zuzuführen, insbesondere zur Schließung von Baulücken.

(3) Ist die Durchführung des Vorhabens aus wirtschaftlichen Gründen einem Eigentümer nicht zuzumuten, hat die Gemeinde von dem Baugebot abzusehen.

(4) Der Eigentümer kann von der Gemeinde die Übernahme des Grundstücks verlangen, wenn er glaubhaft macht, daß ihm die Durchführung des Vorhabens aus wirtschaftlichen Gründen nicht zuzumuten ist. § 43 Abs. 1, 4 und 5 sowie § 44 Abs. 3 und 4 sind entsprechend anzuwenden.

(5) Ist die Durchführung eines Baugebots nur möglich, wenn zuvor eine bauliche Anlage oder Teile davon beseitigt werden, ist der Eigentümer mit dem Baugebot auch zur Beseitigung verpflichtet. § 179 Abs. 2 und 3 Satz 1, § 43 Abs. 2 und 5 sowie § 44 Abs. 3 und 4 sind entsprechend anzuwenden.

(6) Ist für ein Grundstück eine andere als bauliche Nutzung festgesetzt, sind die Absätze 1 und 3 bis 5 entsprechend anzuwenden.

§ 177

Modernisierungs- und Instandsetzungsgebot

(1) Weist eine bauliche Anlage nach ihrer inneren oder äußeren Beschaffenheit Mißstände oder Mängel auf, deren Beseitigung oder Behebung durch Modernisierung oder Instandsetzung möglich ist, kann die Gemeinde die Beseitigung der Mißstände durch ein Modernisierungsgebot und die Behebung der Mängel durch ein Instandsetzungsgebot anordnen. Zur Beseitigung der Mißstände und zur Behebung der Mängel ist der Eigentümer der baulichen Anlage verpflichtet. In dem Bescheid, durch den die Modernisierung oder Instandsetzung angeordnet wird, sind die zu beseitigenden Mißstände oder zu behebenden Mängel zu bezeichnen und eine angemessene Frist für die Durchführung der erforderlichen Maßnahmen zu bestimmen.

(2) Mißstände liegen insbesondere vor, wenn die bauliche Anlage nicht den allgemeinen Anforderungen an gesunde Wohn- und Arbeitsverhältnisse entspricht.

(3) Mängel liegen insbesondere vor, wenn durch Abnutzung, Alterung, Witterungseinflüsse oder Einwirkungen Dritter

1. die bestimmungsgemäße Nutzung der baulichen Anlage nicht nur unerheblich beeinträchtigt wird,
2. die bauliche Anlage nach ihrer äußeren Beschaffenheit das Straßen- oder Ortsbild nicht nur unerheblich beeinträchtigt oder
3. die bauliche Anlage erneuerungsbedürftig ist und wegen ihrer städtebaulichen, insbesondere geschichtlichen oder künstlerischen Bedeutung erhalten bleiben soll.

Kann die Behebung der Mängel einer baulichen Anlage nach landesrechtlichen Vorschriften auch aus Gründen des Schutzes und der Erhaltung von Baudenkmälern verlangt werden, darf das Instandsetzungsgebot nur mit Zustimmung der zuständigen Landesbehörde erlassen werden. In dem Bescheid über den Erlaß des Instandsetzungsgebots sind die auch aus Gründen des Denkmalschutzes gebotenen Instandsetzungsmaßnahmen besonders zu bezeichnen.

(4) Der Eigentümer hat die Kosten der von der Gemeinde angeordneten Maßnahmen insoweit zu tragen, als er sie durch eigene oder fremde Mittel decken und die sich daraus ergebenden Kapitalkosten sowie die zusätzlich entstehenden Bewirtschaftungskosten aus Erträgen der baulichen Anlage aufbringen kann. Sind dem Eigentümer Kosten entstanden, die er nicht zu tragen hat, hat die Gemeinde sie ihm zu erstatten, soweit nicht eine andere Stelle einen Zuschuß zu ihrer Deckung gewährt. Dies gilt nicht, wenn der Eigentümer aufgrund anderer Rechtsvorschriften verpflichtet ist, die Kosten selbst zu tragen, oder wenn er Instandsetzungen unterlassen hat und nicht nachweisen kann, daß ihre Vornahme wirtschaftlich unvertretbar oder ihm nicht zuzumuten war. Die Gemeinde kann mit dem Eigentümer den Kostenerstattungsbetrag unter Verzicht auf eine Berechnung im Einzelfall als Pauschale in Höhe eines bestimmten Vomhundertsatzes der Modernisierungs- oder Instandsetzungskosten vereinbaren.

(5) Der vom Eigentümer zu tragende Kostenanteil wird nach der Durchführung der Modernisierungs- oder Instandsetzungsmaßnahmen unter Berücksichtigung der Erträge ermittelt, die für die modernisierte oder instandgesetzte bauliche Anlage bei ordentlicher Bewirtschaftung nachhaltig erzielt werden können; dabei sind die mit einem Bebauungsplan, einem Sozialplan, einer städtebaulichen Sanierungsmaßnahme oder einer sonstigen städtebaulichen Maßnahme verfolgten Ziele und Zwecke zu berücksichtigen.

§ 178

Pflanzgebot

Die Gemeinde kann den Eigentümer durch Bescheid verpflichten, sein Grundstück innerhalb einer zu bestimmenden angemessenen Frist entsprechend den nach § 9 Abs. 1 Nr. 25 getroffenen Festsetzungen des Bebauungsplans zu bepflanzen.

§ 179

Abbruchgebot

(1) Die Gemeinde kann den Eigentümer verpflichten zu dulden, daß eine bauliche Anlage im Geltungsbereich eines Bebauungsplans ganz oder teilweise beseitigt wird, wenn sie

1. den Festsetzungen des Bebauungsplans nicht entspricht und ihnen nicht angepaßt werden kann oder
2. Mißstände oder Mängel im Sinne des § 177 Abs. 2 und 3 Satz 1 aufweist, die auch durch eine Modernisierung oder Instandsetzung nicht behoben werden können.

Diejenigen, für die ein Recht an dem Grundstück oder an einem das Grundstück belastenden Recht im Grundbuch eingetragen oder durch Eintragung gesichert ist, das nicht zur Nutzung berechtigt, sollen von dem Bescheid benachrichtigt werden, wenn sie von der Beseitigung betroffen werden. Unberührt bleibt das Recht des Eigentümers, die Beseitigung selbst vorzunehmen.

(2) Der Bescheid darf bei Wohnraum nur vollzogen werden, wenn im Zeitpunkt der Beseitigung angemessener Ersatzwohnraum für die Bewohner unter zumutbaren Bedingungen zur Verfügung steht. Strebt der Inhaber von Raum, der überwiegend gewerblichen oder beruflichen Zwecken dient (Geschäftsraum), eine anderweitige Unterbringung an, soll der Bescheid nur vollzogen werden, wenn im Zeitpunkt der Beseitigung anderer geeigneter Geschäftsraum unter zumutbaren Bedingungen zur Verfügung steht.

(3) Entstehen dem Eigentümer, Mieter, Pächter oder sonstigen Nutzungsberechtigten durch die Beseitigung Vermögensnachteile, hat die Gemeinde angemessene Entschädigung in Geld zu leisten. Der Eigentümer kann anstelle der Entschädigung nach Satz 1 von der Gemeinde die Übernahme des Grundstücks verlangen, wenn es ihm mit Rücksicht auf das Abbruchgebot wirtschaftlich nicht mehr zuzumuten ist, das Grundstück zu behalten. § 43 Abs. 1, 2, 4 und 5 sowie § 44 Abs. 3 und 4 sind entsprechend anzuwenden.

5.2

Verordnung über die bauliche Nutzung der Grundstücke (Baunutzungsverordnung - BauNVO)

in der Fassung der Bekanntmachung der Neufassung vom 23. Januar 1990 (BGBl. I S.132) sowie die Texte der Baunutzungsverordnungen vom 26. Juni 1962 (BGBl. I S. 429), vom 26. November 1968 (BGBl. I S. 1237) und in der Fassung der Bekanntmachung der Neufassung vom 15. September 1977 (BGBl. I S. 1763) und unter Berücksichtigung der dritten Verordnung zur Änderung der Baunutzungsverordnung vom 19. Dezember 1986 (BGBl. I S. 2665)

Inhaltsübersicht

ERSTER ABSCHNITT
Art der baulichen Nutzung

§ 1
Allgemeine Vorschriften für Bauflächen und Baugebiete

(1) Im Flächennutzungsplan können die für die Bebauung vorgesehenen Flächen nach der allgemeinen Art ihrer baulichen Nutzung (Bauflächen) dargestellt werden als

1.	Wohnbauflächen	(W)
2.	gemischte Bauflächen	(M)
3.	gewerbliche Bauflächen	(G)
4.	Sonderbauflächen	(S)

(2) Die für die Bebauung vorgesehenen Flächen können nach der besonderen Art ihrer baulichen Nutzung (Baugebiete) dargestellt werden als

1.	Kleinsiedlungsgebiete	(WS)
2.	reine Wohngebiete	(WR)
3.	allgemeine Wohngebiete	(WA)
4.	besondere Wohngebiete	(WB)
5.	Dorfgebiete	(MD)
6.	Mischgebiete	(MI)
7.	Kerngebiete	(MK)
8.	Gewerbegebiete	(GE)
9.	Industriegebiete	(GI)
10.	Sondergebiete	(SO)

(3) Im Bebauungsplan können die in Absatz 2 bezeichneten Baugebiete festgesetzt werden. Durch die Festsetzung werden die Vorschriften der §§ 2 bis 14 Bestandteil des Bebauungsplans, soweit nicht auf Grund der Absätze 4 bis 10 etwas anderes bestimmt wird. Bei Festsetzung von Sondergebieten finden die Vorschriften über besondere Festsetzungen nach den Absätzen 4 bis 10 keine Anwendung; besondere Festsetzungen über die Art der Nutzung können nach den §§ 10 und 11 getroffen werden.

(4) Für die in den §§ 4 bis 9 bezeichneten Baugebiete können im Bebauungsplan für das jeweilige Baugebiet Festsetzungen getroffen werden, die das Baugebiet

1. nach der Art der zulässigen Nutzung,
2. nach der Art der Betriebe und Anlagen und deren besonderen Bedürfnissen und Eigenschaften

gliedern. Die Festsetzungen nach Satz 1 können auch für mehrere Gewerbegebiete einer Gemeinde im Verhältnis zueinander getroffen werden; dies gilt auch für Industriegebiete. Absatz 5 bleibt unberührt.

(5) Im Bebauungsplan kann festgesetzt werden, daß bestimmte Arten von Nutzungen, die nach den §§ 2, 4 bis 9 und 13 allgemein zulässig sind, nicht zulässig sind oder nur ausnahmsweise zugelassen werden können, sofern die allgemeine Zweckbestimmung des Baugebiets gewahrt bleibt.

(6) Im Bebauungsplan kann festgesetzt werden, daß alle oder einzelne Ausnahmen, die in den Baugebieten nach §§ 2 bis 9 vorgesehen sind,

1. nicht Bestandteil des Bebauungsplans werden oder
2. in dem Baugebiet allgemein zulässig sind, sofern die allgemeine Zweckbestimmung des Baugebiets gewahrt bleibt.

(7) In Bebauungsplänen für Baugebiete nach den §§ 4 bis 9 kann, wenn besondere städtebauliche Gründe dies rechtfertigen (§ 9 Abs. 3 des Baugesetzbuchs), festgesetzt werden, daß in bestimmten Geschossen, Ebenen oder sonstigen Teilen baulicher Anlagen

1. nur einzelne oder mehrere der in dem Baugebiet allgemein zulässigen Nutzungen zulässig sind
2. einzelne oder mehrere der in dem Baugebiet allgemein zulässigen Nutzungen unzulässig sind oder als Ausnahme zugelassen werden können oder
3. alle oder einzelne Ausnahmen, die in den Baugebieten nach den §§ 4 bis 9 vorgesehen sind, nicht zulässig oder, sofern die allgemeine Zweckbestimmung des Baugebiets gewahrt bleibt, allgemein zulässig sind.

(8) Die Festsetzungen nach den Absätzen 4 bis 7 können sich auch auf Teile des Baugebiets beschränken.

(9) Wenn besondere städtebauliche Gründe dies rechtfertigen, kann im Bebauungsplan bei Anwendung der Absätze 5 bis 8 festgesetzt werden, daß nur bestimmte Arten der in den Baugebieten allgemein oder ausnahmsweise zulässigen baulichen oder sonstigen Anlagen zulässig oder nicht zulässig sind oder nur ausnahmsweise zugelassen werden können.

(10) Wären bei Festsetzung eines Baugebiets nach den §§ 2 bis 9 in überwiegend bebauten Gebieten bestimmte vorhandene bauliche und sonstige Anlagen unzulässig, kann im Bebauungsplan festgesetzt werden, daß Erweiterungen, Änderungen, Nutzungsänderungen und Erneuerungen dieser Anlagen allgemein zulässig sind oder ausnahmsweise zugelassen werden können. Im Bebauungsplan können nähere Bestimmungen über die Zulässigkeit getroffen werden. Die allgemeine Zweckbestimmung des Baugebiets muß in seinen übrigen Teilen gewahrt bleiben. Die Sätze 1 bis 3 gelten auch für die Änderung und Ergänzung von Bebauungsplänen.

§ 2
Kleinsiedlungsgebiete

(1) Kleinsiedlungsgebiete dienen vorwiegend der Unterbringung von Kleinsiedlungen einschließlich Wohngebäuden mit entsprechenden Nutzgärten und landwirtschaftlichen Nebenerwerbsstellen.

(2) Zulässig sind

1. Kleinsiedlungen einschließlich Wohngebäude mit entsprechenden Nutzgärten, landwirtschaftliche Nebenerwerbsstellen und Gartenbaubetriebe,
2. die der Versorgung des Gebiets dienenden Läden, Schank- und Speisewirtschaften sowie nicht störende Handwerksbetriebe.

(3) Ausnahmsweise können zugelassen werden

1. sonstige Wohngebäude mit nicht mehr als zwei Wohnungen,
2. Anlage für kirchliche, kulturelle, soziale, gesundheitliche und sportliche Zwecke,
3. Tankstellen,
4. nicht störende Gewerbebetriebe.

§ 3
Reine Wohngebiete

(1) Reine Wohngebiete dienen dem Wohnen.

(2) Zulässig sind Wohngebäude.

(3) Ausnahmsweise können zugelassen werden

1. Läden und nicht störende Handwerksbetriebe, die zur Deckung des täglichen Bedarfs für die Bewohner des Gebiets dienen, sowie kleine Betriebe des Beherbergungsgewerbes,
2. Anlagen für soziale Zwecke sowie den Bedürfnissen der Bewohner des Gebiets dienende Anlagen für kirchliche, kulturelle, gesundheitliche und sportliche Zwecke.

(4) Zu den nach Absatz 2 sowie den §§ 2, 4 bis 7 zulässigen

Wohngebäuden gehören auch solche, die ganz oder teilweise der Betreuung und Pflege ihrer Bewohner dienen.

§ 4
Allgemeine Wohngebiete

(1) Allgemeine Wohngebiete dienen vorwiegend dem Wohnen.

(2) Zulässig sind

1. Wohngebäude,
2. die der Versorgung des Gebiets dienenden Läden, Schank- und Speisewirtschaften sowie nicht störende Handwerksbetriebe,
3. Anlagen für kirchliche, kulturelle, soziale, gesundheitliche und sportliche Zwecke.

(3) Ausnahmsweise können zugelassen werden

1. Betriebe des Beherbergungsgewerbes,
2. sonstige nicht störende Gewerbebetriebe,
3. Anlagen für Verwaltungen,
4. Gartenbaubetriebe,
5. Tankstellen.

§ 4a
Gebiete zur Erhaltung und Entwicklung der Wohnnutzung (besondere Wohngebiete)

(1) Besondere Wohngebiete sind überwiegend bebaute Gebiete, die aufgrund ausgeübter Wohnnutzung und vorhandener sonstiger in Absatz 2 genannter Anlagen eine besondere Eigenart aufweisen und in denen unter Berücksichtigung dieser Eigenart die Wohnung erhalten und fortentwickelt werden soll. Besondere Wohngebiete dienen vorwiegend dem Wohnen; sie dienen auch der Unterbringung von Gewerbebetrieben und sonstigen Anlagen im Sinne der Absätze 2 und 3, soweit diese Betriebe und Anlagen nach der besonderen Eigenart des Gebiets mit der Wohnnutzung vereinbar sind.

(2) Zulässig sind

1. Wohngebäude,
2. Läden, Betriebe des Beherbergungsgewerbes, Schank- und Speisewirtschaften,
3. sonstige Gewerbebetriebe,
4. Geschäfts- und Bürogebäude,
5. Anlagen für kirchliche, soziale, gesundheitliche und sportliche Zwecke.

(3) Ausnahmsweise können zugelassen werden

1. Anlagen für zentrale Einrichtungen der Verwaltung,
2. Vergnügungsstätten, soweit sie nicht wegen ihrer Zweckbestimmung oder ihres Umfangs nur in Kerngebieten allgemein zulässig sind,
3. Tankstellen.

(4) Für besondere Wohngebiete oder Teile solcher Gebiete kann, wenn besondere städtebauliche Gründe dies rechtfertigen (§ 9 Abs. 3 des Baugesetzbuchs), festgesetzt werden, daß

1. oberhalb eines im Bebauungsplan bestimmten Geschosses nur Wohnungen zulässig sind oder
2. in Gebäuden ein im Bebauungsplan bestimmter Anteil der zulässigen Geschoßfläche oder eine bestimmte Größe der Geschoßfläche für Wohnungen zu verwenden ist.

§ 5
Dorfgebiete

(1) Dorfgebiete dienen der Unterbringung der Wirtschaftsstellen land- und forstwirtschaftlicher Betriebe, dem Wohnen und der Unterbringung von nicht wesentlich störenden Gewerbebetrieben sowie der Versorgung der Bewohner des Gebiets dienenden Handwerksbetrieben. Auf die Belange der land- und forstwirtschaftlichen Betriebe einschließlich ihrer Entwicklungsmöglichkeiten ist vorrangig Rücksicht zu nehmen.

(2) Zulässig sind

1. Wirtschaftsstellen land- und forstwirtschaftlicher Betriebe und die dazugehörigen Wohnungen und Wohngebäude,
2. Kleinsiedlungen einschließlich Wohngebäude mit entsprechenden Nutzgärten und landwirtschaftliche Nebenerwerbsstellen,
3. sonstige Wohngebäude,
4. Betriebe zur Be- und Verarbeitung und Sammlung land- und forstwirtschaftlicher Erzeugnisse,
5. Einzelhandelsbetriebe, Schank- und Speisewirtschaften sowie Betriebe des Beherbergungsgewerbes,
6. sonstige Gewerbebetriebe,
7. Anlagen für örtliche Verwaltungen sowie für kirchliche, kulturelle, soziale, gesundheitliche und sportliche Zwecke,
8. Gartenbaubetriebe,
9. Tankstellen.

(3) Ausnahmsweise können Vergnügungsstätten im Sinne des § 4a Abs. 3 Nr. 2 zugelassen werden.

§ 6
Mischgebiete

(1) Mischgebiete dienen dem Wohnen und der Unterbringung von Gewerbebetrieben, die das Wohnen nicht wesentlich stören.

(2) Zulässig sind

1. Wohngebäude,
2. Geschäfts- und Bürogebäude,
3. Einzelhandelsbetriebe, Schank- und Speisewirtschaften sowie Betriebe des Beherbergungsgewerbes,
4. sonstige Gewerbebetriebe,
5. Anlagen für Verwaltungen sowie für kirchliche, kulturelle, soziale, gesundheitliche und sportliche Zwecke,
6. Gartenbaubetriebe,
7. Tankstellen,
8. Vergnügungsstätten im Sinne des § 4a Abs. 3 Nr. 2 in den Teilen des Gebiets, die überwiegend durch gewerbliche Nutzungen geprägt sind.

(3) Ausnahmsweise können Vergnügungsstätten im Sinne des § 4a Abs. 3 Nr. 2 außerhalb der in Absatz 2 Nr. 8 bezeichneten Teile des Gebiets zugelassen werden.

§ 7
Kerngebiete

(1) Kerngebiete dienen vorwiegend der Unterbringung von Handelsbetrieben sowie der zentralen Einrichtungen der Wirtschaft, der Verwaltung und der Kultur.

(2) Zulässig sind

1. Geschäfts-, Büro und Verwaltungsgebäude,
2. Einzelhandelsbetriebe, Schank- und Speisewirtschaften, Betriebe des Beherbergungsgewerbes und Vergnügungsstätten,
3. sonstige nicht wesentlich störende Gewerbebetriebe,
4. Anlagen für kirchliche, kulturelle, soziale, gesundheitliche und sportliche Zwecke,
5. Tankstellen im Zusammenhang mit Parkhäusern und Großgaragen,
6. Wohnungen für Aufsichts- und Bereitschaftspersonen sowie für Betriebsinhaber und Betriebsleiter,
7. sonstige Wohnungen nach Maßgabe von Festsetzungen des Bebauungsplans.

(3) Ausnahmsweise können zugelassen werden

1. Tankstellen, die nicht unter Absatz 2 Nr. 5 fallen,
2. Wohnungen, die nicht unter Absatz 2 Nr. 6 und 7 fallen.

(4) Für Teile eines Kerngebiets kann, wenn besondere städtebauliche Gründe die rechtfertigen (§ 9 Abs. 3 des Baugesetzbuchs), festgesetzt werden, daß

1. oberhalb eines im Bebauungsplan bestimmten Geschosses nur Wohnungen zulässig sind oder
2. in Gebäuden ein im Bebauungsplan bestimmter Anteil der zulässigen Geschoßfläche oder eine bestimmte Größe der Geschoßfläche für Wohnungen zu verwenden ist.

Dies gilt auch, wenn durch solche Festsetzungen dieser Teil des Kerngebiets nicht vorwiegend der Unterbringung von Handelsbetrieben sowie der zentralen Einrichtungen der Wirtschaft, der Verwaltung und der Kultur dient.

§ 8
Gewerbegebiete

(1) Gewerbegebiete dienen vorwiegend der Unterbringung von nicht erheblich belästigenden Gewerbebetrieben.

(2) Zulässig sind

1. Gewerbebetriebe aller Art, Lagerhäuser, Lagerplätze und öffentliche Betriebe,
2. Geschäfts-, Büro- und Verwaltungsgebäude,
3. Tankstellen,
4. Anlagen für sportliche Zwecke.

(3) Ausnahmsweise können zugelassen werden

1. Wohnungen für Aufsichts- und Bereitschaftspersonen sowie für Betriebsinhaber und Betriebsleiter, die dem Gewerbebetrieb zugeordnet und ihm gegenüber in Grundfläche und Baumasse untergeordnet sind,
2. Anlagen für kirchliche, kulturelle, soziale und gesundheitliche Zwecke,
3. Vergnügungsstätten.

§ 9
Industriegebiete

(1) Industriegebiete dienen ausschließlich der Unterbringung von Gewerbebetrieben, und zwar vorwiegend solcher Betriebe, die in anderen Baugebieten unzulässig sind

(2) Zulässig sind

1. Gewerbebetriebe aller Art, Lagerhäuser, Lagerplätze und öffentliche Betriebe,
2. Tankstellen.

(3) Ausnahmsweise können zugelassen werden

1. Wohnungen für Aufsichts- und Bereitschaftspersonen sowie für Betriebsinhaber und Betriebsleiter, die dem Gewerbebetrieb zugeordnet und ihm gegenüber in Grundfläche und Baumasse untergeordnet sind,
2. Anlagen für kirchliche, kulturelle, soziale, gesundheitliche und sportliche Zwecke.

§ 10
Sondergebiete, die der Erholung dienen

(1) Als Sondergebiete, die der Erholung dienen, kommen insbesondere in Betracht

Wochenendhausgebiete,
Ferienhausgebiete,
Campingplatzgebiete.

(2) Für Sondergebiete, die der Erholung dienen, sind die Zweckbestimmung und die Art der Nutzung darzustellen und festzusetzen. Im Bebauungsplan kann festgesetzt werden, daß bestimmte, der Eigenart des Gebiets entsprechende Anlagen und Einrichtungen zur Versorgung des Gebiets und für sportliche Zwecke allgemein zulässig sind oder ausnahmsweise zugelassen werden können.

(3) In Wochenendhausgebieten sind Wochenendhäuser als Einzelhäuser zulässig. Im Bebauungsplan kann festgesetzt werden, daß Wochenendhäuser nur als Hausgruppen zulässig sind oder ausnahmsweise als Hausgruppen zugelassen werden können. Die zulässige Grundfläche der Wochenendhäuser ist im Bebauungsplan, begrenzt nach der besonderen Eigenart des Gebiets, unter Berücksichtigung der landschaftlichen Gegebenheiten festzusetzen.

(4) In Ferienhausgebieten sind Ferienhäuser zulässig, die aufgrund ihrer Lage, Größe, Ausstattung, Erschließung und Versorgung für den Erholungsaufenthalt geeignet und dazu bestimmt sind, überwiegend und auf Dauer einem wechselnden Personenkreis zur Erholung zu dienen. Im Bebauungsplan kann die Grundfläche der Ferienhäuser, begrenzt nach der besonderen Eigenart des Gebiets, unter Berücksichtigung der landwirtschaftlichen Gegebenheiten festgesetzt werden.

(5) In Campingplatzgebieten sind Campingplätze und Zeltplätze zulässig.

§ 11
Sonstige Sondergebiete

(1) Als sonstige Sondergebiete sind solche Gebiete darzustellen und festzusetzen, die sich von den Baugebieten nach den §§ 2 bis 10 wesentlich unterscheiden.

(2) Für sonstige Sondergebiete sind die Zweckbestimmung und die Art der Nutzung darzustellen und festzusetzen. Als sonstige Sondergebiete kommen insbesondere in Betracht

Gebiete für den Fremdenverkehr, wie Kurgebiete und Gebiete für die Fremdenbeherbergung,
Ladengebiete,
Gebiete für Einkaufszentren und großflächige Handelsbetriebe,
Gebiet für Messen, Ausstellungen und Kongresse,
Hochschulgebiete,
Klinikgebiete,
Hafengebiete.
Gebiete für Anlagen, die der Erforschung, Entwicklung oder Nutzung erneuerbarer Energien, wie Wind- und Sonnenenergie, dienen.

(3)
1. Einkaufszentren,
2. großflächige Einzelhandelsbetriebe, die sich nach Art, Lage oder Umfang auf die Verwirklichung der Ziele der Raumordnung und Landesplanung oder auf die städtebauliche Entwicklung und Ordnung nicht nur unwesentlich auswirken können,
3. sonstige großflächige Handelsbetriebe, die im Hinblick auf den Verkauf an letzte Verbraucher und auf die Auswirkungen den in Nummer 2 bezeichneten Einzelhandelsbetrieben vergleichbar sind,

sind außerdem in Kerngebieten nur in für sie festgesetzten Sondergebieten zulässig. Auswirkungen im Sinne des Satzes 1 Nr. 2 und 3 sind insbesondere schädliche Umwelteinwirkungen im Sinne des § 3 des Bundes-Immissionsschutzgesetzes sowie Auswirkungen auf die infrastrukturelle Ausstattung, auf den Verkehr, auf die Versorgung der Bevölkerung im Einzugsbereich der in Satz 1 bezeichneten Betriebe, auf die Entwicklung zentraler Versorgungsbereiche in der Gemeinde oder in anderen Gemeinden, auf das Orts- und Landschaftsbild und auf den Naturhaushalt. Auswirkungen im Sinne des Satzes 2 sind bei Betrieben nach Satz 1 Nr. 2 und 3 in der Regel anzunehmen, wenn die Geschoßfläche 1200 m² überschreitet. Die Regel des Satzes 3 gilt nicht, wenn Anhaltspunkte dafür bestehen, daß Auswirkungen bereits bei weniger als 1200 m² Geschoßfläche vorliegen oder bei mehr als 1200 m² Geschoßfläche nicht vorliegen; dabei sind in bezug auf die in Satz 2 bezeichneten Auswirkungen insbesondere die Gliederung und Größe der Gemeinde und ihrer Ortsteile, die Sicherung der verbrauchernahen Versorgung der Bevölkerung und das Warenangebot des Betriebs zu berücksichtigen.

§ 12
Stellplätze und Garagen

(1) Stellplätze und Garagen sind in allen Baugebieten zulässig, soweit sich aus den Absätzen 2 bis 6 nichts anderes ergibt.

(2) In Kleinsiedlungsgebieten, reinen Wohngebieten und allgemeinen Wohngebieten sowie Sondergebieten, die der Erholung dienen, sind Stellplätze und Garagen nur für den durch die zugelassene Nutzung verursachten Bedarf zulässig.

(3) Unzulässig sind

1. Stellplätze und Garagen für Lastkraftwagen und Kraftomnibusse sowie für Anhänger dieser Kraftfahrzeuge in reinen Wohngebieten,
2. Stellplätze und Garagen für Kraftfahrzeuge mit einem Eigengewicht über 3,5 Tonnen sowie für Anhänger dieser Kraftfahrzeuge in Kleinsiedlungsgebieten und allgemeinen Wohngebieten.

(4) Im Bebauungsplan kann, wenn besondere städtebauliche Gründe dies rechtfertigen (§ 9 Abs. 3 des Baugesetzbuchs), festgesetzt werden, daß in bestimmten Geschossen nur Stellplätze oder Garagen und zugehörige Nebeneinrichtungen (Garagengeschosse) zulässig sind. Eine Festsetzung nach Satz 1 kann auch für Geschosse unterhalb der Geländeoberfläche getroffen werden. Bei Festsetzungen nach den Sätzen 1 und 2 sind Stellplätze und Garagen auf dem Grundstück nur in den festgesetzten Geschossen zulässig, soweit der Bebauungsplan nichts anderes bestimmt.

(5) Im Bebauungsplan kann, wenn besondere städtebauliche Gründe dies rechtfertigen (§ 9 Abs. 3 des Baugesetzbuchs), festgesetzt werden, daß in Teilen von Geschossen nur Stellplätze und Garagen zulässig sind. Absatz 4 Satz 2 und 3 gilt entsprechend.

(6) Im Bebauungsplan kann festgesetzt werden, daß in Baugebieten oder bestimmten Teilen von Baugebieten Stellplätze und Garagen unzulässig oder nur in beschränktem Umfang zulässig sind, soweit landesrechtliche Vorschriften nicht entgegenstehen.

(7) Die landesrechtlichen Vorschriften über die Ablösung der Verpflichtung zur Herstellung von Stellplätzen und Garagen sowie die Verpflichtung zur Herstellung von Stellplätzen und Garagen außerhalb der im Bebauungsplan festgesetzten Bereiche bleiben bei Festsetzungen nach den Absätzen 4 bis 6 unberührt.

§ 13
Gebäude und Räume für freie Berufe

Für die Berufsausübung freiberuflich Tätiger und solcher Gewerbetreibender, die ihren Beruf in ähnlicher Art ausüben, sind in den Baugebieten nach den §§ 2 bis 4 Räume, in den Baugebieten nach den §§ 4a bis 9 auch Gebäude zulässig.

§ 14
Nebenanlagen

(1) Außer den in den §§ 2 bis 13 genannten Anlagen sind auch untergeordnete Nebenanlagen und Einrichtungen zulässig, die dem Nutzungszweck der in dem Baugebiet gelegenen Grundstücke oder des Baugebiets selbst dienen und die seiner Eigenart nicht widersprechen. Soweit nicht bereits in den Baugebieten nach dieser Verordnung Einrichtungen und Anlagen für die Tierhaltung zulässig sind, gehören zu den untergeordneten Nebenanlagen und Einrichtungen im Sinne des Satzes 1 auch solche für die Kleintierhaltung. Im Bebauungsplan kann die Zulässigkeit der Nebenanlagen und Einrichtungen eingeschränkt oder ausgeschlossen werden.

(2) Die der Versorgung der Baugebiete mit Elektrizität, Gas, Wärme und Wasser sowie zur Ableitung von Abwasser dienenden Nebenanlagen können in den Baugebieten als Ausnahme zugelassen werden, auch soweit für sie im Bebauungsplan keine besonderen Flächen festgesetzt sind. Dies gilt auch für fernmeldetechnische Nebenanlagen sowie für Anlagen für erneuerbare Energien, soweit nicht Absatz 1 Satz 1 Anwendung findet.

§ 15
Allgemeine Voraussetzungen für die Zulässigkeit baulicher und sonstiger Anlagen

(1) Die in den §§ 2 bis 14 aufgeführten baulichen und sonstigen Anlagen sind im Einzelfall unzulässig, wenn sie nach Anzahl, Lage, Umfang oder Zweckbestimmung der Eigenart des Baugebiets widersprechen. Sie sind auch unzulässig, wenn von ihnen Belästigungen oder Störungen ausgehen können, die nach der Eigenart des Baugebiets im Baugebiet selbst oder in dessen Umgebung unzumutbar sind, oder wenn sie solchen Belästigungen oder Störungen ausgesetzt werden.

(2) Die Anwendung des Absatzes 1 hat nach den städtebaulichen Zielen und Grundsätzen des § 1 Abs. 5 des Baugesetzbuchs zu erfolgen.

(3) Die Zulässigkeit der Anlagen in den Baugebieten ist nicht allein nach den verfahrensrechtlichen Einordnungen des Bundes-Immissionsschutzgesetzes und der auf seiner Grundlage erlassenen Verordnungen zu beurteilen.

ZWEITER ABSCHNITT
Maß der baulichen Nutzung

§ 16
Bestimmung des Maßes der baulichen Nutzung

(1) Wird im Flächennutzungsplan das allgemeine Maß der baulichen Nutzung dargestellt, genügt die Angabe der Geschoßflächenzahl, der Baumassenzahl oder der Höhe baulicher Anlagen.

(2) Im Bebauungsplan kann das Maß der baulichen Nutzung bestimmt werden durch Festsetzung

1. der Grundflächenzahl oder der Größe der Grundflächen der baulichen Anlagen,
2. der Geschoßflächenzahl oder der Größe der Geschoßfläche, der Baumassenzahl oder der Baumasse,
3. der Zahl der Vollgeschosse,
4. der Höhe baulicher Anlagen.

(3) Bei Festsetzung des Maßes der baulichen Nutzung im Bebauungsplan ist festzusetzen

1. stets die Grundflächenzahl oder die Größe der Grundflächen der baulichen Anlagen,
2. die Zahl der Vollgeschosse oder die Höhe baulicher Anlagen, wenn ohne ihre Festsetzung öffentliche Belange, insbesondere das Orts- und Landschaftsbild, beeinträchtigt werden können.

(4) Bei Festsetzung des Höchstmaßes für die Geschoßflächenzahl oder die Größe der Geschoßfläche, für die Zahl der Vollgeschosse und die Höhe baulicher Anlagen im Bebauungsplan kann zugleich ein Mindestmaß festgesetzt werden. Die Zahl der Vollgeschosse und die Höhe baulicher Anlagen können auch als zwingend festgesetzt werden.

(5) Im Bebauungsplan kann das Maß der baulichen Nutzung für Teile des Baugebiets, für einzelne Grundstücke oder Grundstücksteile und für Teile baulicher Anlagen unterschiedlich festgesetzt werden; die Festsetzungen können oberhalb und unterhalb der Geländeoberfläche getroffen werden.

(6) Im Bebauungsplan können nach Art und Umfang bestimmte Ausnahmen von dem festgesetzten Maß der baulichen Nutzung vorgesehen werden.

§ 17
Obergrenzen für die Bestimmung des Maßes der baulichen Nutzung

(1) Bei der Bestimmung des Maßes der baulichen Nutzung nach § 16 dürfen, auch wenn eine Geschoßflächenzahl oder eine Baumassenzahl nicht dargestellt oder festgesetzt wird, folgende Obergrenzen nicht überschritten werden:

1	2	3	4
Baugebiet	Grund- flächen- zahl (GRZ)	Geschoß- flächen- zahl (GFZ)	Bau- massen- zahl (BMZ)
in Kleinsiedlungsgebieten (WS)	0,2	0,4	-
in reinen Wohngebieten (WR) allgemeinen Wohngebieten (WA) Ferienhausgebieten	0,4	1,2	-
in besonderen Wohngebieten (WB)	0,6	1,6	-
in Dorfgebieten (MD) Mischgebieten (MI)	0,6	1,2	-
in Kerngebieten (MK)	1,0	3,0	-
in Gewerbegebieten (GE) Industriegebieten (GI) sonstigen Sondergebieten	0,8	2,4	10,0
in Wochenendhausgebieten	0,2	0,2	-

(2) Die Obergrenzen des Absatzes 1 können überschritten werden, wenn

1. besondere städtebauliche Gründe dies erfordern,
2. die Überschreitungen durch Umstände ausgeglichen sind oder durch Maßnahmen ausgeglichen werden, durch die sichergestellt ist, daß die allgemeinen Anforderungen an gesunde Wohn- und Arbeitsverhältnisse nicht beeinträchtigt, nachteilige Auswirkungen auf die Umwelt vermieden und die Bedürfnisse des Verkehrs befriedigt werden, und
3. sonstige öffentliche Belange nicht entgegenstehen.

Dies gilt nicht für Wochenendhausgebiete und Ferienhausgebiete.

(3) In Gebieten, die am 1. August 1962 überwiegend bebaut waren, können die Obergrenzen des Absatzes 1 überschritten werden, wenn städtebauliche Gründe dies erfordern und sonstige öffentliche Belange nicht entgegenstehen. Absatz 2 Satz 1 Nr. 2 ist entsprechend anzuwenden.

§ 18
Höhe baulicher Anlagen

(1) Bei Festsetzung der Höhe baulicher Anlagen sind die erforderlichen Bezugspunkte zu bestimmen.

(2) Ist die Höhe baulicher Anlagen als zwingend festgesetzt (§16 Abs.4 Satz 2), können geringfügige Abweichungen zugelassen werden.

§ 19
Grundflächenzahl, zulässige Grundfläche

(1) Die Grundflächenzahl gibt an, wieviel Quadratmeter Grundfläche je Quadratmeter Grundstücksfläche im Sinne des Absatzes 3 zulässig sind.

(2) Zulässige Grundfläche ist der nach Absatz 1 errechnete Anteil des Baugrundstücks, der von baulichen Anlagen überdeckt werden darf.

(3) Für die Ermittlung der zulässigen Grundfläche ist die Fläche des Baugrundstücks maßgebend, die im Bauland und hinter der im Bebauungsplan festgesetzten Straßenbegrenzungslinie liegt. Ist eine Straßenbegrenzungslinie nicht festgesetzt, so ist die Fläche des Baugrundstücks maßgebend, die hinter der tatsächlichen Straßengrenze liegt oder die im Bebauungsplan als maßgebend für die Ermittlung der zulässigen Grundfläche festgesetzt ist.

(4) Bei der Ermittlung der Grundfläche sind die Grundflächen von

1. Garagen und Stellplätzen mit ihren Zufahrten,
2. Nebenanlagen im Sinne des § 14,
3. baulichen Anlagen unterhalb der Geländeoberfläche, durch die das Baugrundstück lediglich unterbaut wird,

mitzurechnen. Die zulässige Grundfläche darf durch die Grundflächen der in Satz 1 bezeichneten Anlagen bis zu 50 vom Hundert überschritten werden, höchstens jedoch bis zu einer Grundflächenzahl von 0,8; weitere Überschreitungen in geringfügigem Ausmaß können zugelassen werden. Im Bebauungsplan können von Satz 2 abweichende Bestimmungen getroffen werden. Soweit der Bebauungsplan nichts anderes festsetzt, kann im Einzelfall von der Einhaltung der sich aus Satz 2 ergebenden Grenzen abgesehen werden

1. bei Überschreitungen mit geringfügigen Auswirkungen auf die natürlichen Funktionen des Bodens oder
2. wenn die Einhaltung der Grenzen zu einer wesentlichen Erschwerung der zweckentsprechenden Grundstücksnutzung führen würde.

§ 20
Vollgeschosse, Geschoßflächenzahl, Geschoßfläche

(1) Als Vollgeschosse gelten Geschosse, die nach landesrechtlichen Vorschriften Vollgeschosse sind oder auf ihre Zahl angerechnet werden.

(2) Die Geschoßflächenzahl gibt an, wieviel Quadratmeter Geschoßfläche je Quadratmeter Grundstücksfläche im Sinne des § 19 Abs. 3 zulässig sind.

(3) Die Geschoßfläche ist nach den Außenmaßen der Gebäude in allen Vollgeschossen zu ermitteln. Im Bebauungsplan kann festgesetzt werden, daß die Flächen von Aufenthaltsräumen in anderen Geschossen einschließlich der zu ihnen gehörenden Treppenräume und einschließlich ihrer Umfassungswände ganz oder teilweise mitzurechnen oder ausnahmsweise nicht mitzurechnen sind.

(4) Bei der Ermittlung der Geschoßfläche bleiben Nebenanlagen im Sinne des § 14, Balkone, Loggien, Terrassen sowie bauliche Anlagen, soweit sie nach Landesrecht in den Abstandsflächen (seitlicher Grenzabstand und sonstige Abstandsflächen) zulässig sind oder zugelassen werden können, unberücksichtigt.

§ 21
Baumassenzahl, Baumasse

(1) Die Baumassenzahl gibt an, wieviel Kubikmeter Baumasse je Quadratmeter Grundstücksfläche im Sinne des § 19 Abs. 3 zulässig sind.

(2) Die Baumasse ist nach den Außenmaßen der Gebäude vom Fußboden des untersten Vollgeschosses bis zur Decke des obersten Vollgeschosses zu ermitteln. Die Baumassen von Aufenthaltsräumen in anderen Geschossen einschließlich der zu ihnen gehörenden Treppenräume und einschließlich ihrer Umfassungswände und Decken sind mitzurechnen. Bei baulichen Anlagen, bei denen eine Berechnung der Baumasse nach Satz 1 nicht möglich ist, ist die tatsächliche Baumasse zu ermitteln.

(3) Bauliche Anlagen und Gebäudeteile im Sinne des § 20 Abs. 4 bleiben bei der Ermittlung der Baumasse unberücksichtigt.

(4) Ist im Bebauungsplan die Höhe baulicher Anlagen oder die Baumassenzahl nicht festgesetzt, darf bei Gebäuden, die Geschosse von mehr als 3,50 m Höhe haben, eine Baumassenzahl, die das Dreieinhalbfache der zulässigen Geschoßflächenzahl beträgt, nicht überschritten werden.

§ 21a
Stellplätze, Garagen und Gemeinschaftsanlagen

(1) Garagengeschosse oder ihre Baumasse sind in sonst anders genutzten Gebäuden auf die Zahl der zulässigen Vollgeschosse oder auf die zulässige Baumasse nicht anzurechnen, wenn der Bebauungsplan dies festsetzt oder als Ausnahme vorsieht.

(2) Der Grundstücksfläche im Sinne des § 19 Abs. 3 sind Flächenanteile an außerhalb des Baugrundstücks festgesetzten Gemeinschaftsanlagen im Sinne des § 9 Abs. 1 Nr. 22 des Baugesetzbuchs hinzuzurechnen, wenn der Bebauungsplan dies festsetzt oder als Ausnahme vorsieht.

(3) Soweit § 19 Abs. 4 nicht entgegensteht, ist eine Überschreitung der zulässigen Grundfläche durch überdachte Stellplätze und Garagen bis zu 0,1 der Fläche des Baugrundstücks zulässig; eine weitergehende Überschreitung kann ausnahmsweise zugelassen werden

1. in Kerngebieten, Gewerbegebieten und Industriegebieten,
2. in anderen Baugebieten, soweit solche Anlagen nach § 9 Abs. 1 Nr. 4 des Baugesetzbuchs im Bebauungsplan festgesetzt sind.

(4) Bei der Ermittlung der Geschoßfläche oder der Baumasse bleiben unberücksichtigt die Flächen oder Baumassen von

1. Garagengeschossen, die nach Absatz 1 nicht angerechnet werden,
2. Stellplätzen und Garagen, deren Grundflächen die zulässige Grundfläche unter den Voraussetzungen des Absatzes 3 überschreiten,
3. Stellplätzen und Garagen in Vollgeschossen, wenn der Bebauungsplan dies festsetzt oder als Ausnahme vorsieht.

(5) Die zulässige Geschoßfläche oder die Baumasse ist um die Flächen oder Baumassen notwendiger Garagen, die unter der Geländeoberfläche hergestellt werden, insoweit zu erhöhen, als der Bebauungsplan dies festsetzt oder als Ausnahme vorsieht.

DRITTER ABSCHNITT
Bauweise, überbaubare Grundstücksfläche

§ 22
Bauweise

(1) Im Bebauungsplan kann die Bauweise als offene oder geschlossene Bauweise festgesetzt werden.

(2) In der offenen Bauweise werden die Gebäude mit seitlichem Grenzabstand als Einzelhäuser, Doppelhäuser oder Hausgruppen errichtet. Die Länge der in Satz 1 bezeichneten Hausformen darf höchstens 50 m betragen. Im Bebauungsplan können Flächen festgesetzt werden, auf denen nur Einzelhäuser, nur Doppelhäuser, nur Hausgruppen oder nur zwei dieser Hausformen zulässig sind.

(3) In der abgeschlossenen Bauweise werden die Gebäude ohne seitlichen Grenzabstand errichtet, es sei denn, daß die vorhandene Bebauung eine Abweichung erfordert.

(4) Im Bebauungsplan kann eine von Absatz 1 abweichende Bauweise festgesetzt werden. Dabei kann auch festgesetzt werden, inwieweit an die vorderen, rückwärtigen und seitlichen Grundstücksgrenzen herangebaut werden darf oder muß.

§ 23
Überbaubare Grundstücksfläche

(1) Die überbaubaren Grundstücksflächen können durch die Festsetzung von Baulinien, Baugrenzen oder Bebauungstiefen bestimmt werden. § 16 Abs. 5 ist entsprechend anzuwenden.

(2) Ist eine Baulinie festgesetzt, so muß auf dieser Linie gebaut werden. Ein Vor- oder Zurücktreten von Gebäudeteilen in geringfügigem Ausmaß kann zugelassen werden. Im Bebauungsplan können weitere nach Art und Umfang bestimmte Ausnahmen vorgesehen werden.

(3) Ist eine Baugrenze festgesetzt, so dürfen Gebäude und Gebäudeteile diese nicht überschreiten. Ein Vortreten von Gebäudeteilen in geringfügigem Ausmaß kann zugelassen werden. Absatz 2 Satz 3 gilt entsprechend.

(4) Ist eine Bebauungstiefe festgesetzt, so gilt Absatz 3 entsprechend. Die Bebauungstiefe ist von der tatsächlichen Straßengrenze ab zu ermitteln, sofern im Bebauungsplan nichts anderes festgesetzt ist.

(5) Wenn im Bebauungsplan nichts anderes festgesetzt ist, können auf den nicht überbaubaren Grundstücksflächen Nebenanlagen im Sinne des § 14 zugelassen werden. Das gleiche gilt für bauliche Anlagen, soweit sie nach Landesrecht in den Abstandsflächen zulässig sind oder zugelassen werden können.

FÜNFTER ABSCHNITT
Überleitungs- und Schlußvorschriften

§ 25
Fortführung eingeleiteter Verfahren

Für Bauleitpläne, deren Aufstellung oder Änderung bereits eingeleitet ist, sind die dieser Verordnung entsprechenden bisherigen Vorschriften weiterhin anzuwenden, wenn die Pläne bei dem Inkrafttreten dieser Verordnung bereits ausgelegt sind.

§ 25a
Überleitungsvorschriften aus Anlaß der zweiten Änderungsverordnung

(1) Für Bauleitpläne, deren Aufstellung oder Änderung bereits eingeleitet ist, gilt diese Verordnung in ihrer bis zum Inkrafttreten der Zweiten Verordnung zur Änderung dieser Verordnung vom 15. September 1977 (BGBl. I S. 1757) gültigen Fassung, wenn die Pläne bei Inkrafttreten der zweiten Änderungsverordnung nach § 2a Abs. 6 des Bundesbaugesetzes oder § 2 Abs. 6 des Bundesbaugesetzes in der bis zum 1. Januar 1977 geltenden Fassung ausgelegt sind.

(2) Von der Geltung der Vorschriften der zweiten Änderungsverordnung über gesonderte Festsetzungen für übereinanderliegende Geschosse und Ebenen sowie sonstige Teile baulicher Anlagen sind solche Bebauungspläne ausge-

nommen, auf die § 9 Abs. 3 des Bundesbaugesetzes in der ab 1. Januar 1977 geltenden Fassung nach Maßgabe des Artikels 3 § 1 Abs. 3 des Gesetzes zur Änderung des Bundes-baugesetzes vom 18. August 1976 (BGBl. I S. 2221) keine Anwendung findet. Auf diese Bebauungspläne finden die Vorschriften dieser Verordnung über gesonderte Festsetzungen für übereinanderliegende Geschosse und Ebenen und sonstige Teile baulicher Anlagen in der bis zum Inkrafttreten der zweiten Änderungsverordnung gültigen Fassung weiterhin Anwendung.

§ 25 b

Überleitungsvorschrift aus Anlaß der dritten Änderungsverordnung

(1) Ist der Entwurf eines Bebauungsplans vor dem Inkrafttreten der dritten Änderungsverordnung nach § 2a Abs. 6 des Bundesbaugesetzes öffentlich ausgelegt worden, ist auf ihn § 11 Abs. 3 Satz 3 in der bis zum Inkrafttreten der dritten Änderungsverordnung geltenden Fassung anzuwenden. Das Recht der Gemeinde, das Verfahren zur Aufstellung des Bebauungsplans erneut einzuleiten, bleibt unberührt.

(2) Auf Bebauungspläne, auf die § 11 Abs. 3 in der Fassung der Bekanntmachung vom 15. September 1977 Anwendung findet, ist § 11 Abs. 3 Satz 4 entsprechend anzuwenden.

§ 25 c

Überleitungsvorschrift aus Anlaß der vierten Änderungsverordnung

(1) Ist der Entwurf eines Bauleitplans vor dem 27. Januar 1990 nach § 3 Abs. 2 des Baugesetzbuchs öffentlich ausgelegt worden, ist auf ihn diese Verordnung in der bis zum 26. Januar 1990 geltenden Fassung anzuwenden. Das Recht der Gemeinde, das Verfahren zur Aufstellung des Bauleitplans erneut einzuleiten, bleibt unberührt.

(2) Wird in Gebieten mit Bebauungsplänen, auf die § 20 Abs. 2 Satz 2 in einer früheren Fassung anzuwenden ist, die zulässige Geschoßfläche durch Flächen von Aufenthaltsräumen in anderen als Vollgeschossen überschritten, kann die Überschreitung zugelassen werden, wenn öffentliche Belange nicht entgegenstehen.

(3) Die Vorschriften dieser Verordnung über die Zulässigkeit von Vergnügungsstätten in den Baugebieten sind auch in Gebieten mit Bebauungsplänen anzuwenden, die auf der Grundlage einer früheren Fassung dieser Verordnung aufgestellt worden sind; besondere Festsetzungen in diesen Bebauungsplänen über die Zulässigkeit von Vergnügungsstätten bleiben unberührt. In den im Zusammenhang bebauten Gebieten, auf die § 34 Abs. 1 des Baugesetzbuchs Anwendung findet, können in einem Bebauungsplan aus besonderen städtebaulichen Gründen Bestimmungen über die Zulässigkeit von Vergnügungsstätten festgesetzt werden, um eine Beeinträchtigung

1. von Wohnnutzungen oder
2. von anderen schutzbedürftigen Anlagen, wie Kirchen, Schulen und Kindertagesstätten, oder
3. der sich aus der vorhandenen Nutzung ergebenden städtebaulichen Funktion des Gebiets

zu verhindern; in Gebieten mit überwiegend gewerblicher Nutzung können solche Bestimmungen nur zum Schutz der in Nummer 2 bezeichneten Anlagen oder zur Verhinderung einer städtebaulichen nachteiligen Massierung von Vergnügungsstätten festgesetzt werden. Von den Sätzen 1 und 2 unberührt bleiben am 27. Januar 1990 vorhandene, baurechtlich genehmigte Vergnügungsstätten einschließlich notwendiger Änderungen, die sich aus behördlichen Auflagen oder gewerberechtlichen Bestimmungen ergeben.

§ 26

Berlin-Klausel

Diese Verordnung gilt nach § 14 des Dritten Überleitungsgesetzes in Verbindung mit § 247 des Baugesetzbuchs auch im Land Berlin.

Nachrichtlicher Abdruck
aus BGBl. I Nr. 3 vom 22. Januar 1991

Verordnung über die Ausarbeitung der Bauleitpläne und die Darstellung des Planinhalts (Planzeichenverordnung 1990 – PlanzV 90)

Vom 18. Dezember 1990

Auf Grund des § 2 Abs. 5 Nr. 4 des Baugesetzbuchs in der Fassung der Bekanntmachung vom 8. Dezember 1986 (BGBl. I S. 2253) verordnet der Bundesminister für Raumordnung, Bauwesen und Städtebau:

§ 1
Planunterlagen

(1) Als Unterlagen für Bauleitpläne sind Karten zu verwenden, die in Genauigkeit und Vollständigkeit den Zustand des Plangebiets in einem für den Planinhalt ausreichenden Grade erkennen lassen (Planunterlagen). Die Maßstäbe sind so zu wählen, daß der Inhalt der Bauleitpläne eindeutig dargestellt oder festgesetzt werden kann.

(2) Aus den Planunterlagen für Bebauungspläne sollen sich die Flurstücke mit ihren Grenzen und Bezeichnungen in Übereinstimmung mit dem Liegenschaftskataster, die vorhandenen baulichen Anlagen, die Straßen, Wege und Plätze sowie die Geländehöhe ergeben. Von diesen Angaben kann insoweit abgesehen werden, als sie für die Festsetzungen nicht erforderlich sind. Der Stand der Planunterlagen (Monat, Jahr) soll angegeben werden.

§ 2
Planzeichen

(1) Als Planzeichen in den Bauleitplänen sollen die in der Anlage*) zu dieser Verordnung enthaltenen Planzeichen verwendet werden. Dies gilt auch insbesondere für Kennzeichnungen, nachrichtliche Übernahmen und Vermerke. Die Darstellungsarten können miteinander verbunden werden. Linien können auch in Farbe ausgeführt werden. Kennzeichnungen, nachrichtliche Übernahmen und Vermerke sollen zusätzlich zu den Planzeichen als solche bezeichnet werden.

(2) Die in der Anlage enthaltenen Planzeichen können ergänzt werden, soweit dies zur eindeutigen Darstellung des Planinhalts erforderlich ist. Soweit Darstellungen des Planinhalts erforderlich sind, für die in der Anlage keine oder keine ausreichenden Planzeichen enthalten sind, können Planzeichen verwendet werden, die sinngemäß aus den angegebenen Planzeichen entwickelt worden sind.

(3) Die Planzeichen sollen in Farbton, Strichstärke und Dichte den Planunterlagen so angepaßt werden, daß deren Inhalt erkennbar bleibt.

(4) Die verwendeten Planzeichen sollen im Bauleitplan erklärt werden.

(5) Eine Verletzung von Vorschriften der Absätze 1 bis 4 ist unbeachtlich, wenn die Darstellung, Festsetzung, Kennzeichnung, nachrichtliche Übernahme oder der Vermerk hinreichend deutlich erkennbar ist.

§ 3
Überleitungsvorschrift

Die bis zum 31. Oktober 1981 sowie die bis zum Inkrafttreten dieser Verordnung geltenden Planzeichen können weiterhin verwendet werden

1. für Änderungen oder Ergänzungen von Bauleitplänen, die bis zu diesen Zeitpunkten rechtswirksam geworden sind,
2. für Bauleitpläne, deren Aufstellung die Gemeinde bis zu diesen Zeitpunkten eingeleitet hat, wenn mit der Beteiligung der Träger öffentlicher Belange nach § 4 des Baugesetzbuchs oder vor Inkrafttreten des Baugesetzbuchs nach § 2 Abs. 5 des Bundesbaugesetzes begonnen worden ist sowie für Änderungen oder Ergänzungen dieser Bauleitpläne.

§ 4
Inkrafttreten

(1) Diese Verordnung tritt am ersten Tage des auf die Verkündung folgenden dritten Kalendermonats in Kraft.

(2) Gleichzeitig tritt die Planzeichenverordnung 1981 vom 30. Juli 1981 (BGBl. I S. 833) außer Kraft.

Der Bundesrat hat zugestimmt.

Bonn, den 18. Dezember 1990

Der Bundesminister
für Raumordnung, Bauwesen und Städtebau
Gerda Hasselfeldt

---

*) Die Anlage wird als Anlageband zu dieser Ausgabe des Bundesgesetzblattes ausgegeben. Abonnenten des Bundesgesetzblattes Teil I wird der Anlageband auf Anforderung gemäß den Bezugsbedingungen des Verlags übersandt.

Anlage zur

Planzeichenverordnung 1990

Planzeichen für Bauleitpläne

1. Art der baulichen Nutzung

(§ 5 Abs. 2 Nr. 1, § 9 Abs. 1 Nr. 1 des Baugesetzbuchs - BauGB -
§§ 1 bis 11 der Baunutzungsverordnung - BauNVO -)

schwarz/weiß — farbig

1.1. Wohnbauflächen
(§ 1 Abs. 1 Nr. 1 BauNVO)

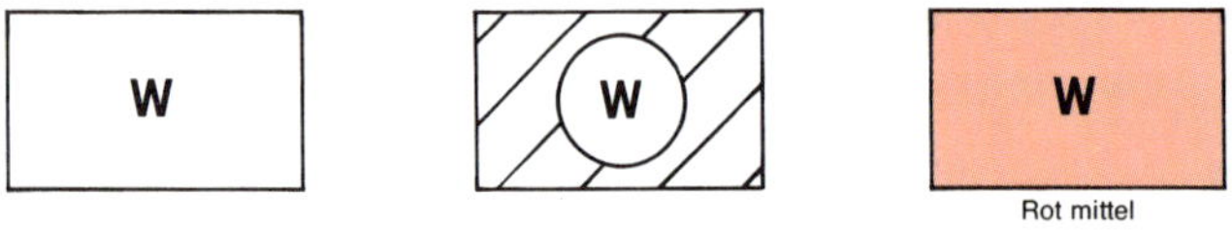

1.1.1. Kleinsiedlungsgebiete
(§ 2 BauNVO)

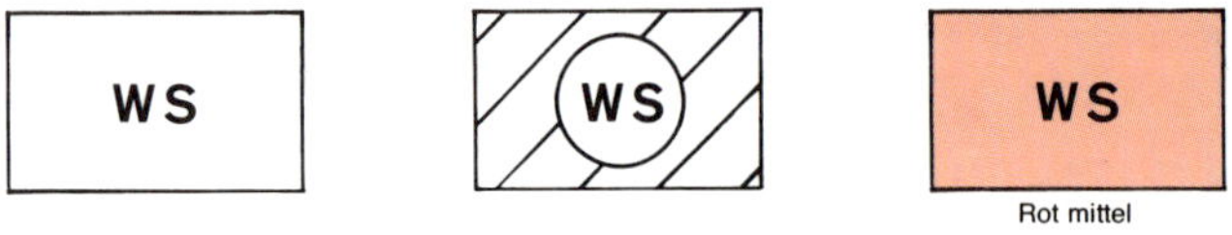

1.1.2. Reine Wohngebiete
(§ 3 BauNVO)

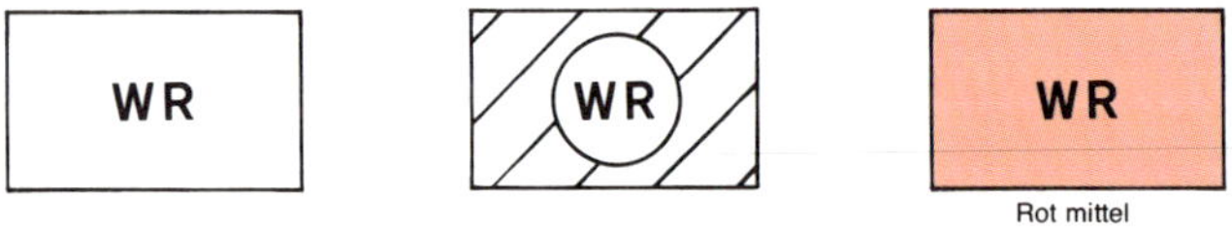

1.1.3. Allgemeine Wohngebiete
(§ 4 BauNVO)

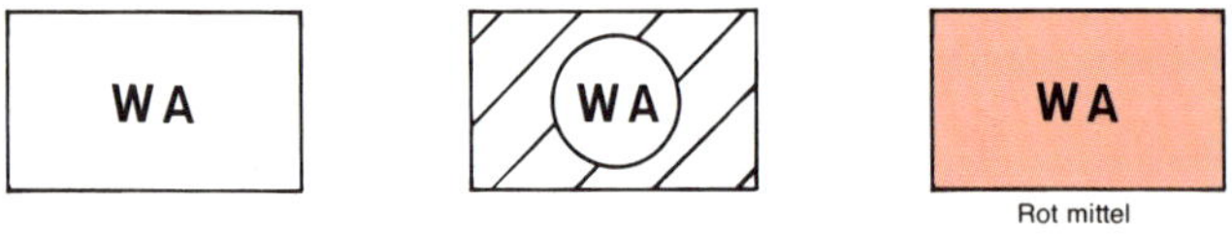

1.1.4. Besondere Wohngebiete
(§ 4a BauNVO)

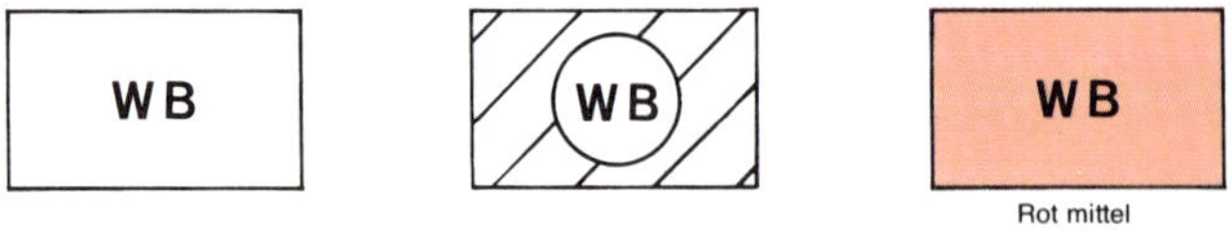

schwarz/weiß farbig

1.2. Gemischte Bauflächen
(§ 1 Abs. 1 Nr. 2 BauNVO)

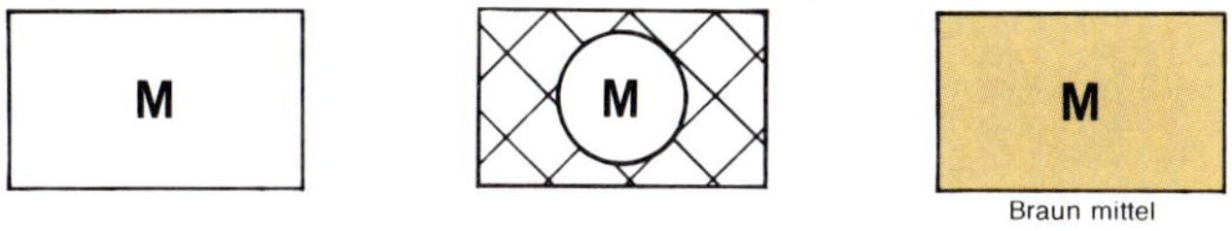

1.2.1. Dorfgebiete
(§ 5 BauNVO)

1.2.2. Mischgebiete
(§ 6 BauNVO)

1.2.3. Kerngebiete
(§ 7 BauNVO)

1.3. Gewerbliche Bauflächen
(§ 1 Abs. 1 Nr. 3 BauNVO)

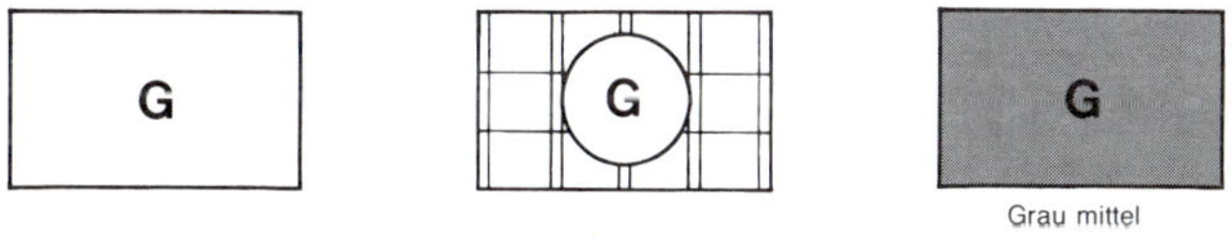

1.3.1. Gewerbegebiete
(§ 8 BauNVO)

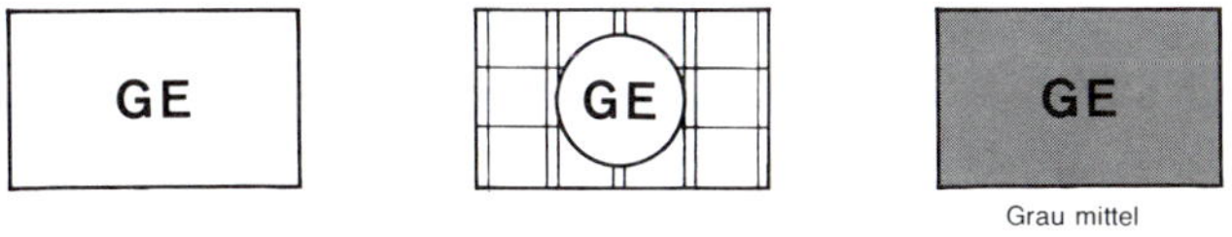

1.3.2. Industriegebiete
(§ 9 BauNVO)

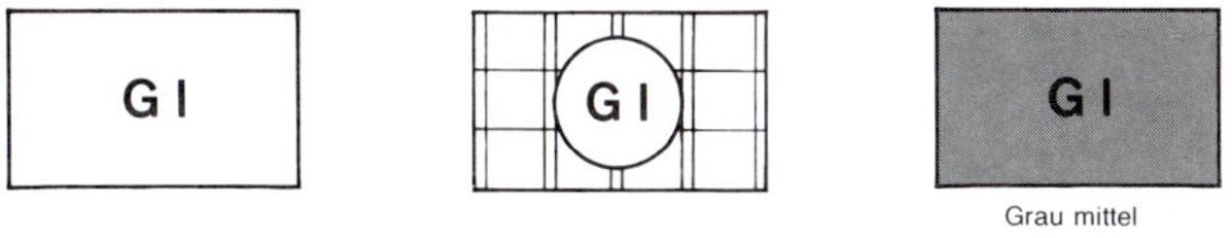

schwarz/weiß — farbig

1.4. Sonderbauflächen
(§ 1 Abs. 1 Nr. 4 BauNVO)

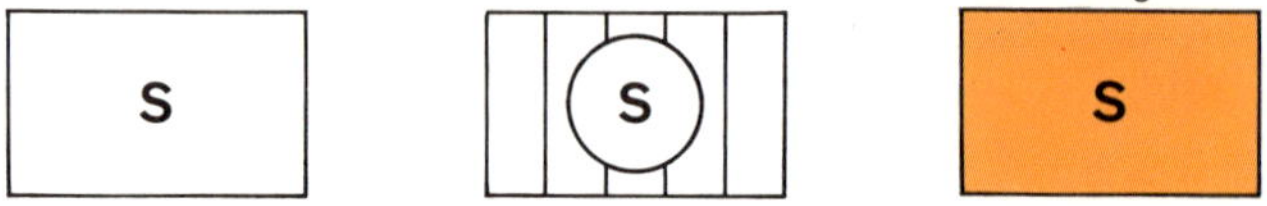

Orange mittel

1.4.1. Sondergebiete, die der Erholung dienen
(§ 10 BauNVO)
z. B.: Wochenendhausgebiete

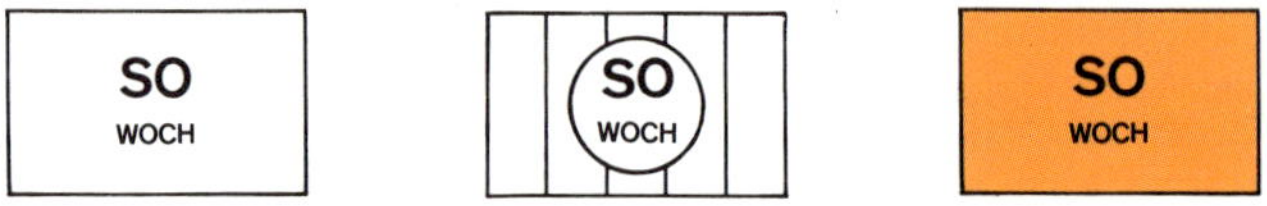

Orange mittel

1.4.2. Sonstige Sondergebiete
(§ 11 BauNVO)
z. B.: Klinikgebiete

Orange mittel

Zur weiteren Unterscheidung der Baugebiete sind Farbabstufungen zulässig.

Im Bebauungsplan können die farbigen Flächensignaturen auch als Randsignaturen verwendet werden.

Im Flächennutzungsplan kann bei den Planzeichen für die Bauflächen der Nummern 1.1. bis 1.4. bei farbiger Darstellung der Buchstabe entfallen.

1.5. Beschränkung der Zahl der Wohnungen
(§ 9 Abs. 1 Nr. 6 BauGB)

Aus besonderen städebaulichen Gründen kann die höchstzulässige Zahl der Wohnungen in Wohngebäuden durch Ergänzungen der Planzeichen festgesetzt werden.

z. B.

2. Maß der baulichen Nutzung

(§ 5 Abs. 2 Nr. 1, § 9 Abs. 1 Nr. 1 BauGB, § 16 BauNVO)

2.1.	Geschoßflächenzahl	Dezimalzahl im Kreis, als Höchstmaß	z. B.	0,7
		als Mindest- und Höchstmaß	z. B.	0,5 bis 0,7
		oder **GFZ** mit Dezimalzahl, als Höchstmaß	z. B.	**GFZ 0,7**
		als Mindest- und Höchstmaß	z. B.	**GFZ 0,5 bis 0,7**
2.2.	Geschoßfläche	**GF** mit Flächenangabe, als Höchstmaß	z. B.	**GF 500 m^2**
		als Mindest- und Höchstmaß	z. B.	**GF 400 m^2 bis 500 m^2**
2.3.	Baumassenzahl	Dezimalzahl im Rechteck	z. B.	3,0
		oder **BMZ** mit Dezimalzahl,	z. B.	**BMZ 3,0**
2.4.	Baumasse	**BM** mit Volumenangabe	z. B.	**BM 4000 m^3**
2.5.	Grundflächenzahl	Dezimalzahl	z. B.	**0,4**
		oder **GRZ** mit Dezimalzahl,	z. B.	**GRZ 0,4**
2.6.	Grundfläche	**GR** mit Flächenangabe	z. B.	**GR 100 m^2**
2.7.	Zahl der Vollgeschosse			
	als Höchstmaß	römische Ziffer,	z. B.	III
	als Mindest- und Höchstmaß	römische Ziffer,	z. B.	III–V
	zwingend	römische Ziffer in einem Kreis,	z. B.	V
2.8.	Höhe baulicher Anlagen	in .... m über einem Bezugspunkt		
	als Höchstmaß			
		Traufhöhe **TH**	z. B.	**TH** 12,4 m über Gehweg
		Firsthöhe **FH**	z. B.	**FH** 53,5 m über NN
		Oberkante **OK**	z. B.	**OK** 124,5 m über NN
	als Mindest- und Höchstmaß		z. B.	**OK** 116,0 m bis 124,5 m über NN
	zwingend		z. B.	**OK** 124,5 m über NN

3. Bauweise, Baulinien, Baugrenzen

(§ 9 Abs. 1 Nr. 2 BauGB, §§ 22 und 23 BauNVO)

3.1. Offene Bauweise — **o**

3.1.1. nur Einzelhäuser zulässig — E

3.1.2. nur Doppelhäuser zulässig — D

3.1.3. nur Hausgruppen zulässig — H

3.1.4. nur Einzel- und Doppelhäuser zulässig — ED

3.2. Geschlossene Bauweise — **g**

3.3. Abweichende Bauweise — Im Bebauungsplan ist die von 3.1. oder 3.2. abweichende Bauweise näher zu bestimmen.

	schwarz/weiß	farbig
3.4. Baulinie		 Rot
3.5. Baugrenze		 Blau

Die Bestimmungslinien der Nummern 3.4. und 3.5. können bei farbiger Darstellung auch in durchgezogenen Linien ausgeführt werden.

4. Einrichtungen und Anlagen zur Versorgung mit Gütern und Dienstleistungen des öffentlichen und privaten Bereichs, Flächen für den Gemeinbedarf, Flächen für Sport- und Spielanlagen

(§ 5 Abs. 2 Nr. 2 und Abs. 4, § 9 Abs. 1 Nr. 5 und Abs. 6 BauGB)

	schwarz/weiß	farbig
4.1. Flächen für den Gemeinbedarf		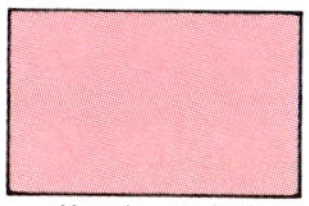 Karminrot mittel

Im Bebauungsplan kann die farbige Flächensignatur auch als Randsignatur verwendet werden.

Einrichtungen und Anlagen:

Öffentliche Verwaltungen		Sportlichen Zwecken dienende Gebäude und Einrichtungen	
Schule		Post	
Kirchen und kirchlichen Zwecken dienende Gebäude und Einrichtungen		Schutzbauwerk	
Sozialen Zwecken dienende Gebäude und Einrichtungen		Feuerwehr	
Gesundheitlichen Zwecken dienende Gebäude und Einrichtungen			
Kulturellen Zwecken dienende Gebäude und Einrichtungen			

Die vorstehenden Zeichen können bei Bedarf durch Buchstaben ergänzt werden.

Im Flächennutzungsplan können die vorstehenden Zeichen zur Kennzeichnung der Lage auch ohne Flächendarstellung verwendet werden.

4.2. Flächen für Sport- und Spielanlagen

Sportanlagen  Spielanlagen 

Die vorstehenden Zeichen können bei Bedarf durch Buchstaben ergänzt werden.

Im Flächennutzungsplan können die vorstehenden Zeichen zur Kennzeichnung der Lage auch ohne Flächendarstellung verwendet werden.

5. Flächen für den überörtlichen Verkehr und für die örtlichen Hauptverkehrszüge

(§ 5 Abs. 2 Nr. 3 und Abs. 4 BauGB)

5.1. Straßenverkehr

schwarz/weiß | farbig

5.1.1. Autobahnen und autobahnähnliche Straßen

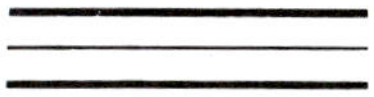

Goldocker

5.1.2. Sonstige überörtliche und örtliche Hauptverkehrsstraßen

Goldocker

5.1.3. Ruhender Verkehr

P

5.2. Bahnen

5.2.1. Bahnanlagen

Violett mittel

5.2.2. Straßenbahnen

Violett dunkel

5.2.3. Seilbahnen

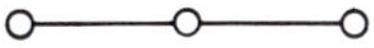

Violett dunkel

5.3. Überörtliche Wege und örtliche Hauptwege

z. B. Hauptwanderweg

5.4. Umgrenzung der Flächen für den Luftverkehr

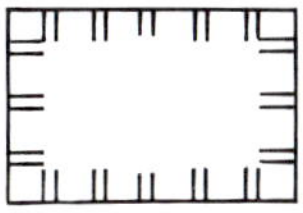

Violett dunkel

Zweckbestimmung:

Flughafen

Landeplatz

Segelfluggelände

Hubschrauberlandeplatz

6. Verkehrsflächen

(§ 9 Abs. 1 Nr. 11 und Abs. 6 BauGB)

schwarz/weiß | farbig

6.1. Straßenverkehrsflächen

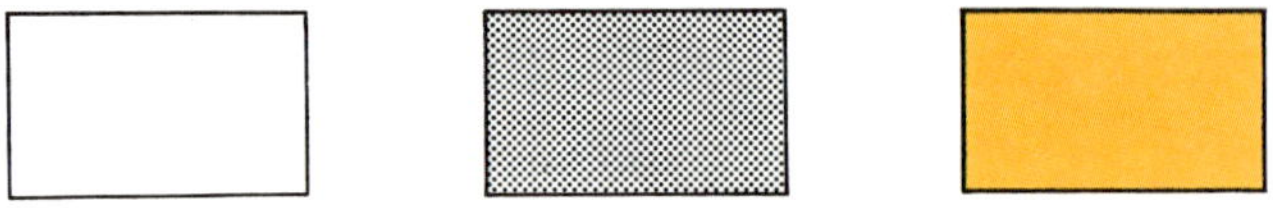

Goldocker

6.2. Straßenbegrenzungslinie
auch gegenüber Verkehrsflächen
besonderer Zweckbestimmung

Permanentgrün hell

Die Straßenbegrenzungslinie entfällt, wenn sie mit einer Baulinie oder Baugrenze zusammenfällt.

6.3. Verkehrsflächen besonderer Zweckbestimmung

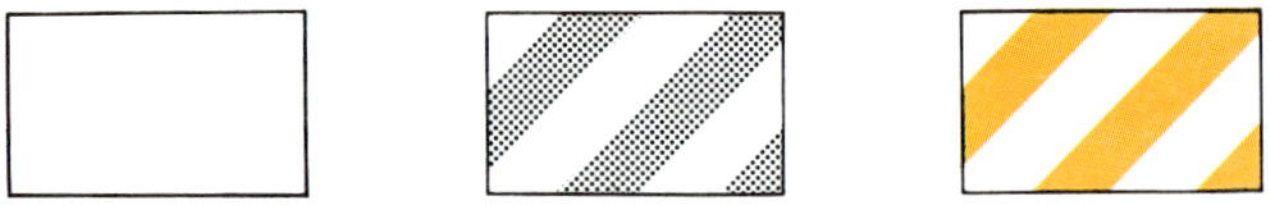

Goldocker

Zweckbestimmung:

Öffentliche Parkfläche

Fußgängerbereich

Verkehrsberuhigter Bereich

6.4. Ein- bzw. Ausfahrten und Anschluß
anderer Flächen an die Verkehrsflächen
(§ 9 Abs. 1 Nr. 4, 11 und Abs. 6 BauGB)

z. B. Einfahrt

z. B. Einfahrtbereich

z. B. Bereich ohne
Ein- und Ausfahrt

6.5. Bahnen — Planzeichen vgl. Abschnitt 5.2.

6.6. Luftverkehr — Planzeichen vgl. Abschnitt 5.4.

7. Flächen für Versorgungsanlagen, für die Abfallentsorgung und Abwasserbeseitigung sowie für Ablagerungen

(§ 5 Abs. 2 Nr. 4 und Abs. 4, § 9 Abs. 1 Nr. 12, 14 und Abs. 6 BauGB)

schwarz/weiß

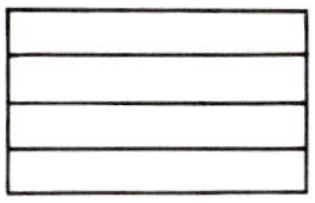

farbig

Gelb hell

Im Bebauungsplan kann die farbige Flächensignatur auch als Randsignatur verwendet werden.

Zweckbestimmung:

Elektrizität

Gas

Fernwärme

Wasser

Abwasser

Abfall

Ablagerung

Die vorstehenden Zeichen können bei Bedarf durch Buchstaben ergänzt werden.

Im Flächennutzungsplan können die vorstehenden Zeichen zur Kennzeichnung der Lage auch ohne Flächendarstellung verwendet werden.

8. Hauptversorgungs- und Hauptabwasserleitungen

(§ 5 Abs. 2 Nr. 4 und Abs. 4, § 9 Abs. 1 Nr. 13 und Abs. 6 BauGB)

oberirdisch

unterirdisch

Die Art der Leitungen soll näher bezeichnet werden.

9. Grünflächen

(§ 5 Abs. 2 Nr. 5 und Abs. 4, § 9 Abs. 1 Nr. 15 und Abs. 6 BauGB)

Schwarz/weiß

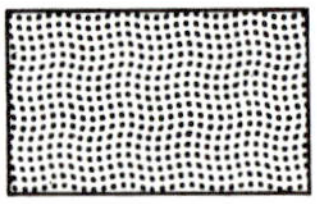

farbig

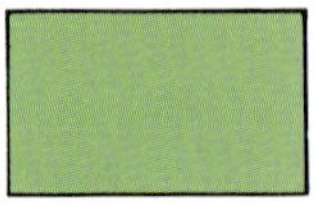

Grün mittel

Im Bebauungsplan sind Grünflächen als öffentliche oder private Grünflächen besonders zu bezeichnen.

Im Bebauungsplan kann die Flächensignatur auch als Randsignatur verwendet werden.

Zweckbestimmung:

Parkanlage

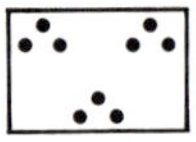

Zeltplatz

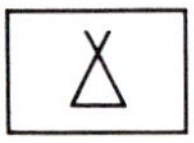

Dauerkleingärten

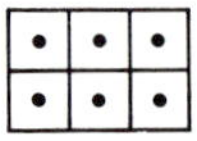

Badeplatz, Freibad

Sportplatz

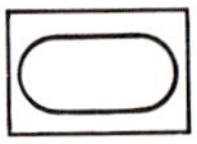

Friedhof

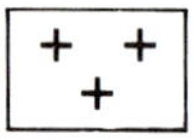

Spielplatz

Im Flächennutzungsplan können die vorstehenden Zeichen zur Kennzeichnung der Lage auch ohne Flächendarstellung verwendet werden.

10. Wasserflächen und Flächen für die Wasserwirtschaft, den Hochwasserschutz und die Regelung des Wasserabflusses

(§ 5 Abs. 2 Nr. 7 und Abs. 4, § 9 Abs. 1 Nr. 16 und Abs. 6 BauGB)

schwarz/weiß | farbig

10.1. Wasserflächen

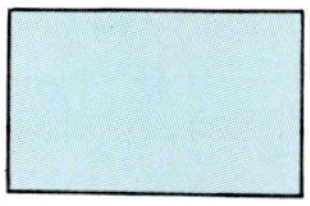

Blau mittel

Die Flächensignatur kann auch als Randsignatur verwendet werden.

Zweckbestimmung z. B.:

Hafen

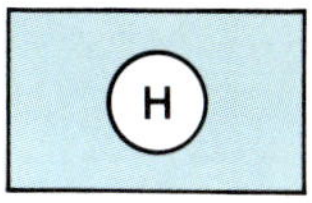

Blau mittel

10.2. Umgrenzung von Flächen für die Wasserwirtschaft, den Hochwasserschutz und die Regelung des Wasserabflusses

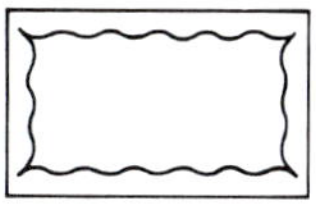

Blau dunkel

Zweckbestimmung z. B.:

Hochwasserrückhaltebecken

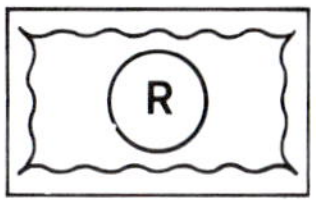

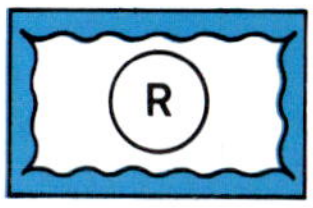

Blau dunkel

Überschwemmungsgebiet

Blau dunkel

10.3. Umgrenzung der Flächen mit wasserrechtlichen Festsetzungen

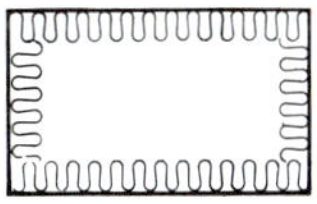

Blau dunkel

Zweckbestimmung z. B.:

Schutzgebiet für Grund- und Quellwassergewinnung

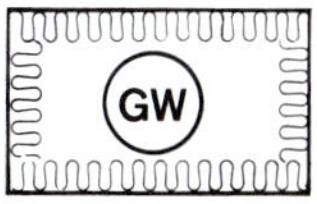

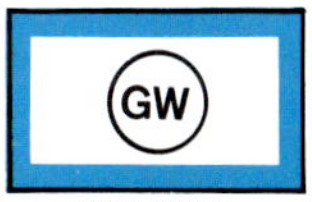

Blau dunkel

Schutzgebiet für Oberflächengewässer

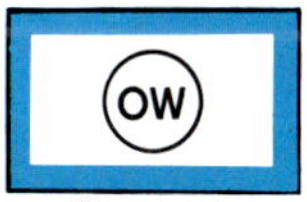

Blau dunkel

11. Flächen für Aufschüttungen, Abgrabungen oder für die Gewinnung von Bodenschätzen

(§ 5 Abs. 2 Nr. 8 und Abs. 4, § 9 Abs. 1 Nr. 17 und Abs. 6 BauGB)

11.1. Flächen fur Aufschüttungen

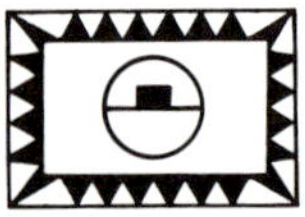

11.2. Flächen für Abgrabungen oder für die Gewinnung von Bodenschätzen

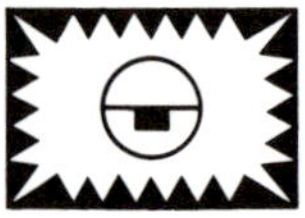

Bei kleinen Flächen kann die Randsignatur im Flächennutzungsplan entfallen.

12. Flächen für die Landwirtschaft und Wald

(§ 5 Abs. 2 Nr. 9 und Abs. 4, § 9 Abs. 1 Nr. 18 und Abs. 6 BauGB)

schwarz/weiß

farbig

12.1. Flächen für die Landwirtschaft

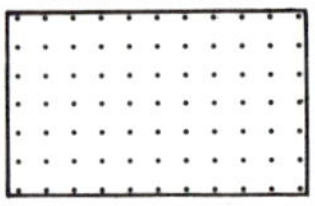

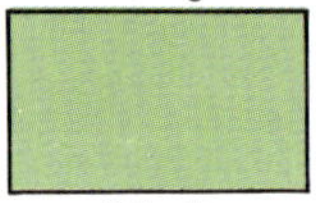

Gelbgrün

12.2. Flächen für Wald

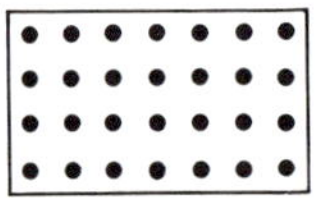

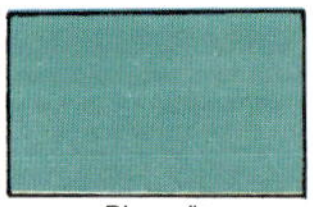

Blaugrün

Die Flächensignaturen können auch als Randsignaturen verwendet werden.

Zweckbestimmung z. B.:

Erholungswald

13. Planungen, Nutzungsregelungen, Maßnahmen und Flächen für Maßnahmen zum Schutz, zur Pflege und zur Entwicklung von Natur und Landschaft

(§ 5 Abs. 2 Nr. 10 und Abs. 4, § 9 Abs. 1 Nr. 20, 25 und Abs. 6 BauGB)

	schwarz/weiß	farbig
13.1. Umgrenzung von Flächen für Maßnahmen zum Schutz, zur Pflege und zur Entwicklung von Natur und Landschaft (§ 5 Abs. 2 Nr. 10 und Abs. 4, § 9 Abs. 1 Nr. 20 und Abs. 6 BauGB)	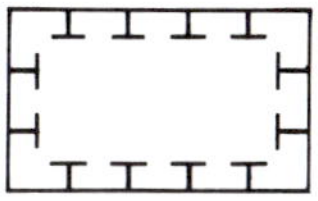	 Grün dunkel

Maßnahmen zur Schutz, zur Pflege und zur Entwicklung von Natur und Landschaft, soweit solche Festsetzungen nicht nach anderen Vorschriften getroffen werden können

(§ 9 Abs. 1 Nr. 20 und Abs. 6 BauGB)

Im Bebauungsplan sind die Maßnahmen näher zu bestimmen.

13.2. Anpflanzungen von Bäumen, Sträuchern und sonstigen Bepflanzungen sowie Bindungen für Bepflanzungen und für die Erhaltung von Bäumen, Sträuchern und sonstigen Bepflanzungen sowie von Gewässern

(§ 9 Abs. 1 Nr. 25 und Abs. 6 BauGB)

Anpflanzen:	Bäume		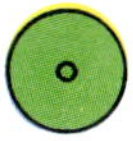
	Sträucher		
	Sonstige Bepflanzungen	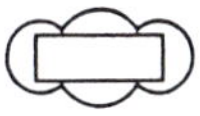	 Grün dunkel
Erhaltung:	Bäume		
	Sträucher	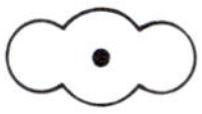	
	Sonstige Bepflanzungen	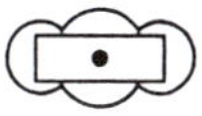	 Grün dunkel

Festsetzungen für Teile baulicher Anlagen sind im Bebauungsplan näher zu bestimmen.

13.2.1. Umgrenzung von Flächen zum Anpflanzen von Bäumen, Sträuchern und sonstigen Bepflanzungen
(§ 9 Abs. 1 Nr. 25 Buchstabe a) und Abs. 6 BauGB)

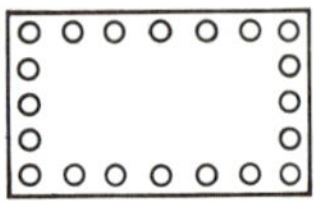

Anpflanzen: Bäume

Sträucher

Sonstige Bepflanzungen

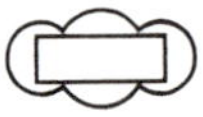

Grün dunkel

13.2.2. Umgrenzung von Flächen mit Bindungen für Bepflanzungen und für die Erhaltung von Bäumen, Sträuchern und sonstigen Bepflanzungen sowie von Gewässern
(§ 9 Abs. 1 Nr. 25 Buchstabe b) und Abs. 6 BauGB)

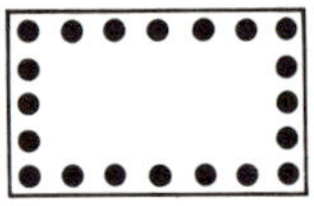

Erhaltung: Bäume

Sträucher

Sonstige Bepflanzungen

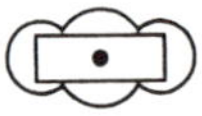

Grün dunkel

13.3. Umgrenzung von Schutzgebieten und Schutzobjekten im Sinne des Naturschutzrechts
(§ 5 Abs. 4, § 9 Abs. 6 BauGB)

schwarz/weiß

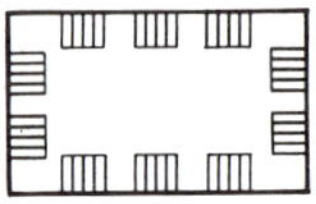

farbig

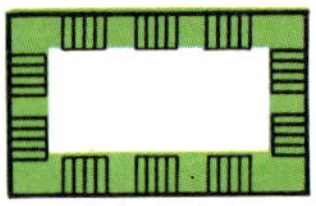

Grün dunkel

Bei Bedarf sind zur weiteren Unterscheidung der Schutzgebiete und Schutzobjekte Differenzierungen in der Umgrenzungssignatur zulässig.

Schutzgebiete und Schutzobjekte:

Naturschutzgebiet

Naturpark

Nationalpark

Naturdenkmal

Landschaftsschutzgebiet

Geschützter Landschaftsbestandteil

14. Regelungen für die Stadterhaltung und für den Denkmalschutz

(§ 5 Abs. 4, § 9 Abs. 6, § 172 Abs. 1 BauGB)

	schwarz/weiß	farbig
14.1. Umgrenzung von Erhaltungsbereichen, wenn im Bebauungsplan bezeichnet (§ 172 Abs. 1 BauGB)	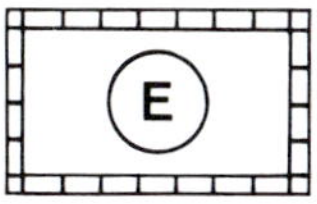	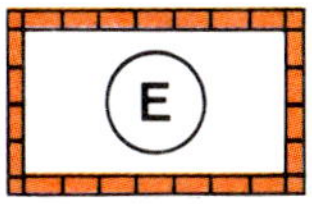 Rot
14.2. Umgrenzung von Gesamtanlagen (Ensembles), die dem Denkmalschutz unterliegen (§ 5 Abs. 4, § 9 Abs. 6 BauGB)	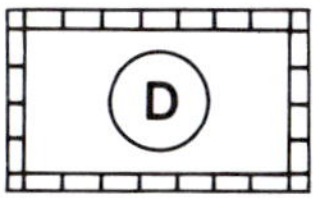	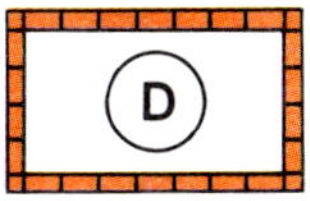 Rot
14.3. Einzelanlagen (unbewegliche Kulturdenkmale), die dem Denkmalschutz unterliegen (§ 5 Abs. 4, § 9 Abs. 6 BauGB)		

15. Sonstige Planzeichen

	schwarz/weiß	farbig
15.1. Umgrenzung der Bauflächen, für die eine zentrale Abwasserbeseitigung nicht vorgesehen ist (§ 5 Abs. 2 Nr. 1 und Abs. 4 BauGB)	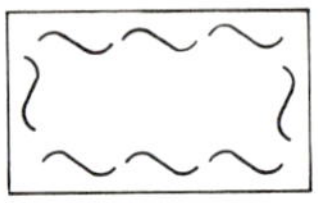	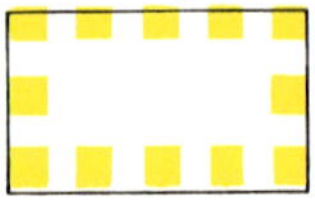 Gelb hell

15.2. Mindestmaße für die Größe, Breite und Tiefe von Baugrundstücken und Höchstmaße für Wohnbaugrundstücke
(§ 9 Abs. 1 Nr. 3 BauGB)

Mindest-/Höchstgröße	**F mind./höchst.**	z. B. **F mind./höchst. 1000 m²**
Mindest-/Höchstbreite	**b mind./höchst.**	z. B. **b mind./höchst. 20 m**
Mindest-/Höchsttiefe	**t mind./höchst.**	z. B. **t mind./höchst. 60 m**

15.3. Umgrenzung von Flächen für Nebenanlagen, Stellplätze, Garagen und Gemeinschaftsanlagen
(§ 9 Abs. 1 Nr. 4 und 22 BauGB)

Rot

Zweckbestimmung:

Stellplätze	**St**	Gemeinschafts-stellplätze	**GSt**
Garagen	**Ga**	Gemeinschafts-garagen	**GGa**
Spielplatz			

15.4. Besonderer Nutzungszweck von Flächen, der durch besondere städtebauliche Gründe erforderlich wird
(§ 9 Abs. 1 Nr. 9 BauGB)

z. B.

15.5. Mit Geh-, Fahr- und Leitungsrechten zu belastende Flächen
(§ 9 Abs. 1 Nr. 21 und Abs. 6 BauGB)

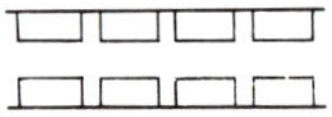

bei schmalen Flächen

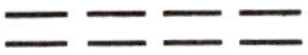

15.6. Umgrenzung der Flächen für Nutzungsbeschränkungen oder für Vorkehrungen zum Schutz gegen schädliche Umwelteinwirkungen im Sinne des Bundes-Immissionsschutzgesetzes
(§ 5 Abs. 2 Nr. 6 und Abs. 4 BauGB)

Umgrenzungen der Flächen für besondere Anlagen und Vorkehrungen zum Schutz vor schädlichen Umwelteinwirkungen im Sinne des Bundes-Immissionsschutzgesetzes
(§ 9 Abs. 1 Nr. 24 und Abs. 6 BauGB)

Im Bebauungsplan sind die Maßnahmen innerhalb der Flächen näher zu bestimmen.

15.7. Umgrenzung der Gebiete, in denen bestimmte, die Luft erheblich verunreinigende Stoffe nicht oder nur beschränkt verwendet werden dürfen
(§ 9 Abs. 1 Nr. 23 und Abs. 6 BauGB)

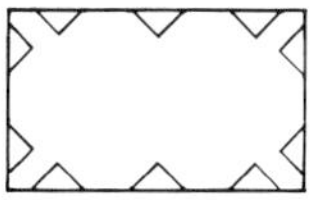

Im Bebauungsplan sind die Maßnahmen innerhalb der Gebiete näher zu bestimmen.

15.8. Umgrenzung der Flächen, die von der Bebauung freizuhalten sind
(§ 9 Abs. 1 Nr. 10 und Abs. 6 BauGB)

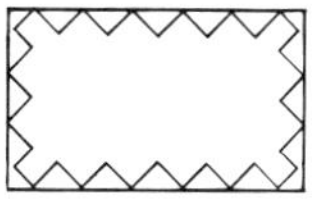

Umgrenzung der von der Bebauung freizuhaltenden Schutzflächen
(§ 9 Abs. 1 Nr. 24 und Abs. 6 BauGB)

Im Bebauungsplan sind die Maßnahmen innerhalb der Flächen näher zu bestimmen.

15.9. Flächen für Aufschüttungen, Abgrabungen und Stützmauern, soweit sie zur Herstellung des Straßenkörpers erforderlich sind
(§ 9 Abs. 1 Nr. 26 und Abs. 6 BauGB)

Aufschüttung

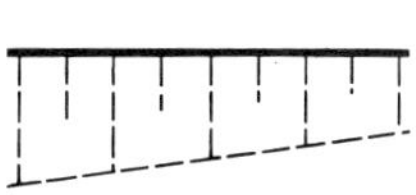

Abgrabung

Stützmauer

15.10. Höhenlage bei Festsetzungen (§ 9 Abs. 2 und 6 BauGB)	z. B.	⊕ **Ok** (Oberkante)	**Gehweg**	124,5 m ü. NN
	z. B.	⊕ **Uk** (Unterkante)	**Brücke**	116,0 m ü. NN

schwarz/weiß

farbig

15.11. Umgrenzung der Flächen, bei deren Bebauung besondere bauliche Vorkehrungen gegen äußere Einwirkungen oder bei denen besondere bauliche Sicherungsmaßnahmen gegen Naturgewalten erforderlich sind
(§ 5 Abs. 3 Nr. 1 und Abs. 4, § 9 Abs. 5 Nr. 1 und Abs. 6 BauGB)

Grau dunkel

Umgrenzung der Flächen, unter denen der Bergbau umgeht oder die für den Abbau von Mineralien bestimmt sind
(§ 5 Abs 3 Nr. 2 und Abs. 4, § 9 Abs. 5 Nr. 2 und Abs. 6 BauGB)

schwarz/weiß

15.12. Umgrenzung der für bauliche Nutzungen vorgesehenen Flächen, deren Böden erheblich mit umweltgefährdenden Stoffen belastet sind
(§ 5 Abs. 3 Nr. 3 und Abs. 4 BauGB)

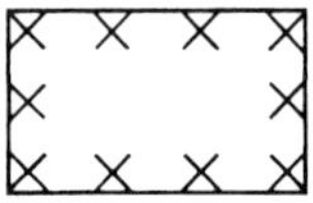

Umgrenzung der Flächen, deren Böden erheblich mit umweltgefährdenden Stoffen belastet sind
(§ 9 Abs. 5 Nr. 3 und Abs. 6 BauGB)

Im Flächennutzungsplan kann nachstehendes Zeichen zur Kennzeichnung der Lage ohne Flächendarstellung verwendet werden.

15.13. Grenze des räumlichen Geltungsbereichs des Bebauungsplans
(§ 9 Abs. 7 BauGB)

Grau dunkel

15.14. Abgrenzung unterschiedlicher Nutzung, z. B. von Baugebieten, oder Abgrenzung des Maßes der Nutzung innerhalb eines Baugebiets
(z. B. § 1 Abs. 4 § 16 Abs. 5 BauNVO)

LITERATUR

Akademie für Raumforschung und Landesplanung; Grundriß der Stadtplanung, Hannover 1983

Albers, G.; Entwicklungslinien im Städtebau, Ideen, Thesen, Aussagen 1875—1945: Texte und Interpretationen, Düsseldorf 1975

Bacon, E.; Stadtplanung von Athen bis Brasilia, Zürich 1968

B.-Württemberg Landesanstalt für Umweltschutz Materialien zur Grünordnungsplanung, Teil 1, Band 10 Karlsruhe 1987

B.-Württemberg Landesanstalt für Umweltschutz Materialien zur Grünordnungsplanung, Teil 1, Band 18 Karlsruhe 1989

Baubehörde der Freien und Hansestadt Hamburg; Handbuch für die Siedlungsplanung, Hamburg 1966

Bauen und Wohnen, München
Heft 4, April 1967

Baumeister; Zeitschrift für Architektur · Planung · Umwelt, München
Heft 6, Juni 1974
Heft 3, März 1983
Heft 1, Januar 1986
Heft 4, April 1986
Heft 10, Oktober 1986

Bauwelt, Berlin
Heft 16, April 1984
Heft 27, Juli 1986
Heft 3, Januar 1987

Bayerisches Staatsministerium des Innern, Oberste Baubehörde, München 1990; Wohnmodelle Bayern 1984 — 1990

Benevolo, L.; Die Geschichte der Stadt, Frankfurt/New York 1983

Bielenberg/Dyong; Die Novellen zum Bundesbaugesetz
Die neue Baunutzungsverordnung
Das neue Städtebauförderungsgesetz, München 1979

Bihr/Veil/Marzahn; Bauleitpläne, Stuttgart 1971/1973

Birkhäuser; Industriebau, Europa — Japan — USA
Praxisreport Basel 1991

Boeddinghaus/ Dieckmann Baunutzungsverordnung
Essen 1990

Borgelt/Ganssauge/ Keckstein Mietshaus im Wandel, Internationale Bauausstellung
Berlin 1987

Bröll/Dölker Das neue Baugesetzbuch, Kissing 1992

Bundesminister für Raumordnung, Bauwesen u. Städtebau; Bebauungspläne von Demonstrations-Maßnahmen
Vergleichende Untersuchungen, 01.050,
Bonn 1974

Ders.; Baulandbericht 1986, Städtebauliche Forschung, 03.116, Bonn

Christaller, W.; Die zentralen Städte in Süddeutschland, Darmstadt 1968,
Reprint, 1. Auflage 1933

Deilmann/Bickenbach/Pfeiffer; Wohnbereiche, Wohnquartiere,
Stuttgart 1977

Deilmann/ Kirschenmann/ Pfeiffer Wohnungsbau,
Stuttgart 1973

Eggeling, F.; Theorie und Praxis im Städtebau,
Schriftenreihe der Institute für Städtebau der Techn. Hochschulen
und Universitäten, Heft 3, Stuttgart 1972

Egli, E.; Geschichte des Städtebaus,
erster Band: Die Alte Welt, Zürich/Stuttgart 1959
zweiter Band: Das Mittelalter, Zürich/Stuttgart 1962
dritter Band: Die neue Zeit, Zürich/Stuttgart 1967

Formanek/Helms; Infrastruktur 1985, Ziele, Daten, Analysen, Köln 1974

Forschungsgesellschaft für Straßen- und Verkehrswesen, Arbeitsgruppe Straßenentwurf Empfehlungen für die Anlage von Erschließungsstraßen,
EAE 85, Köln 1985

Forschungsgesellschaft für Straßen- und Verkehrswesen; Empfehlungen zur Straßengestaltung innerhalb bebauter Gebiete, ESG 87, Köln 1987

Geisendorf/Schüepp/Stanescu/Tönshoff; Dichte individuelle Wohnformen, Stuttgart 1983

Giedion, S. Gropius, Stuttgart 1984

Glasforum; 6/81, München 1981

Grassnick, M.; Stadtbaugeschichte von der Antike bis zur Neuzeit, Band 4, Braunschweig 1982

Gruber, K.; Die Gestalt der Deutschen Stadt, München 1952

Hegemann, W. Der Städtebau I, Berlin 1911; Der Städtebau II, Berlin 1913

Heiligenthal, R.; Deutscher Städtebau, Heidelberg 1921

Hoffmann/Repentihn; Neue urbane Wohnformen, Berlin/Frankfurt/Wien 1956

Hofrichter, H.; Stadtbaugeschichte von der Antike bis zur Neuzeit Braunschweig 1991

Italiaander/van Traa; Rotterdam Der Neubau einer Stadt, Rotterdam

Jaspert, F.; Vom Städtebau der Welt, Berlin 1961

Joedicke, J.; Architektur - Urbanismus, Architektengemeinschaft van den Broek en Bakema, Stuttgart 1976

Karlsruhe, Stadt; Ausstellung Karlsruhe, Dammerstock-Siedlung, Die Gebrauchswohnung, Katalog, Karlsruhe 1929

Karlsruhe, Stadt; Generalbebauungsplan der Landeshauptstadt Karlsruhe in Baden, 1926

Kilpper/Einsele/Fahle/Schreiber/Wegener; Wohnumfeldverbesserung, Wiesbaden 1985

Kirschenmann/Muschalek; Quartiere zum Wohnen, Stuttgart 1977

Kleihues, J. P.; 750 Jahre Architektur und Städtebau in Berlin, Stuttgart 1987

Krämer, K. Wohnen in neuen Siedlungen, Stuttgart 1965

Ders.; Einfamilienhäuser in der Gruppe, Stuttgart 1966

Ders.; Fußgängerbereiche, Freiräume, architekturwettbewerbe aw95, Stuttgart 1978

Krier, R.; Stadtraum in Theorie und Praxis, Stuttgart 1975

Landesentwicklungsgesellschaft Baden-Württemberg für Städtebau und Wohnungswesen mbH; Preiswerter Wohnungsbau im städtebaulichen Zusammenhang LEG-Pilotprojekt in Kirchheim/Teck, Stuttgart 1984

Lässig/Linke/Rietdorf/Wessel; Straßen und Plätze, München 1967

Le Corbusier; Städtebau, Berlin/Leipzig 1929

Linhardt/Kandel/Höfler; Kosten- und flächensparendes Bauen, München 1983

Lorenz, O.; Gewerbebau, Industriebau, Leinfelden-Echterdingen 1991

Lynch, K.; Das Bild der Stadt, Braunschweig 1975

Mumford, L.; Die Stadt, Geschichte und Ausblick, München 1980

Neue Heimat; Das Leben in der Siedlung, Die Kommunikationsbereiche, Dargestellt am Beispiel Ratingen-West, Hamburg 1967

Pehnt, W.; Die Stadt in der Bundesrepublik Deutschland, Stuttgart 1974

Peters/Henn; e+p Wohnen, Das Reihenhaus, Siedlung - Zeile - Baulücke, München 1974

Rist, H.; Baunutzungsverordnung 1990, Stuttgart 1990

Rodriguez-Lores/Fehl; Städtebaureform 1865-1900, Hamburg 1985

Sauter; Landesbauordnung für Baden-Württemberg, Stuttgart 1985

Schmidt-Relenberg, N.; Soziologie und Städtebau, Stuttgart/Bern 1968

Schmitz/Oesterreich/Gerlach Kostengünstiges Bauen in Beispielen, Köln-Braunsfeld 1984

Schweizer, OE.; Forschung und Lehre 1930/1960, Stuttgart 1962

Ders.; Die architektonische Großform, Karlsruhe 1957

Spörhase; Karten zur Entwicklung der Stadt Karlsruhe, Stuttgart 1974

Stübben, J.; Der Städtebau, 9. Halbband, Handbuch der Architektur, Braunschweig/Wiesbaden 1980, Reprint, 1. Auflage 1907

Trieb/Markelin; Stadtbild in der Planungspraxis, Stuttgart 1976

Unwin, R.; Town Planning in Practice, New York 1971, Reprint, 1. Auflage 1909

Walprecht, D.; Verkehrsberuhigung in Gemeinden, Köln/Berlin/Rom/München 1983

Wolf; Wohnung und Siedlung, Berlin 1926

Stichwortverzeichnis